Vahlens Kurzlehrbücher

Erfolgsfaktoren des Marketing

von

Prof. Dr. Katja Gelbrich
Katholische Universität Eichstätt-Ingolstadt

Dr. Stefan Wünschmann
Volkswagen AG, Wolfsburg

Prof. em. Dr. Stefan Müller
Technische Universität Dresden

2., vollständig überarbeitete Auflage

Verlag Franz Vahlen München

Prof. Dr. Katja Gelbrich ist Inhaberin des Lehrstuhls für Internationales Management an der Katholischen Universität Eichstätt-Ingolstadt. **Dr. Stefan Wünschmann** ist Head of Group Customer Intelligence, Volkswagen AG. **Prof. em. Dr. Stefan Müller** war Inhaber des Lehrstuhls für Marketing an der TU Dresden.

ISBN 978 3 8006 5460 4

Wilhelmstr. 9, 80801 München
Satz: Fotosatz Buck
Zweikirchener Str. 7, 84036 Kumhausen
Druck und Bindung: Druckhaus Nomos
In den Lissen 12, 76547 Sinzheim
Gedruckt auf säurefreiem, alterungsbeständigem Papier
(hergestellt aus chlorfrei gebleichtem Zellstoff)

Vorwort zur zweiten Auflage

Fast zehn Jahre sind seit dem Erscheinen der 1. Auflage vergangen – Zeit für eine grundlegende Überarbeitung dieses angesichts seiner Kürze bei Studenten sehr beliebten Lehrbuches. Zwar gilt der zentrale Erfolgsfaktor des Marketing nach wie vor: Unternehmen müssen mit ihren Angeboten einen Mehrwert für ihre Kunden schaffen, der konkurrierenden Angeboten deutlich überlegen ist. Aber wie dies geschieht und wie man seine Kunden erreicht und anspricht – dies hat sich in Zeiten der Digitalisierung in weiten Teilen grundlegend geändert.

Wir haben die „Erfolgsfaktoren" daher vollständig überarbeitet. Erstens wurden die einzelnen Kapitel auf den aktuellen wissenschaftlichen Erkenntnistand gebracht und dieser mit zahlreichen neuen Praxisbeispielen veranschaulicht. Zweitens tragen wir der Digitalisierung im Marketing Rechnung. Am stärksten ist davon die Kommunikationspolitik betroffen, weshalb wir nunmehr auch die Erfolgsfaktoren digitaler Kommunikation umfassend darstellen, inklusive neuerer Entwicklungen wie Influencer-Marketing, Targeting, Retargeting, Online-PR oder digitale Verkaufsförderung, um nur einige zu nennen. Darüber hinaus werden die digitalen Instrumente der Preis-, Distributions- und Produktpolitik erläutert. Drittens haben wir das Lehrbuch stärker verhaltenswissenschaftlich ausgerichtet. Es enthält nunmehr gesonderte Kapitel zur Psychologie des Konsumentenverhaltens sowie der Distributions- und Preispolitik.

Auf **www.erfolgsfaktoren-marketing.de** stellen wir unter „Online-Materialien" zusätzliches Material zur Verfügung:

- ein aktualisiertes, umfangreiches Glossar, welches die im Text mit ⇒ markierten Fachbegriffe ausführlich erläutert, sowie
- drei Zusatzkapitel: „Entwicklungslinien des Marketing", „Informationsgewinnung" und „E-Commerce".

Weiterhin können Dozenten eine Powerpoint-Datei mit den Abbildungen der 2. Auflage anfordern: stefan.mueller@tu-dresden.de. An diese Anschrift können Sie auch ihre Hinweise, Anmerkungen und Fragen richten.

Ingolstadt, Wolfsburg und Dresden im Mai 2018

Prof. Dr. Katja Gelbrich
Dr. Stefan Wünschmann
Prof. Dr. Stefan Müller

Inhaltsverzeichnis

Vorwort zur zweiten Auflage V

A. Entwicklungsphasen des Marketing 1
1 Überblick 1
2 Von der Absatzlehre zum Marketing 3
3 Vom heuristischen zum analytischen Marketing 3
3.1 Überblick 3
3.2 Erfolg und Misserfolg 4
3.3 Logik und Methoden des Erfolgsfaktorenkonzepts 5
3.4 Bedeutung des Erfolgsfaktorenkonzepts für dieses Buch 7
4 Vom analogen zum digitalen Marketing 8
5 Literaturempfehlung 10

B. Strategisches Marketing 13
1 Wichtigkeit von Zielen für den Unternehmenserfolg 14
2 Grundzüge einer Marketingkonzeption 15
3 Definition der Marketingziele 16
3.1 Grundlagen 16
3.2 Zielhierarchie und Wechselwirkungen 18
3.3 Zielfindung 19
4 Marketingstrategien 21
4.1 Kundenorientierte Strategien nach J. Becker 21
4.2 Wettbewerbsorientierte Strategien nach M.E. Porter 26
4.3 Kooperative Strategien 28
5 Marketinginstrumente 29
5.1 Vier P-Ansatz 29
5.2 Sieben P-Ansatz 30
6 Marketingcontrolling 30
7 Literaturempfehlung 31

C. Grundlagen des Konsumentenverhaltens 33
1 Modelle des Käuferverhaltens 33
2.1 SR-Modell und SOR-Modell 34
2.2 Struktur des Kaufentscheidungsprozesses 35
3 Bedürfnisse 37
3.1 Grundlagen 37
3.2 Identifikation von Bedürfnissen 38
3.3 Wandel von Bedürfnissen im Familienlebenszyklus 40
4 Informationsverarbeitung 41
4.1 Aufmerksamkeit als Voraussetzung der Informationsaufnahme . 41
4.2 Intensität der Informationssuche 41

4.3 Speichern von Informationen ... 42
5 Kaufentscheidung ... 43
5.1 Kognitiv kontrollierte Kaufentscheidungen ... 43
5.2 Emotional gesteuerte Kaufentscheidungen ... 47
6 Einfluss des sozialen Umfeldes ... 48
6.1 Reale Bezugspersonen und Bezugsgruppen ... 48
6.2 Virtuelle Ratgeber ... 49
7 Literaturempfehlung ... 51

D. Psychologie des Konsumentenverhaltens ... 53
1 Homo Psychologicus ... 53
2 Einstellungen ... 54
2.1 Grundlagen ... 54
2.2 Einstellungs/Verhaltens-Diskrepanz ... 55
3 Emotionen ... 57
4 Kundenzufriedenheit und Kundenbindung ... 58
4.1 Kundenzufriedenheit ... 58
4.2 Kundenbindung ... 60
5 Nachkaufdissonanz und Regret ... 62
6 Beschwerden ... 63
6.1 Beschwerde als Chance ... 64
6.2 Proaktives Beschwerdemanagement ... 64
7 Anomalien des Konsumentenverhaltens ... 68
7.1 Bestätigungsfehler ... 68
7.2 Selbstüberschätzung ... 68
7.3 Verlustaversion ... 68
7.4 Besitztums-Effekt ... 69
7.5 Framing-Effekt ... 70
7.6 Kurzfristorientierung ... 70
7.7 Wahrnehmungsverzerrung ... 71
8 Literaturempfehlung ... 71

E. Grundlagen der Produktpolitik ... 73
1 Grundbegriffe der Produktpolitik ... 74
1.1 Leistungsgegenstand ... 74
1.2 Produktlebenszyklus ... 75
1.3 Formen von Innovation ... 77
2 Herausforderungen der Produktpolitik ... 77
2.1 Innovationsdruck ... 77
2.2 Erfolgsfaktoren von Produktinnovationen ... 79
2.3 Mythos Innovation ... 80
3 Produktentwicklung ... 80
3.1 Ideengewinnung ... 80
3.2 Grobauswahl, Konkretisierung und Feinauswahl ... 82
3.3 Testphase ... 83
4 Markteinführung ... 84
4.1 Timing des Markteintritts ... 84

4.2 Adoption und Diffusion ... 85
5 Phase des Marktwachstums ... 86
5.1 Produktqualität ... 86
5.2 Produktverpackung ... 88
5.3 Individualisierung ... 89
5.4 Produktbegleitende Dienstleistungen ... 90
6 Marktsättigung ... 90
6.1 Verlängerung des Produktlebenszyklus ... 91
6.2 Beendigung des Produktlebenszyklus ... 92
7 Literaturempfehlung ... 93

F. Markenpolitik ... 95
1 Markierung ... 96
1.1 Grundlagen ... 96
1.2 Markenkult und Markenkrise ... 98
2 Merkmale von Markenartikeln ... 99
3 Leistungsspektrum einer Marke ... 100
3.1 Nutzen für den Anbieter ... 100
3.2 Nutzen für den Käufer ... 102
4 Markenmanagement ... 105
4.1 Positionierung der Marke ... 105
4.2 Multisensorische Markenführung ... 107
4.3 Markenbotschafter ... 109
5 Markenarchitektur ... 110
5.1 Breite der Markenarchitektur ... 110
5.2 Tiefe der Markenarchitektur ... 112
6 Markentransfer ... 113
6.1 Markendehnung ... 113
6.2 Markenkooperation ... 115
7 Überprüfung und Anpassung der Markenstrategie ... 115
7.1 Aktualisierung einzelner Markenmerkmale ... 115
7.2 Markenrepositionierung ... 116
7.3 Brand Revival ... 117
8 Literaturempfehlung ... 117

G. Grundlagen der Preispolitik ... 119
1 Funktionen des Preises ... 120
1.1 Perspektive der Abnehmer ... 120
1.2 Perspektive des Anbieters ... 121
2 Marktreaktionen ... 121
2.1 Preis/Absatz- und Preis/Umsatzfunktion ... 121
2.2 Änderung von Preisen ... 123
3 Preisbildung ... 125
3.1 Kostenorientierte Preisbildung ... 126
3.2 Markt- bzw. nachfrageorientierte Preisbildung ... 128
3.3 Konkurrenzorientierte Preisbildung ... 130

4 Preisdifferenzierung ... 132
4.1 Grundprinzip ... 132
4.2 Traditionelle Formen der Preisdifferenzierung ... 133
4.3 Moderne Formen der Preisdifferenzierung ... 136
5 Literaturempfehlung ... 136

H. Psychologie der Preispolitik ... 137
1 Behavioral Pricing ... 137
2 Orientierungsphase ... 139
3 Wahrnehmungsphase ... 140
3.1 Referenzpreise ... 140
3.2 Wahrnehmungsphase ... 148
4 Beurteilungsphase ... 149
4.1 Verarbeitung von Preisinformationen ... 149
4.2 Verarbeitung von Rabattinformationen ... 150
5 Speicherungsphase ... 151
5.1 Preiswissen ... 151
5.2 Preisimage ... 152
5.3 Preisemotionen ... 153
5.4 Konsequenzen für die Preispolitik ... 153
6 Literaturempfehlung ... 154

I. Grundlagen der Distributionspolitik ... 155
1 Erfolgsfaktor Absatzweg ... 156
1.1 Strategische Bedeutung ... 156
1.2 Funktionen ... 157
2 Direkter Vertrieb ... 157
2.1 Erscheinungsformen ... 157
2.2 Sonderfall Online-Handel ... 159
2.3 Erfolgsfaktor persönlicher Kontakt ... 163
3 Indirekter Vertrieb ... 163
4 Grundsatzfragen der Absatzwegeentscheidung ... 164
4.1 Direkter oder indirekter Vertrieb? ... 164
4.2 Intensiver oder selektiver Vertrieb? ... 165
4.3 Single- oder Multi Channel-Vertrieb? ... 166
4.4 Etablierte oder innovative Vertriebskanäle? ... 168
5 Konflikte im Absatzkanal ... 170
5.1 Gatekeeper-Funktion des Handels ... 171
5.2 Handlungsmöglichkeiten der Hersteller ... 171
6 Distributionslogistik ... 174
7 Literaturempfehlung ... 174

K. Psychologie der Distributionspolitik ... 175
1 Strukturwandel ... 175
1.1 Aufstieg und Fall von Handelsunternehmen ... 175
1.2 Beschleunigung des Strukturwandels ... 177
1.3 Positionierungsgebot ... 177

2 Standortwahl ... 178
2.1 Nähe zur Zielgruppe ... 178
2.2 Nähe und Distanz zu komplementären Anbietern und Konkurrenten ... 180
2.3 Standortimage ... 180
2.4 Kaufkraft im Einzugsgebiet ... 181
3 Sortimentsgestaltung ... 182
3.1 Sortimentsstruktur ... 182
3.2 Verbundeffekte ... 182
3.3 Markenartikel ... 183
4 Ladengestaltung ... 184
4.1 Stationäre Läden ... 184
4.2 Online-Shops ... 189
5 Verkaufsgespräch ... 189
5.1 Einstiegsphase ... 189
5.2 Argumentationsphase ... 189
5.3 Kaufphase ... 190
6 Gestaltung des Umfeldes ... 191
6.1 Inszenierung des Einkaufs ... 191
6.2 Digitalisierung des Einkaufs ... 192
6.3 Stadtmarketing ... 193
7 Literaturempfehlung ... 193

L. Traditionelle Kommunikationspolitik ... 195
1 Vom Produktwettbewerb zum Kommunikationswettbewerb ... 196
2 Entwicklung einer Kommunikationsstrategie ... 197
2.1 Überblick ... 197
2.2 Copy-Strategie ... 198
2.3 Agentur-Briefing ... 200
2.4 Finanzierung ... 201
3 Gestaltung der Werbebotschaft ... 202
3.1 Formulierung der Werbebotschaft ... 202
3.2 Design der Werbebotschaft ... 204
4 Auswahl geeigneter Werbeträger ... 207
4.1 Intermedia-Selektion ... 207
4.3 Intramedia-Selektion ... 209
5 Evaluation der Werbung ... 210
5.1 Abgrenzungen ... 210
5.2 Modelle der Werbewirkung ... 211
5.3 Pretests ... 213
5.4 Posttests ... 213
6 Grenzen der Werbung ... 215
6.1 Werbevermeidung: Abwehrmöglichkeiten der Konsumenten ... 215
6.2 Vom Gesetzgeber gezogene Grenzen ... 218
7 Literaturempfehlung ... 220

M. Innovative Kommunikationspolitik 223
1 Jenseits der klassischen Medienwerbung: Below the Line-Kommunikation 224
2 Digitale Kommunikation 226
2.1 Überblick 226
2.2 Erscheinungsformen 228
2.3 Preismodelle 232
2.4 Wirkung digitaler Kommunikation 232
3 Outdoor-Werbung 234
3.1 Vorläufer Außenwerbung 234
3.2 Guerilla-Marketing 235
4 Personalisierte Kommunikation 237
4.1 Wesen und Aufgabe von Direkt-Marketing 237
4.2 Nutzungsbasierte digitale Kommunikation 239
5 Sales Promotion 241
5.1 Traditionelle Verkaufsförderung 241
5.2 Digitale Verkaufsförderung 245
5.3 Merchandising 245
5.4 Cause-Related Marketing 246
6 Empfehlungsmarketing 246
6.1 Word-of-Mouth (WOM) 246
6.2 Affiliate-Marketing 249
6.3 Virales Marketing 250
7 Stakeholder-Marketing 252
7.1 Ziele und Zielgruppen des Stakeholder-Marketing 252
7.2 Traditionelle Public Relations 253
7.3 Online-PR 254
8 Sozial verantwortungsvolles Marketing 256
8.1 Überblick 256
8.2 Sponsoring 256
8.3 Corporate Social Responsibility 258
8.4 Effekt sozial verantwortlicher Unternehmenstätigkeit 258
9 Literaturempfehlung 259

Literaturverzeichnis 261

Stichwortverzeichnis 269

A. Entwicklungsphasen des Marketing

1 Überblick

Gemessen an vielen anderen Wissenschaften ist Marketing eine junge Disziplin. Ende der 1960er-Jahre wurden in Deutschland die ersten beiden Marketinglehrstühle gegründet. Die damaligen Lehrstuhlinhaber verhalfen der in den USA entwickelten Disziplin in relativ kurzer Zeit auch hierzulande zum Durchbruch. Marketing verdrängte in diesen Jahren die bis dahin im deutschsprachigen Raum vorherrschende **Absatzlehre**, die sich an den drei betrieblichen Grundfunktionen orientierte: Beschaffung, Produktion und Absatz. In den Unternehmen war es Aufgabe der Absatzabteilungen, die von der Produktionsabteilung geschaffenen Güter am Markt zu verwerten: „abzusetzen". Es galt, den Kunden die verfügbaren Güter zu einem angemessenen Preis zu verkaufen. Diesem reaktiven, den innerbetrieblichen Abläufen verpflichteten Selbstverständnis der Absatzlehre setzte das **Marketing** eine pro-aktive Sicht auf das Marktgeschehen entgegen (⇒ 'market-based view'). Im Mittelpunkt stehen nun die Bedürfnisse der Kunden, das Verhalten der Wettbewerber sowie die Fähigkeit des eigenen Unternehmens, auf diese und weitere Marktkräfte Einfluss zu nehmen. Manche weisen Marketing gar eine Schlüsselrolle zu: einerseits als eine Unternehmensfunktion, welche den anderen Unternehmensfunktionen übergeordnet ist, und andererseits als Führungsphilosophie, deren zentrale Aufgabe die **marktorientierte Führung** des Unternehmens ist.

Paradigma: Von der Fachwelt als sachgerecht angesehenen fachspezifischen Theorien, Methoden und Befunde

> „Marketing ist eine unternehmerische Denkhaltung. Sie konkretisiert sich in der Analyse, Planung, Umsetzung und Kontrolle sämtlicher interner und externer Unternehmensaktivitäten, die durch eine Ausrichtung der Unternehmensleistungen am Kundennutzen im Sinne einer konsequenten Kundenorientierung darauf abzielen, absatzmarktorientierte Unternehmensziele zu erreichen." [1]
>
> „Marketing is the activity, set of institutions, and processes for creating, communicating, delivering, and exchanging offerings that have value for customers, clients, partners, and society at large." [2]

Paradigmenwechsel: Grundlegender Wandel der als 'state of the art' anerkannten fachspezifischen Theorien, Methoden und Befunde

Im Verlauf der Entwicklungsgeschichte der Marketingtheorie veränderte sich deren inhaltliche Ausrichtung in mehr oder minder regelmäßigen Abständen (vgl. Abb. 1). Die **Theoriengeschichte** lässt sich als eine Folge von Paradigmenwechseln beschreiben: Auslöser der Entwicklung waren jeweils gravierende Veränderungen der Marktbedingungen (⇒ Entwicklungsphasen des Marketing):

KoKonsum: Kollaborativer Konsum (Vorrang von Teilen, Tauschen, Mieten, Schenken etc. vor dem Erwerb von Gütern)

- Überwindung der Mangelwirtschaft und Entstehung einer Konsumgesellschaft als Auslöser des Übergangs von der **Absatzlehre** zum **Marketing**,

- Aufkommen der Überflussgesellschaft als Auslöser des Übergangs vom **heuristischen** zum **analytischen Marketing**,
- massenhafte Verbreitung des Internets und Entstehung einer Ko-Konsumgesellschaft als Auslöser des Übergangs vom **analogen** zum **digitalen Marketing**.

State of the Art: Aktuell höchster Erkenntnisstand einer Wissenschaft

Unser besonderes Augenmerk gilt dem zweiten Paradigmenwechsel, in dessen Verlauf die **Erfolgsfaktorenforschung** zum 'state of the art' wurde, zum „Goldstandard" des Marketing. Als dessen wissenschaftliches Fundament bildet die Suche nach empirisch validierten Erkenntnissen die Grundlage des vorliegenden Buches und dessen Zielsetzung: systematische Darstellung von Marketingmaßnahmen, welche nachweislich den Unternehmenserfolg beeinflussen. Mit der Entstehung der Ko-Konsumgesellschaft und dem damit einhergehenden dritten Paradigmenwechsel gewann die Erfolgsfaktorenforschung weiter an Bedeutung. Denn in den zunehmend vernetzten Geschäftsabläufen fallen massenhaft empirische, von der Marketingforschung nutzbare Daten an, z.B. über das Surf-Verhalten von Kunden (⇒ 'big data'). Zugleich wurden neue Erfolgsfaktoren identifiziert, die in der 'old economy' noch keine oder eine weitaus geringere Rolle gespielt haben. Man denke nur an die Ausweitung der Multi Channel-Strategie im Handel (online und offline), den Einsatz von Recommender Systems (vgl. Kap. C-2.2), Produktpräsentation mittels 'augmented reality' oder Social Media-Kommunikation.

Abb. 1: Paradigmen des Marketing

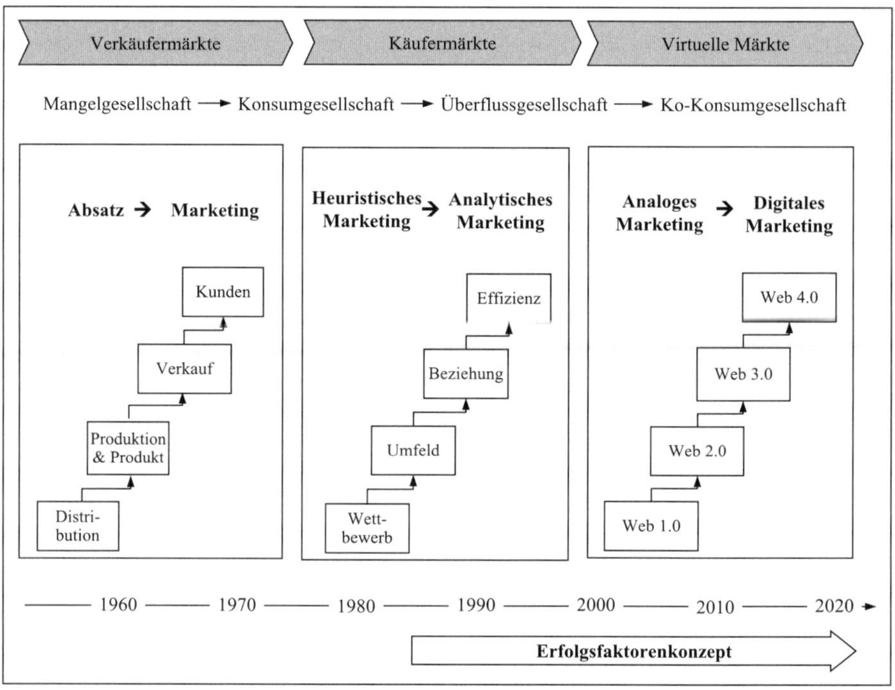

Quelle: in Anlehnung an Meffert et al. (2015, S. 7 ff.), Esch et al. (2018, S. 2 f.); Kreutzer (2013, S. 8).

2 Von der Absatzlehre zum Marketing

Ausgelöst wurde der erste Paradigmenwechsel durch den Übergang von der Mangel- zur Konsumgesellschaft. Verständlicherweise standen die frühen 1950er-Jahre ganz im Zeichen des damaligen Nachholbedarfs der Verbraucher. Die sprichwörtliche „Fresswelle" jener Zeit ist eine Konsequenz der Hungerjahre, welche die Bevölkerung nach dem Ende des Zweiten Weltkrieges überstehen musste. Natürlich war die anfänglich noch wenig leistungsfähige Nachkriegswirtschaft zunächst nicht in der Lage gewesen, die Konsumbedürfnisse großer Teile der Gesellschaft zu stillen. In dem Maße jedoch, wie das Wirtschaftswunder dann die Verkaufsregale füllte und schließlich Überfluss an **Produkten** herrschte (vgl. Kap. D), richtete sich die Aufmerksamkeit auf Entwicklung und Anwendung erfolgversprechender **Absatzstrategien** und **Verkaufstechniken** (vgl. Kap. H). Denn nun, nachdem aus den Verkäufermärkten der Nachkriegszeit Käufermärkte geworden waren, galt es, Käufer für das mittlerweile übergroße Warenangebot zu finden. Auf das im weiteren Verlauf gewachsene Qualitäts- und Markenbewusstsein der zunehmend anspruchsvollen Kunden (vgl. Kap. E) reagierten die Unternehmen mit verstärkter **Kundenorientierung**.

Absatz: Reaktive Fähigkeit von Unternehmen, Verbrauchern jene Leistungen zu verkaufen, die sie nachfragen

Verkäufermarkt: Die Nachfrage übersteigt das Angebot („Mangelwirtschaft")

Käufermarkt: Das Angebot übersteigt die Nachfrage („Überflussgesellschaft")

3 Vom heuristischen zum analytischen Marketing

3.1 Überblick

Auslöser des zweiten Paradigmenwechsels war der Übergang von der Konsum- zur Überflussgesellschaft. Da nun die Konsumenten mehr oder minder alles besaßen, was sie brauchten, genügte die bisherige Art der Marktbearbeitung nicht länger, um erfolgreich zu sein – d. h. die Anwendung von ...

- **Heuristiken** (= einfache, aber bewährte Regeln, die zwar nicht die optimale, zumeist aber eine gute Entscheidung ermöglichen),
- **Erfahrungswissen**,
- **Faustformeln** etc.

Anders als Abb. 1 es nahezulegen scheint, geschah dies jedoch nicht **revolutionär** (d. h. in Sprüngen), sondern **evolutionär**, Schritt für Schritt. Dabei blieb bewährtes, in der jeweils vorangegangenen Entwicklungsstufe gewonnenes Wissen Teil des Marketing-Know-how (vgl. Abb. 2). Ein Beispiel: Zwar wurde erstmals in der Phase der Kundenorientierung gefordert, Kundenzufriedenheit als ein wesentliches Zielkriterium unternehmerischen Handelns zu betrachten. In der anschließenden Phase der **Wettbewerbsorientierung** erkannte man jedoch, dass Leistungen nicht nur zufriedenstellend, sondern auch besser sein müssen als vergleichbare Konkurrenzangebote. Konsequenz dieser Erkenntnis war u. a. Benchmarking. In der Phase der **Umfeldorientierung** konnte dann nachgewiesen werden, dass zwischen dem Ansehen des Unternehmens in der Öffentlichkeit und dessen Verkaufserfolg ein Zusammenhang besteht. Denn in einer Konsumgesellschaft wollen Kunden sich mit „ihrem" Unternehmen

Evolution: Allmähliche Veränderung

Benchmarking: Systematischer Vergleich der eigenen Leistungsprozesse mit denen wichtiger Wettbewerber

und dessen Leistungen identifizieren können. Folglich legte das Management nunmehr verstärkt Wert zunächst auf Public Relations, später auf ⇒ Corporate Social Responsibility und Reputationsmanagement. In der Phase **Beziehungsorientierung** wiederum wurde deutlich, dass zufriedene Kunden langfristig an das Unternehmen gebunden werden sollten. Denn Altkunden an sich zu binden (bspw. durch ein effektives Beschwerdemanagement), beansprucht weniger Ressourcen, als Neukunden zu gewinnen (bspw. durch eine Wechselprämie). Die Phase der **Effizienzorientierung** schließlich rückte den Kundenwert in den Mittelpunkt der Betrachtung: Unternehmen sollten knappe Ressourcen nur in „wertvolle" Kunden investieren. Kriterien des Kundenwerts sind u. a. Kaufintensität, Zahlungsbereitschaft, Wiederkaufwahrscheinlichkeit und Empfehlungsbereitschaft (⇒ 'resource-based view').

Public Relations: Maßnahmen wie Pressearbeit, mit denen die öffentliche Meinung beeinflusst werden so

Abb. 2: Evolution der Marketingtheorie – aufgezeigt am Beispiel des Unternehmensziels „Kundenzufriedenheit"

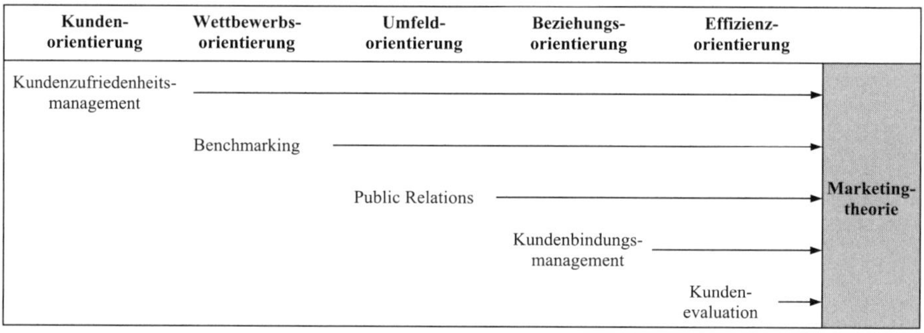

Begleitet wurde diese Entwicklung von der wachsenden Akzeptanz des Erfolgsfaktorenansatzes: Ihm liegt die Erkenntnis zugrunde, dass (Unternehmens-) Erfolg kein Ergebnis gütigen Zufalls ist, sondern planbar und durch den gezielten Einsatz von empirisch überprüften Erfolgsfaktoren **bewusst herbeiführbar**.

3.2 Erfolg und Misserfolg

The Big Blue: Von der Unternehmensfarbe („Blau") abgeleiteter Spitzname von IBM

Kaum ein Unternehmen hat **dauerhaft** Erfolg. Bisweilen ist Misserfolg sogar Konsequenz vorangegangener Erfolge – nämlich dann, wenn das Management aufgrund von Selbstgefälligkeit und Überlegenheitsdünkel nicht angemessen auf Technologiesprünge und andere existenzbedrohende Entwicklungen reagiert. So gerieten *Cisco, Dell, Hewlett Packard, IBM, Oracle* und andere Pioniere der Computerindustrie in die Krise, weil sie den Trend zu kleinen, mobilen Endgeräten (z. B. Tabletcomputer, Smartphones) und Cloud Computing „verschliefen". Im Falle von ⇒ ***IBM*** ist dies besonders bemerkenswert. Denn zwei Jahrzehnte zuvor stand das Unternehmen aus einem vergleichbaren Grund schon einmal buchstäblich am Abgrund. Damals gelang zwar die Markteinführung des Personal Computer (PC). Aber „The Big Blue" hatte es versäumt, sich die Rechte am Betriebssystem *(Microsoft)* zu sichern, was sich im Nachhinein als fataler Fehler herausstellen sollte. Offenbar verstellten die Erfolge, die *IBM* über viele Jahre mit Hardware erzielt hatte, dem Management den Blick auf die wachsende Bedeutung von Software. *Hennes & Mauritz* hat zwar den Änderungsbedarf erkannt, lange Zeit jedoch nicht dessen Ausmaß.

Beispiel
H&M „macht vor allem der Wettbewerb im Internet zu schaffen, Anbieter wie *Amazon* und *Zalando*. In den Einkaufsstraßen konkurriert *H&M* längst mit Anbietern, die ihre Kleidung noch preiswerter verkaufen oder die Trends noch schneller in die Läden bringen, etwa mit *Primark, Inditex, Asos* oder *TKMaxx*. Auch *Aldi* und *Lidl* setzen den Schweden zu. Konzernchef *Persson* weiß das, hat aber offenbar die Ausmaße des Problems unterschätzt. Er wolle den Wandel des Unternehmens nun beschleunigen, noch schneller reagieren auf das sich anscheinend rasant verändernde Kundenverhalten. Das bedeutet: mehr Läden schließen und weniger neue eröffnen. Zum Sparprogramm gehört auch, einen Teil der Produktion nach Äthiopien zu verlagern. China gilt vielen Textilhändlern inzwischen als zu teuer, und Bangladesch ist politisch umstritten. Eine weitere Strategie ist, sich breiter aufzustellen. Damit hat der Konzern vor zehn Jahren langsam begonnen, indem er neue Modelabel dazu gekauft oder selbst erschaffen hat: *COS, Weekday, Cheap Monday, Monki* und *&Other Stories*. Zuletzt kam die Marke *Arket* dazu, mit eher hochpreisiger Kleidung, die keinen schnellen Trends folgt, sondern auf bewährte Modelle, nüchterne Schnitte und teurere Stoffe setzt." [3]

Seit den späten 1970er-Jahren, als aufgrund von gesättigten Märkten und vor allem als Folge der sog. Ölkrise die globale Wettbewerbsintensität drastisch anstieg, befassen sich Manager und Wissenschaftler verstärkt mit der Frage, wie Unternehmen **dauerhaft Erfolg** haben können. Ist es überhaupt möglich, in einem volatilen, d.h. zunehmend von Krisen und Strukturbrüchen gekennzeichneten Wettbewerbsumfeld die Unternehmensexistenz dauerhaft sichern? Gibt es eine begrenzte Anzahl an „Faktoren" (d.h. an Umfeld-, Markt-, Unternehmens- und Personenbedingungen), die in vorhersagbarer Weise über Erfolg und Misserfolg entscheiden? Gibt es **Erfolgsfaktoren**?

Gesättigte Märkte: Märkte, deren Marktpotential ausgeschöpft ist (bspw. weil nahezu jeder Haushalt zumindest ein Fernsehgerät besitzt)

Als **Erfolgsfaktoren** bezeichnet man „Elemente, Determinanten oder Bedingungen [...], die den Erfolg oder Misserfolg unternehmerischen Handelns entscheidend beeinflussen." [4]

3.3 Logik und Methoden des Erfolgsfaktorenkonzepts

Populär wurde dieser Denkansatz durch die Arbeiten von ***Peters & Waterman***. Die beiden *McKinsey*-Unternehmensberater haben Ende der 1970er-Jahre Manager der 62 renommiertesten nordamerikanischen Großunternehmen (z.B. *Caterpillar, ⇒ IBM, ⇒ McDonald's, ⇒ Procter & Gamble)* befragt. Gemessen an Kriterien wie Gewinn, ROI, Innovationskraft und Flexibilität des Umgangs mit Marktveränderungen konnten von diesen 43 als „dauerhaft erfolgreich" einge-

ROI (= Return on Investment): Rentabilität des investierten Kapitals

stuft werden. Wie die Analysen ergaben, unterschieden sich die „Erfolgreichen" von den „Erfolglosen" durch folgende **Grundtugenden**: [5]

- Primat des Handelns (= Fähigkeit und Bereitschaft, schnell, effizient und effektiv zu handeln),
- Nähe zum Kunden (= Vorrang von Serviceorientierung und anderen kundenorientierten Verhaltensweisen vor Technologieorientierung und dem Streben nach Kostenführerschaft),
- Freiraum für Unternehmertum (= innovationsfreundliches, ermunterndes „Klima"),
- Produktivität durch Menschen (= Mitarbeiter werden gefördert und gefordert),
- Sichtbar gelebtes Wertesystem (= erfolgreiche Unternehmen fühlen sich ihren Leitsätzen und den hinter diesen stehenden Werten verpflichtet),
- Bindung an das angestammte Geschäft (= Konzentration auf die Kernkompetenzen),
- Einfacher, flexibler Aufbau (= wenige Managementebenen, einfache Abläufe),
- Straff-lockere Führung (= Kombination von zentraler und dezentraler Führung).

In Gestalt des ⇒ **7S-Modells** (bzw. *McKinsey*-Modells) fanden diese Befunde Eingang in die Lehrbücher. Besondere Beachtung fanden dabei die sog. **weichen Erfolgsfaktoren**: 'skills' = Konzentration auf die Kernkompetenzen, 'style/culture' = Unternehmenskultur, 'shared values' = explizites und von den Mitarbeitern akzeptiertes Unternehmensleitbild.

Cash Flow: Überschuss der regelmäßigen Einnahmen eines Betriebes über dessen regelmäßigen laufenden betrieblichen Ausgaben

Relativer Marktanteil: Eigener Marktanteil im Verhältnis zum summierten Marktanteil der drei größten Anbieter

Die **PIMS-Studien** repräsentieren den zweiten Meilenstein der Erfolgsfaktorenforschung: Profit Impact of Market Strategies. [6] Hierbei dienten Umsatzrentabilität, Cash Flow, ROI und langfristige Wertsteigerung als Erfolgsindikatoren. Rückblickend erkennt man, dass die vom *Strategic Planning Institute*, Massachusetts, durch Korrelations- und Regressionsanalysen ermittelten Erfolgsfaktoren das Managementdenken jener Zeit entscheidend beeinflusst haben. Wenn bspw. das Streben nach Marktführerschaft seit damals zu den Grundregeln erfolgsorientierter Unternehmensführung zählt, so deshalb, weil sich in den PIMS-Daten empirisch ein signifikanter Zusammenhang zwischen **relativem Marktanteil** und Unternehmenserfolg nachweisen ließ. Dass eine Steigerung des Marktanteils um X% eine durchschnittliche Erhöhung des ROI um Y% ermöglicht, ist allerdings nur ein Teil der Wahrheit. Denn nicht nur Kostenführer können sich im Wettbewerb behaupten. Auch Qualitätsführer, deren Qualitäts- bzw. Differenzierungsvorteil es ihnen ermöglicht es, ein hohes Preisniveau durchzusetzen, sind dafür bestens gerüstet. Gefahr droht primär jenen Unternehmen, die sich nicht eindeutig positionieren und weder Kosten- noch Qualitätsführerschaft anstreben. Sie sind „Gefangene des Unentschiedenen": '**stuck in the middle**' (vgl. Abb. 3).

Abb. 3: Zusammenhang zwischen relativem Marktanteil und ROI

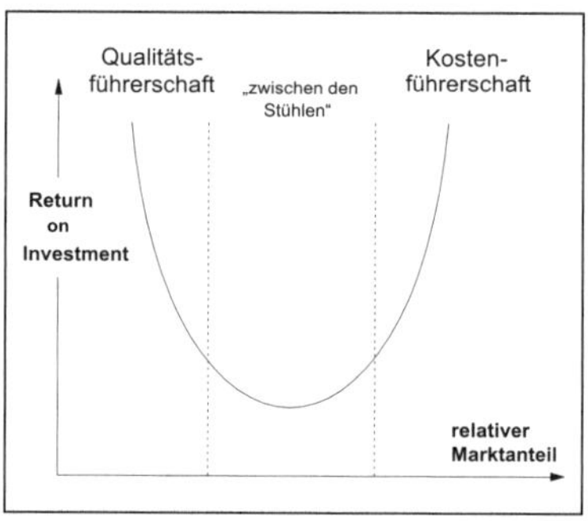

Ein drittes Standbein der Erfolgsfaktorenforschung sind **kontrollierte Experimente**. Mit ihrer Hilfe können einzelne Erfolgsfaktoren empirisch identifiziert werden. Zum Beispiel die sog. **Markenstärke**, die für die Produkt- und Markenpolitik von entscheidender Bedeutung ist: In einem Geschmackstest gaben 51 % der Versuchspersonen *Pepsi* den Vorzug und 44 % *Coca-Cola*, vorausgesetzt, es war ihnen nicht bewusst, um welche Marke es sich handelte (= Blindtest). Im offenen Test – d. h. unter Kenntnis der Marke – sprachen sich hingegen 65 % für *Coca-Cola* und nur 23 % für *Pepsi* aus (Rest = gleich gut). Der auf die Kenntnis der Marke zurückzuführende Präferenzzuwachs um 21 % spricht dafür, dass *Coca-Cola* die stärkere Marke ist. [7] Ein weiteres Beispiel der experimentellen Erfolgsfaktorenforschung: Händler sehen sich regelmäßig mit der Frage konfrontiert, wie groß die **Auswahl** sein sollte, die sie ihren Kunden offerieren. Unter dem Schlagwort „Marmeladen-Paradox" erlangte in diesem Zusammenhang eine Studie weltweite Aufmerksamkeit, in der sich zeigte, dass in der Sortimentspolitik nicht immer „viel" gleich „gut" ist. Im Gegenteil: Unter der Versuchsbedingung „begrenztes Sortiment" (= 6 Marmeladesorten) war die Kaufbereitschaft der Befragten signifikant größer als unter der Versuchsbedingung „große Auswahl" (= 24 Marmeladesorten). [8]

Markenstärke: Fähigkeit einer Marke, in den Köpfen der Konsumenten positive, für das Kaufverhalten bedeutsame Assoziationen auszulösen

Blindtest: Anonymisierter Produkttest (Versuchspersonen erhalten keine Informationen über Marke, Hersteller etc.)

3.4 Bedeutung des Erfolgsfaktorenkonzepts für dieses Buch

Die Erfolgsfaktorenforschung verfolgt das Ziel, mit Hilfe wissenschaftlicher Methoden zu ergründen, welche Marketinginstrumente nachweislich zum Unternehmenserfolg beitragen und wie sie auszugestalten sind. Auf diese Erfolgsfaktoren sollte sich das Management konzentrieren. Und nur diese Erfolgsfaktoren rechtfertigen Investitionen. Vor diesem Hintergrund führt dieses Buch nicht nur in die Grundlagen des Marketing ein, sondern gibt anhand von Fallbeispielen und empirischen Studien auch einen Einblick in die jeweils relevanten Erfolgsfaktoren (vgl. Abb. 4).

Abb. 4: Ausgewählte Erfolgsfaktoren des Marketing

Teil	Erfolgsfaktor
A Entwicklungsphasen des Marketing	-
B Strategisches Marketing	Wettbewerbsorientierung (z.B. Outpacing)
C Grundlagen des Konsumentenverhaltens	Soziales Umfeld (z.B. electronic Word-of-Mouth)
D Psychologie des Konsumentenverhaltens	Kundenorientierung (z.B. Nachkaufmarketing)
E Grundlagen der Produktpolitik	Bedürfnisorientierte Produktentwicklung (z.B. Produktklinik)
F Markenpolitik	Markenentwicklung (z.B. Markenerweiterung)
G Grundlagen der Preispolitik	Preisvariation (z.B. Skimmingstrategie)
H Psychologie der Preispolitik	Preisschwellen (z.B. gebrochene Preise)
I Grundlagen der Distributionspolitik	Multioptionalität (z.B. Multi-Channel-Vertrieb)
K Psychologie der Distributionspolitik	Verbundeffekte (z.B. Lockvogel-Angebot)
L Traditionelle Kommunikationspolitik	Emotionale Konditionierung (z.B. Kindchenschema)
M Innovative Kommunikationspolitik	Virales Marketing (z.B. E-Couponing)

4 Vom analogen zum digitalen Marketing

In der vergangenen Dekade, seit dem Erscheinen der ersten Auflage dieses Buches, haben sich die Bedingungen, unter denen Marketing betrieben wird, grundlegend geändert. Motor des dritten Paradigmenwechsels ist die zunehmend flächendeckende Verbreitung und Leistungsfähigkeit des Internet. Anfänglich ermöglichte es diese Art von **technischer** und **sozialer Vernetzung** den Nutzern primär, buchstäblich weltweit zu kommunizieren. Später wurde das Internet vermehrt auch dazu genutzt, Leistungen aller Art zu kreieren, zu erwerben oder zu teilen. Überdies erlaubt die Digitalisierung es den Konsumenten, sich untereinander und mit den Unternehmen zu vernetzen. Man spricht daher auch von der entstehenden **Ko-Konsumgesellschaft**, in der Konsum durch die zunehmende Vernetzung zum „**geteilten Erlebnis**" wird. [9] In dieser 'sharing economy' ermöglichen soziale Netzwerke, Blogs etc. individuelles, multioptionales Beziehungsmarketing und brechen damit die bisherige Informationshoheit der Unternehmen. Jeder Kunde ist sprichwörtlich „nur noch einen Mausklick entfernt", und kommunikative Maßnahmen können gezielter eingesetzt werden als jemals zuvor.

Gleichzeitig wächst die Gefahr von **Kommunikationskrisen**, ausgelöst durch negative Stimmen im Netz, die sich rasend schnell verbreiten können." [10] So sammelte eine leicht übergewichtige junge Britin, nachdem sie auf der Pinwand von *H&M* ein Ganzkörperbild von sich gepostet und die unrealistischen Kleidergrößen des Unternehmens wortreich kritisiert hatte, in kürzester Zeit mehr als 80.000 'likes' und mehr als 10.000 'shares'. Obwohl sie normalerweise Größe 14 trage (= Größe 42 in Deutschland), passte der Kundin selbst die größte

H&M-Größe (= 16) nicht im Entferntesten. [11] Ihre Beschwerde über die an „Magermodellen“ orientierten Kleidergrößen des Unternehmens verlieh offenbar vielen verärgerten Kunden eine Stimme.

Systematisch betrachtet lief und läuft die weltweite Vernetzung in bislang vier Phasen ab. Während im **Web 1.0** die Nutzer die von vergleichsweise wenigen Akteuren (bspw. Unternehmen) eingestellten Inhalte konsumierten – d. h. eine überwiegend passive Rolle spielten, ist das **Web 2.0** interaktiv angelegt: als Medium der Vielen. Nunmehr wurde das Internet zunehmend als Plattform verstanden und die Nutzer als Prosumenten, die mit Hilfe von 'social software' (Wikis, Blogs etc.) selbst entwickelte bzw. bearbeitete Inhalte einstellen und verteilen. Immer mehr Entscheidungen werden auf der Basis von Algorithmen automatisiert. Im noch etwas utopischen **Web 3.0** sind die Inhalte so niedergelegt, dass Maschinen dank künstlicher Intelligenz ihren Sinn verstehen können. Da Semantik die Lehre von der Bedeutung sprachlicher Zeichen ist, wird das Web 3.0 auch als “denkendes, semantisches Web” bezeichnet. Während Suchanfragen im Web 2.0 zu zahllosen Treffern von vielfach zweifelhafter Relevanz führten, verspricht das Web 3.0 dank 'smart targeting' (intelligente Informationsverarbeitung und intelligente Suchmaschinen) eine sehr begrenzte Anzahl sinnhafter Antworten – im Idealfall die eine richtige Antwort. Eine weitere Besonderheit ist die Integration virtueller Lebenswelten (in Gestalt virtueller Computerspielwelten, 'virtual workplace' etc.). Das **Web 4.0** schließlich wird häufig als „Internet der Dinge“ bezeichnet, aber auch als „allgegenwärtiges Web“ ('ubiquitous web'). Denn nunmehr „verschmelzen Realität und virtuelle Welt, und das Internet wird zum Outernet, das sich über die reale Welt legt. Die 'virtual reality' wird zur 'augmented reality', die online die passenden Informationen zum Geschehen in der realen Welt einblendet. Smartphones mit ihren „Apps“ sind ein Teil der Realisation des Outernet. Gleiches gilt für Brillen mit Projektionen, die sowohl für „Infotainment“ als auch im Beruf genutzt werden können.“ [12]

intermediär: lat. = dazwischenliegend

Intermediäre: Vermittler (Händler bspw. „vermitteln“ zwischen Herstellern und Konsumenten)

Prosument: Personalunion von Produzent und Konsument

Die wachsende Vernetzung aller Marktteilnehmer hat zahlreiche, nicht zuletzt für das Marketing bedeutsame **Strukturbrüche** ausgelöst bzw. gefördert, z. B.:

- **Desintermediation**. Dieses Schlagwort bezeichnet den Bedeutungsverlust, den zahlreiche Intermediäre aufgrund der neuen technischen Möglichkeiten hinnehmen mussten. Wer ein Buch veröffentlichen will, ist nun nicht mehr auf die Dienste eines Verlages und des Buchhandels angewiesen. Reisen, Hotelzimmer etc. können im Internet gebucht werden, ohne eine Reiseagentur einzuschalten. Crowdfunding, Fintech und Nearbanks bedrohen das Geschäftsmodell der klassischen Finanzindustrie. Und im Zeitalter von Blogging, *YouTube*, *Twitter* und *Instagram* sind die klassischen Medien nicht mehr als Informations- und Werbeträger unverzichtbar.
- **Shared Economy**. Dass immer mehr Nachfrager bereit sind, Leistungen gemeinsam zu nutzen sowie auf den Erwerb und dauerhaften Besitz von Produkten aller Art zu verzichten, stellt ganze Wirtschaftszweige und Wirtschaftsmodelle in Frage. *Uber* bspw. bedroht das Taxigewerbe, *Airbnb* das Hotel- und Gaststättengewerbe, Carsharing die Automobilhersteller und *Wikipedia* die Hersteller von Nachschlagewerken.

- **E-Commerce.** Wer es nicht möchte, muss seine Wohnung nicht mehr verlassen – jedenfalls nicht fürs Einkaufen. Kaum ein Produkt ist vorstellbar, das man nicht in einem Online-Shop erwerben und sich nach Hause liefern lassen könnte. Der etablierte Handel reagiert auf diese existentielle Herausforderung u. a. mit der Multi Channel-Strategie (bspw. der Kombination stationärer mit virtuellen Vertriebskanälen).
- **Augmented Reality.** Die computergestützte Erweiterung realer Phänomene um virtuelle Elemente ist geeignet, Kommunikationspolitik und Produktpräsentation zu revolutionieren. [13]
- **Verbrauchermacht und Ohnmacht.** Noch nie waren Verbraucher so mächtig wie heute, zugleich aber auch so ohnmächtig. In Sekundenschnelle können sie buchstäblich der ganzen Welt ihre positiven oder negativen Erfahrungen mit einem Produkt bzw. einem Unternehmen mitteilen, und ein Bild von skandalösen Produktionsbedingungen, mit Millionen von Menschen über *Instagram* geteilt, kann die Existenz des betroffenen Unternehmens gefährden. Die Kehrseite der Medaille ist der gläserne Konsument, der aufgrund der Spuren, die er im Netz hinterlässt, leichter beeinflussbar ist als jemals zuvor – bspw. durch personalisierte Werbung.
- **Vierte Industrielle Revolution:** Die durchgängige Automatisierung und IT-Vernetzung der Produktionsprozesse („Industrie 4.0") wird aufgrund erheblicher Optimierungspotentiale in Produktion und Logistik den bisherigen Kostenvorteil der Niedriglohnstandorte entwerten und die Rückverlagerung von Produktionsstandorten in die Hochlohnländer beschleunigen. [14] Und im „Smart Home" der Zukunft werden die Menschen dank kabelloser Datenübertragung wesentlich sicherer und komfortabler wohnen als bisher und nicht zuletzt klimaneutral.
- **3D-Druck.** Noch wird die als „additive Fertigung" bezeichnete Produktionstechnik in nur wenigen speziellen Anwendungsgebieten ohne große Marktbedeutung erprobt. Aber es ist absehbar, dass dieses Verfahren die Produktion technischer Güter revolutionieren wird und damit auch die Produktpolitik.

5 Literaturempfehlung

- *Esch, F.-R.; Herrmann, A.; Sattler, H.* (2017): Marketing. Eine managementorientierte Einführung, 5. Aufl., München: Vahlen.
- *Kollmann, T.* (2013): Online-Marketing, 2. Aufl., Stuttgart: Kohlhammer.
- *Kreutzer, R.T.* (2014): Praxisorientiertes Online-Marketing, 2. Aufl., Wiesbaden: Springer Gabler.
- *Lingenfelder, M.* (1999): 100 Jahre Betriebswirtschaftslehre in Deutschland, München: Vahlen.
- *Meffert, H.; Burmann, C.; Kirchgeorg, M.* (2015): Marketing. Grundlagen marktorientierter Unternehmensführung, Wiesbaden: Springer Gabler.

Endnoten

1. Bruhn (2014, S. 14)
2. American Marketing Association (AMA) 7/2013
3. Bigalke/Kläsgen (2017)
4. Kreilkamp (1987, S. 176)
5. Peters/Waterman (1982)
6. Buzzell/Gale (1989); Venohr (2013)
7. de Chernatony/McDonald (1992)
8. Iyengar/Lepper (2000)
9. https://reset.org/knowledge/sharing-caring-%E2%80%93-liegt-die-zukunft-im-kollektiven-konsum
10. Esch et al. (2018, S. 3)
11. http://www.bento.de/gefuehle/h-m-erntet-shitstorm-wegen-laecherlich-kleiner-kleidergroessen-644008/#ref=ressortblock (18.06.2016)
12. http://www.web-tourismus.de/tips/tip_10_11.aspx (30.06.2016)
13. Schneider (2015); http://augmented-reality-fhfl.jimdo.com/augmented-reality/ (12.06.2016)
14. http://www.msn.com/de-de/finanzen/top-stories/die-speedfactory-ist-f%c3%bcr-adidas-eine-revolution/ar-BBtsd1j?ocid=spartandhp (17.07.2016)

B. Strategisches Marketing

Am 15. Mai 1940 gründeten die Brüder *Richard* und *Maurice McDonald* in Kalifornien ihr erstes Restaurant. Es wurde zur Keimzelle der weltweit größten Fast Food-Kette. Deren Erfolgsgeschichte beruht auf der konsequenten Umsetzung einer damals ausgesprochen innovativen Marketingstrategie: Kostenvorteile dank Rationalisierung der Produktion (= standardisierte Zubereitung von Hamburgern) und Distribution (= Selbstbedienung). Weil das Unternehmenskonzept kontinuierlich an die sich ständig wandelnden Marktbedingungen angepasst wurde, blieb *McDonald's* dauerhaft wettbewerbsfähig. Das bis in die 1990er-Jahre hinein gültige Unternehmensleitbild gab den Mitarbeitern fünf Jahrzehnte lang folgende Corporate Mission vor: „Wir bieten der zunehmend mobilen Kundschaft außer Haus schnell und bequem ein preiswertes Essen an." Da gerade auch in den USA die Zahl fettleibiger Menschen dramatisch wuchs und deshalb die Kritik an dem überwiegend fett- und zuckerreichen Fast Food immer lauter wurde, vollzog *McDonald's* in den 2000er-Jahren einen Strategiewechsel. Zur Umsetzung der neuen Corporate Mission „Balanced, Active Lifestyles" [1] wurde 2003 der I'm lovin' it-Claim eingeführt. Umgesetzt werden sollte der Strategiewechsel durch mehrere Teilstrategien:

Strategie: Mittel- bis langfristige Planung des zur Zielerreichung erforderlichen Vorgehens

Corporate Mission: Schriftlich formuliertes, häufig idealisiertes Unternehmensleitbild

- Im Fokus der Marktfeldstrategie [2] steht **Marktentwicklung**: Eintritt in neue Märkte mit etablierten Produkten (z. B. Übernahme des Catering bei der *Deutschen Bahn).*
- Die Marktstimulierungsstrategie wurde lange Zeit von der **Preis/Mengen-Strategie** dominiert: Standardprodukte preisgünstig anbieten, um dank hoher Absatzmengen im gesamten Leistungsprozess ⇒ Skaleneffekte generieren zu können. Auf die veränderten Ernährungsgewohnheiten vieler Kunden reagierte *McDonald's* mit dem vermehrten Einsatz der **Präferenzstrategie** (z. B. „gesunde Produkte" wie Bioapfelschorle, frisches Obst und Salatteller sowie Kaffeespezialitäten der Marke *McCafé).*
- Als Marktparzellierungsstrategie favorisiert der Fast Food-Konzern die **nicht-selektive Marktsegmentierungsstrategie**: Die Kernprodukte *Big Mac,* Pommes Frites und Softdrinks werden zielgruppenspezifisch (z. B. vegetarische Produkte, *Happy Meal* für Kinder) und länderspezifisch (z. B. koschere Speisen in Israel, Lammfleisch in Indien) ergänzt bzw. modifiziert.
- **Internationalisierung** ist der Kern der Marktarealstrategie. Hauptsächlich mit Franchise-Partnern wird das Filialnetz immer dichter geknüpft und auf bislang noch nicht erschlossene Länder ausgedehnt (⇒ Franchising).

Unternehmensleitbild: Schriftlich formuliertes Selbstverständnis (Strategien, Ziele, gesellschaftliche Funktion etc.)

Die neue Ausrichtung lässt sich als ⇒ Outpacing-Strategie interpretieren. Zwar wäre *McDonald's* als **Kostenführer** jederzeit in der Lage, in einem Preiskampf die Oberhand zu behalten. Davon hätten aber alle Beteiligten nur Nachteile. Deshalb zieht das Management es vor, sich mit Hilfe der anderen Marketinginstrumente **Differenzierungsvorteile** zu verschaffen: produktpolitisch etwa durch „Product-Heros“ wie Big Mac, McFlurry und Apfeltasche, distributionspolitisch durch die Inszenierung einer Event-Atmosphäre am Point-of-Sale (z. B. Spielplatz, *Ronald McDonald*, hochwertige Einrichtung) und kommunikationspolitisch durch emotionale Leitbildwerbung unter dem Slogan „Ich liebe es“, soziale Initiativen *(McDonald's* Kinderhilfe) sowie Sportsponsoring.

1 Wichtigkeit von Zielen für den Unternehmenserfolg

Ziel: Anzustrebende Ausprägung des Zielgegenstandes

Unternehmen sind Institutionen, in denen zahlreichen Menschen zusammenwirken. Um deren Tätigkeit **koordinieren** und chaotische Entscheidungsprozesse, Verhaltensweisen etc. vermeiden zu können, benötigen Management und Mitarbeiter eine möglichst präzise Vorstellung davon, wie die Zukunft des Unternehmens gestaltet werden soll und welchen Beitrag sie dazu zu leisten haben. Wie aus folgendem fiktiven Beispiel ersichtlich wird, erfüllen ⇒ **Unternehmensziele** diese Koordinationsfunktion.

Proaktiv: „Durch zielgerichtetes Handeln ein Geschehen selbst bestimmen und vorantreiben“ (Duden)

Beispiel
Angenommen, die Geschäftsleitung macht als eine Ursache des unbefriedigenden Quartalsergebnisses eine unverhältnismäßig hohe Kundenabwanderung aus. Deshalb gibt sie das Ziel vor, den Anteil zufriedener Kunden am gesamten Kundenstamm innerhalb von zwei Jahren von 60 auf 80 % zu erhöhen. In einer Reihe von Meetings diskutieren die einzelnen Abteilungen sodann, welche Maßnahmen sie im Tagesgeschäft ergreifen können, um diesem Vorhaben zum Erfolg zu verhelfen. Die Marketingabteilung verständigt sich darauf, dass ihr Beitrag eine Verbesserung des Beschwerdemanagements sein könnte: eine Abkehr von dem bislang praktizierten reaktiven Ansatz und Entwicklung einer proaktiven Strategie.

Unternehmensziele erfüllen im Wesentlichen **drei Funktionen**:

- Orientierungs- und Lenkungsfunktion: Unternehmensziele leiten Mitarbeiter an und steuern den Ressourceneinsatz.
- Motivationsfunktion: Realistische Ziele (z. B. von 60 auf 80 %) motivieren zum zweckorientierten Handeln; unerreichbare Vorgaben (z. B. von 50 auf 100 %) demotivieren.
- Kontrollfunktion: Je exakter Ziele formuliert werden, desto leichter lässt sich überprüfen, ob sie erreicht wurden.

Anders als es traditionelle Lehrbücher über Strategische Unternehmensführung und Innovationsmanagement nahe legen, steht am Anfang so mancher Erfolgsgeschichte der **Zufall**. Die überaus nützlichen Post-its etwa verdanken wir dem letztlich gescheiterten Versuch des Chemikers *S. Silver*, einen Superklebstoff zu entwickeln. Und anstelle eines neuen Kältemittels für Kühlschränke erfand *R. Plunkett* Teflon, das legendäre Pfannenbeschichtungsmittel.

Auch wenn in diesen Mythen der Innovationsforschung bisweilen der Zufall eine entscheidende Rolle spielt, dürfte unstrittig sein, dass Unternehmen sich darauf nicht verlassen können. Wer Verantwortung trägt für Arbeitsplätze und Unternehmenswerte, möchte **vorausschauend entscheiden** und **handeln**, d.h. planvoll. Dazu bedarf es einer Marketingkonzeption. Intuition alleine genügt zumeist nicht.

Intuition: Gefühlsmäßiges Erfassen eines Sachverhaltes

„Marketing als markt- bzw. kundenorientierte Unternehmensführung lässt sich nur konsequent umsetzen, wenn dem unternehmerischen Handeln eine schlüssig abgeleitete, unternehmensindividuelle **Marketingkonzeption** zugrunde gelegt wird. Die Markt- und Unternehmenskonstellationen sind viel zu komplex und die Möglichkeiten des operativen Marketinginstrumenten-Einsatzes zu vielfältig, als dass ein nicht bewusst gesteuerter Marketingprozess möglich bzw. ökonomisch sinnvoll wäre." [3]

2 Grundzüge einer Marketingkonzeption

J. Becker vergleicht die Marketingkonzeption mit einem „Fahrplan", welcher die angestrebten Ziele („Wunschorte") auflistet und geeignete Strategien („Route") sowie Marketinginstrumente („Beförderungsmittel") beschreibt (vgl. Abb. 5). [4]

- Aus den umfassenden, allgemeiner formulierten Unternehmenszielen werden konkrete **Marketingziele** abgeleitet: Was wollen wir erreichen? Welchen Beitrag soll die Marketingabteilung leisten?
- **Marketingstrategien** legen fest, wie diese Vorgaben umgesetzt werden sollen.
- Aus den Strategien folgt, welche **Marketinginstrumente** wie eingesetzt werden sollen. Zusammengenommen bilden sie den Marketingmix. Für jedes Instrument sind bereichsspezifische Ziele, Strategien und Maßnahmen zu definieren (u.a. ein realistischer Zeitplan). Anstelle von „Marketinginstrument" spricht man häufig auch von „Politik" (z.B. Kommunikationspolitik).

Abb. 5: Struktur und Elemente der Marketingkonzeption

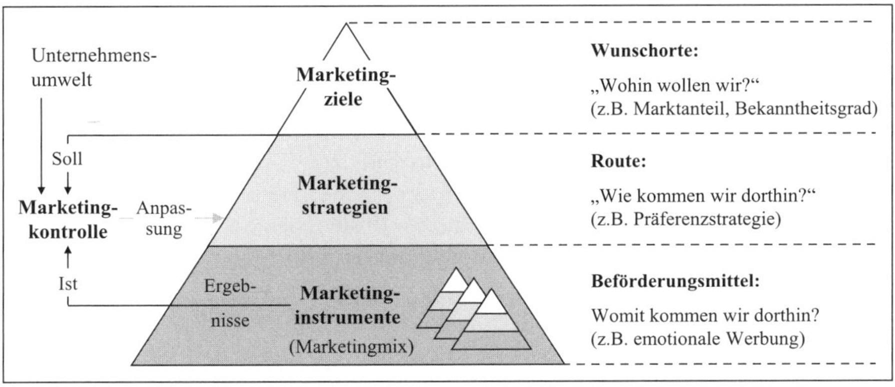

Quelle: in Anlehnung an Becker (2013, S. 4).

Rollierende Planung: Aktualisierung und Konkretisierung der Planung in regelmäßigen Zeitintervallen

Es hat sich bewährt, die zumeist mit einem **Zeithorizont** von drei bis fünf Jahren formulierte ⇒ Marketingkonzeption **schriftlich** zu **dokumentieren**. Dies zwingt die Verantwortlichen, Ziele und Strategien unmissverständlich zu formulieren und verbindlich festzulegen. Auch sorgt die Schriftform dafür, dass allen Entscheidern innerhalb des Unternehmens die gleiche Planungsgrundlage vorliegt. **Erfolgskontrollen** sollten nicht einmalig, erst am Ende des Planungs- oder Berichtszeitraums durchgeführt werden, sondern möglichst fortwährend. Dazu ist das jeweils Erreichte mit den Zielvorgaben zu vergleichen (bspw. im Rahmen von sog. Marketingklausuren). Sollte sich dabei herausstellen, dass bestimmte Ziele deutlich übertroffen bzw. deutlich verfehlt werden, sind die von dieser Abweichung betroffenen Strategien und Instrumente entsprechend anzupassen. Rollierende Planung der Marketingkonzeption und Erfolgskontrolle sind Aufgabe des **Marketingcontrolling**.

3 Definition der Marketingziele

3.1 Grundlagen

Paradigma: Grundlegende, von den Vertretern eines Wissensgebietes geteilte Leitidee

Der neoklassischen Richtung der Theorie der Unternehmung lag ein einfaches Weltbild zugrunde. So begriff sie **Gewinnmaximierung** als oberstes und letztlich entscheidendes Unternehmensziel. [5] Die moderne, zunehmend verhaltenswissenschaftlich beeinflusste Richtung postuliert ein komplexeres Zielsystem: Da Unternehmen die nicht selten widersprüchlichen Bedürfnisse der unterschiedlichsten Anspruchsgruppen (z. B. Aktionäre, Kunden und Öffentlichkeit) bestmöglich erfüllen müssen, sollten sie nicht den maximalen, sondern einen **zufrieden stellenden Gewinn** anstreben. Als Konsequenz des neuen ⇒ Paradigmas vom 'satisfying profit' fanden nun auch **„weiche Ziele"** wie Kundenzufriedenheit, soziale Absicherung der Mitarbeiter, Wissensaufbau und

Abb. 6: Strategisches Fundament der Marketingziele

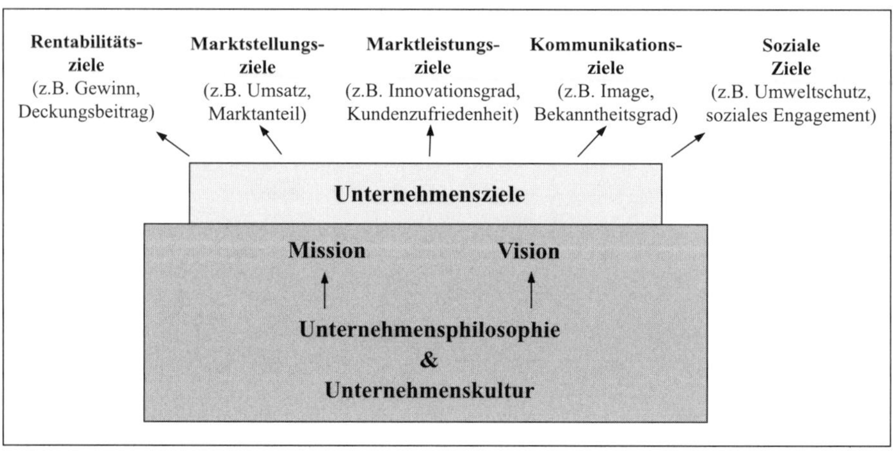

umweltverträgliches Wirtschaften Eingang in Theorie und Praxis der Unternehmensführung (vgl. Abb. 6). Zwar tragen diese selten direkt zum Unternehmenserfolg bei, sind aber nicht weniger wichtig als die „**harten Ziele**".

Als sog. Bereichsziele fußen die Marketingziele auf den allgemeinen Unternehmenszielen (z. B. Eigenkapitalquote, Wettbewerbsfähigkeit, gesellschaftliche Verantwortung). Sie wiederum reflektieren die **Unternehmensphilosophie** (z. B. *BMW*: „Freude am Fahren") und die ⇒ **Unternehmenskultur** (z. B. *„VW* hat nicht nur den Menschen im Fokus, sondern steht auch für eine Nachhaltigkeit wirtschaftlicher und sozialer Ziele, für Corporate Social Responsibility"). Beide ⇒ Konstrukte sind Gegenstand der **Corporate Mission**. Sie beschreibt in prägnanter Weise, wofür das Unternehmen steht (z. B. *ProSieben*: „We love to entertain you!"). Während die Corporate Mission den 'status quo' abbildet, richtet die **Corporate Vision** den Blick in die Zukunft: als ehrgeizige, aber nicht unrealistische Vorstellung dessen, was das Unternehmen z. B. in den kommenden zehn Jahren erreichen möchte.

Unternehmensphilosophie: Übergeordnetes Konzept, aus dem Kultur, Leitbild und Strategie des Unternehmens abgeleitet werden

Unternehmenskultur: Grundlegende, dem Unternehmen wichtige Werte und Überzeugungen

Vision 2020 der Siemens AG

1. A clear mission
A mission expresses a company's self-understanding and defines its aspirations. "We make real what matters." That's our aspiration. That's what we stand for. That's what sets us apart. A reflection of our strong brand, it's the mission that inspires us to succeed.

2. A lived ownership culture

One engine of sustainable business is our ownership culture, in which every employee takes personal responsibility for our Company's success. "Always act as if it were your own Company" – this maxim applies to everyone at Siemens, from Managing Board member to trainee.

3. A consistent strategy
With our positioning along the electrification value chain, we have knowhow that extends from power generation to power transmission, power distribution and smart grid to the efficient application of electrical energy. And with our outstanding strengths in automation, we're well equipped for the future and the age of digitalization. Vision 2020 defines an entrepreneurial concept that will enable our Company to consistently occupy attractive growth fields, sustainably strengthen our core business and outpace our competitors in efficiency and performance. It's our path to long-term success. And we're measuring our progress: seven overarching goals support this aim.

We'll be working on the three areas outlined above. They describe the key factors that are enabling us to lead Siemens into a successful future. Throughout this process, we will gear all our actions to the requirements of our customers, our owners and our employees as well as to the values of society. I personally intend to ensure that the next generation will inherit a better Company. That's my vision. That's my responsibility. That's my promise.

Sincerely yours,

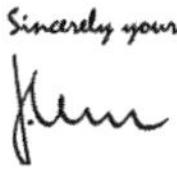

Joe Kaeser,
President and CEO of Siemens AG

Quelle: http://www.siemens.com/about/en/strategic-overview.htm (29.3.2016)

Aus Sicht des Managements sind Ziele „Richtgrößen unternehmerischen Handelns", u. a. dazu bestimmt, die Mitarbeiter zu motivieren und ihnen Orientierungshilfe zu geben. Dies setzt voraus, dass Ziele möglichst **konkret** und **präzise** formuliert werden:

- Wie viel (= Zielausmaß)
- wovon (= Zielinhalt) soll
- bis wann (= Zieltermin)
- wo (= Zielraum)
- bei welcher Zielgruppe erreicht werden?

Da Ziele weiterhin **relevant** und **kontrollierbar** sein sollten, würde es bspw. nicht genügen, als Ziel „Erhöhung des Bekanntheitsgrades" auszugeben. Denn es wäre nicht relevant, da angesichts einer so unspezifischen Vorgabe bereits ein geringfügiger, für den Unternehmenserfolg aber unwesentlicher Zuwachs des Bekanntheitsgrades genügen würde, um Zielerreichung attestieren zu können. Sachgerecht wäre hingegen folgende beispielhafte Zielvorgabe: Die ungestützte Bekanntheit der Unternehmensmarke (= Zielinhalt) soll im deutschen Geschäftskundensegment (= Zielraum und Zielgruppe) innerhalb von fünf Jahren (= Zieltermin) von 50 auf 65 % (= Zielausmaß) gesteigert werden.

3.2 Zielhierarchie und Wechselwirkungen

Das Zielsystem der Unternehmen ist **hierarchisch organisiert.** Wer bspw. den Marktanteil eines Produktes steigern möchte, wird dieses Ziel nur erreichen können, wenn es ihm gelingt, das Kaufverhalten der Zielgruppe zu beeinflussen. Daraus folgt die Notwendigkeit, gleichzeitig mehrere bereichsspezifische Ziele zu verfolgen:

- kommunikationspolitische Ziele (Bekanntheitsgrad steigern, Markenimage verbessern etc.),
- distributionspolitische Ziele (Distributionsgrad erhöhen, Fehlmengenquote senken etc.),
- produktpolitische Ziele (wahrgenommenen Nutzen erhöhen etc.),
- preispolitische Ziele (wahrgenommene Preisgünstigkeit steigern etc.).

c.p.: ceteris paribus (lat. = unter der Bedingung, dass alle anderen außer den genannten Variablen gleich bleiben)

Außerdem ist zu prüfen, ob die angestrebten Ziele miteinander vereinbar sind: **Komplementäre Ziele** unterstützen sich wechselseitig. So spricht nichts dagegen, gleichzeitig die Produktionskosten und den Verkaufspreis zu senken. **Konkurrierende Ziele** hingegen beeinträchtigen sich wechselseitig. Einem Anbieter, der seine Werbekosten reduzieren möchte (= Ziel 1), wird es c.p. schwer fallen, mehr neue Kunden zu gewinnen (= Ziel 2). Schließlich gibt es auch **unvereinbare Ziele**: z. B. hoher Marktanteil und exklusives Image.

3.3 Zielfindung

Um geeignete Ziele festlegen zu können, benötigt das Management Informationen, die teils unternehmensintern und teils extern verfügbar sind. Per **Umweltanalyse** (= extern) werden die bestehenden und die zukünftigen Rahmenbedingungen der Unternehmenstätigkeit ermittelt (z. B. mit Hilfe der ⇒ Szenario-Technik). Dabei lassen sich zwei Ebenen unterscheiden:

Szenario-Technik: Leitet aus der Ist-Analyse Einfluss- und Störfaktoren der künftigen Entwicklung ab und sodann Zukunftsszenarien sowie Eventualstrategien

- **Makroebene**: Auf welche Ressourcen (z. B. Rohstoffe, Patente) und Technologien (z. B. Tiefseefördertechnik) kann bspw. ein Energieunternehmen zurückgreifen? Und welche ökonomischen (z. B. Ölpreis, Wechselkurs), politischen (z. B. Subventionen für erneuerbare Energien), rechtlichen (z. B. Patentrecht), gesellschaftlichen (z. B. demographischer Wandel) und Umweltbedingungen (z. B. Klimawandel) sind entscheidungsrelevant?
- **Mikroebene**: Welche Merkmale der Zielgruppe, der Konkurrenten und des Handels sind zu beachten? Lassen sich die Einstellungen und Verhaltensweisen der Kunden verlässlich prognostizieren? Welche Geschäftspolitik betreiben aktuelle und potenzielle Konkurrenten?

Gegenstand der **Unternehmensanalyse** (= intern) sind Marktstellung und Merkmale der angebotenen Produkte (= Ist-Position) sowie das Potential des Unternehmens. Darunter fallen die Fähigkeiten der einzelnen Abteilungen bzw. Funktionen (z. B. Marketing) wie auch die verfügbaren sachlichen, finanziellen und personellen Ressourcen. Die dabei gewonnenen Informationen werden im Zuge des Benchmarking mit denen der relevanten Wettbewerber verglichen, wobei besonders erfolgreiche Konkurrenten als Best Practices dienen. Ergebnis der Unternehmensanalyse ist eine Bestandsaufnahme der Stärken (z. B. bekannteste Marke) und Schwächen des Unternehmens (z. B. geringe Kundenorientierung).

Benchmarking: Vergleich der eigenen Leistungsmerkmale mit denen relevanter Wettbewerber

Best Practices: Vorbilder, an denen sich ein Anbieter orientieren kann

Visualisiert werden die Ergebnisse der Unternehmensanalyse häufig mit Hilfe der **Portfolioanalyse**. Dabei vergleicht man Objekte (zumeist Märkte, Unternehmensbereiche oder Produkte) anhand von zwei oder drei Erfolgskriterien und leitet daraus Ziele, Maßnahmen etc. ab. Das wohl bekannteste Beispiel ist das **Marktanteils/Marktwachstums-Portfolio** der *Boston Consulting Group* (vgl. Abb. 7). Im Regelfall werden damit die analysierten Märkte bzw. Geschäftsfelder vier Segmenten zugeordnet, für die standardisierte Handlungsempfehlungen gelten:

Relativer Marktanteil: Eigener Marktanteil im Verhältnis zum Marktanteil des stärksten Konkurrenten

- **Stars** sind stark wachsende Märkte, in denen das Unternehmen einen großen relativen Marktanteil hat. Da sie überdurchschnittlich profitabel sind, liegt es nahe, auch weiterhin in Star-Märkte zu investieren (Ziel = Wachstum).
- In dem gleichfalls zukunftsträchtigen Segment der **Question Marks** ist der Anbieter bislang nur wenig präsent. Daraus folgt: entweder die für die Erringung eines angemessenen Marktanteils nötigen Investitionen vornehmen oder das Engagement in diesem Markt beenden (Ziel = Wachstum oder Desinvestition).
- **Cash Cow-Märkte** sind zwar profitabel, stagnieren oder schrumpfen aber. Die hier erzielte Rendite sollte in die längerfristig rentablen Star- oder Question Mark-Märkte investiert werden (Ziel = Abschöpfung).

- Aus den als **Poor Dogs** klassifizierten Geschäftsfeldern sollte sich der Anbieter eher früher als später zurückziehen (Ziel = Desinvestition). Im Falle des *Phaeton* geschah dies sehr spät, obwohl die Wolfsburger jedes Exemplar nur mit einem Verlust von ca. 28.000 € verkaufen konnten. Offensichtlich werden derart weitreichende Entscheidungen (hier: Aufnahme eines Luxuswagens in die Produktpalette) nicht ausschließlich auf Basis von ökonomischen Kriterien gefällt, sondern bspw. auch mit Blick auf die Imagewirkung. [6]

Abb. 7: Marktwachstums/Marktanteils-Portfolio von VW

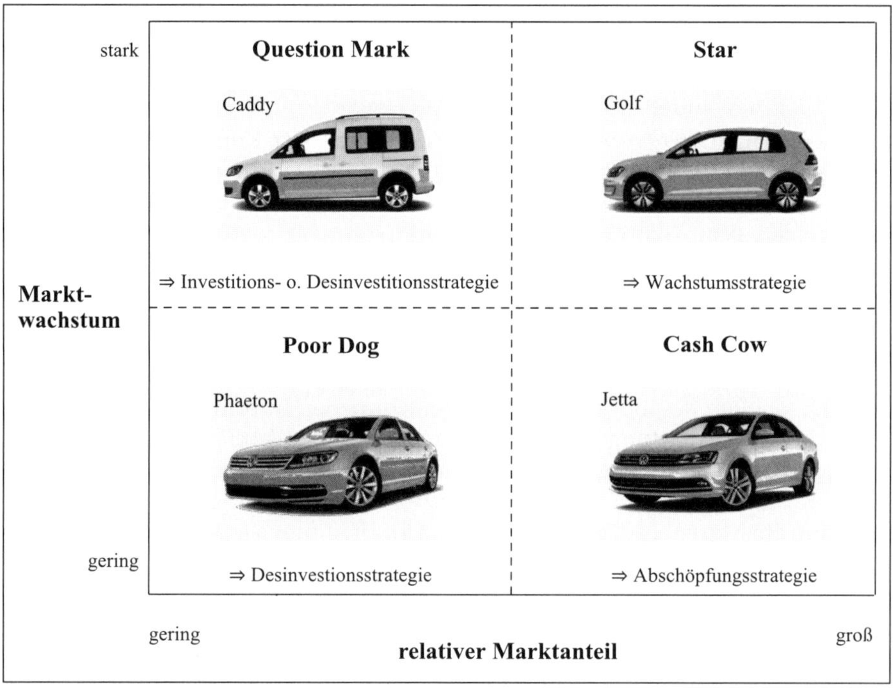

Bewährt hat es sich auch, die Ergebnisse von Umwelt- und Unternehmensanalyse in der ⇒ **SWOT-Analyse** zusammenzuführen. Dazu werden aus der Unternehmensanalyse die Stärken (**S**trengths) und Schwächen (**W**eaknesses) des eigenen Unternehmens übernommen sowie aus der Umweltanalyse die Chancen (**O**pportunities) und Risiken (**T**hreats) der Märkte. Trifft eine Stärke des Anbieters (z. B. Kundennähe) auf eine passende Umweltveränderung (z. B. zunehmendes Anspruchsdenken der Verbraucher), so erwächst daraus eine Marktchance, die es durch entsprechende Angebote zu nutzen gilt (z. B. Kundenbindungsprogramm). Umgekehrt können einschlägige Schwächen des Unternehmens den Markterfolg bedrohen, sofern keine Gegenmaßnahmen ergriffen werden. So hängt angesichts der Umbrüche am weltweiten Automobilmarkt die Zukunft der deutschen Automobilindustrie vermutlich davon ab, ob bzw. wie schnell es ihr gelingen wird, ihre Schwächen (Elektroantriebe, preisgünstige Produktion von Kleinwagen) zu beheben.

4 Marketingstrategien

Strategien beschreiben den Weg, der zum gesetzten Ziel führt. Dem Management sollten sie jedoch den erforderlichen Freiraum lassen, um flexibel und kreativ auf unvorhergesehene Ereignisse reagieren zu können. Von den zahlreichen Vorschlägen zur Typisierung von Marketingstrategien stellen wir zwei sich ergänzende Ansätze vor: die kunden- und die wettbewerbsorientierte Strategie.

4.1 Kundenorientierte Strategien nach J. Becker

Dieses Strategiekonzept basiert auf der Überlegung, dass Strategisches Marketing nichts anderes ist als die markt- und kundenorientierte Führung des gesamten Unternehmens. [7] *J. Becker* diskutiert vier Strategiedimensionen (vgl. Abb. 8).

Abb. 8: Systematik zentraler kundenorientierter Marketingstrategien

	Art der strategischen Festlegung	Strategische Basisoption
Marktfeldstrategie	Festlegung der Produkt/ Markt-Kombination(en)	Gegenwärtige oder neue Produkte in gegenwärtigen oder neuen Märkten
Marktstimulierungsstrategie	Art und Weise der Marktbeeinflussung	Qualitätswettbewerb oder Preiswettbewerb
Marktparzellierungsstrategie	Art und Grad der Differenzierung der Marktbearbeitung	Massenmarktmarketing oder Segmentierungsmarketing
Marktarealstrategie	Art und Stufen des Markt- bzw. Absatzraumes	Nationales Marketing oder internationales Marketing

Quelle: Becker (2013, S. 148).

Marktfeld- bzw. Produkt/Markt-Strategie

Zunächst hat der Anbieter festzulegen, mit welchem Produkt er welchen Markt bearbeiten möchte. Ausgehend vom bisherigen Markt- und Leistungsportfolio des Unternehmens lassen sich gemäß der sog. **Ansoff-Matrix** vier Marktfeldstrategien unterscheiden (vgl. Abb. 9).

Abb. 9: Produkt/Markt-Matrix nach Ansoff – dargestellt am Beispiel der Deutschen Telekom

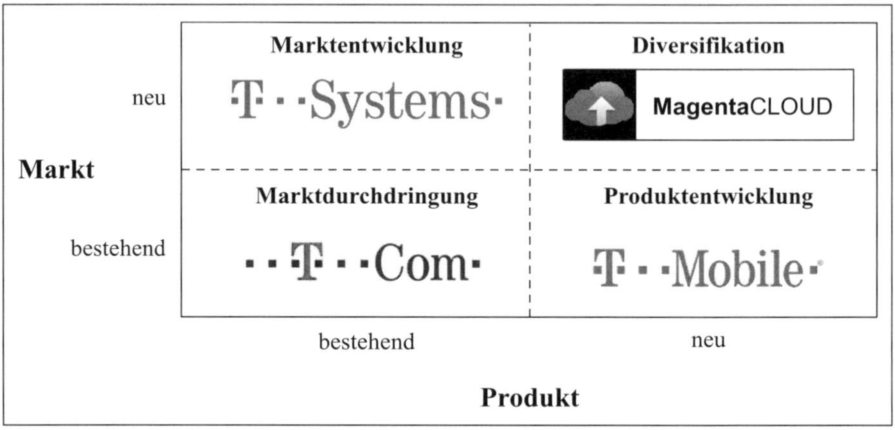

Obsoleszenz: Natürliche oder künstliche Begrenzung der Lebensdauer eines Gegenstands

- **Marktdurchdringung** zielt darauf, in Märkten, die ein Unternehmen bereits erschlossen hat, den eigenen Marktanteil zu vergrößern. Eine der Handlungsoptionen der *Deutschen Telekom* besteht darin, Festnetzkunden von Konkurrenten abzuwerben (z. B. durch eine attraktive Wechselprämie). Lebensmittelhersteller können durch größere Verkaufseinheiten (z. B. Bier im Partyfass) ihren Markt besser durchdringen, Unterhaltungselektronikhersteller durch einen beschleunigten Modellwechsel und Kleiderproduzenten durch verkürzte Modezyklen (⇒ Obsoleszenz).
- **Produktentwicklung** bedeutet, in bestehenden Märkten neue Produkte anzubieten – bspw. Mobilfunkdienstleistungen für Privatkunden unter der Marke *T-Mobile*. Dadurch gelang es der *Deutschen Telekom*, von der rasanten Entwicklung dieses Marktsegmentes zu profitieren und die spiegelbildlichen Verluste im Festnetzbereich auszugleichen.
- Ein Unternehmen, das etablierte Produkte in neue Märkte einführt, betreibt **Marktentwicklung**. So fasste die *Deutsche Telekom* mit der Marke *T-Systems* im Geschäftskundenmarkt Fuß, indem es den Unternehmenskunden Erzeugnisse anbot, die sich bereits im Endverbrauchermarkt bewährt hatten (z. B. Telekommunikationsanlagen). Für *Haribo* war die Zielgruppe der Erwachsenen der neue Markt („*Haribo* macht Kinder froh … und Erwachsene ebenso") und für *Bayer* eine neue Indikation (*Aspirin* nicht nur gegen Kopf-, sondern auch gegen Gelenkschmerzen). *Apple* wiederum zielte mit dem *iPhone SE* auf den Markt der prestigeorientierten, aber weniger zahlungsbereiten Handynutzer.

Risikostreuung: Ausweitung des Tätigkeitsfeldes auf Produkte und Märkte mit unterschiedlichem Risikoprofil

- Durch **Diversifikation** schaffen Unternehmen sich ein grundlegend neuartiges Tätigkeitsfeld. Ob diese Strategie (mit neuen Produkten neue Märkte erschließen) vorrangig der Risikostreuung dient oder ob damit andere Ziele verfolgt werden (z. B. Nutzung überschüssiger Ressourcen), ist umstritten. [8] Bei der vertikalen Diversifikation übernimmt ein Anbieter vorgelagerte (im Falle eines produzierenden Unternehmens bspw. Zuliefererleistungen) oder nachgelagerte Wertschöpfungsstufen (z. B. Handelsleistungen). Ein Automobilhersteller, der beginnt, selbst Batterien, Reifen, Sitze etc. zu produzieren, betreibt rückwärtsgerichtete vertikale Diversifikation. Hingegen handelt es sich um eine vorwärtsgerichtete vertikale Diversifikation, wenn er in eigener Regie Autohäuser führt. *Amazon* verknüpft mit der hausintern als ⇒ 'dragon boat' bezeichneten Offensive, zukünftig die gesamte Logistikkette zu beherrschen, beide Strategien. Von horizontaler Diversifikation spricht man, wenn das bisherige Leistungsprogramm um warensystematisch verwandte Produkte auf der gleichen Wertschöpfungsstufe erweitert wird – wenn also bspw. *BMW* auch Motorräder herstellt. Steht schließlich das neue Produkt in keinem direkten Zusammenhang zum bisherigen Sortiment, so handelt es sich um laterale Diversifikation. *Ferrari* etwa nutzte sein im Automobilbereich geschaffenes Image, um als Lizenzgeber ein Parfüm und eine Vielzahl anderer Produkte einzuführen (vgl. Abb. 10). Für Mischkonzerne ist laterale Diversifikation das Geschäftsmodell. Die *Dr. Oetker-Gruppe* bspw. engagiert sich in den Segmenten Nahrungsmittel, Getränke, Luxushotels, Schifffahrt sowie Banken und Versicherungen.

Abb. 10: Diversifizierte Produktpalette von Ferrari (Auswahl)

Marktstimulierungs- bzw. Preis/Leistungs-Strategie

Steht der Leistungsgegenstand in Gestalt der Produkt/Markt-Kombination fest, gilt es festzulegen, wie man die Nachfrage danach stimulieren will. Wodurch können potentielle Kunden zum Kauf bewogen werden? Grundlegende Verkaufsargumente sind ein günstiger Preis sowie Art und Qualität der angebotenen Leistung. Durch systematische Variation des Preis/Leistungs-Verhältnisses ergeben sich vier Grundformen der Marktstimulierung (vgl. Abb. 11):

- Die **Präferenzstrategie** beruht auf einer hochwertigen Leistung, die eine überdurchschnittliche Preisforderung rechtfertigt. Der Premiumanspruch wird indessen nicht alleine durch überlegene Produktqualität eingelöst. *Apple* etwa setzt überdies auf innovatives Design, *BMW* auf Emotionalität („Fahrspaß") und *Coca-Cola* auf eine starke Markenpersönlichkeit.
- Während Qualitätswettbewerb das Wesen der Präferenzstrategie ist, setzt die **Preis/Mengen-Strategie** auf – nicht selten aggressiven – Preiswettbewerb. Ein günstiger Preis soll für ⇒ Skaleneffekte sorgen und es dem Anbieter dank einer vorteilhaften Kostenstruktur ermöglichen, den Preis als Wettbewerbsinstrument einzusetzen. Das Mittel der Wahl sind Dauerniedrigpreise (bspw. *dm* und *Lidl*), während die Strategie der Sonder- bzw. Promotionspreise, welche neben anderen *Karstadt* bevorzugt, eher für kurzfristige Verkaufserfolge sorgt.

Sonderpreis: Kurzzeitige, zumeist als Werbeargument genutzte Preissenkung

Dauerniedrigpreis: Dauerhaft unter dem Marktdurchschnitt liegende Preisstellung

- In wettbewerbsintensiven Märkten sind Strategien, die sich der grau markierten Diagonalen der Matrix zuordnen lassen (vgl. Abb. 11), langfristig tragbar. Positionierungen jenseits dieses Wettbewerbsraumes sollten nur kurzfristig verfolgt werden. Die **Vorteilsstrategie** etwa, welche den Kunden ein besonders günstiges Preis/Leistungs-Verhältnis verspricht, eignet sich primär dazu, Markteintrittsbarrieren zu errichten, um potentielle Wettbewerber abzuwehren, und von aktiven Wettbewerbern Kunden abzuwerben.
- Bei der **Übervorteilungsstrategie** wird den Kunden ein in Relation zur gebotenen Leistung überteuertes Produkt angeboten. Von Nischenmärkten (bspw. Kaffeefahrten) abgesehen können sich dies nur Monopolisten oder Stromanbieter, Mineralölkonzerne und andere Unternehmen, die mit ihren „Konkurrenten" in „friedlicher Koexistenz" leben, langfristig erlauben.

Abb. 11: Preis/Leistungs-Positionierung

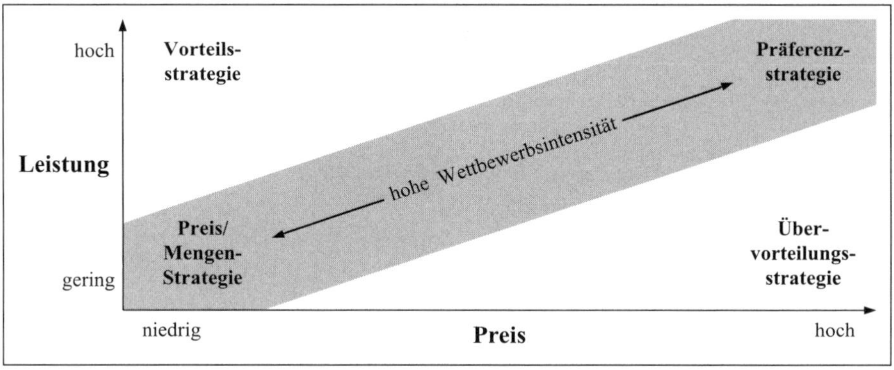

Marktparzellierungs- bzw. Zielgruppenstrategie

In dieser Phase der Entwicklung einer Marketingkonzeption sind zwei Schlüsselfragen zu beantworten:

- Marktabdeckung: Wollen wir den Gesamtmarkt bearbeiten oder einen Teilmarkt?
- Differenzierungsgrad der Marketingstrategie: Kann die Zielgruppe standardisiert oder muss sie differenziert angesprochen werden?

Marktnische: Kleine Teilmenge des Gesamtmarktes

In den Nachkriegsjahren, als die meisten Märkte Verkäufermärkte waren, genügte die **Massenmarktstrategie mit vollständiger Marktabdeckung**. *VW, Persil, Nivea* etc. wurden deutschlandweit mit ein- und demselben Nutzenversprechen vertrieben und eroberten große Marktanteile. Heutzutage, angesichts des intensiven Wettbewerbs und zunehmend vielfältiger Kundenbedürfnisse, verspricht diese Form der undifferenzierten Marktbearbeitung immer seltener Erfolg. Ausnahmen von dieser Regel sind globale Produkte, die, wie die Smartphones von *Apple* oder *Samsung*, weitgehend standardisiert auf dem Weltmarkt angeboten werden.

Bei der **Massenmarktstrategie mit partieller Marktabdeckung** bleibt das Unternehmen dem undifferenzierten Ansatz treu, konzentriert sich aber auf lukrative bzw. anderweitig attraktive Teilmärkte. *BMW* etwa ist nicht im Gesamtmarkt für Zweiräder tätig, sondern im Teilmarkt für schwere Motorräder. Diese Marktparzellierungsstrategie eignet sich im Übrigen auch für die Bearbeitung von Marktnischen (z. B. Kaffeepadsystem *Senseo)*.

Marktsegmentierung: Aufteilung des Gesamtmarktes in Teilmärkte

Die **nicht-selektive Marktsegmentierungsstrategie** verbindet die Ziele „vollständige Marktabdeckung" und „differenzierte Ansprache der Kunden". Viele Großunternehmen gehen so vor. Die *Deutsche Telekom* bspw. ist auf dem gesamten Telekommunikationsmarkt aktiv, spricht allerdings Geschäfts- und Privatkunden sowie Viel- und Wenigtelefonierer unterschiedlich an (z. B. gesonderte Hotline für Geschäftskunden).

Andere Unternehmen wiederum verfolgen eine **selektive Marktsegmentierungsstrategie**. Sie konzentrieren sich auf wenige, im Extremfall auf eine Zielgruppe. *Porsche* bspw. umwirbt mit großem Erfolg luxusaffine, wenig preissensible Sportwagenfans, während die Reinigungsmittel von *Frosch* die Zielgruppe der umweltbewussten Konsumenten ansprechen. Eine Zielgruppe, die LOHAS (Lifestyles of Health and Sustainability), erfreut sich bei vielen Unternehmen wachsender Beliebtheit. Denn dieses Segment erzielt ein überdurchschnittliches Einkommen und meidet Billigangebote. Allerdings sind die LOHAS überaus anspruchsvoll. Als Konsumenten wollen sie vor allem ihr persönliches Wohlergehen fördern (bspw. ihre Gesundheit) und ihre Umwelt schützen (durch Nachhaltigkeit).

Zielgruppe "Generation Silber"

Der demografische Wandel sorgt dafür, dass neben den 20-49-Jährigen, der traditionellen Kernzielgruppe des Marketing, zunehmend auch die Älteren ins Blickfeld der Werbetreibenden rücken. Die neuen Zielgruppen der „Best Ager" (50-59-Jährige), der „Generation 55plus" und der „Generation Silber" (> 60 Jahre) repräsentierten mittlerweile mehr als 45% der Bevölkerung über 14 Jahre. Sie kaufen nicht nur 50% aller Neuwagen, sondern 80% der Luxusklasse sowie 50% aller Gesichtspflegeprodukte und 85% aller Kreuzfahrten. Wer bei diesem anspruchsvollen Segment Erfolg haben möchte, muss den Marketingmix den altersspezifischen Anforderungen anpassen: u.a. durch altersgerechtes Produktdesign (z.B. größere Tasten am Mobiltelefon) und Werbung mit altersgerechten Testimonials bzw. Leitbildern (siehe Werbung von *Dove)*.

Marktareals- bzw. Zielmarktstrategie

BRIC-Staaten: Bevölkerungsreiche und wachstumsstarke Schwellenländer (Brasilien, Russland, Indien und China)

Schließlich gilt es festzulegen, **wo** das Produkt angeboten werden soll (vgl. Abb. 12). Dabei ist zu beachten, dass ein übergeordnetes Marktareal nicht zwangsläufig alle untergeordneten Areale einschließt. Beispielsweise konzentrieren sich international agierende Handelsunternehmen wie *IKEA* oder *METRO* in den BRIC-Staaten auf urbane Regionen.

Abb. 12: Marktarealstrategien im Überblick

	Marktareal	Unternehmen bzw. Marke
lokal	Dresden	z.B. *Dresdner Verkehrsbetriebe*
regional	Sachsen	z.B. *Margon Wasser*
überregional	Neue Bundesländer	z.B. *F6*
national	Deutschland	z.B. *Bitburger Pils*
international	mehrere/viele Länder (Fokus Stammland)	z.B. *Siemens*
multinational	mehrere/viele Länder (Fokus Gastland)	z.B. *Langnese (Unilever)*
global	nahezu weltweit präsent	z.B. *Coca-Cola*

4.2 Wettbewerbsorientierte Strategien nach M.E. Porter

Komparativer Wettbewerbsvorteil: Dauerhafte, für Kunden relevante und wahrnehmbare Überlegenheit im Preis/Leistungsverhältnis

Generisch: Allgemeingültig

Weder Kundenorientierung noch jede andere Strategie garantieren Markterfolg, wenn Konkurrenten die zugehörigen Kundenbedürfnisse besser bzw. preisgünstiger befriedigen. „Besser sein als die anderen": Dies ist der Kern des Konzepts des **komparativen Wettbewerbsvorteils**. Er lässt sich auf dreierlei Weise erreichen: durch Kostenführerschaft, Differenzierung oder Fokussierung (vgl. Abb. 13). Unternehmen, die, anstatt sich auf eine dieser sog. generischen Wettbewerbsstrategien festzulegen, mal dieses, mal jenes versuchen, droht hingegen ⇒ **'stuck in the middle'**. Ohne einen wirklichen Wettbewerbsvorteil zu erlangen, „hängen sie in der Mitte fest".

Abb. 13: Porters Wettbewerbsmatrix: Die generischen Strategien

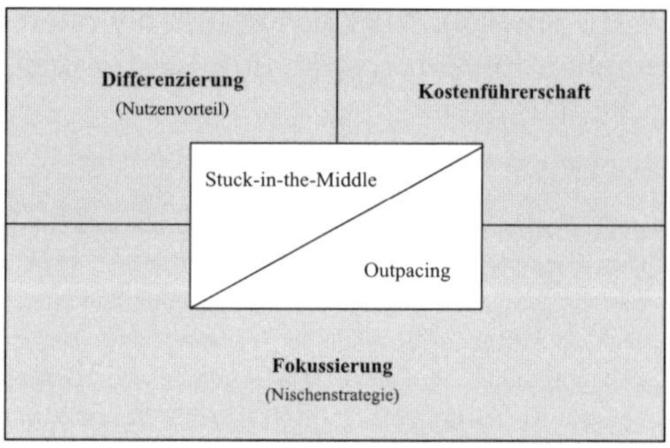

Wettbewerbsstrategien

No Frills: Produkte oder Dienstleistungen ohne „Schnickschnack" (frills: engl. = Rüschen)

- **Kostenführerschaft:** Auf diesen Wettbewerbsvorteil sollten Anbieter setzen, die kostengünstiger produzieren können als ihre Konkurrenten. Einen dauerhaften Kostenvorteil verschaffen bspw. ⇒ Skaleneffekte, reduzierte Aufwendungen für Forschung & Entwicklung (z.B. wenn Hersteller von Generika wie *Stada* und andere Unternehmen die kostengünstige Imitationsstrategie verfolgen), effizientes Kosten- und Kundenmanagement sowie sog. No Frills-Angebote. Der Verzicht auf Leistungsbestandteile, für welche die Zahlungsbereitschaft der Kunden gering ist, hat sich in den vergangenen 20, 30 Jahren zu einem wichtigen Wettbewerbsinstrument entwickelt: Der Onlinehandel benötigt kein teures stationäres Vertriebsnetz, Harddiscounter reduzieren ihren Personaleinsatz auf das absolut Notwendige und Billigflieger ihr Serviceangebot. Nicht zuletzt versuchen immer mehr Unternehmen, teure Mediawerbung durch kostengünstige Social Media-Kampagnen zu ersetzen.

Kostenführer verfolgen im Rahmen ihrer Preis/Mengen-Strategie im Übrigen nicht zwangsläufig eine Niedrigpreispolitik. Es ist auch möglich, die Kostenvorteilsstrategie mit der Präferenzstrategie zu verbinden und so besonders hohe Deckungsbeiträge zu erzielen. Anbieter, welche diese beiden Strategien kombinieren, müssen aus zweierlei Gründen keinen Preiskampf fürchten: Erstens versetzt ihre gute Ertragslage sie nötigenfalls in die Lage, solch eine Auseinandersetzung für sich zu entscheiden, und zweitens wirkt diese Strategiekombination wie eine Drohung, die Konkurrenten von vornherein von der Aufnahme eines Preiskampfes und potenzielle Wettbewerber vom Markteintritt abhält (⇒ Signaling).

Beispiel

„*Arket*, die Innovation im Markenportfolio von *H&M*, soll eine neue Zielgruppe ansprechen (...) Menschen mit Geld, die bewusst leben und nachhaltig konsumieren wollen – die *H&M* bislang aber nicht erreicht. (...) Die neue Strategie wurde nötig, weil die alte an ihre Grenzen stößt. Am deutschen Markt, dem weltweit wichtigsten für *H&M*, kann man das exemplarisch beobachten. Als *H&M* in den Achtzigern auf den deutschen Markt kam, hatte das Unternehmen einen klaren Vorteil: Es bot modische Bekleidung zu sehr günstigen Preisen an, was es bis dahin sonst kaum gab. Heute ist das Unternehmen hierzulande in über 400 Läden und fast jeder Kleinstadt vertreten und bietet schnelle Trends vom Laufsteg an – sog. Fast Fashion. (... Mittlerweile werden die Schweden jedoch) rechts und links überholt von Mitbewerbern. *Zara* ist schneller und modischer, *Primark* billiger. (...) *Arket* soll *H&M* aus der Billigfalle befreien. Seit Wochen bewerben die Schweden den Auftakt über soziale Netzwerke, mit Fotos von Roggenbrot und Blumenkleidern. (...) Zum Produktprogramm gehören fremde Marken. In der Vergangenheit war genau das Gegenteil Trend in der Modebranche – Eigenmarken versprachen Erfolg. Bei *Arket* gibt es Kuscheltiere von *Steiff*, Turnschuhe von *adidas* und *Nike*, Pfeffermühlen von *Peugeot*. Insgesamt rund 50 fremde Markennamen werden die Kunden in den Läden finden. Und Cafés, die schwedischen Birkensaft, landestypische Kekse, frisch zubereitete Salate und Wraps anbieten. [9]

- **Differenzierung:** Diese Strategie nutzt komparative Wettbewerbsvorteile, die auf anderen Leistungsebenen als der Preispolitik erzielt werden: ein exklusives Markenimage, eine überlegene Technologie, ein spezielles Design. Von der scheinbar gleichartigen Präferenzstrategie unterscheidet sich die Differenzierungsstrategie durch die Zielsetzung: eine einzigartige Wettbewerbsposition erlangen. Zwei bekannten deutschen Kräuterlikörherstellern, welche klassische Leistungskriterien wie Qualität und Markenstärke gleichermaßen erfüllen, gelang dies durch ihre jeweils unverwechselbare kommunikative Positionierung: *Jägermeister* präsentiert sich als international und jugendlich-cool, während *Underberg* traditionsbewusst sowie heimat- und naturverbunden auftritt.
- **Fokussierung:** Bei diesem zumeist als Nischenstrategie bezeichneten Ansatz beschränkt sich ein Anbieter zunächst auf ein nicht bzw. kaum umkämpftes Teilsegment des Gesamtmarktes. Vor allem für kleine Unternehmen kann es vorteilhaft sein, ihre häufig begrenzten Ressourcen (Kapital, Kenntnisse, Fähigkeiten, Managementzeit etc.) auf ausgewählte Produktgruppen, Kundengruppen oder Regionen zu konzentrieren, sich zu spezialisieren und

Near Water-Getränke: aromatisierte Getränke auf (Mineral-) Wasserbasis

dadurch Wettbewerbsvorteile zu erlangen. Innerhalb eines solchen zumeist eng begrenzten Zielsegments kann das Unternehmen sich sodann für Kostenführerschaft oder Differenzierung entscheiden. Erfolgreiche Beispiele sind *Ferrero* mit *Kinderüberraschung*, *CarbonSports* mit Sportgeräten in Leichtbauweise oder Anbieter von sog. Near Water-Getränken. Letzteren gelang es, sich von der von Preisverfall geprägten allgemeinen Marktentwicklung im Wassersegment abzukoppeln.

Im Erfolgsfall schafft Fokussierung eine monopolähnliche Wettbewerbssituation, was zum einen natürlich von **Vorteil** ist, zum anderen aber das Unternehmen aus demselben Grund erheblichen **Risiken** aussetzt. Denn sobald aus Nischen wie „vegane Lebensmittel" oder „Kosmetik für Männer" attraktive Marktsegmente werden, locken sie relevante Wettbewerber an, und die Wettbewerbsintensität steigt. Auch laufen Nischenanbieter Gefahr, von der technologischen, strategischen etc. Entwicklung des Marktes abgekoppelt zu werden und so langfristig ihre Wettbewerbsfähigkeit zu verlieren.

Kritische Würdigung

M.E. Porters zahlreiche wettbewerbspolitische Beiträge haben vor allem in den 1980er-Jahren die Entwicklung des Strategischen Marketing nachhaltig befruchtet. Aber speziell die „Wettbewerbsmatrix" wurde auch heftig kritisiert. Sie simplifiziere das Geschehen übermäßig, diskutiere die Nischenstrategie nur oberflächlich und vernachlässige die Möglichkeit bzw. Notwendigkeit, Kostenführerschaft und Differenzierung miteinander zu verknüpfen. Diese Kombination liegt der ⇒ **Outpacing-Strategie** zugrunde. Ihr zufolge muss es nicht „Kostenführerschaft *oder* Differenzierung" heißen (= alternative Strategien), sondern „Kostenführerschaft *und* Differenzierung" (= komplementäre Strategien).

4.3 Kooperative Strategien

Definiert wird Kooperation als „vertraglich vereinbarte Form der Zusammenarbeit zwischen Unternehmen". Die Partnerunternehmen behalten ihre Selbständigkeit und beteiligen sich nicht finanziell. Kooperationen erfüllen im Regelfall eine strategische Funktion (Ressourcentransfer) und sind deshalb zumeist langfristig angelegt. Da sie aber freiwillig eingegangen werden, können Kooperation jederzeit gekündigt werden.

Es gibt zahlreiche Konstellationen, in denen es nicht vorteilhaft ist, den Wettbewerb zu suchen. Für Unternehmen, die nicht über einen relevanten Wettbewerbsvorteil verfügen oder über die erforderlichen Ressourcen an Kapital, Know-how etc., können kooperative Strategien der bessere Weg sein. Kooperation empfiehlt sich auch dann, wenn ein ruinöser Preiswettbewerb droht. Rationalerweise arbeiten Unternehmen dann zusammen, wenn sie erkennen bzw. vermuten, dass sie gemeinsam ihre Ziele besser erreichen können als allein.

Abhängig von der Wertschöpfungsstufe, auf der die beteiligten Unternehmen jeweils agieren, werden horizontale und vertikale Kooperationen unterschieden:

Horizontale Kooperation

Die bedeutendste Form der Zusammenarbeit zwischen Unternehmen derselben Wertschöpfungsstufe ist die **Strategische Allianz**. Vor allem in kapitalintensiven, risikoreichen Geschäftsfeldern ist diese Kooperationsstrategie weit verbreitet. So hat sich *Lufthansa* mit *Singapore Airlines, United Airlines, SAS* und zahlreichen anderen Fluglinien unter dem Dach der *Star Alliance* zusammengeschlossen, um ihr Streckennetz zu optimieren, und in der Automobilindustrie wird immer wieder versucht, die finanziellen und technologischen Risiken von Technologiensprüngen wie den Übergang zur Elektromobilität auf mehrere Schultern zu verteilen. Deshalb kooperieren bspw. die *Volvo Bus Corporation* und *Siemens* bei der Einführung von Elektrobussystemen.

Vertikale Kooperation

Kooperiert ein Unternehmen mit einem anderen, das auf einer vorgelagerten (z. B. Zulieferer) oder nachgelagerten Stufe der Wertschöpfungskette agiert, so handelt es sich um eine vertikale Kooperation. Handelsunternehmen bspw. kooperieren mit Logistikunternehmen im Bereich der gemeinsamen Lagerhaltung sowie des ⇒ Supply Chain-Managements (SCM) und mit Herstellern im Bereich von Efficient Consumer Response (ECR), der gemeinsamen nachfragegerechten Gestaltung der Warenwirtschaft (z. B. Platzierung der Ware im Verkaufsregal).

SCM: unternehmensübergreifende Planung, Steuerung und Kontrolle der Leistungs- und der zugehörigen logistischen Prozesse

5 Marketinginstrumente

5.1 Vier P-Ansatz

Ausgehend von den definierten Zielen und Strategien ist ein geeigneter Marketingmix festzulegen. Seit *N. Borden* wird mit diesem Begriff eine bewusste Auswahl von Marketinginstrumenten bzw. Marketingpolitiken und deren koordinierter Einsatz bezeichnet. [10] Im klassischen **4P-Ansatz** sind dies:

- **P**roduct: Produktpolitik (bzw. Leistungs- und Programmpolitik),
- **P**rice: Preis- und Konditionenpolitik,
- **P**lace: Distributionspolitik,
- **P**romotion: Kommunikationspolitik.

Für die einzelnen Politiken bzw. Instrumente müssen spezielle Ziele und Strategien definiert werden. Aufgabe des **Integrierten Marketing** ist es, dafür Sorge zu tragen, dass diese untereinander und mit den übergeordneten Zielsetzungen harmonieren: insb. mit den Unternehmenszielen, den Marketingzielen sowie den anderen Bereichszielen. [11] Weder verträgt sich ein exklusives Produktdesign mit einem spartanischen Vertriebskonzept noch ein hochwertiger Markenauftritt mit einer aktionistischen Preis- und Verkaufspolitik.

Aktionitis: Übermaß an kurzfristigen Preissenkungen und Verkaufsförderungsaktionen

5.2 Sieben P-Ansatz

Für die Ausgestaltung von Marketingkonzeption und Marketingmix spielt der Wirtschaftszweig, in den ein Unternehmen tätig ist, eine wesentliche Rolle. Viele Grundsätze des Marketing wurden mit Blick auf den **Konsumgüterbereich** entwickelt und können folglich nicht ohne weiteres auf andere Wirtschaftszweige übertragen werden (z. B. ⇒ Industriegütermarketing, ⇒ Handelsmarketing).

Um den Besonderheiten von ⇒ **Dienstleistungen** (z. B. Immaterialität, Nicht-Lagerbarkeit, Gleichzeitigkeit der Herstellung und des Konsums) gerecht zu werden, erweiterte *A. Magrath* den Vier P-Marketingmix um drei Ps zu den Sieben Ps des Dienstleistungsmarketing: [12]

- **P**eople = Personal,
- **P**rocesses = Dienstleistungserstellungsprozess,
- **P**hysical Facilities = Gelände, Gebäude, Räumlichkeiten etc.

Für Hotelbetreiber bspw., als typische Dienstleister, lassen sich daraus folgende Erfolgsfaktoren ableiten:

- **P**eople = Freundlichkeit und Verlässlichkeit der Mitarbeiter,
- **P**rocesses = Verfügbarkeit und Qualität von Services (z. B. Parkservice, Zimmerservice, Nachtservice),
- **P**hysical Facilities = Standort des Hotelgebäudes und Ausstattung der Räumlichkeiten.

6 Marketingcontrolling

Audit: engl. = (Über-) Prüfung, Kontrolle

Aufgabe des Marketingcontrolling ist es, die Maßnahmen, die zur Umsetzung der Marketingkonzeption ergriffen wurden, zu **bewerten**: In welchem Maße wurden die gesetzten Ziele erreicht? Dieser Abgleich kann kontinuierlich, in periodisch stattfindenden „Marketingklausuren" geschehen oder idealerweise in einer umfassenden, möglichst von unabhängigen Institutionen durchgeführten Prüfung: dem sog. **Marketing-Audit**. Dabei ist die Wirkungsmessung von der Erfolgsmessung zu unterscheiden.

- **Wirkung**: In welchem Maße haben die ergriffenen Marketingmaßnahmen die jeweils relevanten Erfolgskriterien (z. B. Marktanteil, Absatzmenge, Bekanntheitsgrad, Imagemerkmale) beeinflusst?
- **Erfolg**: Haben die ergriffenen Marketingmaßnahmen die vor Beginn der Maßnahmen definierten Erfolgskriterien entsprechend den gesteckten Zielen beeinflusst? Den Zielerreichungsgrad kann man mit einem Soll/Ist-Vergleich ermitteln. Erfolgreich ist eine Marketingmaßnahme erst dann, wenn die Zielvorgaben erfüllt wurden. Eine Werbeanzeige etwa, die den Bekanntheitsgrad einer Marke von 50 auf 60 % erhöht, ist zwar wirksam, aber nicht erfolgreich, wenn die Zielmarke bei 70 % liegt.

7 Literaturempfehlung

- *Becker, J.* (2013): Marketing-Konzeption, 10. Aufl., München: Vahlen.
- *Kotler, P.; Keller, K.L.; Opresnik, M.O.* (2015): Marketing-Management, 14. Aufl., Hallbergmoos: Pearson.
- *Porter, M.E.* (2013): Wettbewerbsstrategie, 12. Aufl., Frankfurt/Main: Campus.
- *Rennhak, C.* (2017): Strategisches Marketing, München: Vahlen.

Endnoten

1. http://www.chiefmarketer.com/mcdonalds-launches-healthy-lifestyle-campaign/
2. zum Strategiemix Marktfeldstrategie, Marktstimulierungsstrategie, Marktparzellierungsstrategie und Marktarealstrategie vgl. Becker (2013) und Teil B 5.1
3. Becker (2013, S. 3)
4. Becker (2013, S. 5)
5. Schneider (1997)
6. http://www.automobil-produktion.de/hersteller/wirtschaft/analyst-jeder-phaeton-bringt-vw-28-000-euro-miese-221.html (21.04.2016)
7. Becker (2013, S. 147)
8. Becker (2013, S. 164)
9. Piatscheck (2017)
10. Borden (1964)
11. Meffert et al. (2015, S. 238 ff.)
12. Magrath (1986)

C. Grundlagen des Konsumentenverhaltens

1 Modelle des Käuferverhaltens

2015 gab jeder Deutsche durchschnittlich 18.880 € für seinen privaten Konsum aus (vgl. Abb. 14). Etwa ein Drittel dieses Betrags entfiel auf Aufwendungen für Wohnen und Verkehr. Als einzelhandelsrelevante Nachfrage können davon etwa 55 % gelten (ca. 10.000 €). Sie hauptsächlich sind Gegenstand des klassischen Marketing.

Abb. 14: Durchschnittliche Konsumausgaben (2015, pro Person, in €)

Wohnung	3.696	Gesundheitspflege	1.033	Versicherungen	598
Verkehr	2.664	Hotels, Restaurants	1.032	Post, Telekommunikation	513
Nahrungsmittel, Getränke	1.935	Kleidung, Schuhe	1.918	Körperpflege	411
Freizeit, Kultur, Unterhaltung	1.795	Strom, Gas	1.836	Schmuck, Uhren	158
Möbel, Haushaltsgeräte	1.270	Alkohol, Tabakwaren	1.625	Bildung	154
Sonstiges	1.242				

Quelle: Statistisches Bundesamt.

Aufgabe der **Marktforschung** ist es, das Konsumentenverhalten zu **beschreiben**. So ist aus einschlägigen Studien bekannt, dass der deutsche Durchschnittsverbraucher seinen Bedarf an Waren des täglichen Bedarfs in durchschnittlich neuneinhalb Einkaufsstätten deckt. „Dort bewegt er sich immer auf dem gleichen Weg durch die Regale. Vor dem Margarineregal verweilt er durchschnittlich 18 Sekunden, in der Obst- und Gemüseabteilung eine Minute und 44 Sekunden. Bei einem Wochenendeinkauf legt er an der Kasse im Schnitt 40 Produkte aufs Band. Nach durchschnittlich 13 Minuten und 45 Sekunden verlässt er den Supermarkt wieder. Drei Viertel dieser Zeit hat er mit Suchen verbracht, nur ein Viertel mit Kaufen. In männlicher Begleitung verweilen Frauen nur halb so lang in einem Geschäft, als wenn sie mit einer Freundin unterwegs sind. Männer vernichten also allein durch ihre Anwesenheit wertvollen Umsatz." [1]

Aufgabe der **Marketingforschung** ist es, das Konsumentenverhalten zu **erklären**, etwa mit Hilfe des SR- und des SOR-Modells (⇒ Markt- und Marketingforschung).

2.1 SR-Modell und SOR-Modell

Stimulus: Reiz, der auf eine Person (z. B. Kunde) einwirkt

Response: Reaktion der Person auf einen Reiz

Auf ihrer Such nach Erklärungen zogen Forscher anfänglich das simple **SR-Modell** heran. Demzufolge veranlassen bestimmte Eigenschaften eines Produkts (z. B. Haltbarkeit, Leistungsspektrum, Preis) sowie der Distribution und werblichen Präsentation (= Stimulus) potenzielle Käufern, dieses Produkt zu einem bestimmten Zeitpunkt, in einer bestimmten Menge und in einem bestimmten Geschäft zu kaufen (= Response). Der sog. **Stimulus/Response-Ansatz** wird als ⇒ **behavioristisch** bezeichnet, weil er sich ganz bewusst auf das sichtbare Verhalten (engl. = behavior) beschränkt und z. B. den Kauf als Folge sichtbarer Umweltreize wie eine Preissenkung untersucht. Unberücksichtigt bleiben in diesem Forschungsparadigma die Überlegungen, Gefühle, Stimmungen etc., die während des Entscheidungsprozesses im Konsumenten entstehen. Die um Objektivierung der Sozial- und Verhaltenswissenschaften bemühten „Behavioristen" behandeln diese Variablen als '**black box**': unsichtbar und der Forschung grundsätzlich unzugänglich (vgl. Abb. 15).

Abb. 15: SOR-Modell des Käuferverhaltens

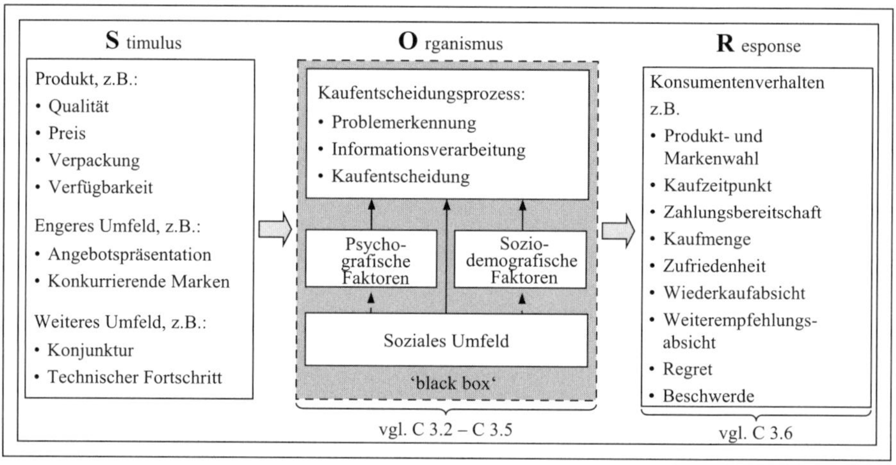

Ab den 1960er-Jahren setzte sich Schritt für Schritt das **SOR-Modell** durch: Stimulus-Organismus-Response. Nunmehr ging man davon aus, dass das Verhalten der Konsumenten nur dann umfassend versteh- und erklärbar ist, wenn man die Organismus-Variablen in die Betrachtung einbezieht.

- Warum streben Teenager danach, auf *Snapchat* möglichst viele „Flammen" zu sammeln? Weil sie besonders 'cool' erscheinen wollen und ihrer 'community' zugehörig?
- Und warum steuern viele Großstädter ihren übermotorisierten und für die allermeisten Parklücken viel zu großen Geländewagen durch unsere asphaltierten Städte? Weil sie auffallen möchten, sich auf paradoxe Weise sicher fühlen möchten etc.?

In beiden Fällen ist offenbar die Neigung, ein bestimmtes **Selbstbild** zu **inszenieren**, die entscheidende Variable – wichtiger als bspw. der Preis oder das Leistungsspektrum dieser Produkte.

Weil sich das (Kauf-)Verhalten in vielen Fällen nur dann erklären und beeinflussen lässt, wenn man weiß, was die betreffende Person denkt und fühlt (= Organismus), betrachtet die Konsumentenverhaltensforschung seither neben den sichtbaren auch die unsichtbaren Anteile des Kaufentscheidungsprozesses. Die **kognitiven Erklärungsmodelle** konzentrieren sich auf eine bestimmte Klasse von O-Variablen: „Lernen", „Denken" und „Wissen" haben lange Zeit die Konsumentenverhaltensforschung dominiert. Der **emotionale Erklärungsansatz** fand erst sehr viel später Beachtung (vgl. Kap. C-5.2).

Kognition: Denken im Allgemeinen und Aufmerksamkeit, Wahrnehmen, Lernen, Problemlösen, Erinnern etc. im Besonderen

Das **Neuromarketing** verfolgt gleichfalls den kognitiven, d. h. auf den Erkenntnisprozess fokussierten Ansatz. In dem Maße, wie in anderen Wissenschaften die Methoden der Hirnforschung verfeinert wurden, etablierte sich auch im Marketing dieses interdisziplinäre Forschungsfeld: Analysen des Entscheidungs- und Kaufverhaltens anhand von Hirnströmen. [2] Mit Hilfe der Magnetresonanz-Tomografie kann man u. a. feststellen, welche Hirnareale durch einen Stimulus (bspw. eine Marke) wie stark aktiviert werden. Auf diese Weise wies bspw. das Marktforschungsunternehmen *Viacom* nach, dass Werbung für eine Alkopop-Marke bei britischen Jugendlichen eine heftige Gehirnaktivität hervorruft, Werbung für eine Tee-Marke hingegen nicht. Dies ist insofern bedeutsam, als ⇒ **Aktivierung** Voraussetzung dafür ist, dass der Erfolgsfaktor „Emotionalisierung einer Marke" wirken kann.

Aktivierung: Zustand erhöhter Erregung als Vorbedingung für Leistungsbereitschaft und Leistungsfähigkeit

2.2 Struktur des Kaufentscheidungsprozesses

Eingeleitet wird der Entscheidungsprozess dadurch, dass ein Verbraucher ein ⇒ Bedürfnis verspürt (z. B. Durst). Die möglichen Problemlösungen (z. B. Mineralwasser, Obstsaft, Bier kaufen) bewertet er sodann anhand von Produktmerkmalen, die ihm mehr (z. B. Kaloriengehalt) oder weniger wichtig sind (z. B. Preis). Daraus folgt die Entscheidung für eine bestimmte Produktkategorie (z. B. Mineralwasser) und schließlich für eine bestimmte Marke (z. B. *Apollinaris*). Nach dem Kauf bzw. dem Ge- oder Verbrauch überdenkt er seine Entscheidung: Ist er damit zufrieden oder unzufrieden (⇒ Kundenzufriedenheit)? Nicht selten stellt sich nach einer Kaufentscheidung ein Gefühl des Bedauerns ein, das als 'regret' bezeichnet wird (vgl. Kap. D-4). Wiederkauf- und Weiterempfehlungsabsicht beschließen den Entscheidungsprozess. Es liegt auf der Hand, dass Kunden, die mit dem Erstkauf zufrieden waren, sich mit größerer Wahrscheinlichkeit beim nächsten Mal wieder so entscheiden (= Kundentreue) und anderen zum Kauf raten werden als unzufriedene Kunden.

Nachkaufphase: Zeit nach dem Kauf, in welcher der Käufer seine Entscheidung überdenkt

Prognostische Validität: Gültigkeit einer wissenschaftlichen Studie und der darin gewonnenen Ergebnisse

Konstrukt: Theoretisch erklärbarer, empirisch aber nicht unmittelbar erfassbarer Sachverhalt

Da sie in vielen Studien ihre prognostische Validität bestätigen konnten, gelten die genannten ⇒ Konstrukte (Kundenzufriedenheit, Wiederkaufabsicht, 'regret' etc.) als **Key Performance Indicator (KPI)**. Diese Leistungsindikatoren sind insofern vorgelagert, als sie eine notwendige, aber nicht hinreichende Voraussetzung des Verkaufserfolgs sind (vgl. Abb. 16).

Abb. 16: Key Performance-Indikatoren des Kaufverhaltens (beispielhafter Kurvenverlauf)

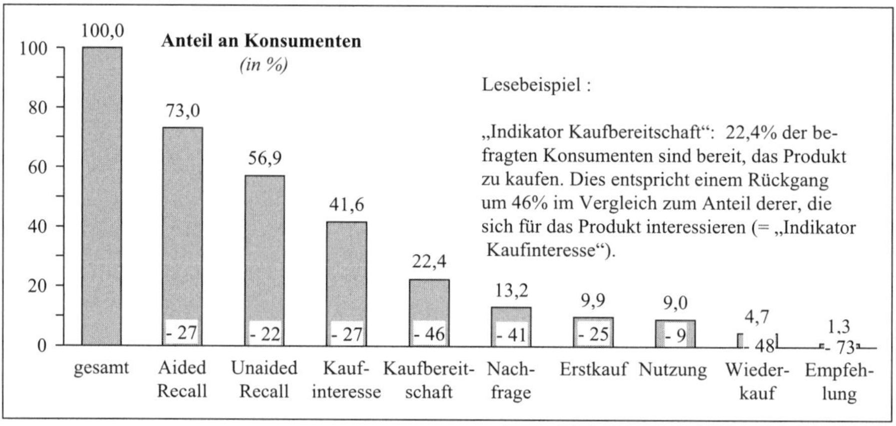

Quelle: Kreutzer (2013, S. 144).

Im Internet fällt es besonders leicht, das Informations- und Kaufverhalten der Konsumenten zu beobachten. Denn die Besucher einer Website hinterlassen unzählige elektronische Spuren. Der „Weg“, den Nutzer auf einer Homepage zurücklegen, lässt sich aus den Logfile-Daten ablesen. Welche Seiten und welche Verknüpfungen wurden aktiviert, an welcher Stelle wurde der Bestellvorgang auffällig häufig abgebrochen etc. **Logfile-Analysen** versetzen Anbieter in die Lage,

- ihre Webseiten zu optimieren, also z. B. an kritischen Stellen eine Hilfefunktion einzubauen,
- Werbebanner gezielt auf stark frequentierten Seiten einzublenden,
- selten genutzte Tools zu eliminieren oder an exponierterer Stelle zu platzieren und
- individualisierte Kaufempfehlungen zu geben. *Amazon*-Kunden kennen das 'recommender system'. Wer ein Buch auswählt, wird automatisch darüber informiert, wofür sich die Käufer dieses Titels außerdem noch interessiert haben.

Recommender System: Softwaregesteuerter Empfehlungsdienst

3 Bedürfnisse

3.1 Grundlagen

Im Zuge der menschlichen Evolution haben sich **innere Antriebskräfte** entwickelt, deren Funktion darin besteht, das Überleben des Menschen zu sichern, und zwar in physischer (z. B. Hunger) wie auch in sozialer Hinsicht (z. B. Zugehörigkeitsbedürfnis). Ursprünglich genetisch verankert, werden insb. die sozialen Bedürfnisse im Lebensverlauf durch Erziehung und andere soziale Einflüsse „überformt" und weiterentwickelt. Von der individuellen Ausprägung der Bedürfnisse (z. B. Sicherheitsbedürfnis) und der Produktkategorie hängt es ab, auf welche Produktmerkmale Kunden bei einer Kaufentscheidung Wert legen (z. B. Seiten-Airbag) und welches Produkt sie letztlich wählen.

Bedürfnisse lassen sich als ein spezifischer **Mangelzustand** beschreiben. Weicht der Ist-Zustand (z. B. unansehnliche, abgewetzte Kleidung) spürbar vom Soll- bzw. Ideal-Zustand (z. B. modische, gepflegte Kleidung) ab, besteht ein Mangel, der als unangenehm empfunden wird. Aber erst der Wunsch, dieses unangenehme Gefühl zu beenden, verwandelt das unspezifische ⇒ Bedürfnis in einen konkreten, auf ein bestimmtes Wirtschaftsgut (z. B. Jeans) bezogenen Bedarf. Zum Kauf kommt es schließlich dann, wenn der Verbraucher über die erforderliche Kaufkraft und Kaufbereitschaft verfügt, sodass der Bedarf in Nachfrage transformiert wird. Je nachdem, in welchem Maße die Erwartungen der Verbraucher durch den Kauf erfüllt wurden, entsteht Zufriedenheit bzw. Unzufriedenheit (vgl. Abb. 17).

Bedarf: Nachfrage nach Gütern, die geeignet sind, ein empfundenes Bedürfnis zu stillen

Abb. 17: Wirkungskette des Käuferverhaltens

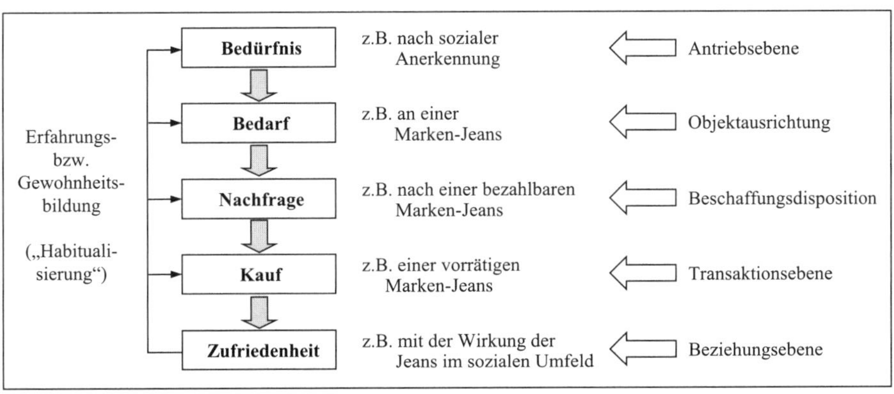

Quelle: in Anlehnung an Balderjahn/Scholderer (2007, S. 53).

Nicht alle Bedürfnisse sind gleich wichtig, sondern sind einander über- bzw. untergeordnet, wie in der sog. Bedürfnispyramide des amerikanischen Psychologen *A. Maslow* dargestellt. Gemäß dieses auch als Bedürfnishierarchie bezeichneten Modells befriedigen Menschen zunächst ihre grundlegenden physiologischen bzw. **primären Bedürfnisse** (Hunger, Sicherheit etc.). Erst wenn

Primäres Bedürfnis: Mangelzustand körperlicher Art

Sekundäres Bedürfnis: Mangelzustand sozialer Art

diese gestillt sind, werden die **sekundären Bedürfnisse** verhaltensrelevant: Sicherheit, soziale Beziehungen, Wertschätzung und Selbstverwirklichung (vgl. Abb. 18).

Das **statische Originalmodell** wurde vielfach als realitätsfremd kritisiert. Hungrige bspw. könnten auch nach sozialer Wertschätzung streben. Und der große Stellenwert, den Selbstverwirklichung (etwa in Gestalt von Erlebnisorientierung) für Angehörige von postmaterialistischen Wohlstandsgesellschaften besitzt, bedeute nicht, dass deren Bedürfnis nach Sicherheit (z. B. Altersvorsorge), sozialen Beziehungen (z. B. Teilhabe an Online-Communities) und Wertschätzung (z. B. Besitz von Luxusartikeln) umfassend und dauerhaft gestillt sei. Realistischer ist die Vorstellung, dass in den allermeisten Lebenssituationen alle fünf Bedürfniskategorien angesprochen sind, die eine mehr, die andere weniger. Dieser Art von Gleichzeitigkeit trägt das **dynamisierte Modell** Rechnung (⇒ Bedürfnishierarchie, statische vs. dynamische).

Abb. 18: Maslows Bedürfnispyramide

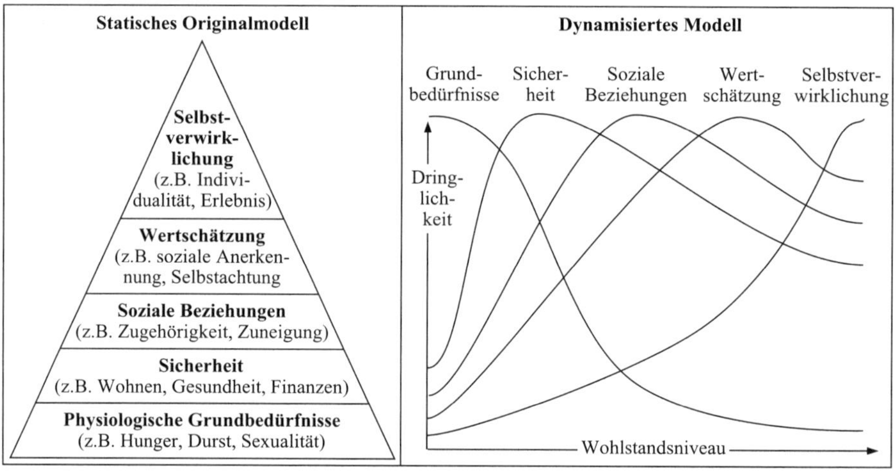

3.2 Identifikation von Bedürfnissen

Geschäftsmodelle sind dann tragfähig, wenn es den Unternehmen gelingt, relevante Bedürfnisse einer hinreichend großen und zahlungskräftigen Zielgruppe zu befriedigen. Dies gilt für die analoge (*VW* = Mobilität; *Hugo BOSS* = Kleidung; *Alnatura* = nachhaltige Ernährung) wie für die digitale Welt (*Facebook* = Freundschaft; *YouTube* = Zerstreuung; *Tinder* = Liebe/Sex; *Deliveroo* = Bequemlichkeit). Mehr noch als für andere Unternehmensfunktionen ist es für das **Marketing** unerlässlich, die Bedürfnisse der Kunden zu kennen – etwa wenn es gilt, typische Fragen rund um den Marketingmix zu beantworten:

- Produktgestaltung: Welche Bedürfnisse soll das Produkt befriedigen?
- Preispolitik: Welche Preisober- und welche Preisuntergrenzen sind bereits bei der Produktentwicklung zu beachten?

- Kommunikationspolitik: Mit welchen Argumenten lässt sich das Produkt am besten bewerben?
- Distributionspolitik: Welcher Vertriebskanal entspricht dem angestrebten Produktimage?

Exakter als mit normativen Modellen wie dem Familienlebenszyklus lassen sich Kundenbedürfnisse mit Hilfe der Marktforschung identifizieren. Der entscheidende Vorteil **direkter Fragen** (z. B. „Wie wichtig ist Ihnen eine Verlängerung der Garantie von zwei auf drei Jahre?") ist ihre Einfachheit. Sind die damit gewinnbaren Antworten nicht hinreichend aussagefähig, kommen **indirekte**, häufig tiefenpsychologisch fundierte Fragetechniken zum Einsatz. Letztere erlauben es, „tiefer liegende", den Befragten selbst oft verborgene Bedürfnisse zu erkennen (⇒ Projektive Verfahren). Dieses Ziel verfolgt auch die ⇒ **Means End-Analyse**. Dabei wird durch wiederholtes Nachfragen erforscht, warum einem Käufer bestimmte Produktmerkmale wichtig sind. Die wiederholten **Warum-Fragen** werden als Laddering bzw. Leiter-Technik bezeichnet, weil man sich die Abfolge mehrerer Warum-Fragen als Stufen einer Leiter vorstellen kann, die von den bewussten konkreten Produkteigenschaften zu den letztlich dahinter stehenden, zumeist unbewussten Werten führt (d. h. „hinab ins Unterbewusste").

Means End: Mittel zum Zweck

Laddering: Leiter-Technik (Befragungsmethode)

Beispiel
Eingangsfrage: „Auf welche Ausstattung legen Sie beim Pkw-Kauf Wert?" → „u. a. auf Airbags"

„**Warum** sind Ihnen Airbags wichtig?" → „Weil sie vor Verletzungen schützen."

„**Warum** ist Ihnen der Schutz vor Verletzungen wichtig?" → „Weil ich mich vor einem Unfall fürchte."

„**Warum** fürchten Sie sich vor einem Unfall?" → „Weil viele so schnell und rücksichtslos fahren, dass man leicht den Überblick verlieren kann."

etc.

Die **Means End-Theorie** geht davon aus, dass Konsumenten Produkte als „Bündel von Eigenschaften" (= '**means**') wahrnehmen, die es ihnen ermöglichen, bestimmte „wünschenswerte Zustände" zu erreichen (= '**ends**'). Davon abgeleitet ermöglicht die Laddering-Technik es der Marktforschung, sog. ⇒ Means End-Ketten zu bilden. Sie geben zu erkennen, welche Produktmerkmale welche Bedürfnisse befriedigen und welches Nutzenversprechen (bzw. UAP) geeignet ist, für das Produkt zu werben. Sollte es sich bspw. zeigen, dass hinter dem von Kunden geäußerten Wunsch nach einem schnellen Auto mehrheitlich ein defensives Motiv steht (z. B. „Überholvorgänge schnell und damit sicher abschließen können"), dann empfiehlt es sich, das Sicherheitsbedürfnis der Zielgruppe in den Mittelpunkt der Kommunikationsstrategie zu stellen. Dominiert hingegen ein offensiv-aggressives Motiv, dann wird das Unternehmen in seiner Kommunikationspolitik vermutlich „Selbstverwirklichung & sportliches Fahren" thematisieren.

3.3 Wandel von Bedürfnissen im Familienlebenszyklus

Viele Bedürfnisse ändern sich im Laufe des Lebens – und mit ihnen auch die Nachfrage nach bestimmten Produkten. Der sog. Familienlebenszyklus lässt sich in mehrere **Phasen** unterteilen, für die bestimmte Konsumwünsche charakteristisch sind (vgl. Abb. 19). Studierende etwa, die aus dem Elternhaus ausziehen, interessieren sich als „Singles mit begrenztem Einkommen" im Regelfall für preiswerte Einrichtungsgegenstände. Die im „leeren Nest" zurückbleibenden Eltern wiederum können sich endlich den Wunsch nach mehr Luxus erfüllen und bspw. ihre abgenutzten Sitzmöbel durch eine hochwertige Designer-Couch ersetzen. Für Familien mit kleinen Kindern (= Volles Nest I) sind Wäschetrockner und andere Geräte, welche die Hausarbeit erleichtern, vorrangig, und Familien mit größeren Kindern (= Volles Nest II) buchen erfahrungsgemäß überdurchschnittlich häufig Cluburlaube. Natürlich ist diese Darstellung vereinfachend. So haben ältere Singles andere Bedürfnisse (z. B. Kreuzfahrten) als jüngere Single (z. B. Segelurlaub). Dennoch leistet das Erklärungsmodell des Familienlebenszyklus aus Marketingsicht eine erste **Orientierungshilfe**.

Abb. 19: Kaufverhalten in Abhängigkeit vom Familienlebenszyklus

Lebenszyklusphase	Kaufverhalten
Junge Singles mit eigener Wohnung	Geringe finanzielle Verpflichtungen, freizeit- und modeorientiert; Kauf von Kleidung, Urlaubsreisen, Gebrauchtwagen, Grundausstattung der Wohnung *(IKEA)*
Junge Paare ohne Kinder	Finanziell gut situiert; Kauf vieler Gebrauchsgüter für die Wohnung, hohe Mietausgaben, Reisen
Volles Nest I (jüngstes Kind < 3 Jahre)	Knappe liquide Mittel; Kauf von Kindermöbeln, Kinderspielzeug, Geschirrspüler
Volles Nest II (mit älteren Kindern > 16 Jahre)	Finanziell wieder besser gestellt; Kauf von Markenkleidung für Kinder, Ersatz- und Erweiterungsmöbeln, Fahrrädern, Musikinstrumenten etc.
Leeres Nest I (Kinder aus dem Haus, eine Person ist noch berufstätig)	Hohes Einkommen; kaum Interesse an neuen Produkten, Bildungsreisen, Theater, Bücher, Produkte für eine gesunde Lebensführung, Neuwagen
Leeres Nest II (Kinder aus dem Haus, niemand mehr berufstätig)	Spürbarer Einkommensrückgang; Sicherung des Eigenheims, Kauf von medizinischen Produkten
Alleinstehend, im Ruhestand, verwitwet	Starker Einkommensrückgang; hoher Bedarf an medizinischen Produkten; soziale (immaterielle) Bedürfnisse wichtiger als materielle

Quelle: Runia et al. (2015, S. 107).

4 Informationsverarbeitung

4.1 Aufmerksamkeit als Voraussetzung der Informationsaufnahme

Die menschliche Informationsverarbeitungskapazität ist begrenzt. Um sich vor Reizüberflutung zu schützen, nimmt der Mensch nur einen Bruchteil seiner Umwelt mehr oder minder bewusst wahr. Zu den Informationen, die größtenteils ignoriert werden, zählt auch Werbung. Die **Selektivität der Wahrnehmung** sorgt dafür, dass die Sinnesorgane nur das aufnehmen und verarbeiten, was in einer bestimmten Situation oder generell für eine Person wichtig ist. Autofahrer etwa achten verstärkt auf Verkehrszeichen sowie das Verhalten der anderen Verkehrsteilnehmer und nicht etwa auf die Auslagen der Geschäfte am Straßenrand. Und junge Eltern schenken gewöhnlich einer Anzeige für Babywindeln mehr Beachtung als einer *Bacardi*-Werbung. Da aber viele mehr oder minder austauschbare Angebote (im Falle von Windeln *Moltex, Pampers, Magics Premium* etc.) um die Aufmerksamkeit der Zielgruppe „junge Eltern" konkurrieren, müssen Hersteller die potentiellen Käufer unter Einsatz des gesamten Marketingmix „aktivieren" (⇒ Aktivierung). [3]

Selektive Wahrnehmung: Vorübergehende Erhöhung der Aktivierung und Sensibilität für bestimmte Stimuli

4.2 Intensität der Informationssuche

Verschiedene Konstrukte sind geeignet, das Informationsverhalten zu erklären. Neben dem „wahrgenommenen Kaufrisiko" interessiert sich die Kaufverhaltensforschung in diesem Zusammenhang vor allem für das „Produktinvolvement". Denn Konsumenten achten in unterschiedlichem Maße auf einzelne Produkte bzw. Produktkategorien. **Dauerhaft Involvierte** sind auch dann interessiert und für produktspezifische Informationen aufnahmebereit, wenn sie gerade keinen Kauf planen – Hobbysportler bspw. für einen Leistungsvergleich von Laufschuhen oder Fitnessarmbändern. Vom dauerhaften ist das **situative Involvement** abzugrenzen, welches das Informationsverhalten nur in bestimmten Situationen beeinflusst. Studenten etwa, die erstmals zu einem Vorstellungsgespräch geladen sind, interessieren sich plötzlich für Business-Kleidung (Anzug, Kostüm etc.).

Involvement: Grad der Betroffenheit durch einen Sachverhalt und Bereitschaft, sich dafür zu engagieren

Wer ein hohes **Kaufrisiko** empfindet, informiert sich im Regelfall vor einer Kaufentscheidung eingehender, z. B. über Produktqualität und Preise, als Vergleichspersonen mit geringem wahrgenommenem Kaufrisiko. Risikobewusste Kunden nehmen beträchtliche (Such-)Anstrengungen auf sich, um ihr Kaufrisiko zu mindern.

Kaufrisiko: Grad der Ungewissheit über die Konsequenzen einer Kaufentscheidung

4.3 Speichern von Informationen

Klassische Konditionierung: Erwerb („Lernen") von Reiz/Reaktionsmustern (Stimulus-Response) durch Gleichzeitigkeit

Damit ein Verbraucher die aufgenommenen Produktinformationen jederzeit – also auch anlässlich späterer Kaufentscheidungen – abrufen kann, muss er sie in seinem Gedächtnis speichern. Verschiedene **Lerntheorien** erklären, wie der dazu erforderliche Lernprozess abläuft.

Klassische Konditionierung

Reflex: unwillkürlich und automatisch ablaufende Reaktionen auf einen Reiz

Kontiguität 'contiguus' (lat.) = angrenzend, berührend

In den 1920er-Jahren beschrieb der russische Wissenschaftler *I. Pawlow* auf der Grundlage von Experimenten mit Hunden erstmals das Prinzip der klassischen Konditionierung: „**Lernen durch Gleichzeitigkeit**" (Kontiguität). Der Anblick von Futter (= unkonditionierter Reiz) löste bei den Versuchstieren eine angeborene, reflexartige Reaktion aus: Speichelfluss (= unkonditionierte Reaktion). Gemäß der Versuchsanordnung erklang während der Fütterung eine Glocke (= neutraler Reiz). Zuvor hatte man überprüft, dass der Glockenton selbst keinen Speichelfluss auslöst. Aber nach mehrmaliger gleichzeitiger Darbietung mit dem Futter (= Kontiguität) war der Glockenton dazu in der Lage: Der ursprünglich neutrale Reiz war zum konditionierten Reiz und der Speichelfluss zur konditionierten Reaktion geworden. Unternehmen nutzen diesen elementaren Lernprozess der Konditionierung durch Gleichzeitigkeit auf vielfältige Weise. Regelmäßig konditionieren sie ihre Marken mit wünschenswerten, einzigartigen Eigenschaften. Ursprünglich austauschbare und von potentiellen Kunden als neutral wahrgenommene Körperpflegeprodukte etwa erlangen ein „klares emotionales Erlebnisprofil" [4], wenn sie wiederholt mit erotischen oder auf andere Weise attraktiven Motiven beworben werden.

Operante Konditionierung

Verstärkung: Ereignis, welches die Wahrscheinlichkeit, dass ein bestimmtes Verhalten auftritt, erhöht

Dem amerikanischen Wissenschaftler *B.F. Skinner* gelang es, das Prinzip der operanten Konditionierung nachzuweisen: „**Lernen durch Belohnung oder Bestrafung**". In Experimenten belohnte er Tauben und Ratten für ein bestimmtes Verhalten (z.B. Klopfen auf ein Metallplättchen, Betätigen eines Hebels) mit Futter oder bestrafte sie mit einem leichten Stromstoß. Wiederholte Belohnung „verstärkte" das gewünschte Verhalten (d.h. erhöhte dessen Auftrittswahrscheinlichkeit), während mehrfach bestrafte Tiere es schließlich unterließen. In der Marketingpraxis werden auf diese Weise Produkte, Marken oder ganze Unternehmen positiv „aufgeladen". Typische sog. operante Belohnungen sind Preisnachlässe oder anerkennende Bemerkungen der Verkäufer („Der Pullover steht Ihnen aber gut").

Modell: In der Lerntheorie Vorbild, das stellvertretend bestimmte Verhaltenskonsequenzen erlebt

Das von *A. Bandura* als Lernen am Modell bezeichnete dritte grundlegende Lernprinzip besagt: Belohnung und Bestrafung steuern menschliches Verhalten nicht nur dann, wenn man sie selbst erfährt, sondern auch, wenn man beobachtet, wie eine **andere Person** – das sog. Modell – **belohnt oder bestraft** wird. Mit anderen Worten: Wir lernen nicht nur aus eigenen Erfahrungen, sondern auch aus den Erfahrungen, die andere sammeln. Deshalb sind zwei weitere Bezeichnungen dieses dritten Lernprinzips üblich:

- Imitationslernen (= Menschen haben gelernt, dass sie mit vergleichbaren Verhaltenskonsequenzen rechnen können, wenn sie das Modellverhalten imitieren),
- stellvertretendes Lernen (= der Lerneffekt ist umso größer, je ähnlicher das Modell der Zielgruppe ist und dessen Stellvertreterrolle somit plausibel erscheint).

Unternehmen nutzen dieses Lernprinzip u. a., indem sie auf **Referenzkunden** verweisen oder in der Werbung demonstrieren, wie **Modellpersonen** vom Gebrauch des beworbenen Produkts profitieren. Wer bspw. *Nivea stress protect* aufträgt, muss, wie das weibliche Modell selbstbewusst demonstriert, weder Schweißflecken noch störenden Geruch fürchten. Und *Fatima Siad* zeigt, wie die Haarpflege von *Ojon* ihr eigentlich widerspenstiges und trockenes Haar natürlich, glänzend und gesund erscheinen lässt.

Referenzkunden: Käufer, die mit ihren positiven Berichten andere von einem Produkt überzeugen

5 Kaufentscheidung

Lange Zeit hat der kognitive Erklärungsansatz Forschung und Lehrbücher dominiert. Obwohl seitdem der große Stellenwert, den Emotionen für das Käuferverhalten haben, zunehmend Anerkennung findet, fristet der emotionale Erklärungsansatz noch immer ein Schattendasein.

Kognition: Alle Formen geistiger Aktivität (Wahrnehmung, Informationsverarbeitung, Denken, Lernen, Problemlösen, Sprache etc.)

5.1 Kognitiv kontrollierte Kaufentscheidungen

Der kognitive Erklärungsansatz reduziert die Vielfalt denkbarer Kaufentscheidungssituationen anhand der Variablen „empfundenes Kaufrisiko", „Grad der kognitiven Kontrolle", „Kaufhäufigkeit" und „Einsatz externer Anreize" auf vier Typen reduzieren: extensive, limitierte, habituelle und impulsive Kaufentscheidungen (vgl. Abb. 20).

Abb. 20: Typologie der Kaufentscheidungen

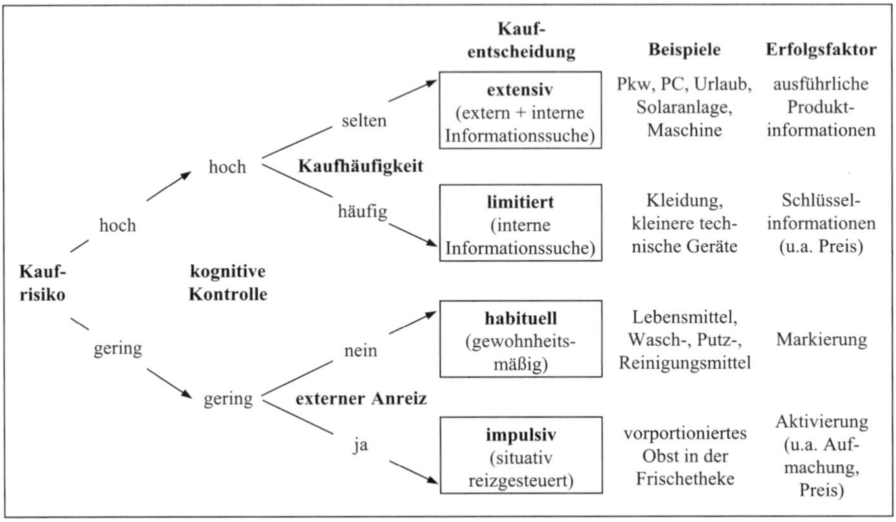

Extensive Kaufentscheidungen

Kognitive Kontrolle: Gedankliche Steuerung von Entscheidungsprozessen, Handlungsabläufen etc.

Anfangs befassten sich Marketingforschung und Marketingpraxis vorrangig mit solchen Kaufentscheidungen, die als „**kognitiv kontrolliert**" gelten. Charakteristisch sind für diesen Typus bewusste Informationssuche und Informationsverarbeitung sowie das sorgfältige Abwägen der verfügbaren Optionen. Ein solcher Aufwand lohnt sich im Regelfall nur bei selten gekauften, hochwertigen Produkten wie Haus, Pkw, PC oder Urlaubsreise. Allerdings lässt das Ausmaß des betriebenen Aufwands keinen Rückschluss auf die Güte einer Kaufentscheidung zu. So konnte bspw. nachgewiesen werden, dass Autokäufer paradoxerweise bessere Entscheidungen treffen, wenn sie nicht allzu lange über die verschiedenen Kriterien des Autokaufs nachdenken und sich relativ frühzeitig auf ein Modell festlegen. [5]

Schlüsselinformation: Für die Produktbeurteilung bedeutsame Meta-Information, die mehrere Einzelinformationen zusammenfassend ersetzt

Limitierte Kaufentscheidungen

Häufiger gekaufte Produkte wie Kleidung werden üblicherweise auf Basis vereinfachter Entscheidungsprozesse erworben: Die Käufer greifen auf eigene **Erfahrungen** oder die anderer Personen zurück bzw. orientieren sich an Gütesiegel, Marke, Preis etc. Derartige, auch 'information chunks' genannten **Schlüsselinformationen** erleichtern die Produktbeurteilung, da sie mehrere Einzelinformationen ersetzen bzw. bündeln. [6]

Angesichts der zahllosen Entscheidungen, die jeder Mensch tagtäglich fällen muss, ist es natürlich unmöglich, in jedem Einzelfall den jeweils größtmöglichen Nettonutzen zu ermitteln, etwa gemäß den formalisierten Regeln der **Kosten/Nutzen-Algebra** (⇒ kognitive Algebra). Tatsächlich werden zumeist limitierte Entscheidungen getroffen, häufig unter Zuhilfenahme von ⇒ **Heuristiken**: äußerst einfache bzw. „robuste", aber bewährte Entscheidungsregeln, die zwar nicht die optimale, zumeist aber eine recht gute Entscheidung ermöglichen (vgl. Abb. 21). Die ⇒ Preis/Qualitäts-Vermutung etwa ist eine solche Heuristik. Verbraucher schließen vorzugsweise dann vom Preis auf die Qualität, wenn sie wenig über das fragliche Produkt wissen und dessen Prestige bzw. sozialer Nutzen für sie eine große Rolle spielt.

Kognitive Algebra: Aggregationsregeln zur Ermittlung des Gesamturteils aus einer Menge von Einzelurteilen

Abb. 21: Ausgewählte Heuristiken

	Prinzip	Anwendung
Affektheuristik	Viele Meinungen, Entscheidungen etc. werden stärker von Gefühlen als von Sachargumenten geprägt. Denn die Frage „Was fühle ich?" ist zumeist leichter zu beantworten als die Frage „Was denke ich darüber?"	Kunden, die ein Unternehmen/eine Marke mögen, schenken Berichten über ausbeuterische Praktiken in Zulieferunternehmen weniger Glauben als Menschen, die ein Unternehmen/eine Marke nicht mögen.
Ankerheuristik	Um quantitative Schätzwerte abgeben zu können (z. B. wie groß ist Frau XY?), sucht man sich einen Ausgangs- bzw. Ankerwert (z. B. Durchschnittsgröße von Frauen). Mit gezielt platzierten Ankerreizen lassen sich Größen-, Mengen-, Preisschätzungen etc. manipulieren	Erscheint ein Anzug, der für 389 € angeboten wird, billig oder teuer? „Eher teuer", wenn zuvor ein Ankerreiz (= Vergleichsanzug) von 189 € gesetzt wurde, und „eher billig", wenn der Ankerreiz 689 € war.
Verfügbarkeitsheuristik ('availabilty heuristic')	Leicht abrufbare bzw. zugängliche Beispielfälle beeinflussen Entscheidungen stärker als schwer abrufbare bzw. schwer zugängliche Beispielfälle, da die sog. Abrufleichtigkeit als Indiz für Wahrheit, Wichtigkeit etc. genutzt wird.	Presseberichte über die spektakulären Folgen eines Falles von Bremsversagen beeinflussen die Einstellungen und Kaufentscheidungen von Autokäufern weitaus stärker als die Zuverlässigkeitsstatistik des *ADAC*.
Wiedererkennungsheuristik ('recognition heuristic')	Unter verschiedenen Optionen wird jene ausgewählt, präferiert etc., die mehr als die anderen als vertraut erlebt wird (bspw. weil man sie wiedererkennt).	Eine Hauptaufgabe von Werbung besteht darin, bei der Zielgruppe ein Gefühl der Vertrautheit mit der beworbenen Marke zu schaffen, damit diese bei Kaufentscheidungen unter Zeitdruck, und ohne eindeutige Präferenzen, bevorzugt wird.

Country of Origin: Produktherkunft

Wie der **Preis**, so sind auch die **Marke** eines Produkts bzw. eines Handelsunternehmens, der Country of Origin („**Made in** …"), die **Regionalität** sowie – aufgrund von vergleichenden Warentests vergebene – **Qualitätssiegel** leicht verfügbare Schlüsselinformationen Die Mehrzahl der Verbraucher schließt aus jeder einzelnen von ihnen auf mehrere, schwerer zugängliche Einzelinformationen (bspw. Produktqualität, Exklusivität, Preis/Leistungsverhältnis). Von regional erzeugten Produkten bspw. erwarten etwa 50 % der Konsumenten, dass sie frischer sind, weniger die Umwelt belasten und Arbeitsplätze in der Region schützen. Derartige „Kurzschlüsse" erleichtern bzw. verkürzen den Entscheidungsprozess in erheblichem Maße.

Habituelle Kaufentscheidungen

Jeder Mensch muss Tag für Tag unzählige Entscheidungen fällen: Wann stehe ich auf? Welche Hose ziehe ich an? Fahre ich mit dem Fahrrad zur Arbeit oder nehme ich den Bus? Esse ich in der Kantine oder im Bistro gegenüber? Gehe ich ins Fitnessstudio oder ins Kino? Wenn ja: in welches? Einerseits schätzen wir diese Vielfalt und erachten **Entscheidungsfreiheit** als wesentlichen Teil eines selbstbestimmten Lebens. Andererseits erfahren wir bei jedem Einkauf die physischen und psychischen **Kosten** der Vielfalt. Bspw. „warten" in den Regalen eines gutsortierten Verbrauchermarktes 20.000–25.000 Produkte auf unsere Kaufentscheidung, darunter etwa 220 Marmeladensorten.

Lebensstil: Charakteristischer, relativ stabiler Mix von Werten, Einstellungen, Interessen und konsumbezogenen Verhaltensweisen

Gegen die „Tyrannei der Wahlmöglichkeiten" helfen ⇒ **Gewohnheit, Routine** etc. – wissenschaftlich ausgedrückt: Habitualisierung: Zu früheren Zeiten gefasste Entscheidungen („Im Regelfall kauf ich Erdbeermarmelade") werden durch bestimmte Stimuli (bspw. Anblick eines Verkaufsregals) reaktiviert. Im Gegensatz zu impulsiven Kaufentscheidungen lassen sich gewohnheitsmäßige Entscheidungen gut **prognostizieren**, wenn man folgende Variablen kennt:

Variety Seeking: Abwechslungsbedürfnis (bspw. Markenwechsel trotz Zufriedenheit mit der bislang gekauften Marke)

- Lebensstil (z. B. demonstrativer Konsum vs. demonstrative Sparsamkeit),
- Konsumorientierung (z. B. Preis- vs. Qualitätsorientierung),
- Persönlichkeitsmerkmale des Entscheidungsträgers (z. B. Risikobereitschaft),
- situative Variablen (z. B. Zeitdruck),
- Soziodemografika (z. B. Bildungsniveau, Einkommen, soziale Schicht).

Markenstärke: Dauerhafte Fähigkeit einer Marke, positive Assoziationen zu wecken und Nachfrage zu beeinflussen

Gemäß der einschlägigen Forschung fällen risikoaverse Käufer, die nicht zum 'variety seeking' neigen und sich nur wenig für das fragliche Produkt interessieren, unter Zeitdruck voraussichtlich eine habitualisierte Kaufentscheidung. [7] Gleiches gilt für sog. Low Involvement-Produkte: Waren des täglichen Bedarfs und andere Angebote, bei denen sich ein erhöhter Informations- und Beschaffungsaufwand nicht lohnen (z. B. Geschirrspülmittel, Margarine). In diesem Fall ist Markenstärke der Erfolgsfaktor: eine starke Marke, der man „blind" vertrauen kann.

Impulsive Kaufentscheidungen

Treffen geringes Kaufrisiko, schwache kognitive Kontrolle und externe Anreize (z. B. attraktive Sonderangebote) zusammen, dann ist es wahrscheinlich, dass Kaufentscheidungen impulsiv gefällt werden. Für ein solches Zusammentreffen sorgen Ausnahmesituationen (z. B. Urlaubsreise), Zeitdruck, eine besonders anregende Ladendekoration und vieles andere mehr. Anbieter haben ein starkes Interesse, Impulskäufe auszulösen. Denn Käufer sind in solchen Fällen zumeist **überdurchschnittlich zahlungsbereit** und **wenig kritisch** eingestellt. Stimulieren lassen sich Impulskäufe auf vielfältige Weise, u. a. durch …

- künstliche Verknappung („Nur heute im Angebot!"),
- gezielte Platzierung (z. B. im Wartebereich, neben der Kasse),
- vorteilhafte Preise (Sonderangebote) und
- Verkaufsförderungsaktionen (z. B. Verkostung).

Wie sozialpsychologische Experimente gezeigt haben, gelingt es Impulskäufern weniger als anderen, **ablenkende Impulse** zu „übersehen" (z. B. Displays) bzw. zu „überhören" (z. B. Durchsagen im Ladenfunk). [8] Vermutlich deshalb sind sie für Verkaufsförderungsmaßnahmen aller Art empfänglicher als andere.

5.2 Emotional gesteuerte Kaufentscheidungen

Es ist extrem schwierig, wenn nicht unmöglich, Entscheidungen alleine durch rationales Abwägen der Vor- und Nachteile der verschiedenen Optionen zu fällen, ohne Beteiligung von Gefühlen. [9] Vertreter des auf Erkenntnissen der Neurobiologie und der Neuropsychologie basierenden **Neuromarketing** gehen sogar davon aus, dass 70–80 % der Entscheidungen unbewusst, im limbischen System, unter vorrangiger Beteiligung von Emotionen gefällt werden. [10] *Facebook* hat dem insofern Rechnung getragen, als es seinen Nutzern ab 2016 anbot, Posts nicht nur pauschal zu 'liken', sondern mit Hilfe von fünf **Emojis** differenzierter zu beurteilen: love, haha, wow, traurig und wütend.

Limbisches System: Eng vernetzte Gruppe von Hirnarealen (z. B. Hippocampus, Amygdala), die bei der Verarbeitung von Emotionen, Lernen und Erinnerung eine wichtige Rolle spielen

Vor allem komplexe oder auf andere Weise schwierige Entscheidungen werden gemäß dem Konzept der **Affektheuristik** (vgl. Abb. 21) zumeist nicht gefällt, indem man möglichst viele rationale Kriterien intensiv abwägt, sondern aufgrund der mit den Entscheidungsobjekten verbundenen Gefühle. Ein sympathischer Autoverkäufer beeinflusst die meisten Kunden vermutlich stärker als Argumente wie Drehmoment, Wartungsintervalle oder Wiederverkaufswert. Dass Entscheidungen durch Emotionen leicht beeinflussbar sind, erklärt auch, warum **Innovationen** so häufig scheitern. Denn allzu oft wird in der Einführungsphase übersehen, dass diese – wie alles Neuartige und Fremde – zunächst als ungewohnt, bisweilen sogar als bedrohlich erlebt und letztlich abgelehnt werden. Aufgabe der Kommunikationspolitik ist es somit, der Zielgruppe nicht nur rationale Argumente für eine Kaufentscheidung zu liefern, sondern auch und vor allem positive Gefühle. Erst wenn die emotionale Basis geschaffen ist, können die Kauf- und sonstigen Argumente ihre Wirkung entfalten.

Heuristik: Mentale Faustregel

Bei komplexen Entscheidungen – wie der Wahl eines Studienortes – hat es sich bewährt, den **kognitiven** und den **emotionalen Ansatz** miteinander zu **verknüpfen**.

- In der Tradition des multiattributiven Ansatzes der Eindrucksbildung ermittelt man zunächst die wichtigsten Entscheidungskriterien (z. B. Lehrangebot, Ruf der Universität, Lebenshaltungskosten, Freizeitmöglichkeiten).
- Sodann werden die Entscheidungsobjekte (z. B. drei nahe gelegene Universitätsstädte) anhand dieser Kriterien beurteilt.
- Dann allerdings unterlässt man es, mit Hilfe einer kognitiven Algebra das Ergebnis des Entscheidungsprozesses (= Präferenz) analytisch zu ermitteln, sondern fragt sich, welche Option (Universitätsstadt) welches Gefühl auslöst.
- Den Zuschlag erhält schließlich die Option mit dem „besten Gefühl" – und nicht die mit den „meisten Punkten".

6 Einfluss des sozialen Umfeldes

6.1 Reale Bezugspersonen und Bezugsgruppen

Menschen sind soziale Wesen. Gemäß der **Theorie des sozialen Vergleichs** [11] haben sie ein starkes Bedürfnis, etwas über sich zu erfahren. Wenn sie sich und ihr Verhalten nicht anhand objektiver Kriterien beurteilen können, nutzen sie sie einschlägige Ansichten und Meinungen von Freunden, Bekannten und anderen Bezugspersonen als Vergleichsmaßstab, anhand dessen sie das eigene Verhalten bewerten. Von diesem sog. **informativen sozialen Einfluss** ist der **normative soziale Einfluss** abzugrenzen. Er basiert auf dem Bedürfnis, von anderen gemocht und akzeptiert zu werden. Auch sollen möglichst viele Menschen unsere Handlungen wertschätzen, vor allem die uns wichtigen und aus unserer

Abb. 22: Wichtigkeit von Informationsquellen für Kaufentscheidungen von Internetnutzern

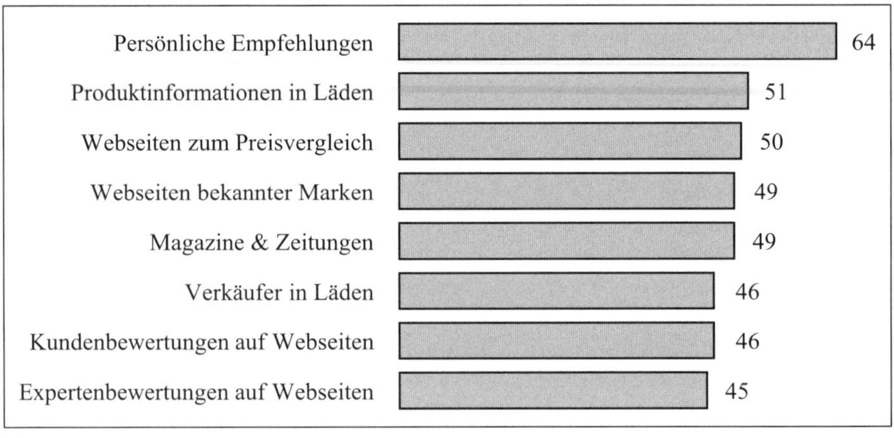

Quelle: Statista 2016.

Sicht attraktiven Personen. Dies erklärt den hohen Stellenwert, den **persönliche Empfehlungen** für Kaufentscheidungen haben (vgl. Abb. 22).

Starken Einfluss haben zunächst die **Familienmitglieder**. Je nachdem, in welchem Maße wer welche Kaufentscheidungen beeinflusst, lassen sich weibliche Domänen (z. B. Kinderkleidung, Lebensmittel, Küchengeräte) und männliche Domänen (z. B. Autozubehör, Versicherungen) unterscheiden. Über Wohnzimmermöbel und Urlaubsreisen entscheiden Paare im Regelfall gemeinsam. Bei einigen Produkten ist der Einfluss von Kindern nicht zu unterschätzen. So zeigen Beobachtungen in Supermärkten, dass in zwei Dritteln der Fälle das Kind die Initiative zum Kauf von Cornflakes ergreift. Fast immer stimmen die Eltern dessen Wunsch zu, mehrheitlich auch der ausgesuchten Marke – ein Fall von **abgeleiteter Nachfrage**. [12]

Wichtig sind weiterhin die verschiedenen **Bezugsgruppen**. Freunde und Bekannte, Mitglieder der Alterskohorte und der eigenen sozialen Schicht: Sie alle beeinflussen unser Konsumverhalten. Jugendliche bspw. orientieren sich im Rahmen ihrer Identitätssuche in ganz besonderem Maße an ihrem sozialen Umfeld. Sie lassen sich piercen, weil das in ihrer Clique in ist, sie kaufen ein *I-Phone*, um „dazu zu gehören" (zur *Apple*-Welt), etc. Insgesamt gilt:

- Vorwiegend „sozial auffällige Produktbereiche" unterliegen dem **Bezugsgruppeneffekt** (z. B. Kleidung).
- Innerhalb einer Bezugsgruppe sind nicht alle Personen gleich wichtig. Besonders einflussreich sind Meinungsführer, d. h. Personen, die innerhalb der Gruppe eine zentrale Rolle spielen und intensiv mit anderen Mitgliedern des sozialen Netzwerkes kommunizieren – mittlerweile mehrheitlich über Social Media (⇒ Soziozentralität). Viele Unternehmen informieren zunächst diese Multiplikatoren über ihre Innovationen (⇒ Messen & Ausstellungen). Sind sie erst einmal von einer Neuerung überzeugt, dann beeinflussen sie ihr soziales Umfeld – und zwar zumeist kostenlos.
- Ob und welche Referenzen durch Bezugsgruppen wichtig sind, hängt nicht zuletzt auch von der Landeskultur der Beteiligten ab. So sind Chinesen, Koreaner und andere Angehörige des beziehungsorientierten **kollektivistischen Kulturkreises** in besonderem Maße empfänglich für persönliche Empfehlungen. Auch Skandinavier und die übrigen Angehörigen des **femininen Kulturkreises** verlassen sich bei ihren Kaufentscheidungen mehr als andere auf 'word-of-mouth', während in **individualistischen** (insb. Commonwealth) und **maskulinen Ländern** (z. B. Italien) die eigenen Erfahrungen Vorrang haben (⇒ Kulturdimensionen nach Hofstede). Von dieser Regel gibt es eine bedeutsame Ausnahme: individualistische Verbraucher werden von Empfehlungen, welche das eigene Selbstbild bestätigen bzw. stärken, überproportional beeinflusst. [13]

Abgeleitete Nachfrage: Nachfrage, die nicht originär, sondern unmittelbare Folge der Nachfrage anderer Personen ist

Alterskohorte: Zur selben Zeit aufgewachsene und daher von denselben Ereignissen (z. B. Mauerfall) geprägte Menschen

Soziale Schicht: Nach Maßgabe soziodemografischer Kriterien homogene Bevölkerungsgruppe (z. B. Unter-, Mittel-, Oberschicht)

Referenzen: Berichte von Konsumenten, die anderen den Kauf von Produkten empfehlen oder davon abraten

Landeskultur: Gesamtheit der für eine Gesellschaft charakteristischen Normen und Werte

6.2 Virtuelle Ratgeber

Bezugspersonen, die ihren Einfluss auf die Kaufentscheidung anderer über das Netz entfalten, werden als virtuelle Ratgeber bezeichnet. Hierzu zählen in ers-

Influencer: Meinungsführer in den sozialen Medien

ter Linie sog. **Influencer**, wie Meinungsführer im Social Media-Kontext heißen: Personen mit einer großen Anzahl von überwiegend jugendlichen Followern (z. B. auf *Instagram* oder *Youtube*). Wenn Influencer authentisch wirken und darüber hinaus glaubhaft vermitteln können, dass sie über Produktkenntnis verfügen und ihr Involvement groß ist, dann hören Follower gerne auf sie und folgen ihren Empfehlungen. Dies gilt vor allem dann, wenn das

- finanzielle (z. B. teure Produkte wie Surfboard),
- funktionelle (z. B. technisch komplexe Produkte wie Tablets) oder
- soziale Kaufrisiko hoch ist (z. B. Lifestyle-Produkte wie Kosmetik).

Deshalb schließen viele Anbieter Verträge mit Influencern wie der 'shopping queen' *Bianca Heinicke*, damit sie ihre Produkte empfiehlt. Dem Videoblog „Bibi's Beauty Palace" folgen über drei Mio. Menschen auf *Youtube*. Ihren jungen, zumeist weiblichen Anhängern gibt die Bloggerin Schminktipps, präsentiert ihre Einkäufe und empfiehlt mehr oder weniger unverblümt diverse Kosmetika, etwa den EOS-Lippgloss, der als „Hintergrund-Dekoration" in verschiedenen Varianten aufgereiht in ihrem Badezimmer steht. Als die Drogeriekette *dm* „gemeinsam" mit *Bibi* ein Duschgel auf den Markt brachte, war dieses innerhalb weniger Stunden ausverkauft.

Beispiel
„Die junge Frau schwenkt ein rosa Kleidchen vor der Kamera. 'Und dann habe ich noch dieses mega-mega-mega-süße Top gefunden, drei Euro fünfundneunzig', flötet sie und kramt schon das nächste Teil aus ihrer Tasche. Unzählige Jugendliche abonnieren *You Tube*-Kanäle, auf denen Shopping Queens vorführen, was sie bei ihrem letzten Beutezug – neudeutsch 'Haul' – durch Billigläden erworben haben. Das öffentliche Auspacken von Einkaufstüten beeinflusst das Kaufverhalten junger Menschen stärker als alle Informationen ..." [14]

Angesichts der wachsenden Bedeutung von Influencern hat sich auch das Aufgabenspektrum von **Trendscouts** erweitert. Anfangs wurden sie engagiert, um in Kneipen, auf Flohmärkten, den Fußgängerzonen und später auch auf virtuellen Marktplätzen zu erahnen, was morgen „in" sein wird. Mittlerweile sollen sie überdies Blogger aufspüren, die aufgrund der Vielzahl an Followern das Zeug zum Influencer haben, und ihnen Markenware kostenlos oder leihweise zur Verfügung stellen, damit diese darüber berichten und ihre Gefolgschaft im Sinne des Unternehmens beeinflussen. Diese Kommunikationsstrategie hat sich neben der Kosmetik- und der Modebranche hauptsächlich in der Sportartikel- und Fitnessbranche bewährt. Erfolgreiche Influencer, deren Dienste die Markenbesitzer längst schon weit mehr kosten als ein paar kostenlose Produktproben, verstehen es, sich als Freunde zu inszenieren, die es ihren Followern ermöglichen, an ihrem realen Leben teilzuhaben. „Auf *Instagram* sehen sie die Welt durch die Augen ihrer Lieblingsblogger. Es ist, als würden sie deren Badezimmer benutzen und dabei ganz zufällig entdecken, dass diese sich die Haare mit *Head & Shoulders* waschen, weil die Flasche im Regal steht." [15]

Virtueller Rat kann auch anonym, von anderen Käufern kommen: Diese Art der Kaufempfehlung wird als eWoM bezeichnet: '**electronic word-of-mouth**'.

Da Ratsuchende diese Personen jedoch nicht persönlich kennen, vertrauen sie diesen digitalen Empfehlungen weniger als persönlichen Empfehlungen – aber immer noch mehr als traditioneller Werbung.

Eine besondere Form von eWoM sind **öffentliche Bewertungen**, die Nutzer auf der Homepage des Anbieters oder auf speziellen Bewertungsportalen – z. B. *Jameda* oder *Docinsider* für medizinische Dienstleistungen bzw. *Yelp* für Restaurants und Geschäfte – abgeben können. Wie die einschlägige empirische Forschung gezeigt hat, …

- empfinden Frauen die virtuellen Anmerkungen anderer ('word-of-mouse') vor allem dann als hilfreich, wenn es sich dabei nicht um standarisierte Auskünfte handelt (z. B. Einstufungen anhand einer Zufriedenheitsskala), sondern um **ausführlichere Postings**, die von anderen Nutzern kommentiert werden (bspw. im Rahmen eines Forums). [16]
- sind vor allem Konsumenten, die unter allen Umständen eine Fehlentscheidung vermeiden wollen (bspw. angesichts des hohen finanziellen Risikos einer Kaufentscheidung), [17] empfänglich für **kritische Anmerkungen**. Auch Kritik, die ein utilitaristisches Gut betrifft, fällt auf fruchtbaren Boden. [18] **Lob** findet demgegenüber hauptsächlich dann Beachtung, wenn es sich um ein hedonistisches Gut handelt.
- besteht zwischen dem Grad an **Interneterfahrung** und der **Beeinflussbarkeit** durch eWoM ein systematischer, aber nicht-linearer Zusammenhang: völlig Unerfahrene und sehr Erfahrene sind am empfänglichsten für Empfehlungen im Netz, während mäßig Erfahrene vergleichsweise skeptisch reagieren. [19]
- spielt auch hier der Reihenfolgeneffekt in Gestalt des **Primacy-Effekts** eine wesentliche Rolle. So gaben Versuchspersonen einem Hotel bessere Noten, wenn sie die „sehr guten" Ratings zuerst und die „sehr schlechten" zuletzt zu lesen bekamen. Bei umgekehrter Reihenfolge – „sehr schlecht" zuerst und „sehr gut" zuletzt – wurden häufiger schlechte Noten vergeben. [20]

Utilitaristisches Gut: Nützliches Gut (z. B. Waschmittel, Informationsreise)

Hedonistisches Gut: Dem Lustgewinn dienliches Gut (z. B. Parfüm, Urlaubsreise)

Primacy-Effekt: Überproportionaler Einfluss der ersten von einer Reihe gleichwertiger Informationen auf das Gesamturteil

7 Literaturempfehlung

- *Foscht; T.; Swoboda, B.; Schramm-Klein, H.* (2015): Käuferverhalten, 5. Aufl., Wiesbaden: Springer Gabler.
- *Hoffmann, S.; Akbar, P.* (2016): Konsumentenverhalten, Wiesbaden: Springer Gabler.
- *Kroeber-Riel, W.; Gröppel-Klein, A.* (2013): Konsumentenverhalten, 10. Aufl., München: Vahlen.
- *Solomon, M.* (2016): Konsumentenverhalten, 11. Aufl., Hallbergmoos: Pearson.
- *Trommsdorff, V.; Teichert, T.* (2011): Konsumentenverhalten, 8. Aufl., Stuttgart: Kohlhammer.

Endnoten

1. Bund (2012, S. 28)
2. Lindstrom/Underhill (2010); Morin (2011); http://www.handelsblatt.com/unternehmen/management/neuromarketing-warum-wir-kaufen-was-wir-kaufen-seite-4/3272336-4.html
3. Kroeber-Riel/Gröppel-Klein (2013, S. 61)
4. Kroeber-Riel/Gröppel-Klein (2013, S. 167)
5. Dijksterhuis u. a. (2006)
6. Kroeber-Riel/Gröppel-Klein (2013, S. 377f.)
7. Kroeber-Riel/Gröppel-Klein (2013, S. 486 ff.)
8. Büttner u. a. (2014)
9. Hubert/Kenning (2008); Kenning et al. (2007)
10. Häusel (2014)
11. Festinger (1954)
12. Meffert u. a. (2015, S. 131f.)
13. Müller/Gelbrich (2015, S. 708 ff.)
14. Rögener (2016, S. 18)
15. Baurmann (2015)
16. Awad/Ragowsky (2008)
17. Zhang u. a. (2010)
18. Black/Kelley (2009)
19. López/Sicilia (2014)
20. Coker (2012)

D. Psychologie des Konsumentenverhaltens

Turn around: Grundlegende Wende der Geschäftstätigkeit zum Besseren

Einst waren es ältere Männer, die in verrauchten Kneipen Kräuterlikör tranken. Heutzutage zählt *Jägermeister,* dessen altdeutsch anmutendes Logo noch an diese Zeit erinnert, zu den bekanntesten Lifestyle-Marken. Begonnen hat der 'turn around' im August 1999. Damals verordnete *Günter Mast,* der Unternehmensgründer, *Jägermeister* einen radikalen Imagewandel: vom Altherren- zum Lifestyle-Getränk. Die Neupositionierung trug der Erkenntnis Rechnung, dass Käufer sich selten ausschließlich von objektivierbaren Einflüssen wie Produkteigenschaften oder Preis leiten lassen. Vielfach geben psychologisch erklärbare Bedingungen wie das Meinungsklima, das in einer wichtigen sozialen Bezugsgruppe herrscht, den Ausschlag. Heutzutage trinken vor allem junge Menschen *Jägermeister.* Seit dem ⇒ Relaunch symbolisiert das Hirschgeweih deren soziale Identität: „Wir lebenslustige Partygänger". In diesem Alter ist es überaus wichtig, attraktiven sozialen Gruppen anzugehören und dies allgemein sichtbar zum Ausdruck zu bringen, bspw. durch das Konsumverhalten. Deshalb positionierte sich *Jägermeister* als Kultmarke der Partyszene und der Junggebliebenen. Erreicht wurde dies u. a. durch Event-Marketing (z. B. Gratis-Longdrinks, Foto-Shooting in Diskotheken), die systematische Nutzung von *Facebook, Instagram* sowie *YouTube* und eine attraktive Infotainment-Homepage. Dort können Klingeltöne heruntergeladen werden (z. B. „Der Jäger Sound"), das „*Jägermeister* Party-Epizentrum" informiert über Events wie GEMEINSAM STATT EINSAM AUF TOUR! Und unter „Music" findet der Besucher „neue Songs für Deine Playlist, zu sichern entweder hier oder in Deinem *Spotify*-Profil". Der Strategiewechsel hatte Erfolg: 2016 verkaufte der Marktführer weltweit mehr als 91 Mio. 0,7-Liter-Flaschen. [1]

1 Homo Psychologicus

Bumerang-Effekt: Gegenteilige Wirkung eines Beeinflussungsversuches (gemessen an der beabsichtigten Wirkung)

Versuchspersonen, welche über mögliche gesundheitsschädigende Nebenwirkungen von Süßstoffen informiert wurden, sind Stunden später weniger bereit, Süßstoff zu kaufen, als Vergleichspersonen, die keine Warnhinweise erhalten haben. Nach zwei Wochen allerdings war ein **Bumerang-Effekt** zu beobachten. Nun zeigten sich ausgerechnet jene Versuchsteilnehmer, die vor den Nebenwirkungen gewarnt worden waren, kaufbereit. Auch im Falle von Zigaretten, Haarwuchs- und Potenzmittel minderten negative Informationen die Kaufhäufigkeit nur dann, wenn die Warnhinweise unmittelbar vor der Kaufentscheidung präsentiert wurden. [2] Einen Bumerang-Effekt muss gleichfalls fürchten, wer versucht, Mythen wie die angeblichen Risiken von Schutzimpfungen mit rationalen Argumenten zu entkräften. Auch in diesem Fall erfüllte Aufklärung nur kurzfristig ihren Zweck. Nach einer gewissen Zeit konnten sich die Versuchspersonen nur noch an die sattsam bekannten Mythen erinnern (z. B. Masernimpfung → Autismus), nicht mehr jedoch an die vergleichsweise komplizierte Richtigstellung. [3]

Subjektive Rationalität: Nutzenabwägung aufgrund individueller Motive bzw. Bedürfnisse

Mittlerweile belegen zahllose ⇒ verhaltensökonomische Studien, dass das klassische Menschenbild der Wirtschaftswissenschaften, der '**homo oeconomicus**', in vielen Fällen nicht geeignet ist, reales Verhalten zu erklären. Denn es unterstellt u. a., dass der über seine Handlungs- bzw. Entscheidungsoptionen vollständig informierte Akteur rational jene Option auswählt, welche ihm den größten Nutzen verschafft. Tatsächlich aber verfügen Entscheider im Regelfall weder über alle relevanten Informationen, noch verhelfen, wie die genannten Beispiele zeigen, mehr Informationen zwangsläufig zu besseren Entscheidungen als weniger Informationen. Hinzu kommt der Einfluss der Rollenerwartungen, denen Entscheider durch ihre sozialen Bezugsgruppen unterliegen. Dieses Konstrukt steht im Mittelpunkt des Menschenbildes des '**homo sociologicus**'. Der '**homo psychologicus**' wiederum ist weder vollständig informiert noch in der Lage, eine große Menge an Informationen objektiv zu verarbeiten. Formal betrachtet erscheinen viele seiner Verhaltensweisen irrational bzw. subjektiv rational: Zwar strebt auch dieser Typus nach Nutzenmaximierung – was er jedoch als Nutzen empfindet, hängt von seinen individuellen Bedürfnissen und Motiven ab sowie von situativen Einflüssen. Man muss nur einmal einen *ALDI*- oder *LIDL*-Parkplatz aufmerksam betrachten, um zu erkennen, dass nicht wenige Konsumenten sich beim Kauf von Waren des täglichen Bedarfs vor allem vom Kosten/Nutzenverhältnis leiten lassen, beim Pkw-Kauf hingegen vom Prestigenutzen.

2 Einstellungen

2.1 Grundlagen

Einstellungen zählen zu den zentralen ⇒ Konstrukten der Verhaltensforschung. Man versteht darunter die Tendenz, auf einen bestimmten Stimulus (bspw. ein Produkt) **positiv oder negativ wertend** zu reagieren. Ein Großteil der kommunikationspolitischen Maßnahmen von Unternehmen zielt darauf, die Einstellung ihrer Zielgruppe zum Unternehmen und seinen Leistungen positiv zu beeinflussen.

Einstellungen sind subjektiv, relativ stabil, hierarchisch strukturiert und unter bestimmten Bedingungen **verhaltensrelevant**. Sie nehmen auf die verschiedensten Lebensbereiche Einfluss, u. a. auch auf Kaufentscheidungen. Ein Verbraucher, der Spanien und die spanische Kultur mag (d. h. eine positive Einstellung zu diesem Land hat), wird – vor die Wahl zwischen einem spanischen und einem Schweizer Hartkäse gestellt – sich unter sonst gleichen Bedingungen (z. B. Preisniveau) wahrscheinlich für den spanischen Manchego entscheiden und nicht für den Schweizer Greyerzer. Deshalb sollten Manager die Einstellungen ihrer Kunden kennen und bei marketingpolitischen Erwägungen berücksichtigen.

Da sie vergleichsweise leicht zugänglich sind, werden produktbezogene Einstellungen regelmäßig zur Erklärung des Käuferverhaltens herangezogen. Dies geschieht zumeist durch Befragung, bspw. mit Hilfe des **Adequacy Importance-Modells**. Bei dieser vielfach zur Ermittlung der wahrgenommenen Produktqualität eingesetzten Variante der Multiattributiv-Modelle teilt die Auskunftsperson mit, welche Produkteigenschaften (z.B. Bildqualität, Design) ihr in welchem Maße wichtig sind (= W_i) und wie überzeugt sie davon ist, dass das zu beurteilende Produkt (z.B. Digitalkamera) die einzelnen Eigenschaften besitzt (= $Ü_i$). Summiert ergibt sich dann die Einstellung E_j (vgl. Abb.23).

Multiattributiv-Modell: Operationalisiert Einstellungen als (gewichtete) Bewertung mehrerer Produktmerkmale

Abb.23: Beispielhafte Ermittlung der Einstellungen eines fiktiven Käufers zu zwei konkurrierenden Digitalkameras

Attribut (i) des Objekts (j)	Wichtigkeit (W_i) (1 = unwichtig, 10 = wichtig)	Überzeugung ($Ü_{ij}$) (1 = schwach, 10 = stark)	
		Panasonic	Fujifilm
Bildqualität	10	9	5
Videoqualität	3	4	8
Betriebsdauer	4	10	7
Bedienungskomfort	9	8	8
Vielseitigkeit	2	4	6
Design	8	4	8
Einstellung (E_j) $E_j = \sum Ü_{ij} \cdot W_i$		254	250

Aufgrund ihrer beschränkten Informationsverarbeitungskapazität beurteilen Konsumenten Produkte und Dienstleistungen allerdings nur ausnahmsweise derart eingehend. Zumeist begnügen sie sich damit, ...

- vereinfachte Entscheidungen zu treffen (z.B. anhand von ⇒ **Heuristiken** wie „teuer ist gut" oder „Made in ... ist gut/schlecht" oder von Gewohnheiten wie Marken-/Geschäftsstättentreue),
- nicht alle verfügbaren bzw. ihnen bekannten Produkte zu beurteilen, sondern nur solche, die in einer konkreten Entscheidungssituation prinzipiell in Frage kommen: d.h. den '**evoked set**' bzw. '**consideration set**'.

Availability Set: Menge aller verfügbaren Produkte einer Kategorie

Awareness Set: Teilmenge der Produkte, die einer Person bekannt bzw. bewusst ist

Evoked Set: Teilmenge der Produkte, die für eine bestimmte Person in einer bestimmten Situation entscheidungsrelevant sind

2.2 Einstellungs/Verhaltens-Diskrepanz

Eigentlich müsste jeder Konsument in der realen Kaufsituation jene Marke aus seinem 'evoked set' wählen, zu der er die positivste Einstellung hat. Aus vielerlei Gründen geht diese simple Gleichung allerdings oft nicht auf. Das in Befragungen regelmäßig ermittelte hohe Umweltbewusstsein der Deutschen etwa korrespondiert nur selten mit einer Kaufpräferenz für Ökoprodukte. Viele empören sich über die unmenschlichen Arbeitsbedingungen, die in zahlreichen Textilfabriken (nicht nur) Bangladeschs herrschen, kaufen aber dennoch immer mehr T-Shirts und Jeans bei *KiK, Primark* und anderen Billigketten. [4] Ein weiteres Beispiel: Gemäß einer Studie des Meinungsforschungsinstituts *Ipsos Mori* unterstützen 69 % der Befragten die Aussage, die Hersteller bringen jedes Jahr zu viele neue Handymodelle heraus. Und nur 14 % gaben an, ein neues Smartphone kaufen zu wollen, sobald es in die Läden kommt. In einer Umfrage der ⇒ *Gesellschaft für Konsumforschung (GfK)* räumten jedoch 55 % der Handynutzer ein, schon ein neues Modell gekauft zu haben, obwohl ihr altes Gerät noch funktionierte. [5]

Sozial erwünschte Antworten: Geben nicht die tatsächlichen Ansichten wider, sondern das für wünschenswert Gehaltene

Die sog. Einstellungs/Verhaltens-Diskrepanz hat verschiedene **Gründe**, u. a. die geringe Bereitschaft vieler Menschen, in Befragungen ihre tatsächlichen Einstellungen und Ansichten zu offenbaren. Vor allem bei kontroversen Themen (z. B. Alkoholmissbrauch) geben sie **sozial erwünschte Antworten** (z. B. kontrollierter Alkoholgenuss). Darüber hinaus mindern zahlreiche weitere Einflussfaktoren die Verlässlichkeit erfragter Einstellungen:

- Gemäß der Low Cost-Hypothese erlauben umweltbezogene Einstellungen nur dann eine hinreichend gute Verhaltensprognose, wenn der für umweltgerechtes Verhalten erforderliche **Aufwand** als **zumutbar** empfunden wird. Der Mehrzahl der Verbraucher erscheinen jedoch die Kosten von Ökoprodukten als zu hoch und der Beschaffungsaufwand als zu groß. [6]

Operationalisierung: Anweisung zur Überführung eines theoretischen Konstrukts in eine messbare Variable

- Schwer verfügbare Einstellungen sind weniger als leicht verfügbare Einstellungen geeignet, Verhalten vorherzusagen. „**Verfügbarkeit**" wird ⇒ operationalisiert als Zeitspanne, die eine Auskunftsperson benötigt, um eine Frage zu beantworten. Dabei ist zu beachten, dass Einstellungen, die auf eigenen unmittelbaren Erfahrungen basieren, leichter verfügbar sind als mittelbar gewonnene Erfahrungen (bspw. den Werbeversprechen eines Anbieters oder Berichten anderer Käufer entnommen). Da potentielle Kunden mit neuartigen Produkten noch keine eigenen Erfahrungen gesammelt haben können, ist es kaum möglich, die Erfolgsaussichten innovativer Produkte auf Basis von Einstellungen der Zielgruppe verlässlich zu prognostizieren.
- Ein weiterer Grund für die vielfach geringe Übereinstimmung von Einstellungen und Verhalten ist das sog. **Spezifitätsproblem**. Häufig werden Einstellungen allgemein erfragt, die Verhaltensindikatoren jedoch speziell. Aus der Zustimmung zu dem unspezifischen Statement „Verbraucher sollten durch ihr Kaufverhalten zum Umweltschutz beitragen" (= Einstellungsebene) lässt sich bspw. nicht die Bereitschaft ableiten, „einen Großteil der Waren des täglichen Bedarfs in einem Bioladen einzukaufen" (= Verhaltensebene). Wer auf dem Land lebt, könnte bspw. der Meinung sein, dass regelmäßige Fahrten zum 20-30 km entfernten Bioladen gerade mit Blick auf den Umweltschutz unvernünftig wären.

Wer das Spezifitätsproblem überwinden möchte, muss die **Kompatibilität** von Einstellungs- und Verhaltensmessung verbessern. Dies ist möglich, wenn Einstellungen hinsichtlich folgender Kriterien mit einem ähnlichen Spezifitätsgrad erfasst werden wie das zu prognostizierende Verhalten:

- Zielobjekt (z. B. Verringerung des ökologischen Fußabdrucks),
- Handlung (z. B. Verzicht auf Flugreisen),
- Kontext (z. B. Urlaub),
- Zeit (z. B. Weihnachten). [7]

3 Emotionen

Zusammen mit Einstellungen und Motivation werden Emotionen den aktivierenden Prozessen zugerechnet (⇒ Aktivierung). Die Marketingforschung nutzt Konstrukte wie Freude und Vertrauen in Ergänzung zu den kognitiven Prozessen, um das Zustandekommen menschlicher Entscheidungen und Handlungen umfassend erklären zu können. Gemäß der psychoevolutionären Emotionstheorie [8] bilden Freude und Vertrauen – zusammen mit Angst, Überraschung, Traurigkeit, Ekel, Ärger und Erwartung – die acht **Basis-** bzw. **Primäremotionen**. Der äußere, dunkel markierte Ring des „Rads der Emotionen" (vgl. Abb. 24) symbolisiert die schwächste Ausprägung der jeweiligen Basisemotion – im Falle von „Freude" ist dies „Gelassenheit" –, der innere Ring die intensivste Ausprägung (= „Ekstase").

Die in dem Modell unterstellten Beziehungen der Emotionen zueinander ergeben sich aus deren Anordnung: Gegenüberliegende Emotionen (z. B. Freude

Abb. 24: „Rad der Emotionen"

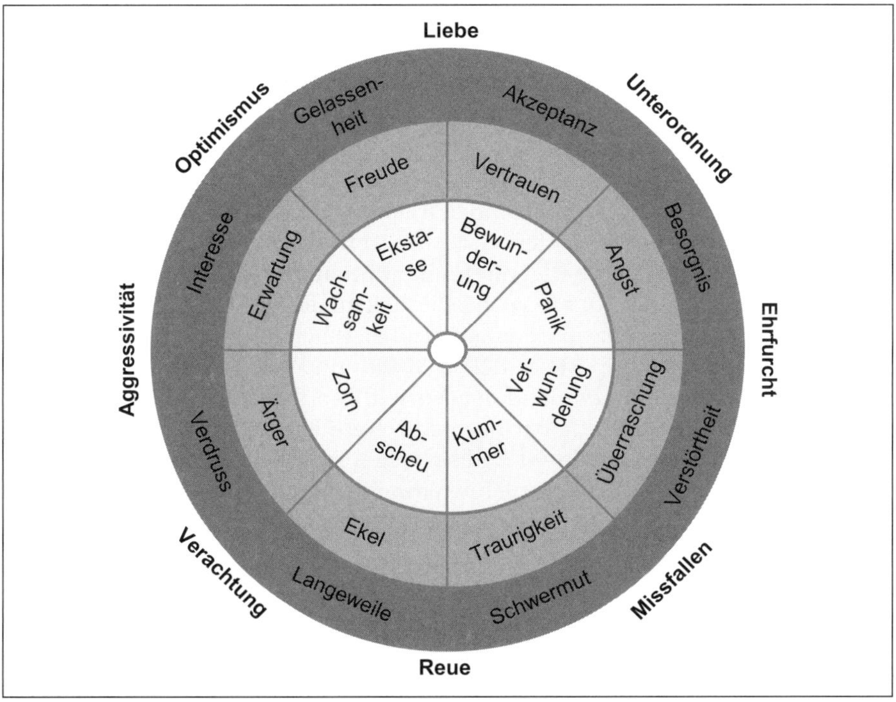

Quelle: Hoffmann/Akbar (2016, S. 59), in Anlehnung an Plutchik (1991).

– Traurigkeit) sind gegensätzlich, nahe beieinanderliegende Emotionen ähneln einander (z. B. Zorn – Abscheu). Die außerhalb der drei Ringe platzierten **Sekundäremotionen** ergeben sich aus dem Zusammenwirken zweier Basisemotionen (z. B. Liebe → Freude & Vertrauen). Einige Beispiele verdeutlichen im Folgenden die Breite der Anwendung der Emotionsforschung im Marketing:

- **Freude:** Sog. 'market mavens' empfinden Freude darüber, sich ausführlich über Produkte, Dienstleistungen, Unternehmen usw. zu informieren, ihr Wissen mit anderen zu teilen und so deren Konsumverhalten zu beeinflussen.
- **Liebe**: Besonders konsumorientierte und begeisterungsfähige Kunden empfinden bestimmten hedonistischen Marken wie *Apple, BMW, Harley-Davidson, Nutella, Milka, Porsche* oder *Zara* (⇒ Lovemarks) gegenüber „Markenliebe" ('brand love'): eine im Gegensatz zur eher kognitiven Markenloyalität vorrangig emotionale Verbundenheit mit der jeweiligen Marke.
- **Vertrauen:** Dass regionale Produkte in Zeiten wachsender Kritik an den Konsequenzen der Globalisierung immer beliebter werden, lässt sich mit der gegensätzlichen emotionalen Konditionierung von „eigen" und „fremd" erklären. Das Regionale ist das Eigene, folglich vertrauenswürdig und damit a priori gut. Hingegen empfinden viele Fremdes als bedrohlich.
- **Stolz:** [9] Smart Shopper erfüllt es mit Stolz, wenn sie prestigeträchtige Markenartikel wesentlich günstiger erwerben können als üblich. Und vorausschauend planende Bahnreisende sind stolz darauf, wenn sie dank eines Sparpreis-Tickets für die gleiche Strecke wesentlicher weniger bezahlen mussten als ihre Mitreisenden, die ihre Fahrkarte erst am Tag der Reise gekauft haben.

4 Kundenzufriedenheit und Kundenbindung

4.1 Kundenzufriedenheit

Zufriedene Kunden sind loyale Kunden mit einer hohen **Wiederkauf**- und **Zahlungsbereitschaft**. Auch berichten sie häufig, gerne und vor allem glaubwürdig über ihr positives Konsumerlebnis (**kommunikativer Kundenwert**). Deshalb zählt die Steigerung der Kundenzufriedenheit zu den zentralen Marketingzielen und gehörten Kundenzufriedenheitsstudien schon in den vergangenen Jahrzehnten zum Standardrepertoire der ⇒ Markt- und Marketingforschung. Der Online-Handel nutzt zunehmend den Vorteil, den ihm die Vernetzung bietet, und schickt Kunden unmittelbar nach dem Kauf eine Mail, in der das Unternehmen für das Vertrauen dankt und sich nach ihrer Zufriedenheit erkundigt. *Die Bahn* bspw. hat auf die Rückenlehnen ihrer ICE-Sitze einen QR-Code geklebt mit der Einladung: „Bitte beurteilen Sie die heutige Fahrt."

Kundenzufriedenheit ist ein positives **Gefühl**, das sich nach einer als erfolgreich empfundenen Kaufentscheidung, nach dem Kauf oder auch aufgrund der anschließend gewonnenen positiven Ge- und Verbrauchserfahrungen einstellt. Gemäß dem ⇒ Confirmation/Disconfirmation-Paradigma sind Kunden dann zufrieden, wenn das gekaufte Produkt, der Kaufakt etc. ihre **Erwartungen** erfüllen. Deshalb können, wie folgendes Beispiel zeigt, Zufriedenheitsurteile nicht als Qualitätsurteile aufgefasst werden: Wenn ein Gast eines Luxushotels angibt, „zufrieden" zu sein, während ein anderer, der in einem einfachen Touristenhotel genächtigt hat, sich als „sehr zufrieden" einstuft (= Zufriedenheitsurteil), so bedeutet dies natürlich nicht, dass das Ein-Sterne-Hotel besser ausgestattet ist und besseren Service bietet als das Fünf-Sterne-Hotel (= Qualitätsurteil). Vielmehr gelingt es dem Luxushotel etwas weniger gut, die bekanntlich hochgespannten Erwartungen seiner äußerst anspruchsvollen Gäste zu erfüllen. Im Vergleich dazu sind die Gäste des einfachen Touristenhotels aufgrund ihrer vernünftigerweise geringeren Erwartungen wesentlich leichter zufrieden zu stellen.

Überinterpretation: Mehr in einen Untersuchungsbefund hineinlesen, als „drin steckt"

Die Ergebnisse des *Kundenmonitors*, der Jahr für Jahr für die verschiedenen Branchen die durchschnittliche Kundenzufriedenheit dokumentiert, sollten deshalb und aus einem weiteren Grund nicht überinterpretiert werden. Anders als die vergleichende Art der Darstellung (vgl. Abb. 25) es suggeriert, kann man bspw. nicht sagen, dass Optiker einen besseren Service bieten als Postfilialen, Finanzämter oder Stromversorger. Zum einen sind die jeweiligen Leistungen nicht vergleichbar und zum anderen haben öffentliche Einrichtungen generell eine schlechte Presse. Dies löst den **Halo-Effekt** aus: Das allgemeine Gesamturteil (= negatives Image öffentlicher Einrichtungen) färbt auf das speziellere Leistungsurteil (= Servicequalität) ab.

Aus all dem folgt für das Marketingmanagement: Wer zufriedene Kunden haben möchte, sollte nicht nur auf seine Produkt- bzw. Dienstleistungsqualität

Abb. 25: Kundenzufriedenheit nach Branchen

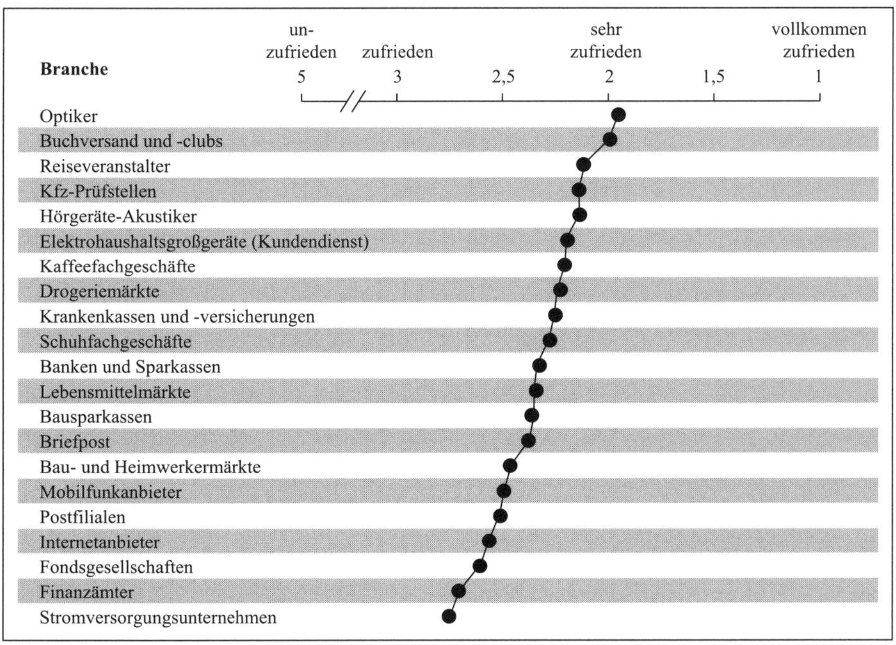

Quelle: Kundenmonitor Deutschland 2014.

achten. **Erwartungsmanagement** ist zumindest genauso wichtig. Anbietern, die mit ihrer Kommunikationspolitik unrealistisch hohe Erwartungen wecken, schaden sich selbst, wenn sie diese letztlich produktpolitisch nicht erfüllen können. Die Automobilindustrie hat mit ihrem Versprechen „sauberer Diesel" Erwartungen geweckt, die sie nicht halten konnte bzw. wollte. Entsprechend groß war die Unzufriedenheit und als Konsequenz der Rückgang des Absatzes von Dieselfahrzeugen in Deutschland.

4.2 Kundenbindung

Zusammen mit Kundenakquisition, Leistungsinnovation und Leistungspflege zählt Kundenbindung zu den vier **Kernaufgaben des Marketing.** [10]

Formen von Kundenbindung

Das Kundenbeziehungsmanagement unterscheidet zwei Formen von Kundenbindung: echte und erzwungene Kundenbindung. **Echte** bzw. **psychologische Bindung** entsteht, wenn Kunden mit einer Leistung zufrieden sind und aus Überzeugung oder wenigstens aus Gewohnheit einem Anbieter treu bleiben.

Erzwungene Kundenbindung ist langfristig betrachtet weniger verlässlich und für das Unternehmen weniger profitabel als echte Kundenbindung. Zu den „Zwangsmaßnahmen" zählen …

- **vertragliche Bindung:** Kunden sind während der Laufzeit eines Vertrages gezwungen, die Leistungen des Anbieters (z. B. Strom, Versicherung) zu beziehen,
- **ökonomische Bindung:** Hohe Wechselkosten (bspw. Kosten der Suche nach einem alternativen Angebot, Gewöhnung an eine neue Software etc.) halten Kunden von einem Anbieterwechsel ab („Lock in-Effekt"),
- **technisch-funktionale Bindung:** Um ihre Kunden zu zwingen, „ihre" Druckerpatronen, „ihre" Rasierklingen, „ihre" Kaffeepads zu kaufen, verweigern Hersteller von Druckern, Rasierapparaten, Kaffeemaschinen die Harmonisierung technischer Normen. *Amazon* wiederum verbindet echte und erzwungene Kundenbund, wenn der Online-Händler seine elektronischen Lesegeräte und Tablets bewusst sehr preisgünstig verkauft. Den notwenigen Ertrag erwirtschaftet das Unternehmen mit den *Amazon*-Inhalten (Bücher, Filme), die nur mit diesen Geräten lesbar sind.

Nicht vergessen werden sollen die bei Dating-Portalen und Mobilfunkanbietern gehäuft zu beobachtenden **illegalen Maßnahmen** der Kundenbindung: zeitweise oder dauerhaftes Unterdrücken von Kontaktmöglichkeiten (z. B. durch Angabe einer nichtexistenten Fax-Nummer), Ignorieren der Kündigung bzw. durch eine per „No Reply-Email" überbrachte Forderung, die eigentlich frist- und formgerecht ausgesprochene Kündigung nochmals durch einen Rückruf innerhalb einer 14-Tage-Frist zu bestätigen.

Vorteile von Kundenbindung

Kundenzufriedenheit ist eine notwendige, aber keine hinreichende Bedingung für den Unternehmenserfolg. Das wichtigere Erfolgskriterium ist das Ausmaß an ⇒ Kundenbindung. Je länger Konsumenten Kunden eines Unternehmens sind, desto größer sind ihre Zahlungsbereitschaft, ihr Cross Selling-Potential etc. (vgl. Abb. 26).

Abb. 26: Vorteile einer längerfristigen Kundenbeziehung

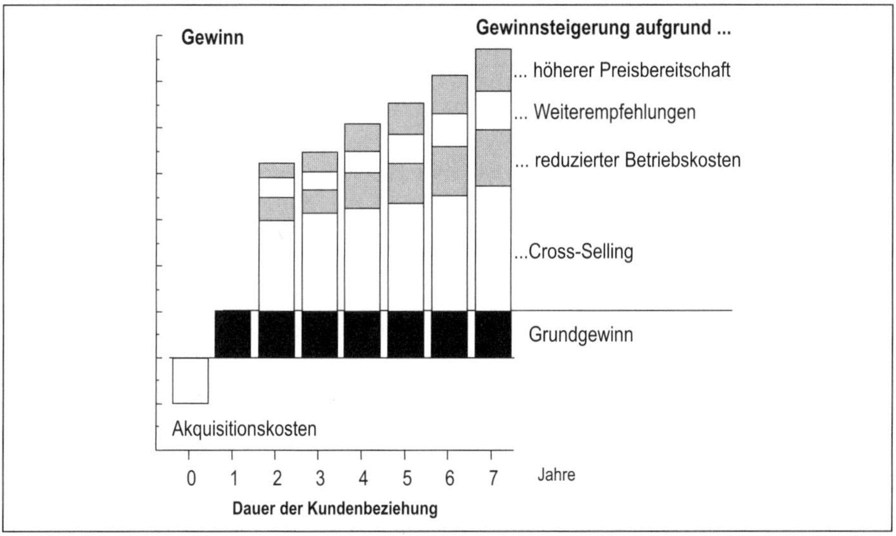

Quelle: Reichheld/Sasser (1990, S. 108).

Darüber hinaus begründen folgende Vorteile den erhöhten ⇒ Kundenwert loyaler Kunden:

- Wiederholungskäufer haben einen **geringen Beratungsbedarf** und müssen nicht mit teuren Marketingmaßnahmen von der Vorteilhaftigkeit eines Angebots überzeugt werden.
- Mehr als andere sind sie bereit, weitere Leistungen desselben Anbieters zu erwerben (**'cross-buying'**).
- Treue Kunden neigen dazu, andere von der Vorteilhaftigkeit des Angebots zu überzeugen (**Weiterempfehlungsabsicht**).

Cross-Buying: Zusätzliche Käufe bei demselben Anbieter

Gerade in wettbewerbsintensiven Märkten leisten loyale Kunden einen wesentlichen Beitrag zum Unternehmenserfolg. [11] Dies erklärt den Erfolg von *Payback* und anderen Kundenbindungsprogrammen. Im Falle von *Aral*-Tankstellen hat sich bspw. gezeigt, dass Kunden, die am *Payback*-Programm teilnehmen, mehr Umsatz machen, häufiger im renditestarken Tankstellen-Shop einkaufen (+ 7 %), eine höhere Wiederkaufrate aufweisen (+ 3 %) und weniger preissensibel sind – jeweils als Nicht-*Payback*-Kunden.

5 Nachkaufdissonanz und Regret

Dissonanz: Als unangenehm empfundene Unvereinbarkeit verschiedener Kognitionen

Kognitionen: Ansichten, Einstellungen, Erwartungen, Überzeugungen, Wissen etc.

Gemäß der Theorie der kognitiven Dissonanz [12] empfinden die allermeisten es als angenehm, wenn ihre Kognitionen, die einen bestimmten Sachverhalt betreffen, sich nicht widersprechen. Dieser Zustand des kognitiven Gleichgewichts wird als **Konsonanz** bezeichnet. Nach einem Kauf empfinden Konsumenten Konsonanz, wenn das von ihnen gekaufte Produkt bei einem vergleichenden Warentest gut abschneidet (bspw. *Stiftung Warentest)*, von anderen, deren Urteil ihnen wichtig ist, gelobt wird etc. Umgekehrt entsteht **Dissonanz**, wenn Käufer Hinweise dafür erhalten, dass sie eine schlechte Entscheidung getroffen haben (bspw. weil sie für die gleiche Leistung mehr bezahlt haben als andere, ein konkurrierendes Produkt besser getestet wurde als dasjenige, welches sie erworben haben, die ersten Gebrauchserfahrungen negativ ausfallen etc.). Der Anreiz, Dissonanz zu vermeiden, ist so stark, dass viele Käufer hochpreisiger Produkte bzw. Dienstleistungen etwas scheinbar Widersinniges tun: Ausgerechnet in der Nachkaufphase informieren sich viele Verbraucher besonders intensiv über den betreffenden Produktbereich – nicht um ihre Entscheidung kritisch zu hinterfragen, sondern um darin bestätigt zu werden. Sammeln sie in dieser Phase jedoch schlechte Erfahrungen oder erhalten negative Informationen über das gekaufte Produkt (z. B. durch eWOM), dann entsteht **Nachkaufdissonanz.** Nahezu unausweichlich ist dieses unangenehme Gefühl, wenn anfänglich mehrere gleichwertige Produkte zur Auswahl standen. Diese Entscheidungssituation ist in reifen Märkten die Regel.

Regret: Gefühl des Bedauerns, auf den Nutzen der verworfenen Kaufalternative verzichten zu müssen

Die in vielen Bereichen übergroße Fülle an Kaufoptionen belastet die Konsumenten nicht nur kognitiv („**Entscheidungsüberlastung**"), sondern auch emotional. Denn das Bedürfnis, immer die „beste Wahl" zu treffen, ist unter dieser Bedingung offensichtlich unerfüllbar. Und mit 'second best' wollen sich die meisten nicht abfinden. Als Konsequenz verspüren Entscheider '**regret**'. Damit ist das Bedauern gemeint, welches Menschen empfinden, wenn sie nicht alle Möglichkeiten, die ihnen in einer konkreten (Kauf-)Situation zur Verfügung stehen, nutzen können. Subjektiv erlebt wird 'regret' als ein mehr oder minder unangenehmes Gefühl.

Die Regretforschung analysiert Ursachen und Konsequenzen der „Qual der Wahl". Wenn Jogger einen bestimmten Laufschuh kaufen – sich bspw. **für** den *adidas*-Performance entscheiden, entscheiden sie sich zugleich **gegen** die konkurrierenden Modelle. Zwangsläufig verzichten sie auf den Nutzen, den ihnen ein Laufschuh von *Asics, K-SWISS, Nike, Puma, Reebok* oder all den anderen Anbietern stiften würde – hätten sie nicht einen *adidas* gekauft. Die „**Last der entgangenen Möglichkeiten**" wiegt umso schwerer, je vielfältiger die Wahlmöglichkeiten sind.

Frustration: Gefühlsmischung (Ärger, Enttäuschung, Wut), die entsteht, wenn wichtige Erwartungen nicht erfüllt werden

Regret belastet die **Kundenbeziehung** – bspw. weil es Zufriedenheit und Wiederkaufabsicht mindert. [13] Belegen lässt sich dies u. a. anhand eines Experimentes, das als „**Marmeladen-Paradoxon**" in die Wissenschaftsgeschichte einging. In einem Supermarkt wurden ausgefallene Marmeladesorten angeboten, entweder 6 oder 24 verschiedene Sorten. Unter der Versuchsbedingung „große Auswahl" (= 24) interessierten sich zwar wesentlich mehr Kunden für das Angebot als unter der Bedingung „geringe Auswahl" (= 6). Während aber die begrenzte Auswahl 32 % der Interessenten zu einem Kauf motivierte, minderte die große Sortenvielfalt die Kauflust dramatisch: nur 3 % Käufer. [14]

So wenig Kunden offenbar eine übergroße Angebotspalette mögen, so wenig schätzen sie es aber auch, **keine Auswahlmöglichkeit** zu haben. Dies bestätigen die Ergebnisse eines Experiments, in dem den Versuchsteilnehmern ein allseits beliebter DVD-Player zum Kauf angeboten wurde. Unter der Bedingung, dass nur dieses eine Modell verfügbar war, erklärten 91 % der Teilnehmer, den DVD-Player nicht kaufen zu wollen, obwohl sie ihn als gut einschätzten. Wurde das Angebot jedoch um eine zweite Option (= B) erweitert, sank der Anteil der an einem Kauf grundsätzlich Desinteressierten auf 34 %. Bereits der Umstand, dass ihnen eine Wahlmöglichkeit angeboten wurde (= B), sorgte dafür, dass statt 9 % sich nunmehr 35 % der Versuchsteilnehmer den Kauf von Option A vorstellen konnten (und 31 % den Kauf von Option B). [15]

Ein Autokäufer, der sich vom *Mercedes*-Nutzenversprechen (= Sicherheit) hat überzeugen lassen, wird möglicherweise immer wieder überlegen, ob er nicht besser dem Nutzenversprechen der Kaufalternative *BMW* (= Fahrspaß) hätte folgen sollen – oder beim nächsten Autokauf folgen sollte. Deshalb ist es wichtig, Käufern gerade in der Nachkaufphase konsonante, ihre Entscheidung bestätigende Informationen zur Verfügung zu stellen. Klassische Beispiele für **Nachkaufwerbung**.

- Hinweis des Verkäufers auf einen *ADAC*-Test, wonach der erworbene Pkw der sicherste seiner Klasse ist
- Präsentation glaubwürdiger ⇒ Testimonials, die sich gleichfalls für dieses Modell entschieden haben und aufgrund ihrer sozialen Attraktivität für die Zielgruppe eine Vorbildfunktion besitzen.

6 Beschwerden

Nobody is perfect! Produktmängel, Flugverspätungen, abgestürzte Webseiten etc. sind die unerwünschten Begleiterscheinungen des Konsums. Was geschieht, wenn Kunden mit der erhaltenen Leistung **unzufrieden** sind? Ausgehend von dem E(xit)-V(oice)-L(oyality)-Modell [16] sind verschiedene Reaktionen denkbar:

- Markenwechsel, Abbruch der Geschäftsbeziehung (Abwanderung), Rückgabe der mangelhaften Leistung (vor allem bei Online-Geschäften) etc. sind Formen des **manifesten Protests**.
- Bei geringwertigen oder aus anderem Grund unbedeutenden Leistungen neigen unzufriedene, aber konfliktscheue Kunde dazu, ihre **Erwartungen** an das Produkt bzw. die Dienstleistung zu **senken** und resignative Zufriedenheit zu entwickeln.
- Der Ärger, den sozial vernetzte Kunden angesichts einer ungenügenden Leistung empfinden, kann Anlass sein, **anderen** von dieser schlechten Erfahrung zu **berichten** und vor dem Anbieter zu warnen (= negative Mund zu Mund-Propaganda bei Freunden, in sozialen Netzwerken oder auf Bewertungsportalen).

- Angesichts der Übermacht insb. größerer Unternehmen empfinden viele unzufriedene Kunden Ohnmacht. Um dieses unangenehme Gefühl zu überwinden, nutzen immer mehr die Interaktivität des Netzes, um sich mit anderen Unzufriedenen zu **verbünden** und so mehr Marktmacht zu erlangen (z. B. die *Facebook*-Gruppe „O_2-Forum für unzufriedene Kunden").

6.1 Beschwerde als Chance

Kompensation: (Finanzielle) Wiedergutmachung eines Mangels bzw. Schadens

Beschwerden eröffnen dem Anbieter die Möglichkeit, auf Produktmängel, Servicefehler etc. zu reagieren und zu versuchen, den Schaden wieder gut zu machen. Bisweilen gelingt es sogar, vom sog. **Beschwerdeparadoxon** zu profitieren. Es hat sich nämlich gezeigt, dass Kunden, deren Beschwerde zufriedenstellend behandelt wurde, anschließend zufriedener sind als vergleichbare Kunden, die von Anfang an keinen Grund hatten, sich zu beschweren. Deshalb gilt effektives **Beschwerdemanagement** als Erfolgsfaktor. Auf dessen Handlungsoptionen reagieren die Beschwerdeführer auf dreierlei Weise (vgl. Abb. 27). Eine angebotene Kompensation etwa kann …

- als fair oder unfair wahrgenommen werden (= kognitive Reaktion),
- positive oder negative Gefühle auslösen (= affektive Reaktion),
- die Wiederkauf- und Weiterempfehlungsabsicht stärken (= Verhaltensreaktion).

Abb. 27: Handlungsoptionen und Konsequenzen des Beschwerdemanagements

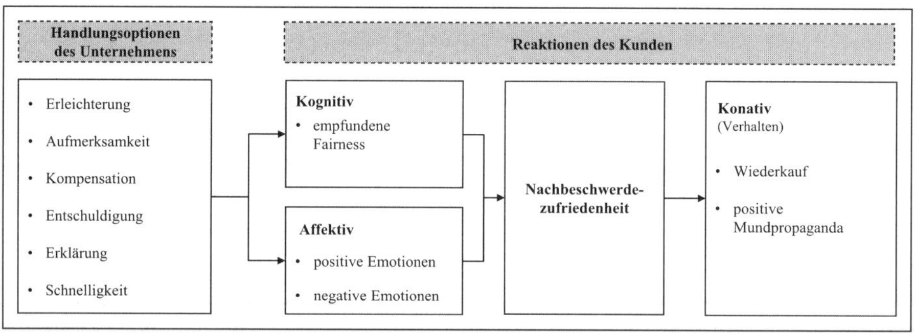

6.2 Proaktives Beschwerdemanagement

Beschwerdemöglichkeiten anbieten

Damit Kunden nach einem sog. **kritischen Ereignis** (Produktmangel, Servicefehler) nicht stillschweigend abwandern bzw. schlecht über das Unternehmen reden, sollte das Unternehmen ihnen die Kontaktaufnahme erleichtern. Dies ist notwendig, weil erfahrungsgemäß viele Kunden sich scheuen, direkt und persönlich am Serviceschalter (z. B. bei *Ikea*) oder beim „nächst besten Mitarbeiter" ihre Unzufriedenheit zum Ausdruck zu bringen. Deshalb ist es unerlässlich, eine leicht zugängliche Beschwerde-Hotline bzw. andere **geeignete Kommunikationskanäle** auf der Corporate Website oder mittels der Sozialen Medien anzubieten. Bewährt hat es sich auch, gut sichtbar eine 'comment card' bereitzulegen – z. B. auf dem Bett des Hotelzimmers, bei den „Begleitpapieren" höherwertiger Güter (Gebrauchsanleitung, Garantie etc.) oder am Ausgang des Verkaufslokals. Daraufhin wird im Regelfall die Zahl der Beschwerden zunächst ansteigen, was durchaus erwünscht ist und kein Indiz einer aufgetretenen Leistungsschwäche. Vielmehr gelingt es dem Unternehmen nun besser als zuvor, den Unmut der Kunden zu registrieren und zu kanalisieren. Beschwerden zu erleichtern bedeutet, auf Probleme kurzfristig angemessen reagieren, langfristig Fehlerursachen erkennen und diese schließlich beheben zu können.

Aufmerksamkeit

Eine Schlüsselrolle spielt die kundenorientierte Gesprächsführung. Wer einem Beschwerdeführer **aktiv zuhört**, signalisiert diesem, dass er und sein Anliegen ernst genommen werden. Außerdem gewinnt das Unternehmen so erste wertvolle Informationen, z. B. über die Ursache des Mangels. Ein wichtiges Mittel sind sog. **Kontaktaussagen**. Der Mitarbeiter hört dem Beschwerdeführer ohne Zeitdruck zu, unterbricht ihn nicht, sondern signalisiert durch Floskeln wie „hm", „ja", „verstehe" Empathie und eine konstruktive Grundhaltung. Nachdem der Kunde geendet hat, führt der Mitarbeiter den Beziehungsaufbau fort: „Ich fasse nun mal zusammen, was ich verstanden haben. Sie ärgern sich darüber, dass die Reparatur nun schon mehr als drei Wochen dauert, obwohl wir Ihnen zugesichert haben, dass es sich um eine Kleinigkeit handelt, die schnell erledigt ist. Richtig?"

Akives Zuhören: Gesprächstechnik, die sich durch Empathie, bewusste Zuwendung zum Gesprächspartner etc. auszeichnet

Teil einer aufmerksamen Beschwerdebehandlung ist auch das Prinzip der **'complaint ownership'**. Damit ist gemeint, dass Mitarbeiter, an die sich der Beschwerdeführer zuerst wendet, für die angemessene Beschwerdebehandlung verantwortlich sind. Beschwerdeeignerschaft hilft zu vermeiden, dass bereits verärgerte Kunden zusätzlich unnötige Unannehmlichkeiten hinnehmen müssen (bspw. sich „durchfragen" müssen, wer zuständig ist).

Kompensation

Die **Wiedergutmachung** des Mangels bzw. Fehlers und der dadurch heraufbeschworenen Unannehmlichkeiten kann dem Beschwerdeführer in Form von Geld (z. B. Rabatt) oder als geldwerter Vorteil (z. B. Geschenk) angeboten werden. Wie die einschlägige Forschung gezeigt hat, ist Kompensation der Erfolgsfaktor der Beschwerdebehandlung, vorausgesetzt, folgende **Regeln** werden beachtet: [17]

- **Höhe der Kompensation:** Zwar steigert bereits eine geringfügige Kompensation nachweisbar die Kundenzufriedenheit. Im Regelfall aber erwarten Kunden eine volle Kompensation des erlittenen Schadens (100 %). Überkompensation (> 100 %) erhöht zwar die Kundenzufriedenheit, aber unterproportional. Ab ca. 160 bis 200 % tritt ein Sättigungseffekt auf: Die Beschwerdezufriedenheit stagniert. Im Falle monetärer Fehler (z. B. 50 € zu viel berechnet) lässt sich die optimale Kompensationshöhe (100 %) zumeist leicht ermitteln. Nicht-monetäre Fehler (z. B. überlange Wartezeit) hingegen kann man nur angemessen wiedergutmachen, wenn man die Erwartungen der Beschwerdeführer kennt. Oft äußeren diese ihre Vorstellungen selbst oder geben zumindest zu erkennen, ob sie den angebotenen Betrag für angemessen halten.

- **Form der Kompensation:** Hier verspricht ein Fit zwischen der Art des Mangels bzw. Fehlers und der Kompensationsform Erfolg: Ist dem Anbieter ein „monetärer Fehler" (z. B. überhöhte Rechnung) unterlaufen, dann sollte der Beschwerdeführer eine monetäre Kompensation erfahren. (z. B. Rabatt, Geld zurück). Bei Produktmängeln (z. B. Schuhsohle löst sich ab) sind umfassende Ersatzleistungen empfehlenswert (neue Schuhe), während man bei Servicefehlern (z. B. andere Kunden wurden bevorzugt) erfahrungsgemäß mit einer Entschuldigung die Gemüter gut besänftigen kann (= psychologische Kompensation).

Reaktanz: Als unangenehm empfundene Freiheitseinschränkung

- **Unmittelbarkeit der Kompensation:** Unmittelbare Wiedergutmachung (z. B. Geld-zurück, Rabatt auf jetzigen Kauf) wirkt zumeist besser als eine verzögerte Wiedergutmachung (z. B. Gutschein). Denn Gutscheine „zwingen" Kunden, bei dem Unternehmen, mit dem sie ohnehin unzufrieden sind, wieder etwas zu kaufen. Diese Zwangsbeglückung kann Reaktanz auslösen.
- **Art und Weise der Kompensation:** Konkrete Wiedergutmachung (Banknote) wirkt besser als unkonkrete Wiedergutmachung (Gutschrift auf Kreditkarte) und personalisierte Wiedergutmachung (Name + handschriftliche Notiz) besser als anonyme Wiedergutmachung (vgl. 1. Quadrant, links oben in Abb. 28).

Abb. 28: Formen einer Kompensation

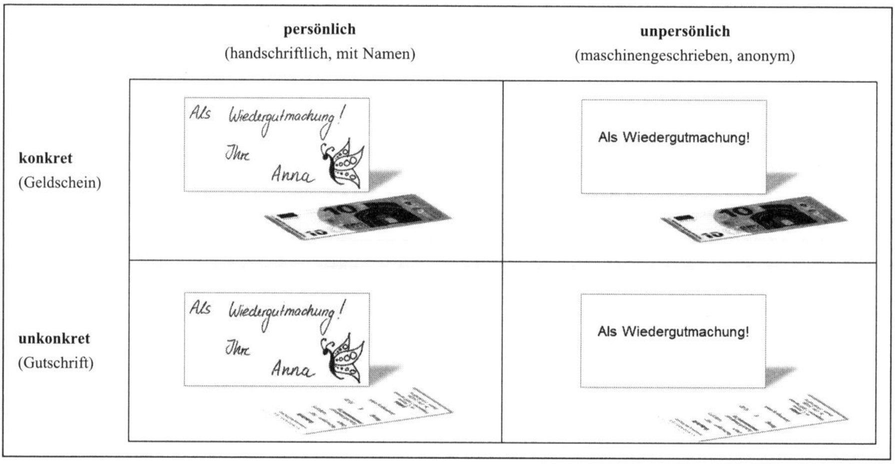

Entschuldigung

Produkt- und Servicefehler verursachen in der Regel einen „sozialen Verlust": Wer lange warten muss, ein defektes Produkt erhält etc., fühlt sich missachtet. Diesen Teil des Schadens macht am besten eine Entschuldigung wieder gut.

In Befragungen geben regelmäßig etwa dreiviertel der Beschwerdeführer an, eine Entschuldigung erwartet zu haben. Dazu kommt es jedoch nur etwa in einem Drittel der Fälle. [18] Die Gründe: Viele Mitarbeiter verwechseln eine Entschuldigung mit einem **Schuldeingeständnis**, empfinden es als unangenehm, sich zu entschuldigen, haben Angst, dass der Kunde sie zurückweist oder schämen sich. Und sich zu entschuldigen, nur weil es die Unternehmensrichtlinien vorschreiben, ist emotional anstrengend ('emotional labor'). Aufgabe des internen Beschwerdemanagements ist es somit, die implizite, häufig unbewusste Verknüpfung von Entschuldigung und Schuldeingeständnis aufzulösen. Dem 'complaint owner' muss bewusst sein, dass seine Aufgabe lediglich darin besteht, sein Bedauern auszudrücken und sich stellvertretend für das eigene Unternehmen für die Unannehmlichkeiten, die der Kunde ja tatsächlich erlebt bzw. empfunden hat, zu entschuldigen.

Eine Entschuldigung erreicht ihr Ziel dann, wenn …

- sie empathisch wirkt,
- Worte wie „es tut mir Leid" oder „Entschuldigung" eher häufiger als selten verwendet werden,
- sie unverzüglich ausgesprochen wird, d. h. unmittelbar nach der Beschwerde und nicht erst am Ende des Kontakts mit dem Kunden.

Erklärung

Während die **retrospektive Erklärung** die Frage beantwortet, warum der Fehler aufgetreten ist, steht die Versicherung, dass der Fehler nicht wieder auftreten wird, im Zentrum der **prospektiven Erklärung**. Sie sollte immer mit anderen Handlungsoptionen (insb. Kompensation, Entschuldigung) kombiniert werden, da sie für sich genommen wie eine Ausrede wirkt und geeignet ist, den Ärger der Kunden zu verstärken. Da Kunden, wenn sie damit rechnen müssen, dass ein Fehler wieder auftreten kann, wahrscheinlich abwandern, dient die prospektive Erklärung der Stärkung der Wiederkaufabsicht.

Schnelligkeit

Wer nicht schnell auf eine Beschwerde reagiert, steigert nicht nur den Unmut, sondern verlängert auch die Zeitspanne, in welcher der immer noch unzufriedene Kunde sich negativ über das Unternehmen äußert. Daher sollten Unternehmen, denen ein Fehler unterlaufen ist, immer möglichst schnell reagieren. Zwar lässt sich nicht jedes Problem sofort beseitigen – weil bspw. Recherchen, Ersatzteilbestellung etc. erforderlich sind. Aber eine Zwischenmeldung, dass die Beschwerde eingegangen ist, man ihr nachgeht und sich wieder melden wird, sorgt in jedem Fall fürs Erste für Entspannung.

7 Anomalien des Konsumentenverhaltens

7.1 Bestätigungsfehler

Anomalie: Abweichung von der Regel, Norm, Rationalität etc.

Obwohl sich wissenschaftstheoretisch nachweisen lässt, dass das Widerlegen einer These einen höheren Informationswert besitzt als deren Bestätigung (Falsifikationsprinzip), präferieren Menschen Informationen, die ihre Meinungen, Ansichten und Präferenzen bestätigen. In einer chaotischen, von zahllosen, teils widersprüchlichen Informationen geprägten Umwelt sorgt der 'confirmation bias' für Stabilität, bspw. ein positives Selbstbild. Wer soeben ein hochwertiges Gebrauchsgut gekauft hat, ist im Regelfall nicht daran interessiert zu erfahren, dass ein Konkurrenzprodukt besser oder günstiger erhältlich gewesen wäre. Um Dissonanz zu vermeiden, suchen Kunden in der Nachkaufphase deshalb gezielt bestätigende Informationen. Markenloyale und im ganz besonderen Maße Kunden, die 'brand love' empfinden (vgl. Kap. D-3), lassen nichts auf „ihre Marke" kommen – obwohl sich bei Blindverkostungen regelmäßig zeigt, dass viele „ihre Marke" geschmacklich nicht von konkurrierenden Angeboten unterscheiden können.

7.2 Selbstüberschätzung

Die Mehrzahl der Menschen neigt zu **'overconfidence'.** Etwa zwei Drittel der in einschlägigen Studien Befragten schreiben sich in vielen Bereichen des täglichen Lebens überdurchschnittliche Fähigkeiten zu. Ob als Autofahrer, Erziehungsberechtigte, Heimwerker oder Liebhaber: Zumeist glauben wir, besser als der Durchschnitt der anderen zu sein. Der **„Better than the Average-Effekt** führt u. a. dazu, dass Konsumenten regelmäßig ihre Urteilsfähigkeit überschätzen. So halten sich viele für Weinkenner. Aber lässt man Versuchspersonen unter den kontrollierten Bedingungen eines Experiments Weine verkosten, so schmeckt ihnen ein als teuer angepriesener Wein (= 18 €) signifikant besser als billigere Angebote (6 € bzw. 3 €), obwohl es sich jeweils um denselben Wein handelt. [19]

7.3 Verlustaversion

Prospect: engl. = Erwartung, Vorstellung

Viele Kaufentscheidungen sind aufgrund der verschiedenen Kaufrisiken (Qualitätsrisiko, soziales Risiko etc.) „Entscheidungen unter Unsicherheit". Gemäß der **klassischen Erwartungsnutzentheorie** wird ein Käufer in einer solchen Situation jenes Angebot bevorzugen, das ihm den höchsten Nettonutzen bietet. [20] Wie zahlreiche verhaltenswissenschaftliche Experimente nachweisen konnten, lässt sich der Nettonutzen allerdings nicht, wie unterstellt, einfach als Differenz von voraussichtlichem Gewinn (= Nutzen) und voraussichtlichem Verlust (= Kosten) ermitteln. Denn gemäß der im deutschsprachigen Raum auch „Neue Erwartungstheorie" genannten **Prospect-Theorie** scheuen Entscheider selbst vergleichsweise geringfügige Risiken, wenn sie Aussicht auf einen sicheren

Gewinn haben, gehen aber große Risiken ein, um einen drohenden Verlust abzuwenden.

Die sog. Verlustaversion (bzw. Verlustangst) – d. h. die Neigung, mögliche Verluste stärker zu gewichten als gleich hohe Gewinne [21] – lässt sich nicht nur in Entscheidungsexperimenten nachweisen, sondern auch unter realitätsnahen Bedingungen. Wie kann man Menschen am besten motivieren, täglich eine bestimmte **Leistung** zu erbringen (z. B. einen 10 km-Lauf)? Man könnte ihnen für jeden Tag, an dem sie das Trainingsziel erreichen, einen bestimmten Betrag ausbezahlen. Besser als die Möglichkeit der Gewinnerzielung wirkt allerdings auch hier die Möglichkeit der Verlustvermeidung. Jedem Teilnehmer wird zunächst die maximale Gewinnsumme in Aussicht gestellt. Für jeden Tag, an dem er das Trainingsziel verfehlt, wird ihm davon ein bestimmter Betrag abgezogen. Ein weiteres Beispiel: Da sie es unbedingt vermeiden wollen, Verluste „zu realisieren", behalten viele Aktienbesitzer Aktien, die „schlecht laufen" und verkaufen Aktien, die „gut laufen", was mittel- und langfristig dazu führt, dass ihr Portfolio nur noch renditeschwache Aktien enthält.

Mit Verlustaversion lässt sich auch erklären, warum die meisten Privatpersonen ihr Erspartes lieber in **Festgeld** als in Aktien anlegen, obwohl nachweisbar Aktien mittel- und langfristig selbst dann eine wesentlich höhere Rendite versprechen, wenn man bisweilen eine Aktiencrash in Kauf nehmen muss. Und Pkw-Händler können gleichfalls aufgrund des Phänomens der Verlustaversion mit der sog. **subtraktiven Konfiguration** höhere Preise erzielen als mit der üblichen **additiven Konfiguration**:

- Additive Konfiguration: Vorgegeben ist die **Basisausstattung** des Pkws, die vom Kunden Schritt für Schritt um jene – kostenpflichtigen – Ausstattungsoptionen ergänzt wird, die er sich wünscht (bspw. Einparkhilfe, Sportfelgen).
- Subtraktive Konfiguration: Der Kunde „erleichtert" die vorgegebene **Vollausstattung** um die Ausstattungsoptionen, auf die er keinen Wert legt bzw. bei denen er das Preis/Leistungsverhältnis für ungünstig hält.

Wird dem Kunden zunächst die Vollausstattung vorgestellt, so wähnt er sich im Besitz des gesamten Leistungspakets. Jede Leistungsoption, auf die er verzichtet, erlebt er als Verlust, den zu verhindern ihm ein größerer Geldbetrag wert ist, als er bereit wäre zu bezahlen, um dieselbe Leistungsoption der Basisausstattung hinzufügen zu können. [22] Hirnforscher begründen die besondere Sensibilität für Verluste ⇒ neuroökonomisch: **Finanzielle Verluste** und **körperlichen Schmerz** verarbeitet der Mensch in derselben Hirnregion. [23]

7.4 Besitztums-Effekt

Eng mit der Verlustaversion verbunden ist der **Endowment-Effekt**. Da Besitzer eines Objekts diesem einen höheren Wert beimessen als andere Personen, klaffen die Preisvorstellungen von privaten Pkw-Käufern und Verkäufern regelmäßig weit auseinander. Selbst der vermeintliche Besitz eines Objekts steigert dessen subjektiven Wert, wie man bspw. bei Auktionen gut beobachten kann.

Endowment-Effekt: engl. = Besitztums-Effekt

Wird ein Bieter kurz vor dem Zuschlag – bzw. bei Internet-Auktionen kurz vor Auktionsende – von einem Konkurrenten überboten, ist die Wahrscheinlichkeit groß, dass sich der lange Zeit „führende" Bieter zu einem überhöhten Gebot hinreißen lässt. Denn er möchte sich „sein" Objekt, in dessen Besitz er sich bereits wähnte, nicht mehr nehmen lassen.

Möbelhäuser nutzen den Endowment-Effekt, indem sie interessierten Kunden den vorübergehenden Besitz eines Möbelstücks ermöglichen („Probewohnen"). Hersteller von Fertighäusern offerieren ein Probewochenende in einem Musterhaus, Autohäuser Testfahrten, Fitnessstudios ein Probetraining usw. Die „X-Tage-Rückgabegarantie" verbindet den Besitztums-Effekt mit einer raffinierten Form der Kundengewinnung und -bindung. Zunächst sorgt die Möglichkeit der Rückgabe dafür, dass die Kaufentscheidung als risikolos empfunden wird, da man sie ja rückgängig machen kann. Tatsächlich aber nutzt kaum jemand diese Möglichkeit, da man sich nur ungern von etwas trennt, das man schon besessen hat – und sei es nur virtuell. Die Rückgabe würde als **Verlust** empfunden, was aufgrund der generellen Verlustaversion möglichst vermieden wird.

7.5 Framing-Effekt

Framing: Einbetten („Rahmung") von Informationen in ein Bedeutung stiftendes Umfeld

Haben Patienten die Wahl zwischen Behandlungsoption A, die in 70 % der Fälle erfolgreich ist, und Option B, die in 30 % der Fälle erfolglos ist, dann bevorzugen die meisten **Option A**, obwohl sie objektiv betrachtet nicht mehr Erfolg verspricht als **Option B**. Ein anderes Beispiel: Hühnerfleisch, das als „80 % fettfrei" angeboten wird, findet mehr Käufer als Hühnerfleisch mit der Auszeichnung „20 % Fettgehalt". Und wird die Nachricht „Kurzstrecken-Fahrpreise der *Bahn* werden im Herbst dieses Jahres deutlich sinken" einmal in Verbindung mit dem Logo der *Bild*-Zeitung verbreitet und ein anderes Mal mit dem Logo des Nachrichtenmagazins *Focus*, dann erscheint vielen die *Focus*-Meldung glaubwürdiger als die *Bild*-Meldung.

Mit derartigen Studien [24] wurde der Framing-Effekt nachgewiesen: die **Beeinflussbarkeit** von **Entscheidungen** durch die Art und Weise, wie die zur Entscheidungsfindung verfügbaren Informationen präsentiert werden. Positive Begriffe wie „erfolgreich", „fettfrei" etc. schaffen einen positiven emotionalen Bezugsrahmen ('frame'), „erfolglos", „Fettgehalt" etc. hingegen einen negativen Rahmen. In aller Regel wird die positiv „geframte" Alternative bevorzugt. Marken wirken gleichfalls als Frame, als Referenz- und Bedeutungsrahmen (*Bild* = unglaubwürdig, *Focus* = glaubwürdig).

7.6 Kurzfristorientierung

Nutzen: Grad der Bedürfnisbefriedigung, den ein Gut dem Käufer verschafft

Zu den zentralen Konstrukten der klassischen Ökonomie zählt das Nutzenkonzept. Die davon abgeleitete Annahme, dass Käufer grundsätzlich die Alternative präferieren, die ihnen den größten **Nutzen** bietet, ist jedoch aus vielerlei Gründen problematisch. Wie die Verhaltensökonomik nachgewiesen hat, ist es bspw. im Regelfall nicht möglich, den Nutzen, den ein Gut während seiner gesamten Nutzungsdauer bietet, zu beurteilen. Ein runderneuerter Reifen etwa wird zwar zu einem geringeren Preis angeboten als ein fabrikneues Modell desselben Fabrikats. Aber wiegt der Nutzen des Preisvorteils mögliche Nachteile runderneuerter Reifen wie kürzere Lebensdauer oder geringere Sicherheitsreserve über die gesamte Lebensdauer des Reifens auf? Hier versagt das menschliche Urteilsvermögen.

Es ist aber nicht nur dieses **Bewertungsproblem**, das es so schwierig macht, über komplexe, langfristig wirksame Sachverhalte rational zu entscheiden. Vor allem die Kurzfristorientierung menschlichen Denkens und Handelns, welche sich vermutlich im Laufe der Evolution als Überlebensvorteil etabliert hat, macht uns regelmäßig einen Strich durch die Rechnung. Kinder, die zwischen einem kleinen und einem großen Stück Schokolade wählen dürfen, entscheiden sich im Regelfall – natürlich – für das große Stück. Lautet die Aufgabe jedoch „kleines Stück jetzt oder großes Stück morgen", ist den meisten der Spatz in der Hand lieber als die Taube auf dem Dach. So überlebensnotwendig in der von existenzbedrohendem Mangel geprägten Umwelt unserer Vorfahren das Streben nach **unmittelbarer Bedürfnisbefriedigung** war, so schädlich ist es zumeist in Überflussgesellschaften. Alkoholiker, Raucher, Übergewichtige etc.: Viele von ihnen waren nicht in der Lage, in ihren Konsumentscheidungen die langfristig lebensbedrohlichen Folgen einer kurzfristigen Bedürfnisbefriedigung angemessen zu berücksichtigen.

7.7 Wahrnehmungsverzerrung

Die Wahrnehmungsforschung hat wiederholt nachgewiesen, dass die menschliche Wahrnehmung weniger zuverlässig ist, als wir glauben. Man muss nicht einmal das Beispiel der notorisch unzuverlässigen Zeugenaussagen vor Gericht bemühen. Selbst bei scheinbar einfachen Aufgaben wie Größenschätzung kommt es zu großen Abweichungen. Der sog. **Elongationseffekt** besagt bspw., dass Konsumenten in langgezogenen Behältnissen signifikant mehr Inhalt vermuten als in bauchig-gestauchten, tatsächlich aber gleich großen Behältnissen. Und langwellige **Farben** (Rot und Gelb) sorgen dafür, dass Verpackungen größer erscheinen als andersfarbige Verpackungen.

8 Literaturempfehlung

- *Gerrig, R. J.* (2014): Psychologie, 20. Aufl., Hallbergmoos: Pearson.
- *Gigerenzer, G.* (2014): Risiko. Wie man richtige Entscheidungen trifft, München: btb.
- *Gigerenzer, G.* (2008): Bauchentscheidungen. Die Intelligenz des Unbewussten und die Macht der Intuition, München: Goldmann.
- *Kahneman, D.* (2012): Schnelles Denken, langsames Denken, 2. Aufl., München: Siedler.
- *Kroeber-Riel, W.; Gröppel-Klein, A.* (2013): Konsumentenverhalten, 10. Aufl., München: Vahlen.

Endnoten

1. https://www.youtube.com/user/jagermeistertv/videos
2. Steinhart et al. (2013)
3. Skurnik et al. (2005)
4. http://www.labournet.de; Rögener (2016)
5. http://www.spiegel.de/wirtschaft/service/deutsche-wollen-laut-umfrage-weniger-neue-handymodelle-a-1107694.html (15.8.2016)
6. Diekmann/Preisendörfer (1998)
7. Hoffmann/Akbar (2016, S. 91 ff.)
8. Plutchik (1991)
9. Gemäß Plutchik (2000) ist Stolz eine sekundäre Dyade, geschaffen durch das Zusammenwirken der durch eine weitere Basisemotion (= Erwartung) getrennten Basisemotionen „Freude" und „Ärger".
10. Meffert u. a. (2015, S. 19)
11. Krafft (2007)
12. Festinger (1957)
13. Keaveney et al. (2007)
14. Iyengar/Lepper (2000)
15. Mochon (2013)
16. Hirschman (1970)
17. Gelbrich et al. (2015); Roschk/Gelbrich (2017, 2014)
18. CCMC (2013)
19. Schmidt et al. (2017)
20. Engelkamp (1980)
21. Kahneman (2011); Kahneman/Tversky (1979)
22. Park et al. (2000)
23. Seymour et al. (2007)
24. Herrmann et al. (2009)

E. Grundlagen der Produktpolitik

Produktpflege: Behutsam-kontinuierliche Weiterentwicklung von Produkten

Das iPhone gilt als das Erfolgsbeispiel schlechthin. *Steve Jobs*, der legendäre Gründer von *Apple*, stellte 2007 das erste massentaugliche Mobiltelefon mit Multi-Touch-Bildschirm medienwirksam als „das nächste große Ding" vor: 'one more thing'. Es definierte den technischen Standard, an dem sich andere Smartphone-Hersteller orientieren mussten, und wurde zum Blockbuster. In den folgenden zehn Geschäftsjahren verkaufte *Apple* die iPhone-Modellreihe weltweit über eine Milliarde Mal. Erklären lässt sich dies mit dem Zusammenwirken dreier Erfolgsfaktoren:

1. Das iPhone stillt ein für viele Menschen wichtiges Bedürfnis (nach mobiler Kommunikation und Unterhaltung).
2. Es ist leicht bedienbar (Convenience).
3. Die eleganten *Apple*-Produkte versprechen Statusgewinn (Prestige).

Weitere Erfolgsindikatoren sind hohe Margen (2016 = knapp 18 Mrd. $ Gewinn) und Kunden, die sich in ganz außerordentlichem Maße mit der Marke identifizieren. Am offensichtlichsten äußert sich deren 'brand love' in der Bereitschaft, auch unter ungünstigen klimatischen Bedingungen stundenlang für das jeweils neuesten Modell anzustehen und bereitwillig über Schwächen wie geringe Akkulaufzeiten hinwegzusehen. Allerdings verzeichnet die *Apple*-Bilanz neben den Megasellern iPhone und iPad auch zahlreiche Flops. Aus dem kostspieligen Scheitern von Message Pad Newton, Macintosh TV, Apple Cube und Apple Watch – um nur einige zu nennen – zog das Management die Lehre, dass Design-Führerschaft und Produktpflege verlässlicher zum Erfolg führen als Technologie-Führerschaft und Produktinnovation. So gelang es *Apple* durch Produktdifferenzierung (unterschiedliche Größe des iPhone-Displays), nicht nur Kunden mit hoher Preisbereitschaft (iPhone Plus), sondern auch solche mit geringer Preisbereitschaft zu erschließen (iPhone SE). Und durch regelmäßige Produktvariationen wurden *Apple*-Kunden angeregt, auf die nächste Generation umzusteigen, obwohl ihr gar nicht so „altes" Modell noch uneingeschränkt funktionsfähig war (z. B. iPhone 4 mit Frontkamera für Videotelefonate, iPhone 5 mit Touch ID, iPhone X mit Gesichtsverifikation Face ID). Risikoreich sind allerdings die Konzentration auf ein erfolgreiches Produkt – 2017 erwirtschaftete *Apple* mit dem iPhone knapp 70 % seines Umsatzes – und die abnehmende Innovationshöhe: Viele Neuerungen sind letztlich nur inkrementelle (z. B. verbesserte Kameraauflösung) oder scheinbare Innovationen (z. B. Farbvariante Roségold). Sie lassen sich leicht kopieren. Ein dauerhafter Erfolgsfaktor ist hingegen der Ausbau der Markenfamilie. Mit dem App-Store (Vertrieb von

Apps) und *Apple* Music (erst Downloads, später Streaming) verschaffte sich das Unternehmen Zugang zum Wachstumsmarkt der digitalen Produkte.

1 Grundbegriffe der Produktpolitik

1.1 Leistungsgegenstand

Konsumgüter (z. B. Lebensmittel), **Industriegüter** (z. B. Maschinen) und **Dienstleistungen** (z. B. Reisen) unterscheiden sich in vielerlei Hinsicht voneinander. Während Kunden sich vor dem Kauf von Konsumgütern (z. B. Erdbeeren) per Augenschein oder Geschmacksprobe von der Produktqualität überzeugen können und von Industriegütern (z. B. Abfüllanlage) per Leistungstest, müssen Fluggäste bei der Buchung darauf vertrauen, dass bei Reiseantritt das Flugzeug gut gewartet sein und pünktlich abheben wird. Und wenn sie während der Zwischenlandung zur Überbrückung der Wartezeit einen Friseur aufsuchen, wissen sie erst im Nachhinein, ob dieser sein Handwerk versteht. Dienstleistungen sind immateriell, weshalb in diesem Markt Vertrauen der Erfolgsfaktor ist (⇒ Dienstleistungen vs. Produkte). [1]

B = Business, **C** = Consumer

Buying Center: Mehrere Mitarbeiter eines Unternehmens, die im Kaufprozess verschiedene Funktionen erfüllen

Weiterhin ist die **Zielgruppe** zu beachten. Konsumgüter werden überwiegend an Endverbraucher verkauft und Industriegüter zumeist an andere Unternehmen. Davon wiederum hängt ab, wie der dem Kauf vorgelagerte Entscheidungsprozess verläuft: Das Industriegütermarketing, das nicht selten auch als B to B-Marketing bezeichnet wird, unterscheidet sich vom Konsumgüter- bzw. B to C-Marketing u. a. durch die Annahme, dass Käufer von Investitionsgütern stärker rational und zumeist im Gruppenverband entscheiden: im sog. Buying Center. [2]

Convenience: Bequemlichkeit des Einkaufs, des Ge- und Verbrauchs etc.

Für Anbieter von Konsumgütern ist der Beschaffungsaufwand, den Kunden für diese Güterkategorie akzeptieren, eine wichtige Variable. Wer Waren des täglichen Bedarfs wie Butter oder Joghurt kauft, möchte dafür gewöhnlich nur wenig Zeit aufwenden. Um dennoch sachgerechte Entscheidungen treffen zu können, kaufen die meisten in dieser Produktkategorie (= **Convenience Goods**) gewohnheitsmäßig eine bestimmte Marke. Ausführliche Produktinformationen und Beratung sind angesichts des Erfolgsfaktors Markentreue zumeist nicht erforderlich. Ganz anders verhält es sich mit **Shopping Goods**: Kleidung, Möbel etc. werden gewöhnlich sorgfältig ausgewählt: Man sucht mehrere Geschäfte auf, lässt sich ausführlich beraten und vergleicht das Preis/Leistungs-Verhältnis (häufig mit Hilfe von Preisvergleichsportalen wie *idealo* oder *Verifox*). Noch mehr Zeit und Sorgfalt investieren Käufer von **Speciality Goods**. Hobbyfotografen, Freizeitsportler etc., die ihre Ausrüstung auf den neuesten Stand bringen wollen, sind häufig bereit, dafür einen großen Aufwand zu betreiben.

Konsumgüter werden entsprechend dem Grad des Engagements bzw. ⇒ Involvements der Käufer typisiert (vgl. Kap. C-4.2). Wer **Low Involvement-Produkte** (z. B. Spülmittel) kauft, ist daran innerlich kaum beteiligt und entscheidet im Regelfall vorrangig preisbewusst. Verschiedene Abwehrstrategien ermöglichen es dem Anbieter, den auf lange Sicht ruinösen Preiswettbewerb zu vermeiden.

- Emotionalisierung: *Landliebe* versetzt den Betrachter mit seinen Joghurtgläsern, die einer Milchkanne nachempfunden sind, in die „heile Welt" eines idealisierten Landlebens.
- Außergewöhnliches Nutzenversprechen: *Danone* warb lange Zeit damit, dass *Actimel* die Abwehrkräfte stärkt.

Bei **High Involvement-Produkten** wie Reisen, Pkws etc. ermöglichen u. a. Kataloge, persönliche Beratungsangebote und informative Werbung es, sich umfassend über die Vorzüge des Angebots zu informieren.

Traditionelle, d. h. **physisch verfügbare Produkte** (z. B. Bücher, CD) konkurrieren zunehmend mit **digitalen Produkten**. E-Books, Musikdateien, Software etc. bieten produktpolitisch gesehen eine Reihe von Vorteilen. Sie lassen sich kostengünstig in großen Stückzahlen herstellen und vertreiben. Käufer bzw. Nutzer wiederum profitieren davon, dass der Wert digitaler Produkte nicht durch Gebrauchsspuren (bspw. Eselsohren) gemindert wird. Anbieter müssen allerdings mit einer geringeren Zahlungsbereitschaft ihrer Kunden rechnen. Für digital abrufbare Texte, Fotos, Musikstücke etc. sind diese nicht bereit, den gleichen Betrag zu bezahlen wie für reale Druckerzeugnisse, CDs etc. [3]

1.2 Produktlebenszyklus

Idealtypus: Durch Akzentuierung der wesentlichen und Vernachlässigung der unwesentlichen Merkmale geschaffenes prägnantes Abbild eines Objekts bzw. Konstrukts

Für die Produktpolitik ist weiterhin die Entwicklungsphase, in der sich das Produkt befindet, bedeutsam. Das klassische, idealtypisch vereinfachte Produktlebenszyklusmodell geht von **fünf Phasen** aus, in denen Unternehmen mit ihrer Produktpolitik ganz bestimmte Ziele verfolgen: Markteinführung, Wachs-

Abb. 29: Phasen und Merkmale des Produktlebenszyklus

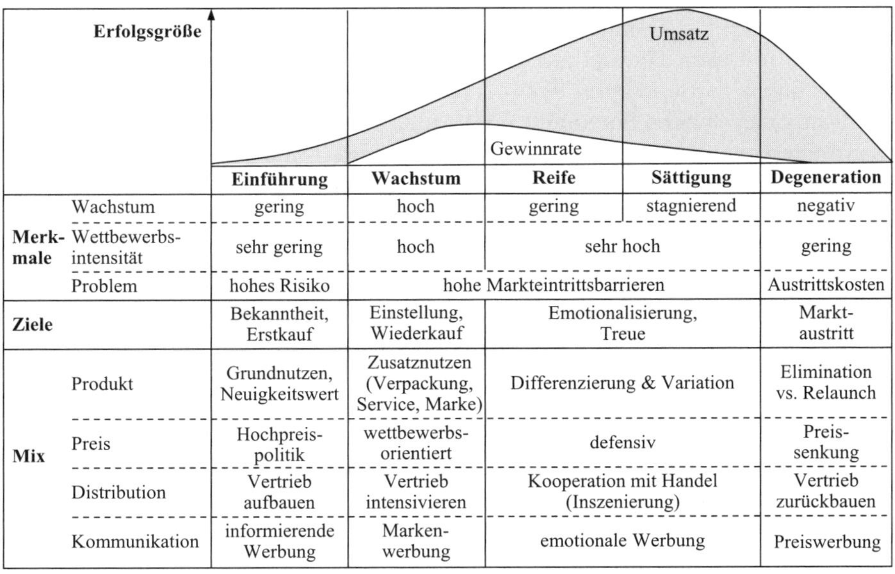

		Einführung	Wachstum	Reife	Sättigung	Degeneration
Merkmale	Wachstum	gering	hoch	gering	stagnierend	negativ
	Wettbewerbsintensität	sehr gering	hoch	sehr hoch		gering
	Problem	hohes Risiko	hohe Markteintrittsbarrieren			Austrittskosten
Ziele		Bekanntheit, Erstkauf	Einstellung, Wiederkauf	Emotionalisierung, Treue		Marktaustritt
Mix	Produkt	Grundnutzen, Neuigkeitswert	Zusatznutzen (Verpackung, Service, Marke)	Differenzierung & Variation		Elimination vs. Relaunch
	Preis	Hochpreispolitik	wettbewerbsorientiert	defensiv		Preissenkung
	Distribution	Vertrieb aufbauen	Vertrieb intensivieren	Kooperation mit Handel (Inszenierung)		Vertrieb zurückbauen
	Kommunikation	informierende Werbung	Markenwerbung	emotionale Werbung		Preiswerbung

tum, Reife, Sättigung und Degeneration (vgl. Abb. 29). Einige Wissenschaftler erweitern den klassischen fünfstufigen Produktlebenszyklus um die Phasen **Entwicklung** und **Erprobung**. Denn natürlich muss, bevor man an die Markteinführung denken kann, zunächst ein Erfolg versprechendes Produkt entwickelt werden.

Me too-Produkt: Nachahmerprodukt

Value Added Servives: Dienstleistungen, welche den Nutzen eines Produkts für den Verwender wesentlich erhöhen

Während der **Markteinführung** gilt es, das neue Produkt bekannt zu machen und möglichst viele Konsumenten zum Erstkauf zu motivieren. Bei innovativen Angeboten (z. B. Busfernreisen) genügt es in dieser Phase zumeist, den Grundnutzen zu kommunizieren (günstiger Preis, Direktverbindung). Hat der Innovator *(Flixbus)* mit dieser Strategie Erfolg, dann drängen Konkurrenten mit vergleichbaren Angeboten ('me too') in den Markt *(Postbus, Meinfernbus, Megabus)*. Deshalb ist die nunmehr stark erhöhte Wettbewerbsintensität charakteristisch für die **Wachstumsphase**. Gegen die häufig preisgünstigeren Me too-Angebote der Konkurrenten kann sich der Innovator nur behaupten, wenn er nicht auf Preiskampf setzt, sondern auf Qualitätsvorteile, produktbegleitende Dienstleistungen ('value added services') und eine vertrauensbildende Markenpolitik. Die **Reifephase** ist erreicht, wenn die Umsatzkurve zu stagnieren beginnt, das Unternehmen aber gleichwohl die höchsten Deckungsbeiträge erwirtschaftet, da nunmehr die produktions- und vertriebsspezifischen Investitionen deutlich reduziert bzw. ganz eingestellt werden. In der **Sättigungsphase** gibt es mehrere Möglichkeiten, den sich zu Ende neigenden Produktlebenszyklus zu verlängern:

- Marktdurchdringung z. B. durch Intensivierung der Kauf- bzw. Verwendungshäufigkeit von Stammkunden (etwa durch großzügige „nimm 3, zahl 2-Angebote"),
- Produktdifferenzierung (etwa *BMW 3er-Serie ⇒ 3er-Cabriolet, 3er-Coupé, 3er-Limousine,* 3er-*Touring),*
- Produktvariation (bspw. Deo ohne Aluminiumsalze).

Für Konsumgüterhersteller bietet es sich in dieser Phase an, das Produkt gemeinsam mit dem Handel am Point of Sale (PoS) emotional zu inszenieren. Tierliebhaber bspw. wissen es zu schätzen, wenn sie in ihrer Einkaufsstätte nicht nur das übliche Sortiment an Tiernahrung vorfinden, sondern auch diverse Dienstleister (bspw. Hundefriseur, Hundetrainer, Versicherer) und ein durchdachtes Randsortiment (z. B. Fachliteratur). Die **Degenerationsphase** schließlich wird häufig dadurch eingeleitet, dass neue, verbesserte Problemlösungen etablierte Produkte verdrängen (z. B. DVD ersetzt CD). Der sich abzeichnende Niedergang kann durch eine spürbare Preissenkung hinausgezögert oder durch einen Relaunch verhindert werden. Dazu ist das Produktkonzept grundlegend und marktgerecht zu erneuern.

Relaunch: Produktbezogene umfassende Erneuerung des gesamten Marketingmix

Scheitern diese Abwehrstrategien, dann ist **Produkteliminierung** unausweichlich. Angesichts nun negativer Deckungsbeiträge geht es nur noch darum, den Schaden zu begrenzen und das Produkt rechtzeitig vom Markt zu nehmen. Im Übrigen ist während des gesamten Produktlebenszyklus ⇒ **Product Stewardship** zu gewährleisten: ganzheitliche und umfassende Produktverantwortung.

1.3 Formen von Innovation

Jegliche Art von neuartiger Leistung kann als Innovation bezeichnet werden. Dabei sind **Produktinnovationen** (z. B. ein selbstfahrendes Elektromobil) von ⇒ **Prozessinnovationen** zu unterscheiden (z. B. ein wesentlich verbesserter Lackiervorgang). Im Folgenden konzentrieren wir uns auf die Produktinnovation.

Ein erstes Differenzierungsmerkmal ist die sog. Innovationshöhe. Bei einer **inkrementellen Innovation** (z. B. Reduktion des Fettgehaltes von Butter, Frischkäse etc. durch Beimengung von Joghurt) ist der Neuerungsgrad gering, bei **radikalen Innovationen** (z. B. Elektroauto) hingegen groß. Weiterhin spielt es eine Rolle, ob eine Innovation nur für das Unternehmen neuartig ist, wie die X-Reihe für *BMW* (= **Unternehmensinnovation** bzw. relative Innovation), oder für den gesamten Markt, wie der erste Mikrowellenherd (= **Marktinnovation** bzw. absolute Innnovation). Überdies gilt es zu beachten, ob sowohl Anbieter als auch Nachfrager eine Neuerung als innovativ wahrnehmen. Verbessert *Haribo* die Konsistenz von Fruchtgummis durch eine neue, von den Kunden aber nicht wahrnehmbare Zutat, so spricht man von **Herstellerinnovation**. Mit einer **Konsumenteninnovation** verhält es sich umgekehrt: Vielfach genügen geringfügige und für den Produktnutzen unwesentliche, aber augenfällige Veränderungen bspw. an der Verpackung, der Duftnote oder der Farbgestaltung, damit vielen Kunden ein Produkt als „neu" erscheint (= Pseudoinnovation).

2 Herausforderungen der Produktpolitik

2.1 Innovationsdruck

Wie die *PIMS*-Studie u. a. nachgewiesen hat, sind innovative Unternehmen längerfristig überdurchschnittlich erfolgreich (vgl. Kap. A-2.3). Daraus lässt sich ableiten, dass der **Unternehmenserfolg** wesentlich von der Fähigkeit abhängt, regelmäßig neue Produkte zu entwickeln und zur Marktreife zu bringen. Tatsächlich erwirtschaften viele Anbieter bis zu 50 % ihres Umsatzes mit Produkten, die nicht länger als drei bis fünf Jahre auf dem Markt sind. Bei *Kärcher, Putzmeister* und anderen innovativen Unternehmen sind es sogar 80-90 %.

Mehr noch als der technologische Fortschritt sorgt die **Dynamik der Bedürfnisse** der Kunden für Innovationsdruck. Weil sich die Wünsche der Zielgruppen im Zeitverlauf ändern, sind Unternehmen gefordert, regelmäßig neue Produkte zu entwickeln. Paradoxerweise neigen aber gerade erfolgreiche Unternehmen immer wieder dazu, die Signale, die eine Zeitenwende ankündigen, zu übersehen. *Cannon, Nikon* und andere Hersteller hochwertiger Spiegelreflexkameras etwa gerieten in eine existenzbedrohende Krise, weil sie die Bedürfnisse eines Großteils der Hobbyfotografen falsch eingeschätzt haben. Die meisten sind nämlich nicht darauf aus sind, „künstlerisch wertvolle" Fotos zu „schießen", sondern auf möglichst einfache Weise brauchbare Erinnerungsfotos. Dieses Bedürfnis stillten die leicht zu handhabenden Kompaktkameras und – später, im

Zeitalter der Selfies – Smartphones weitaus kostengünstiger als die vergleichsweise teuren und technisch anspruchsvollen Spiegelreflexkameras.

Beständiger Innovationsdruck herrscht auch deshalb, weil anfänglich innovative und präferenzbildende Produkteigenschaften wie der Airbag im Laufe der Zeit zu **Basisanforderungen** der Kunden werden, welche diese früher oder später als selbstverständlich ansehen. Die Kunden reagieren darauf asymmetrisch: neutral, wenn eine Basisanforderung erfüllt ist, aber bei Nichterfüllung mit deutlicher Unzufriedenheit.

Produktpiraterie: Mehr oder weniger detailgetreue Nachahmung erfolgreicher Produkte von Wettbewerbern

Hat sich eine Produktidee schließlich als erfolgreich erwiesen, droht die nächste Gefahr: **Produktpiraterie**. 2016 wurden in der *Europäischen Union* gefälschte Markenartikel im Wert von 85 Mrd. € umgesetzt. Die teilweise perfekt imitierten und zumeist niederpreisig angebotenen Produkte (vgl. Abb. 30) steigern die Konkurrenzintensität, der Innovator verliert seine Alleinstellung und wird im Extremfall austauschbar. In dieser Marktphase genügt das reine Leistungs- und Qualitätsversprechen häufig nicht mehr, um sich von Konkurrenten abzugrenzen. Präferenzbildend sind dann Produktdesign, Verpackung und produktbegleitende Dienstleistungen, sofern sie nicht zu einfach zu kopieren sind.

Abb. 30: Produktpiraterie am Beispiel von Fortis und Nintendo

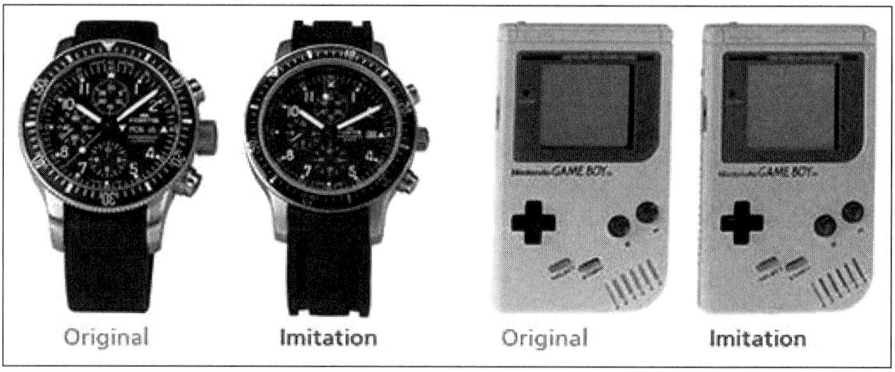

Quelle: www.plagiarius.com

Atomisierter Markt: Viele kleine Kundensegmente mit heterogenen Bedürfnissen und Erwartungen

In den Industrieländern sind viele Märkte **gesättigt**, weshalb dort die Nachfrage stagniert. Eine Möglichkeit, darauf zu reagieren, ist die Verkürzung des Produktlebenszyklus. So werden Computermodelle heute bereits nach zwei Jahren durch eine neue Generation ersetzt, was Kunden dazu veranlassen soll, möglichst frühzeitig ein neues Gerät zu erwerben, obwohl ihr Altgerät noch bestens funktioniert (⇒ Obsoleszenz). Zudem sind viele Märkte **atomisiert**, weshalb es nicht möglich ist, mit einem Produkt alle potentiellen Kunden zu erreichen. In einem solchen schwierigen Umfeld müssen Unternehmen ihr Angebot kundenorientiert modifizieren, d. h. Produktvarianten anbieten und regelmäßig Modellwechsel vornehmen.

2.2 Erfolgsfaktoren von Produktinnovationen

Produktinnovationen sind unerlässlich, aber auch risikoreich. Wie regelmäßige Marktanalysen dokumentieren, **scheitern** je nach Produktkategorie und Wettbewerbssituation 60-90% aller neuen Produkte in mehr oder minder kurzer Zeit. [4] Deshalb hat sich die Erfolgsfaktorenforschung nicht darauf beschränkt nachzuweisen, dass Produktinnovationen wesentlich zum Unternehmenserfolg beitragen. Vielmehr hat sie auch die Markt- und Unternehmensvariablen identifiziert, welche zu prognostizieren erlauben, ob bestimmte Produktinnovationen sich voraussichtlich am Markt durchsetzen werden und oder nicht. [5]

Floprate: Anteil der gescheiterten, d.h. vorzeitig aus dem Handel genommenen Produktinnovationen

Gute Aussichten auf dauerhaften Erfolg haben demnach Innovationen, welche einen **einzigartigen**, von den Nachfragern **gut wahrnehmbaren** und gegenüber Konkurrenten **leicht zu verteidigenden Nutzenvorteil** bieten. Denn Kunden „denken" nicht in Produkt-, sondern in Nutzenkategorien. Im Regelfall interessieren sie sich nicht für Produkteigenschaften oder gar Produktionsmerkmale, sondern dafür, welche Probleme ein Produkt zu lösen vermag (z. B. verschmutzte Kleidung reinigen) bzw. welche Bedürfnisse es zu befriedigen hilft (z. B. nach Mobilität; ⇒ Means End-Analyse, ⇒ Nutzen).

Von der Glühbirne zum Lichtdesign

ERCO Anfangs stellte das 1934 in Lüdenscheid gegründete Unternehmen Komponenten für Leuchten her. Nach dem Zweiten Weltkrieg entwickelte es sich zum erfolgreichen Anbieter von Leuchten. 1968, als der Einrichtungsboom der Nachkriegszeit zu Ende ging und *ERCO* in eine Krise geriet, revolutionierte das Management seine Marketingstrategie: Dreh- und Angelpunkt aller Überlegungen war nun nicht mehr das Produkt (= Leuchte), sondern der Nutzen der Leistung (= Licht, Helligkeit, Stimmung etc.). Getreu dem Leitspruch „Licht statt Leuchten" erweiterte ERCO seine Leistungspalette um Lichtsteuerungssysteme, mit deren Hilfe Räume und Gebäude individuell beleuchtet werden können. Lichtdesign zur Außen- und Innengestaltung von Gebäuden aller Art wurde ein weiteres Geschäftsfeld von *ERCO* (z.B. für das *Brandenburger Tor* oder für *Galeria Kaufhof* am Alexanderplatz).

Innenraumleuchten

Außenraumleuchten

Lichtsteuerung

Lichtdesign *Brandenburger Tor*

Lichtdesign *Galeria Kaufhof* Alexanderplatz

Weiterhin hat sich gezeigt, dass der integrierte Einsatz des gesamten **Marketingmix** vonnöten ist, um eine Produktinnovation zum Erfolg zu führen:

- Markt- und Marketingwissen, um vor allem in den frühen Phasen des Innovationsprozesses die erforderliche Informationsgrundlage zu schaffen (bspw. Kundenbedürfnisse, Marktpotential, Konkurrenzsituation),
- Produkt- und fertigungstechnologische Kompetenz,
- Multi Channel-Strategie, um dank der Präsenz in mehreren Distributionskanälen während der Markteinführung für eine breite Verfügbarkeit des neuartigen Produkts zu sorgen.

2.3 Mythos Innovation

Trotz der hohen Floprate von Innovationen finden Wissenschaftler, die Belege dafür vorbringen, dass **Imitation** in vielerlei Hinsicht vorteilhafter sein kann als **Innovation**, kaum Gehör. [6]

- **Kostenvorteil**: Angeblich kostet die Nachahmung eines erfolgreich eingeführten Produkts knapp 40 % weniger als eine entsprechende Neuentwicklung.
- **Risikominderung**: Der Imitator muss das Risiko des Innovators – dass sich eine Neuerung doch nicht zu einem marktfähigen Produkt entwickeln lässt – nicht tragen.
- **Zeitvorteil**: Der Imitationsprozess ist nicht nur wesentlich kürzer als der Innovationsprozess, sondern auch besser planbar.
- **Optimierungsvorteil**: Imitatoren können die Erfahrungen, welche der Innovator am Markt gesammelt hat, nutzen und dessen Fehler vermeiden, das Produkt entsprechend verbessern etc.

Tatsächlich werden trotz Patentschutz etwa 60 % der Innovationen innerhalb der ersten vier Jahre nachgeahmt.

Nicht zuletzt sind, wie sich gerade am Beispiel von *Apple* nachweisen lässt, Innovation und Imitation im realen Marktgeschehen weit weniger eindeutig unterscheidbar, als es scheint. Weder ist das berühmte *Apple*-Design innovativ, sondern ganz offensichtlich von dem in den 1950er-Jahren tatsächlich innovativen *Braun*-Design „inspiriert". Noch war das iPhone der Technologiesprung, als der es vermarktet wurde („Neuerfindung des Telefons"), sondern eine gekonnt verbesserte Imitation des 2007 von *National Semiconductor* auf den Markt gebrachte InfoGear iPhone. Gleiches gilt für den iPod und andere *Apple*-Produkte. Warum ist *Apple* dennoch auf den Spitzenplatz der jährlichen Ranglisten abonniert – bspw. „The Most Innovative Companies" von *Boston Consulting*? Weil das Unternehmen es verstanden hat, sich als das innovative Unternehmen schlechthin zu inszenieren, dessen jährlichen Produkteinführungen wie das Hochamt der Unterhaltungselektronik gefeiert werden.

3 Produktentwicklung

3.1 Ideengewinnung

Push: In den Markt drücken (direkte Vermarktungsstrategie)

Pull: Durch einen Nachfragesog in den Markt „ziehen" (indirekte Vermarktungsstrategie)

Produktentwicklung beginnt mit Ideen – im Idealfall mit bildhaften Vorstellungen neuartiger Produkte. Diese können **technologie**- oder **marktinduziert** sein. Bei technologieinduzierten Innovationen löst eine neuartige Technologie den 'technology push' aus. Die Nano-Technologie etwa ermöglichte die Entwicklung gasdichter Plastikflaschen, schmutzabweisender Kleidung etc. Sogar die verbesserten Fließeigenschaften von Ketchup verdanken wir dieser Basistechnologie. Zu einem 'market pull' kommt es hingegen, wenn ein Unternehmen bspw. mit den Mitteln der ⇒ Marktforschung Bedürfnisse potentieller Kunden identifiziert, welche das bestehende Produktangebot nicht bzw. nicht hinreichend befriedigt (z. B. fotografiegestützte Ermittlung des Kalorien- und Nährstoffgehalts der täglichen Nahrungsaufnahme). Immer mehr Unternehmen nutzen dazu auch eigene oder allgemeine Verbraucherportale. *Kraft* bspw. rief über das unternehmenseigene Portal www.bei-uns-zuhause.de Nutzer dazu auf, Vorschläge für eine neue Philadelphia-Frischkäsesorte einzureichen. Mit derartigen Customer Research-Aktionen verfolgen die Unternehmen mehrere Ziele:

- Produktideen gewinnen,
- Kundenbindung stärken,
- Interesse für das neue Produkt wecken.

Eine in der Praxis häufig unterschätzte **Innovationsbarriere** ist die sog. Betriebsblindheit. Wie die meisten Institutionen sind Unternehmen im Regelfall risikoavers. Deshalb ziehen sie nach Möglichkeit das (scheinbar oder tatsächlich) Bewährte dem Neuartigen vor. In dem Maße, wie sich die Marktbedingungen verändern und folglich innovative Lösungsansätze nötig sind, wird eine risikovermeidende Unternehmenskultur jedoch zum Problem.

Betriebsblindheit: Von Routine dominierte Arbeitsweise, ohne Kreativität und kritischer Selbstreflektion

Innovative Ideen ableiten

In jedem Unternehmen liegen zahlreiche Informationen vor, welche kostengünstig zur Ideengewinnung genutzt werden können. **Beschwerden** von Kunden und Mitarbeitern (vgl. Kap. D-5) beispielsweise sind nicht einfach nur Beschwerden. Zumeist enthalten sie auch wertvolle Hinweise auf unerkannte Produktmängel (z. B. stechender Geruch von Kinderspielzeug) und Verbesserungsmöglichkeiten (z. B. lösungsmittelfreie Farben). Weitere wichtige Informationsquellen sind …

- **Betriebliches Vorschlagswesen**: Lassen sich die von Mitarbeitern eingereichten Verbesserungsvorschläge produktpolitisch nutzen?
- **Benchmarking**: Welche Hinweise ergibt der systematische Vergleich der eigenen Stärken und Schwächen mit den Stärken und Schwächen der wichtigsten Wettbewerber?
- **Produktklinik**: Rekonstruktion von Konkurrenzprodukten (z. B. durch 'reverse engineering')

Betriebliches Vorschlagswesen: Systematische Erfassung der von Mitarbeitern eingereichten Verbesserungsvorschläge

Produktklinik: Funktionsübergreifende Entwicklung bzw. Verbesserung von Produkten durch Analyse von Konkurrenzprodukten

Innovative Ideen entwickeln

Der Regelfall aber ist, dass Anbieter gezielt (Produkt-)Ideen entwickeln, indem sie mit Kunden oder Mitarbeitern **Kreativitätsseminare** durchführen. Dabei kommen regelmäßig verschiedene erprobte **Kreativitätstechniken** zum Einsatz (vgl. Abb. 31).

Am bekanntesten ist das **Brainstorming**. Seinen Erfolg verdankt es einer Reihe einfacher Regeln, z. B.:

- Begrenzung der Gruppengröße auf sechs bis sieben Teilnehmer,
- von anderen Teilnehmer geäußerte Vorschläge werden unter keinen Umständen kritisiert, sondern nach Möglichkeit aufgegriffen und „weitergesponnen".

Reverse Engineering: Umkehrung des Entwicklungs- bzw. Produktionsprozesses vom fertigen Produkt hin zur Konstruktionszeichnung

Abb. 31: Methoden der Ideengewinnung

Art der Ideengewinnung		Informationsquelle	Kunde	Mitarbeiter	Experte	Wettbewerber
Ideen ableiten	problemorientiert	Beschwerdeanalyse	X	X		
		Beobachtung / Nutzertagebuch	X	X		
		Prognose (z.B. Delphi-Technik)	X	X	X	
	lösungsorientiert	Betriebliches Vorschlagswesen		X		
		Benchmarking				X
Ideen entwickeln	unsystematisch-kreativ	Brainstorming	X	X		
		Brainwriting	X	X		
		Synektik (z.B. Bionik)	X	X	X	
	systematisch-logisch	Innovationszirkel / Produktklinik	X	X		
		Morphologische Analyse		X		
		Problemlösungsstudie	X	X		

Analogie: Strukturähnlichkeit

Die **Synektik** nutzt Analogien zur Ideengewinnung: Bieten andere Lebensbereiche bewährte Lösungen für ein Problem? Im Falle der Bionik entstammen die Analogien der Natur:

- Gemäß dem Lotus-Effekt sorgt ihre geschuppte – und nicht, wie man meinen könnte, eine möglichst glatte – Oberfläche dafür, dass Wasser von den Blättern der Lotusblume abperlt und dabei kleine Schmutzpartikel aufnimmt. Dieses 1995 patentierte Prinzip der Selbstreinigung wurde genutzt, um Fassadenfarben, Dachziegel und Textilien zu optimieren.
- Die Klette war Vorbild für den Klettverschluss, der Löwenzahnsamen für den Fallschirm und das ultraschallbasierte Orientierungssystem der Fledermaus für die Abstandssensorik, welche Automobilhersteller als Einparkhilfe nutzen.
- Die Robotik lässt sich von Aufbau und Funktion des menschlichen Armmuskels inspirieren. Architekten wiederum ahmen den Aufbau des Seerosenblattes nach, wenn sie besonders belastbare Dachkonstruktionen entwickeln.
- Folien, welche dem Vorbild der Haifischhaut entsprechen, senken den Treibstoffverbrauch von Flugzeugen.

3.2 Grobauswahl, Konkretisierung und Feinauswahl

Aus den in der ersten Phase des Innovationsprozesses entwickelten Ideen sind diejenigen herauszufiltern, die vermutlich Marktpotential besitzen und deshalb weiter verfolgt werden sollten. Geprüft wird, welche Vorschläge bestimmte Mindestanforderungen erfüllen (z. B. technische Machbarkeit, Kosten). In dieser Phase droht die Gefahr des **Ideen-Killing**: das vorschnelle Verwerfen von (Produkt-)Ideen aufgrund von Vorurteilen, unbegründeten Zweifeln, Hierarchiegläubigkeit und anderen sachfremden Einflüssen. **Scoring-Verfahren** helfen, dieses häufig aus Risikoaversion oder Änderungsunwilligkeit erwachsende Innovationshemmnis zu überwinden. Dabei werden die maßgeblichen Anforderungen (z. B. Wachstums- und Profilierungspotential der Idee) quantifiziert und zu einem Gesamtpunktwert aggregiert.

Ideen, welche die höchsten Werte erzielen, werden in der **Konkretisierungsphase** präzisiert. Nun müssen die Erwartungen der Zielgruppe an das zu entwickelnde Produkt identifiziert und in Konstruktionsmerkmale überführt werden. Die Methode, mit der man die zumeist laienhaft formulierten Kundenbedürfnisse (z. B. „Der Pkw muss sicher sein.") in die Sprache der Ingenieure übersetzt (z. B. „Der Pkw benötigt einen Seitenairbag"), wird als **Quality Function Deployment** (QFD) bezeichnet. [7] Vereinfacht ausgedrückt überführt man dabei Was-Fragen („Was möchte der Kunde haben?") in Wie-Fragen: „Wie können wir das erreichen?" Sodann werden die auf diese Weise konkretisierten Produktideen einer Feinauswahl unterzogen, indem man deren **Wirtschaftlichkeit** bewertet. Mit Hilfe der Break Even-Analyse etwa lässt sich die Absatzmenge berechnen, die es bei einem bestimmten Preis ermöglicht, mit dem zur Diskussion stehenden Produkt die Gewinnschwelle zu erreichen. Aufgabe der Vertriebsabteilung ist es, den Realitätsgrad des gesetzten Absatzziels zu prüfen. Zudem empfiehlt es sich, Beschreibungen bzw. Visualisierungen der geplanten Produkte („Konzepte") von repräsentativen Kunden beurteilen zu lassen. Dieser **Konzepttest** kann in Form von Einzelinterviews oder Gruppengesprächen („Fokusgruppen") durchgeführt werden und gibt erste Hinweise auf die Marktchancen der Produktidee.

Quality Function Deployment: Entfalten der Qualitätsfunktionen

Break Even-Analyse: Ermittlung des Schnittpunkts von Kosten- und Umsatzfunktion (d. h. der Absatz- bzw. Produktionsmenge, ab der das Produkt Gewinn erwirtschaftet)

3.3 Testphase

Vor der Markteinführung wird die **Markttauglichkeit** der entwickelten Produkte bzw. Prototypen geprüft. Dazu stehen drei Arten von Testverfahren zur Verfügung:

- Beim klassischen **Produkttest** bewerten Konsumenten das gesamte Produkt (= Volltest) oder einzelne Produkteigenschaften (= Partialtest). Folgende Schlüsselfragen sind zu beantworten: Würde die Zielgruppe das Angebot kaufen (Kaufbereitschaft)? Wie viel würde sie dafür bezahlen (Preisbereitschaft)? Immer häufiger lassen die Unternehmen dazu nicht Marktforschungsunternehmen repräsentative Stichproben befragen, sondern organisieren über Verbraucherportale **Ad hoc-Verbrauchertests**. *Henkel* bspw. sucht auf www.frag-mutti.de und auf dem eigenen Verbraucherportal *Henkel Lifetimes* Freiwillige, die bereit sind, Produkte aus der *Henkel*-Markenwelt im Alltag zu testen *(z. B. Bref, Somat, Spee, Vernel).* Kritiker bemängeln das Prinzip der Selbstselektion. Es sorge dafür, dass hauptsächlich Fans und Kritiker des Unternehmens gehört werden – d. h. Verbraucher mit extremen Einstellungen –, während die Mehrheit der Moderaten unterrepräsentiert ist.
- Realitätsnäher ist die **Testmarktsimulation**: An repräsentativ ausgewählten Orten werden Passanten in ein Teststudio gebeten. Dort beantworten sie zunächst Fragen zu ihren Kaufgewohnheiten und beurteilen sodann Werbung zum neuen Produkt. Für ihre Mitwirkung erhalten sie ein Honorar, das aber nicht in bar ausgezahlt wird. Vielmehr können die Teilnehmer in

Selbstselektion: Nicht der Versuchsleiter, sondern die potentiellen Probanden entscheiden, ob sie an einer Studie teilnehmen oder nicht

einem nachgestellten Testmarkt für den Gegenwert ihres Honorars einkaufen. Diese Kaufsimulation offenbart, ob sich die Versuchsteilnehmer für das Testprodukt oder ein konkurrierendes Produkt entscheiden. Anschließend bekommen sie das Testprodukt zum Testen mit nach Hause (Home Use-Test). Nach einer gewissen Zeit befragt sie das Marktforschungsinstitut erneut und erhält nunmehr ein stärker „erfahrungsgeladenes" Urteil.

- Die Akzeptanz der Kunden ist eine notwendige, nicht aber immer hinreichende Erfolgsbedingung. Das Produkt muss überdies markttauglich sein, d. h. sich in einer hinreichend großen Stückzahl im realen Konkurrenzumfeld auch tatsächlich verkaufen lassen. Beim **Store-Test** wird das Produkt deshalb probeweise in repräsentativ ausgewählten Handelsgeschäften verkauft (z. B. zehn *Real*-Filialen). Aussagefähiger, aber wesentlich aufwändiger sind **Markttests**, die möglichst alle relevanten Händler einer repräsentativen Region (z. B. Stadt, Landkreis) abdecken. Marktforschungsinstitute wiederum bieten sog. **Mini-Testmärkte** an, die neben Verkaufszahlen auch Daten über Käufer liefern (z. B. Einstellungen) und lokal begrenzte Werbung erlauben. Der *GfK Behavior-Scan* bspw. erfasst mit Hilfe einer Identifikationskarte die Einkäufe von 3.000 Haushalten der Gemeinde Haßloch (Rheinland-Pfalz), die soziodemografisch in etwa der Wohnbevölkerung Deutschlands entspricht. Anbieter können dort nicht nur Produkte unter kontrollierten Bedingungen testen, sondern auch die Wirkung von TV-Spots, Anzeigen in Zeitschriften, Verkaufsförderungsaktionen sowie verschiedene Platzierungen und Preise.

4 Markteinführung

4.1 Timing des Markteintritts

Ein weiterer Erfolgsfaktor ist der Zeitpunkt der Markteinführung. Für einen **frühen Markteintritt** spricht die Dynamik der Märkte (z. B. immer kürzere Produktlebenszyklen). Gegenargumente sind u. a. das hohe Scheiterrisiko und die hohen Kosten der Produktentwicklung. Deshalb und aufgrund zahlreicher weiterer Argumente (vgl. Abb. 32) lässt sich die Frage, ob im Regelfall Pionierunternehmen ('first-to-market') oder Folgerunternehmen ('follower') erfolgreicher sind, nicht pauschal beantworten. Immer wieder zeigt sich, dass langfristig auch **frühe Folger** im Vorteil sein können. So führte zwar *Motorola* den 32-Bit-Prozessor ein. Dank einer geschickten Markenpolitik errang aber letztlich *Intel* die Marktführerschaft. Ähnlich ergeht es möglicherweise dem Streaming-Dienst *Spotify*. Bis April 2016 hat ihm sein Pioniervorteil zwar rund 30 Mio. zahlende Nutzer beschert. Aber dem Folger *Apple Music* gelang es innerhalb von zehn Monaten, elf Mio. zahlende Abonnenten zu gewinnen. Besonders in dynamischen, risikoreichen Märkten kann es sich lohnen, von den Erfahrungen der Pioniere zu profitieren, um diese dann mit überlegenen Angeboten zu überflügeln. Deshalb sollte das Ziel nicht „First-to-Market" lauten, sondern „First-to-Profitability".

Abb. 32: Chancen und Risiken in Abhängigkeit vom Zeitpunkt des Markteintritts

Pionier	Früher Folger	Später Folger
	Chancen	
Frühzeitiges Entwickeln von Markt-Know how	Risikoreduktion, da Fehler des Pioniers vermieden werden können	Kostenvorteil (geringerer F&E- und Markterschliessungsaufwand)
Preispolitischer Spielraum (aufgrund vorübergehender Monopolsituation und Kostenvorteil wg. Erfahrungskurveneffekt)	Erhöhte Transparenz der Marktstruktur und der Kundenbedürfnisse	Geringe Produkt- und Prozessrisiken wg. Anlehnung an dominante Gebrauchsstandards und Fertigungstechnologie
Imagevorteil als Innovator	Höheres Problemlösungspotential (Value-Added-Services)	Standardisierungspotential
Aufbau von Wechselbarrieren bei Kunden (durch Setzen von Industriestandards)	Marktpositionen noch nicht verteilt	
Aufbau von Markteintrittsbarrieren (z. B. Patente)		
Sicherung wichtiger Distributionskanäle		
	Risiken	
Hoher F&E-Aufwand	Reaktionen der Pioniere	Imagenachteile
Kosten der Markterschließung	Geringerer Preisspielraum (kein Pioniergewinn)	Hohe Markteintrittsbarrieren
ungewisse Nachfrageentwicklung	Treueverhältnis der Kunden zum Pionierunternehmen	Gefährdung der Wettbewerbsposition, wenn Konkurrenten Preise senken
Technologiesprünge und unausgereifte Produkte	Markteintrittsbarrieren der Pionierunternehmen	

Quelle: Homburg (2016, S. 599f.); Meffert et al. (2015, S. 408 f.).

4.2 Adoption und Diffusion

Zielgruppen

Diffusionskurve: Summe der individuellen Adoptionsentscheidungen

Eine weitere Erfolgsbedingung ist eine zielgruppengerechte Marktbearbeitung. Welche Zielgruppen prinzipiell zu beachten sind, lässt sich der Adoptionskurve entnehmen, die in aggregierter Form die Diffusionskurve ergibt (vgl. Abb. 33). Zunächst adoptiert nur eine besonders innovations- und risikofreudige Minderheit die Neuerung. Sie dient einem zweiten Kundensegment als Vorbild: Falls diese **Innovatoren** gute Erfahrungen sammeln und darüber berichten, akzeptieren auch die **Frühadoptoren** das neuartige Produkt. Sie wiederum regen nach und nach zunehmend risikoscheue Verbrauchersegmente an, die Innovation zu „adoptieren" – d. h. das neuartige Produkt zu kaufen: die **frühe** und die **späte Mehrheit** sowie die **Nachzügler**.

Abb. 33: Idealtypische Diffusionskurve als Funktion der kumulierten Adoptionsentscheidungen

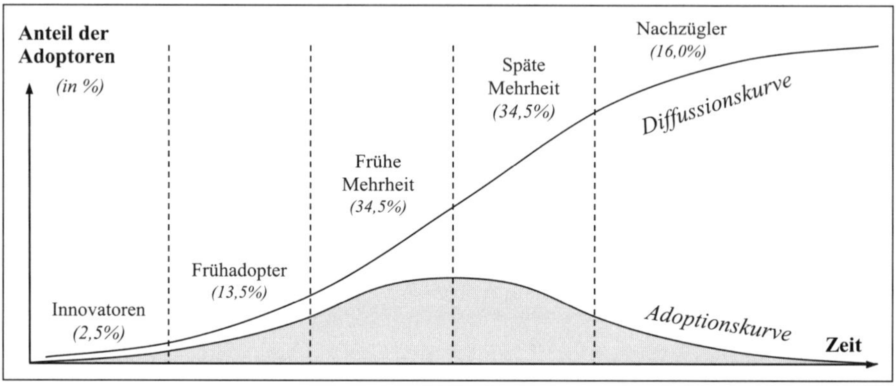

Quelle: Gerpott (2005, S. 122f.).

Innovationsbarrieren

Markteintrittsbarrieren: Hindernisse, welche Unternehmen bei einem Markteintritt überwinden müssen

Lobby: Interessensgruppe, die gezielt politische Entscheidungen beeinflusst

„Ich glaube an das Pferd. Das Automobil ist eine vorübergehende Erscheinung."
Kaiser Wilhelm II

Zahlreiche Innovationen **scheitern**, an skeptisch-konservativen Kunden, an mangelnder Zahlungsbereitschaft innovationsfreudiger Zielgruppen etc. Mehr oder minder offenen Widerstand leisten aber auch änderungsunwillige Mitarbeiter, Händler und Lieferanten. Sie alle wollen „am Bewährten" festhalten. Auch die Wettbewerber wehren sich, bspw. indem sie die Preise ihrer durch die Innovation bedrohten Produkte senken, kostengünstig Imitationen der Innovation auf den Markt bringen oder andere Markteintrittsbarrieren errichten. Widerstand leisten auch die Lobbyisten der alten Technologie (bspw. Verbrennungsmotoren).

5 Phase des Marktwachstums

Konnte der Markteintritt des Innovators bspw. mit preispolitischen Mitteln nicht verhindert werden (⇒ Grenzpreisstrategie), dann versuchen die in dem betroffenen Markt bereits aktiven Unternehmen, ihre Wettbewerbsposition zu stärken, indem sie ihre Unique Selling Proposition (USP) schärfen. [8]

5.1 Produktqualität

USP: Alleinstellungsmerkmal, einzigartiges Nutzenversprechen

Häufig besteht eine USP in einem Qualitätsversprechen, das markante **funktionale Eigenschaften** des Produkts betont: bspw. Exklusivität *(Apple)*, Haltbarkeit *(Tupperware)*, Sicherheit *(Mercedes)*, Umweltfreundlichkeit *(Tesla)* oder Bequemlichkeit *(Uncle Ben's)*. Bietet die Produktqualität kein hinreichendes Differenzierungspotential, dann ist die USP auf andere Weise zu begründen (bspw. durch **ästhetische Produkteigenschaften** wie Form, Material oder Farbe). Die multisensorische Produktpolitik prüft systematisch, welche der fünf Sinne des Menschen (Sehen, Hören, Riechen, Schmecken, Tasten) in welcher Weise produktpolitisch genutzt werden können.

Form

Vielfach unterstützt bzw. visualisiert die Produktform (z. B. „Windschnittigkeit") die Produktleistung (z. B. geringer Benzinverbrauch aufgrund geringen Luftwiderstands). Den *New Beetle* etwa soll seine rundliche Gestalt weiblich erscheinen lassen und dadurch weibliche Autofahrer ansprechen, während das kantige Design des *VW Passat* Männlichkeit signalisiert. Von **Avantgarde-Design** spricht man, wenn ein Anbieter mit den traditionellen, durch den Archetypus definierten Gestaltungsregeln bricht (z. B. dem Goldenen Schnitt) und damit Erfolg hat. Unternehmens- bzw. Markenjubiläen wiederum können Anlass geben, durch ein **Retro-Design** an die „guten, alten Zeiten" zu erinnern.

Archetyp: Urform bzw. typische Form (bspw. einer Produktkategorie)

Goldener Schnitt: Verhältnis zweier Größen (1,618:1), das als ideale, zeitlos ästhetische Proportion gilt

Archetyp oder Avantgarde?

Viele Biertrinker lehnen Plastik- bzw. PET-Flaschen ab, trotz unbestreitbarer ökologisch-logistischer Vorteile. Denn der Archetypus, d.h. die typische Form bzw. Urform der Bierflasche, ist die Glasflasche. Und Weintrinkern ist der Schraubverschluss nur schwer zu vermitteln, weil der traditionelle, aus Korkeiche gefertigte Korken der Archetypus ist. Der *Smart* wiederum war lange Zeit weniger erfolgreich als erhofft, weil der „rollende Einkaufskorb" in vielerlei Hinsicht dem Pkw-Archetyp widerspricht. Produktgestalter sollten vom Archetypus ausgehen: der aus Sicht der Zielgruppe typischen Form bzw. Produktgestalt. Sie lässt sich bspw. im Rahmen von Tiefeninterviews ermitteln, in denen Probanden unter Zeitdruck ein Produkt zeichnen (z.B. Stuhl). Ein Design, das vom Archetyp abweicht (z.B. Sitzsack), spricht als Avantgarde-Design entweder nur eine sehr innovative Zielgruppe an oder muss mit Hilfe kommunikativer Maßnahmen bekannt gemacht und am Markt durchgesetzt werden. Dass dies möglich ist, beweist *Ritter Sport*, die sich mit dem Slogan „quadratisch, praktisch, gut" gegenüber dem Archetyp der Tafelschokolade behaupten konnte.

Archetyp → Avantgarde-Design

Archetyp → Avantgarde-Design

Material

Auch das Material ist mehr als nur Funktion (z. B. bruchfest). Eichenholz bspw. lässt einen Stuhl rustikal erscheinen, Plastik hingegen modern. Kleidung aus Wolle gilt als natürlich und gesund, während viele Menschen mit Polyester künstlich und ungesund assoziieren. Die **Materialoberfläche** gewährleistet nicht nur bestimmte materielle Produkteigenschaften (z. B. rutschfest, wasserabweisend), sondern kann auch als Qualitätssignal wirken (z. B. erhabene Schrift, gebürsteter Edelstahl oder weiches Leder).

Farbe

Kaum etwas eignet sich besser zur **Emotionalisierung** der vom Unternehmen angestrebten Positionierung als Farben. *Ikea* bspw. pflegt mit seinem in den Landesfarben Schwedens (Blau und Gelb) gestalteten Logo sein Midsommer/Bullerbü-Image, während *BMW* aus vergleichbarem Grund auf Blau-Weiß setzt: die Landesfarben Bayerns. Und wenn jeweils 28 % der Markenlogos der 100 weltweit wichtigsten Marken in Blau (z. B. *Allianz)* bzw. Schwarz (z. B. *adidas)* bzw. Grau (z. B. *Mercedes)* gehalten sind, so deshalb, weil diese Farben die Kompetenz, Seriosität und Sachlichkeit des Markeninhabers unterstreichen. Nicht weniger wichtig ist die **Informationsfunktion**. Rot etwa wird häufig als Warnsignal genutzt (z. B. Ceranfeld), und bestimmte Farben sind typisch für eine Produktkategorie (z. B. Weiß – Vollwaschmittel) oder Branche (z. B. Gelb/Braun – Bäckereien). Bisweilen allerdings werden Farben auch genutzt, um **Verbraucher** zu **täuschen**. Naturbelassenes Vollkornmehl ist hell- bzw. dunkelgrau, je nachdem, aus welchem Getreide es gemahlen bzw. geschrotet wurde. Da aber viele Konsumenten glauben, dass dunkles Brot gesünder als helles sei, setzen zahlreiche Bäckereien dem Brotteig Zuckerrübensirup bzw. Gerstenmalzextrakt zu, um die gewünschte dunkelbraune Brotfarbe zu erzeugen.

Geräusch

Da sich akustische Reize als besonders geeignet erwiesen haben, Konsumentenverhalten zu beeinflussen, erfreut sich **Sound Design** zunehmender Beachtung. *Mercedes* etwa erzeugt mit Hilfe von 'sound chips' beim Schließen der Pkw-Tür einen sanften, hochwertig anmutenden „Plopp", während *BMW* aus Gründen der Markenpflege einen sportlichen „Plopp" bevorzugt.

5.2 Produktverpackung

Umverpackung: Dient der leichteren Lagerung, dem besseren Transport und der Diebstahlsicherung bereits abgepackter Produkte

Es gibt verschiedene Arten von Verpackung: u. a. die Umverpackung sowie die „eigentliche" Verpackung, die Produkthülle. Aus Sicht des **Anbieters** sollten sie den Transport zum Point-of-Sale erleichtern, das Produkt schützen, image- und präferenzbildend sein und sowohl den Händler (z. B. mittels EAN-Code) als auch den Kunden über Haltbarkeitsdatum, Inhaltsstoffe etc. informieren. Für **Handelsunternehmen** ist es wichtig, dass Verpackungen leicht handhabbar sind und das Produkt vor Ladendiebstahl schützen sowie den Abverkauf unterstützen. Aus Sicht des **Käufers** sollten Verpackungen eine bedarfsgerechte Menge des Produkts portionieren, den Ge- bzw. Verbrauch erleichtern (z. B. leicht zu transportieren und zu öffnen, verschließbar, umweltfreundlich entsorgbar) und ästhetisch aussehen. Und bisweilen, wie im Falle der Flakons mancher Parfums oder der charakteristischen Form der *WC-Ente*, ist die Verpackung Teil des unverwechselbaren Markenbildes.

5.3 Individualisierung

Die Globalisierung hat den Trend zur Standardisierung der Produktwelt verstärkt. Überall *Stan Smith-Adidas*-Turnschuhe, *Levis*-T-Shirts, *Netflix*-Filme, *Starbucks*-Kaffee etc. Indessen sind die menschlichen Bedürfnisse höchst vielfältig und bisweilen widersprüchlich. Einerseits wollen wir „so wie die anderen" sein – was das Aufkommen derartiger Moden ermöglicht. Andererseits aber wollen wir auch „etwas Besonderes" sein und dieses Anderssein sichtbar machen, bspw. durch unseren Konsum. Vor allem **Nischenanbieter** tragen dem Bedürfnis nach Individualität durch die Individualisierung ihrer Produkte Rechnung. So wird die klassische (Urlaubs-, Weihnachts-)Grußkarte zwar zunehmend durch die verschiedenen Erscheinungsformen der standardisierten digitalen Kommunikation ersetzt (etwa Statusmeldungen in die *WhatsApp*-Gruppe oder Posts bei *Facebook*). Diese Entwicklung hat jedoch eine Marktlücke entstehen lassen, die Internetfirmen wie *Touchnote* mit individuell gestalteten Post- und Grußkarten nutzen und die *Deutsche Post* mit dem Handyprogramm Funcard.

Beispiel

„Werfen Sie in Bali eine Postkarte in den Briefkasten, geht die auf dem Weg nach Deutschland durch viele Hände – und vielleicht verloren, sagt *Touchnote*-Geschäftsführer *D. Zif*. Es sei sicherer und schneller, in Bali ein Urlaubsfoto vom Handy hochzuladen und daraus mit dem *Touchnote*-Programm eine Postkarte mit einem individuellen Grußtext zu erstellen, die in Deutschland gedruckt wird. Außerdem erhalte der Empfänger so ein persönliches Foto und nicht irgendein Postkartenmotiv. Wer den Lieben daheim persönliche Urlaubsfotos schicken will, benötigt dafür zwar nicht *Touchnote*. Er kann sich die drei Euro sparen und einfach Fotos per E-Mail oder *Facebook*, *Instagram* etc. verbreiten. Aber viele empfinden es als persönlicher und netter, wenn ihre Freunde Grüße und Bilder gedruckt erhalten. Je mehr über *Facebook* geteilt wird, desto mehr suchen Leute nach einer Alternative, um mit ihren Fotos einen nachhaltigeren Eindruck zu hinterlassen." [9]

Traditionelle **Massenhersteller** wiederum können ihre häufig gegebene Fixierung auf die technischen Aspekte der Produktion und auf Massenproduktion überwinden, indem sie …

- mehr als bisher (potentielle) Kunden an der Produktentwicklung bzw. Produktmodifikation beteiligen. Lead-User helfen bei der Ideengewinnung und dem Aufspüren von Trends, berichten über ihre Bedürfnisse und Erwartungen und bewerten alternative Produktkonzepte.
- mit Mass Customization die Vorteile, welche eine kundenindividuelle Fertigung ('customization') bietet, mit den Kostenvorteilen der Massenproduktion vereinen. Möglich machen diese Form der Quadratur des Kreises Fortschritte in der Fertigungs- und Informationstechnologie. Oberbekleidung (z. B. Anzüge) kann dank 3-D-Body-Scanning massenhaft preiswert maßgeschneidert werden. Und in zahlreichen Branchen ermöglicht ein Konfigurator es den Kunden, sich aus vorgefertigten Produktelementen ihr Wunschprodukt zu konfigurieren (vom Kfz über den Kleiderschrank bis hin zur *Coke*).

Prosumer: Kunstwort, zusammengefügt aus 'producer' und 'consumer'

DIY: Do it yourself

Die traditionelle Rollenverteilung zwischen **Anbieter** und **Nachfrager**, zwischen **Produzent** und **Konsument**, verliert zunehmend an Trennschärfe. Immer häufiger wandelt sich die Rolle des Kunden vom passiven Konsumenten zum aktiven Prosumer (als Co-Designer bzw. Co-Producer). *BMW*-Kunden bspw. können dank des Portals *BMW-Labs* neue, noch in der Entwicklung befindliche Services für das Infotainmentsystem „Connected Drive" frühzeitig testen und bewerten. Und da DIY-Plattformen wie *DaWanda* oder *Etsy* die in der Markteintrittsphase besonders schwierige Distributionsfunktion wesentlich erleichtern, betätigen sich immer mehr Privatpersonen als **Laienproduzenten** – mit teilweise erstaunlichem Erfolg. Ob sich die mit dieser Entwicklung verbundene Hoffnung, das Internet werde das Wirtschaftsgeschehen demokratisieren, erfüllt, ist allerdings zunehmend umstritten (⇒ Demokratisierung des Wirtschaftsgeschehens).

Beispiel
L. Tresselt, eine gebürtige Thüringerin, entwickelt und vermarktet weltweit Häkelanleitungen für kleine Püppchen, die Lalylalas. „Der Verkauf lief immer besser, sodass ich Lalylala heute hauptberuflich mache ... Hilfe bekomme ich nur bei den Übersetzungen. Die Anleitungen gibt es heute in elf Sprachen – ich habe sogar Kundinnen in Südkorea, Indien, Pakistan und Indonesien, die meisten kommen aber aus den Niederlanden, Frankreich und natürlich Deutschland." [10]

5.4 Produktbegleitende Dienstleistungen

Ist das Differenzierungspotential des Kernproduktes erschöpft, empfiehlt es sich, dieses um Dienstleistungen zu erweitern. Stiften sie den Käufern einen relevanten Zusatznutzen, werden solche produktbegleitende Dienstleistungen als **Value Added Services** bezeichnet. [11] Hierbei kann es sich um Beratung und Finanzierung vor bzw. während des Kaufs oder um Anlieferung, Schulung, Wartung und Gewährleistung nach dem Kauf handeln. Bevor ein Unternehmen ein Produkt mit Dienstleistungen anreichert, sollte es jedoch prüfen, ob daraus eine USP erwächst und ob diese Zusatzleistung die **Zahlungsbereitschaft** der Käufer zumindest in Höhe der dadurch entstandenen Kosten steigert. Auch kann diese Strategie nur dann zum Erfolg führen, wenn die Zielgruppe dem Unternehmen Produkt- und Dienstleistungskompetenz zubilligt. Ist dies nicht der Fall, dann empfiehlt es sich, mit einem etablierten Dienstleistungsanbieter zu kooperieren.

6 Marktsättigung

Verlangsamt sich das Wachstum, dann ist zu klären, ob und wie das Unternehmen den Produktlebenszyklus verlängern kann. Durch **Produktdifferenzierung** oder **Produktvariation**? Und wann ist es geboten, die Produktion einzustellen und ein Produkt aus dem Produktprogramm zu entfernen (**Produktelimination**)?

6.1 Verlängerung des Produktlebenszyklus

Produktdifferenzierung

Eine strategische Option besteht darin, die Produktleistung zu modifizieren, um die speziellen Bedürfnisse bislang vernachlässigter Kundensegmente besser erfüllen zu können. Formal betrachtet werden zusätzliche **Varianten des Produktes** eingeführt, wobei der Leistungskern erhalten bleibt und nur einzelne Produktmerkmale verändert werden. Das herkömmliche Heftpflaster etwa, das schon seit mehr als einem Jahrhundert bei einer Verletzung der Haut vor Krankheitserregern, Schmutz und nicht zuletzt vor Austrocknen schützt, wird es vermutlich noch lange Zeit geben, aber nicht nur das. Mittlerweile stehen zur Verfügung:

- wasserabweisende Heftpflaster,
- Sprühpflaster und kleberfreie Pflaster, die bei Körperbehaarung von Vorteil sind,
- fluoreszierende Pflaster, die anzeigen, wenn Keime in die Wunde gelangt sind, und Infektionen bekämpfen,
- Pflaster, die Wirkstoffe gezielt auf die Haut bringen (z. B. Nikotinpflaster, Impfpflaster),
- Pflaster, die „kaltes Plasma" enthalten und die Wundheilung von chronischen, schlecht heilenden Wunden unterstützen (woran allein in Deutschland knapp 900.000 Menschen leiden).

Allgemein gilt: Produktdifferenzierung bietet die Chance, neue Kunden zu gewinnen. Allerdings droht der **Kannibalisierungs-Effekt**. Und wird die Produktdifferenzierung zu weit getrieben, steigen die **Komplexität** des Sortiments und damit die **Kosten** überproportional.

Kannibalisierung: Durch die Einführung eines neuen Produkts verursachte Absatzverluste bei anderen Produkten desselben Anbieters

Produktvariation

Sollten sich die Ansprüche der Zielgruppe grundlegend verändern bzw. viele der Kunden 'variety seeker' sein, empfiehlt sich ein **Modellwechsel**. Auch bei dieser Strategie bleibt der Leistungskern des Produktes erhalten; verändert werden lediglich ästhetische (z. B. Form) oder einzelne funktionale Leistungsmerkmale (z. B. Lichtstärke eines Objektivs). Anders als bei der Produktdifferenzierung wird bei der Produktvariation jedoch das ursprüngliche Produkt vom Markt genommen. Abhängig vom Ausmaß der Variation unterscheidet man:

- Bei der **Produktpflege** begnügt sich das Unternehmen mit geringfügigen Änderungen (z. B. leicht überarbeitete Verpackung). So kann ein Produkt schrittweise und von den Kunden häufig unbemerkt den veränderten Marktbedingungen, Bedürfnissen, Geschmacksrichtungen, Moden etc. angepasst werden.

- Versäumt der Anbieter den richtigen Zeitpunkt für eine derartige „Verjüngungskur" bzw. ändert sich das Umfeld plötzlich, dann ist ein **Relaunch** genannter grundlegender Wandel erforderlich: ein umfassend erneuertes Produktkonzept, unterstützt durch geeignete preis-, distributions- und vor allem kommunikationspolitische Maßnahmen.

Der Marke *Dove* etwa gelang ein Relaunch, indem das branchenübliche unrealistische Schönheitsideal aufgegeben und im Werbeauftritt „natürliche Schönheit" thematisiert wurde (vgl. Abb. S. 91). Diese Rückbesinnung auf die Realität ermöglichte es zahllosen Frauen, sich mit dem Unternehmen und dessen Produkten zu identifizieren.

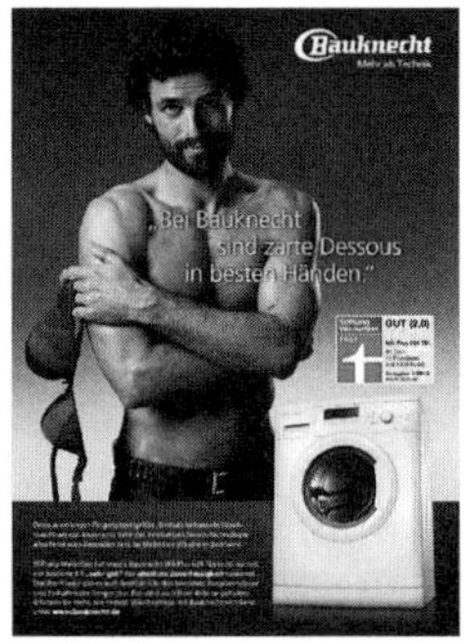

Der Haushaltsgerätehersteller ⇒ *Bauknecht* wiederum nutzte ein unübersehbar maskulines Testimonial und einen neuen Slogan („Mehr als Technik"), um sich von dem angestaubten Hausfrauenimage der 1950er- und 60er-Jahre („Bauknecht weiß, was Hausfrauen wünschen") zu lösen. [12]

Andere streben keine völlige Neupositionierung an, sondern begnügen sich damit …

- neue Zielgruppen anzusprechen, ohne die alten Zielgruppen zu verlieren (bspw. *Jägermeister* wie bisher als klassischer Kräuterlikör für die Ü55 und zugleich als trendiger Longdrink für die U30),
- für das bestehende Produkt neuartige Verwendungsmöglichkeiten aufzuzeigen (bspw. *Aspirin* nicht nur gegen Kopf-, sondern auch gegen Gelenkschmerzen).

6.2 Beendigung des Produktlebenszyklus

Skaleneffekt: Kostendegression durch die Produktion großer Mengen ('economies of scale')

Konnten weder Produktdifferenzierung noch Produktvariation das Abgleiten des Produkts in die Degenerationsphase verhindern, ist **Produkteliminierung** unvermeidbar. Bevor allerdings das im Abstieg befindliche Produkt vom Markt genommen werden kann, sollte das Management prüfen, ob es Verbundbeziehungen zu anderen Produkten des Unternehmens aufweist (z. B. Produktionsverbund, Nachfrageverbund). So würde unter der Elimination von *Nivea Rasierschaum Sensitive* fraglos der Absatz von *Nivea After Shave* leiden und unter der Elimination der *Senseo Kaffeemaschine* das lukrative Geschäft mit Kaffeepads. Weiterhin sind Synergieeffekte bei Produktion und Beschaffung zu beachten (bspw. Minderung des Skaleneffekts).

7 Literaturempfehlung

- *Bruhn, M.; Hadwich, K.* (2017): Produkt- und Servicemanagement, 2. Aufl., München: Vahlen.
- *Hauschildt, J.; Salomo, S.; Schultz, C.; Kock, A.* (2016): Innovationsmanagement, 6. Aufl., München: Vahlen.
- *Herrmann, A.; Huber, F.* (2013): Produktmanagement, Wiesbaden: Springer Gabler.
- *Koppelmann, U.* (2013): Produktmarketing, 6. Aufl., Berlin: Springer.
- *Vahs, D.; Brem, A.* (2005): Innovationsmanagement, 5. Aufl., Stuttgart: Schäffer Poeschel.

Endnoten

1. Lay/Jung Erceg (2002)
2. Backhaus/Voeth (2014)
3. Atasoy/Morewedge (2016)
4. http://presse.serviceplan.de/uploads/tx_sppresse/301.pdf; https://www.simon-kucher.com/de/news/72-prozent-aller-neuprodukte-floppen (31.7.2016)
5. Meffert et al. (2015, S. 412 f.)
6. Wanasika/Conner (2011)
7. Herrmann/Huber (2013, S. 192 ff.)
8. Großklaus (2015)
9. Finke (2017)
10. Stein (2015, S. 28)
11. Lay/Jung Erceg (2002)
12. https://www.marketinginstitut.biz/blog/markenrelaunch-das-sprungbrett-der-marketinginstrumente/

F. Markenpolitik

1886 „erfand“ *J.S. Pemberton* mehr oder minder die erste Cola. Eigentlich wollte der Pharmazeut ein Mittel gegen Kopfschmerzen und Müdigkeit entwickeln. Indem er dem Tonikum sodann den Alkohol entzog und Sodawasser beimischte, wurde daraus eines der damals üblichen Erfrischungsgetränke. ⇒ *Coca-Cola*, eine der heute führenden Weltmarken, war dann das Ergebnis des Zusammenwirkens mehrerer Erfolgsfaktoren. Einen ganz wesentlichen Beitrag leistete die Eingebung des Buchhalters des Unternehmens, in der Werbung grundsätzlich ein ganz bestimmtes Logo zu nutzen: den aus '*coca* leaves' und '*cola* nut' zusammengesetzten, charakteristisch geschwungenen Schriftzug. Für Unverwechselbarkeit sorgte weiterhin die charakteristische Flaschenform mit dem Kronkorken, der 1899 entwickelt wurde. Als unterscheidungskräftiges Imagemerkmal erwies sich auch die Unternehmensfarbe Rot.[1] Seit den 1930er-Jahren kreierte *Coca-Cola* sie durch Assoziation mit dem „roten“ Weihnachtsmann, der davor zumeist in Braun dargestellt wurde.

Weltweite Bekanntheit erlangte *Coca-Cola* aber vor allem dadurch, dass es einen damals unvergleichlich hohen Werbedruck ausübte. Lange Zeit gab das Unternehmen ein Viertel seines Umsatzes für Werbung aus. Dadurch war es möglich, bekannte Persönlichkeiten wie *Clark Gable* oder *Greta Garbo* für den „*Coke*-Lifestyle“ werben zu lassen: Optimismus, Lebensfreude und Genuss. So gelang es, nicht nur überall physisch präsent zu sein (bspw. dank der Perfektionierung des Automatenvertriebs), sondern auch psychisch, in den Köpfen der Bevölkerung. Überdies weckt die Marke, seit sie im Zweiten Weltkrieg den Status „wichtiges Produkt für die Kriegswirtschaft“ erlangte, in den USA patriotische Gefühle – in dem in jeder Hinsicht überaus bedeutsamen Heimatmarkt ein verlässlicher Wettbewerbsvorteil.

Trotz stellenweise heftiger Kritik bspw. an dem extrem hohen Zuckergehalt der klassischen Coke und trotz der bisweilen aggressiven Konkurrenzstrategien von *Pepsi Cola* und anderer Wettbewerber stieg *The Coca-Cola Company* zum weltweit größten Software-Hersteller auf. In 206 Ländermärkten werden täglich rund 1,76 Mrd. Coke-Getränke verkauft, was 2016 einen Gesamtumsatz von 41,9 Mrd. $ ergab.

1 Markierung

1.1 Grundlagen

Zu den zentralen Aufgaben des Marketing zählt die **Markenpolitik**. Darunter versteht man den Aufbau und die Pflege von Leistungsangeboten jeglicher Art als Marke bzw. ⇒ Markenartikel. Nicht nur Produkte und Dienstleistungen werden markiert, sondern auch Organisationen, Personen, Länder, Regionen, Städte und Universitäten wie *Harvard University* (vgl. Abb. 34).

Marken sind „Vorstellungsbilder in den Köpfen der Anspruchsgruppen, die eine Identifikations- und Differenzierungsfunktion übernehmen und das Wahlverhalten prägen."

Markenartikel sind „Produkte bzw. Dienstleistungen von gleichbleibend hoher Qualität und besonderen Ausstattungsmerkmalen, die in leicht wiedererkennbarer Weise mit einem Namen und/oder einem Logo versehen („markiert") sind".

Abb. 34: Erscheinungsformen des Markenartikels

Outsourcing: Beschaffung bislang unternehmensintern erbrachter Leistungen bei externen Anbietern

Abhängig von der Breite der Markenarchitektur (vgl. Kap. F-5.1) und der Reichweite der Marken kommen dabei die unterschiedlichsten Markenstrategien zum Einsatz – u. a. die Familienmarke und die Dachmarke (vgl. Abb. 35). Wie wichtig Markenpolitik ist, erkennt man u. a. daran, dass sie – neben Unternehmensstrategie und Finanzierung – zu jenen Funktionen zählt, welche wohl kein Unternehmen auslagern würde ('outsourcen'). Bei *Apple, McDonald's, Uber* und anderen führenden Unternehmen macht der ⇒ Markenwert einen Großteil des Unternehmenswertes aus. Da Marken wertvoll sind, ist die Versuchung groß, sie nachzuahmen bzw. im Extremfall zu kopieren (⇒ Marken- und Produktpiraterie).

Abb. 35: Markenstrategien

		Konsumgüter-marken	Industriegüter-marken	Dienstleistungs-marken
Breite der Marken-architektur	Einzelmarke	*Mon Chéri Red Bull*	*WAKAIR®II Optivell*	*Lufthansa-Party Service T-Online*
	Familienmarke	*Nivea Maggi*	*Linoscan Unimog*	*IDEAL DERTOUR*
	Dachmarke	*BMW Sony*	*SIEMENS Turbomach*	*HILTON Allianz*
Reichweite der Marken	Regionale Marke	*Basler Leckerli Tannenzäpfle*	*Palstring (Küchen)*	*Air Zermatt Frankfurter Oper*
	Nationale Marke	*Warsteiner Pils Du darfst*	*Stahlgruber Küppersbusch*	*CinemaxX Dt. Wetterdienst*
	Internationale Marke		*ABB Würth*	
	Globale Marke	*Coca-Cola Apple*		*American Express UPS*

Quelle: Bruhn (2014, S. 145), geringfügig modifiziert.

Markierung = Kennzeichnung von Produkten und Dienstleistungen mit einem unverwechselbaren (Marken-)Namen, Logo, Schriftzug und anderen graphischen, haptischen etc. Gestaltungselementen. Indem sie die Herkunft ihrer Marken für jedermann sichtbar machen, verfolgen Markenartikelhersteller fünf zentrale Ziele:

- Individualisierung des Angebots,
- Identifikation der Käufer/Nutzer mit dem Produkt bzw. Unternehmen,
- Minderung des Beschaffungsrisikos,
- Image-Transfer (von der Marke auf das markierte Angebot),
- Leistungsgarantie (Verlässlichkeit, Vertrauenswürdigkeit etc.).

Viele Gründe sprechen dafür, ein anonymes Produkt in einen unverwechselbaren Markenartikel zu verwandeln. Wie Testergebnisse der *Stiftung Warentest* regelmäßig offenbaren, sind viele Angebote **qualitativ** mehr oder minder **austauschbar**. Eine Möglichkeit, sich dennoch von Konkurrenzangeboten positiv abzuheben (d.h. zu differenzieren), besteht darin, das eigene Produkt zu **markieren**. Dies empfiehlt sich auch aufgrund der allgemeinen **Informationsüberlastung** der Verbraucher. Da sie nicht zuletzt von Werbebotschaften geradezu überflutet werden, beachten sie durchschnittlich nur etwa 2% der auf sie einströmenden Informationen – und auch diese zumeist nur peripher (d.h. „nebenbei"). [2] Wie Wahrnehmungsexperimente bspw. mit Hilfe des ⇒ Tachistoskops gezeigt haben, stehen Werbemaßnahmen im Mittel nur wenige Sekunden zur Verfügung, um potentielle Kunden wenn schon nicht zu überzeugen, so doch wenigstens ihre **Aufmerksamkeit** zu gewinnen. In diesem 'battle of attention' genannten Wettbewerb um die Aufmerksamkeit der Zielgruppe erfüllt die Marke eine wichtige Funktion. Denn zum einen besitzt ihre durch die Markierung geschaffene prägnante, symbolträchtige „**Gestalt**" im Regelfall einen ho-

Differenzierung: Abgrenzung eigener von konkurrierenden Angeboten durch Akzentuierung relevanter Leistungsmerkmale

Aufmerksamkeitswert: Fähigkeit einer Marke, eines Werbemittels etc., die Aufmerksamkeit der Zielgruppe zu gewinnen

hen Aufmerksamkeitswert (⇒ Gestaltpsychologie). Zum anderen sind Marken **Schlüsselinformationen**, d. h. sie bündeln bzw. ersetzen zahlreiche Einzelinformationen (z. B. Qualität des markierten Angebots, Preis/Leistungsverhältnis, Lebensstil des typischen Nutzers). Auch dies ist unter den Bedingungen des allgemeinen Informationswettbewerbs ein wesentlicher Wettbewerbsvorteil.

Bedürfnisprogression: Wachsende Ansprüche der Verbraucher an das Leistungsvermögen von Unternehmen, Produkten, Dienstleistungen etc.

Außerdem: Dass ein Produkt seine zentralen Funktionen zuverlässig erfüllt, gilt längst schon als selbstverständlich. Die in der Mehrzahl zunehmend **anspruchsvollen Konsumenten** erwarten jedoch mehr: Ein Pkw etwa muss seinen Besitzer nicht nur von A nach B transportieren können, sondern auch attraktiv sowie sparsam und umweltfreundlich sein. Neben der sog. Bedürfnisprogression ist die Unterschiedlichkeit der Bedürfnisse und Erwartungen der Kunden eine ständige Herausforderung, weshalb Hersteller mit ein und demselben Produkt im Regelfall nicht den gesamten Markt ansprechen können. Bei der deshalb zumeist erforderlichen Marktsegmentierung erfüllt der Markenartikel gleichfalls eine wichtige Funktion. Wie das Beispiel des *Henkel*-Konzerns zeigt, versetzt die ⇒ **Mehrmarkenstrategie** Unternehmen in die Lage, ihr Angebot passgenau an relevanten Zielgruppen und deren heterogenen Bedürfnissen auszurichten (vgl. Abb. 36).

Abb. 36: Mehrmarkenstrategie von Henkel in der Produktkategorie Waschmittel

Quelle: Esch et al. (2018, S. 220).

1.2 Markenkult und Markenkrise

Markenwert: Monetarisierter Wert einer Marke

Kaum ein Unternehmen profitiert so sehr von der „Macht der Marke" wie *Apple*. Mit seiner einzigartigen Mischung aus Geheimhaltung und sakraler Inszenierung schuf *S. Jobs*, der Mitbegründer und langjährige CEO, eine Kultmarke. Der „angebissene Apfel" machte *Apple* mit einem Markenwert von 228 Mrd. US-$ (= 2016) zu einem der weltweit wertvollsten Unternehmen – obwohl es selbst kaum etwas herstellt, technologisch gesehen nicht innovativer ist als andere und nur über einen Wettbewerbsvorteil verfügt, der leicht imitierbar ist: das Design.

Ungeachtet der Allgegenwart von Marken und der Vorteile, die eine Markierung verspricht, ist bisweilen auch von der **Markenkrise** die Rede: Damit kann zweierlei gemeint sein:

- die häufig auf den fundamentalen Verlust an Glaubwürdigkeit zurückzuführende Erosion einzelner Unternehmensmarken (z. B. *VW*-Dieselskandal, explodierende *Samsung*-Smartphones), [3]
- die Schwächung der Marktstellung der Institution „Markenartikel“ insgesamt. Tatsächlich sank laut *GfK* der Anteil der Markenkäufer zwischen 2009 und 2013 von 52 auf 45 %.

Spiegelbildlich stiegen der Anteil **preisorientierter Käufer** und der Marktanteil der **Hard-Discounter**. Aber „Aldisierung“ ist nur ein Teil des Problems. Erschwerend kommt hinzu, dass von der schrumpfenden Gruppe der Markenbewussten viele nicht bereit sind, für Markenartikel einen höheren Preis zu bezahlen. Die Gruppe der 'smart shopper' etwa bevorzugt zwar prinzipiell Marken, kauft sie im Regelfall aber nur, wenn sie preisreduziert erhältlich sind, als Sonderangebot. Hinzu kommen selbstverschuldete handwerkliche Fehler wie '**brand parity**': Viele Marken sind konzeptionell und gestalterisch ähnlich positioniert, weshalb bis zu zwei Drittel der Verbraucher sie als austauschbar erleben. Markenpolitik kann dennoch erfolgreich sein, wie das vergleichsweise gute Abschneiden der **starken Marke**n zeigt: Sie und ⇒ Handelsmarken sind von der Markenkrise kaum betroffen. Marktanteile verlieren vorrangig die in der Mitte positionierten Anbieter (vgl. Abb. 37).

Smart Shopper: Konsumententypus, der hochwertige Marken möglichst nur zu günstigen Preisen kauft (Sonderangebote, Schlussverkauf etc.)

Abb. 37: Entwicklung des Marktanteils verschiedener Markentypen (wertmäßiger Marktanteil in %)

	2005	2007	2009	2010	2011	2012	2013	*2005-2013*
Starke Marken - Premiummarken - Marktführer	27,1	29,0	34,8	29,6	29,4	28,7	29,0	*+ 1,9*
Traditionelle Herstellermarken	40,1	37,0	38,1	34,9	34,4	34,3	33,5	*- 6,6*
Handelsmarken	32,8	34,0	27,1	35,5	36,2	37,0	37,5	*+ 4,7*

Quelle: Burmann et al. (2015, S. 139).

2 Merkmale von Markenartikeln

1963 beschrieb *K. Mellerowicz* **acht Eigenschaften**, die einen ⇒ Markenartikel ausmachen. Wie sich am Beispiel zweier dieser Eigenschaften erläutern lässt, gilt diese klassische, sog. **merkmalsbezogene Definition** aufgrund vielfältiger Wandlungen der Markenpolitik sowie geänderter Markt- und Wettbewerbsverhältnisse mittlerweile jedoch als überholt.

Ingredient Branding: Markierung nicht sichtbarer Produktkomponenten

„Fertigwaren für den Endverbraucher": Seit den 1990er-Jahren markieren Unternehmen nicht nur Fertigwaren, sondern auch Dienstleistungen (bspw. *DHL)* und Vorprodukte bzw. Produktkomponenten (bspw. *Intel inside).* Bei dieser als 'ingredient branding' bezeichneten Markenstrategie etablieren Zulieferunternehmen wie der italienische Bremsenhersteller *Brembo* ihre eigene Marke, die neben der des Herstellers *(Porsche)* auf dem Endprodukt erscheint. Seine so gewonnene Sichtbarkeit ermöglicht es dem Zulieferer, sich zu profilieren. *Porsche* und andere Premiumhersteller öffneten buchstäblich die Räder, um den Blick auf die hochwertigen Carbon-Keramik-Bremsscheiben des renommierten italienischen Zulieferers frei zu geben.

Ubiquität: Nahezu flächendeckende Verfügbarkeit eines Angebots

Ubiquität („Überall-Erhältlichkeit"): Auch diese Eigenschaft ist kein notwendiges Merkmal des Markenartikels mehr. Aus gutem Grund sind weder *Montblanc, Rolex* noch andere Luxusmarken überall erhältlich. Im Gegenteil: Um konsistent und glaubwürdig am Markt auftreten zu können, werden sie nur in solchen Geschäften bzw. Vertriebslinien angeboten, die hinsichtlich Lage, Ausstattung und Kompetenz des Verkaufspersonals dem Luxusimage dieser Marke entsprechen. Und Handelsmarken wie *Gut & Günstig (Edeka), Ja! (Rewe), Tandil (Aldi)* oder *Tip (Real)* sind gleichfalls nur an bestimmten Orten erhältlich, nämlich in den Filialen des jeweiligen Handelsunternehmens. Denn ⇒ Handelsmarken dienen in großem Maße auch der Profilierung gegenüber konkurrierenden Handelsunternehmen.

Als Konsequenz des hier nur beispielhaft skizzierbaren Bedeutungswandels des Markenartikels wurden geeignetere Definitionen als der merkmalsbezogene Ansatz entwickelt: der juristische, der instrumentenbezogene und der **wirkungsbezogene Ansatz** (vgl. Abb. 38).

Abb. 38: Dreidimensionale Definition des Markenartikels

Markenartikel

Juristischer Ansatz = Sicht des Gesetzgebers	**Instrumentenbezogener Ansatz** = Sicht des Anbieters	**Wirkungsbezogener Ansatz** = Sicht der Nachfrager
Zeichen, die geeignet sind, Waren oder Dienstleistungen eines Unternehmens von denjenigen anderer Unternehmen zu unterscheiden (§3 Abs. 1 MarkenG)	Speziell gestaltetes Absatzsystem: Der Hersteller differenziert seine Leistung von Konkurrenzangeboten, indem er bestimmte Marketinginstrumente wie hochwertige Verpackung und Endverbraucherwerbung aufeinander abgestimmt einsetzt.	Gesamtheit der unverwechselbaren Imagemerkmale, welche die Zielgruppe mit einer Marke assoziiert und die ihr Kaufverhalten beeinflussen

3 Leistungsspektrum einer Marke

3.1 Nutzen für den Anbieter

Durch Markierung verschaffen Anbieter ihrem Angebot ein unverwechselbares Image. Dem Autovermieter *Sixt* etwa gelang es, sich dank

seines humorvoll-provokativen Anzeigenstils von *Avis, Budget, Europcar* und den anderen Konkurrenten abzusetzen.

Professionelle Markenführung …

- erhöht die **Kaufwahrscheinlichkeit**. Allerdings beeinflussen Marken in manchen Produktkategorien (z. B. Pkw, Zigaretten, Bier) die Kaufentscheidung stärker als in anderen (z. B. Freizeitbekleidung, Papiertaschentücher).
- festigt die **Markentreue**: Die Zielgruppe fasst Vertrauen in den Anbieter, was Wiederkaufwahrscheinlichkeit, Kaufintensität und Akzeptanz von ⇒ Markenerweiterungen erhöht.
- verbessert die **Zahlungsbereitschaft** (bzw. Mehrpreisakzeptanz): Die Zielgruppe ist bereit, für das markierte Produkt einen signifikant höheren Preis zu bezahlen als für vergleichbare nichtmarkierte Angebote.
- steigert den ⇒ **Markenwert**: In der Praxis wird dieser Erfolgsindikator vorwiegend anhand finanzwirtschaftlicher Kriterien bestimmt. Die verhaltenswissenschaftlich geprägte Forschung gibt hingegen zumeist dem subjektiven Markenwert den Vorzug. Darunter versteht man den zusätzlichen Wert der Assoziationen und Emotionen, welche die Marke beim Käufer aktiviert (z. B. Empfehlungsbereitschaft, Wiederkaufabsicht, Mehrpreisbereitschaft).
- ermöglicht **Marktsegmentierung**: Die Mehrmarkenstrategie versetzt Unternehmen in die Lage, heterogene Marktsegmente zu bearbeiten, ohne ⇒ Kannibalisierung befürchten zu müssen. *Henkel* bspw. spricht mit dem hochwertig positionierten Vollwaschmittel *Persil* die qualitätsorientierten und mit *Spee* die eher preisorientierten Käufer an.
- weckt **Erwartungen** und beeinflusst **Präferenzen**: Angenommen, Sie müssten zwischen zwei Tafeln Schokolade wählen, beide in gleicher Aufmachung, unterscheidbar nur durch die jeweilige Herkunftsbezeichnung: „Made in China“ die eine und „Made in Switzerland“ die andere. Welche Tafel würden Sie bevorzugen? Wofür würden Sie mehr bezahlen? Vermutlich würde kaum jemand sich für „Made in China“ entscheiden. Denn diese Markierung weckt Assoziationen wie „schadstoffbelastetes Plastikspielzeug“, „Imitationen technischer Erzeugnisse“ etc., Schweizer Schokolade hingegen … Tatsächlich aber schmecken *Cailler, Toblerone* und all die anderen renommierten Marken nur dann besser, wenn wir **wissen**, dass sie „Swiss made“ sind. Im Blindvergleich mit chinesischen Konkurrenzprodukten jedenfalls lässt sich überraschenderweise kein signifikanter Geschmacksvorteil feststellen. [4]

Marken helfen aber nicht nur, das Konsumentenverhalten zu beeinflussen. Sie können für den Hersteller auch **markt-** bzw. **konkurrenzbezogene Funktionen** übernehmen. So wirkt der Vertrauensbonus, den starke Marken beim Verbraucher besitzen, auf potentielle Konkurrenten wie eine Markteintrittsbarriere. Überdies können Marken als Plattform genutzt werden, um neue Produkte am Markt einzuführen (⇒ Markenerweiterung) und einen Pull-Effekt auslösen, welcher die Verhandlungsposition gegenüber dem Handel stärkt. Und wie der Definition der *American Marketing Association* zu entnehmen ist, dienen Marken der Differenzierung: „Name, Begriff, Symbol oder anderes Element, das ein Produkt oder eine Dienstleistung deutlich vom Mitbewerber unterscheidet.“

Markenführung: Systematische Entwicklung und Pflege einer Marke

Finanzwirtschaftlicher Markenwert: Zukünftig erwartbarer, auf die Markierung zurückzuführender Nettoertrag

Kannibalisierung: Liegt vor, wenn Absatzerfolge zu Lasten eines anderen eigenen Produkts erzielt werden.

Pull-Effekt: Von einer starken Marke erzeugter Nachfragesog, welcher den Handel dazu „zwingt“, das Produkt zu listen

Das Konzept der **Markenresilienz** bündelt zahlreiche der Funktionen, welche starken Marken zugeschrieben werden. [5] Demzufolge ist eine Marke resilient, wenn sie wesentlich dazu beiträgt, Robustheit und Agilität des Unternehmens, in dessen Besitz sie ist, zu bewahren oder möglichst zu erhöhen. Robust sind Unternehmen u. a. dann, wenn starke Marken sie in die Lage versetzen, höhere Preise durchzusetzen und Preisdumping von Konkurrenten Stand zu halten („Preispremium"), Kunden zu binden und ihren Absatz zu stabilisieren. Und agilen Unternehmen gelingt es, gute Mitarbeiter anzuziehen, Marktveränderungen zu antizipieren und schnell sowie flexibel darauf zu reagieren etc.

Logo: Grafisches (Erkennungs-) Zeichen eines Unternehmens, einer Marke etc.

Auch der Handel nutzt zunehmend die Strategien der Markenpolitik, um sich zu profilieren, man denke nur an …

- *Edeka* (= Produktkompetenz: „Wir lieben Lebensmittel"),
- *Galeria Kaufhof* (= Erlebnisatmosphäre),
- *Media Markt* (= Preisvorteil).

Da das Markenversprechen von Handelsunternehmen weiter gefasst ist als das von Herstellern, benötigt professionelles Retail-Branding mehr als ein prägnantes Logo und einen eingängigen Slogan (z. B. „*Lidl* lohnt sich"). Erforderlich ist ein markenspezifisch definierter Marketingmix: Kontinuität in der Sortiments- und Preisgestaltung, Nutzung alternativer Absatzwege (z. B. Online-Kanäle) sowie Instore- und klassische Werbung. Mittlerweile zählen *Media Markt, Lidl* und *Aldi* regelmäßig zu den Top 10 der werbetreibenden Wirtschaft.

3.2 Nutzen für den Käufer

Konsumenten neigen dazu, Marken als Bezugspersonen mit eigener Persönlichkeit wahrzunehmen. Das Konstrukt der **Markenpersönlichkeit** erklärt, warum viele Befragte in Marktforschungsstudien *Porsche* als jungen, sportlichen, attraktiven Mann beschreiben und *After Eight* als anspruchsvollen, konservativen Briten. *Henkel* wiederum präsentiert sich als Freund: „A brand like a friend!". Vor allem aber stiften Marken dem Abnehmer einen signifikanten **Nutzen**. Dieser kann rationaler wie auch emotionaler Natur sein. So stimmten gemäß der *Brigitte Kommunikationsanalyse 2010* insgesamt 50,7 % der Befragten der Aussage „Marken erleichtern mir beim Einkauf die Wahl" mehr (= trifft auf mich voll und ganz zu") oder weniger (= „trifft auf mich überwiegend zu") zu. Die Aussage „Marken geben Sicherheit" fand bei 51,4 % Zustimmung und die Aussage „Wenn ich einer Marke vertraue, kaufe ich sie" bei insgesamt 65,7 %.

Darüber hinaus hat sich gezeigt: Marken …

- leisten **Orientierungshilfe**. Markenlogo, aber auch eine charakteristische Farbgestaltung (z. B. Magenta = *Deutsche Telekom)* und Formgebung (z. B. Konturflasche von *Coca-Cola)* erleichtern es den Verbrauchern, sich in dem riesigen Warenangebot zurechtzufinden (vgl. Abb. 39).
- unterstützen **Informationsverarbeitung** und **Kaufentscheidung**. Marken wirken nicht „nur" als Schlüsselinformationen, die zahlreiche Einzelinformationen bündeln bzw. ersetzen, sondern funktionieren auch wie ein „Dateina-

Abb. 39: Wort/Bild-Marke (Nike) und Formmarke (Coca-Cola)

men", unter dem Verbraucher alle Informationen über das markierte Produkt ablegen (z. B. Werbebotschaften, Empfehlungen von Freunden, eigene Nutzungserfahrung) und vor einer Kaufentscheidung wieder abrufen können.

- schaffen durch ihre Qualitätsgarantie **Vertrauen** und vermitteln **Sicherheit**. Indem *Daimler* „garantiert", dass die Insassen seiner Kraftfahrzeuge wohlbehalten zu Hause ankommen, und *Hipp* sich dafür verbürgt, nur hochwertige, naturbelassene Zutaten zu verarbeiten, reduzieren beide das vom Käufer wahrgenommene ⇒ Kaufrisiko.
- idealisieren das **Selbstbild** der Käufer und eignen sich zur **Selbstdarstellung**. Marken kommunizieren nicht nur die Produkteigenschaften, sondern auch solche (Image-)Merkmale, mit denen sonst nur Personen beschreiben werden. *BMW* etwa gilt als dynamisch und *H&M* als jung. Diese „Eigenschaften" übertragen wir unbewusst auf die Käufer, Nutzer etc. der markierten Produkte bzw. Dienstleistungen.
- vermitteln umfassende **Erlebniswelten** und **Lebensstile**: So steht *Marlboro* für den American Way of Life, während *Gauloise* mit französischer Lebensart verbunden wird. Eine wichtige Rolle spielt in diesem Zusammenhang die Emotionalisierung von Marken. *Ebay* etwa nutzt die Emotionen Hoffnung, Spannung und Freude, um sich unverwechselbar zu positionieren. Und *Coca-Cola* assoziiert in einem Werbespot den ersten Schluck *Cola Life* mit dem Gefühlssturm, den Verliebte bei ihrem ersten Kuss erleben.

Beispiel

„Was gibt es Schöneres für Jungs, als richtig coole Sportarten zu beherrschen? *Jonas* z. B. wird heute Parkour lernen: Hauswände hochlaufen, über Dächer klettern, die Hindernisse einer Stadt leichtfüßig bezwingen. In den Pausen wird er mit einer Cola anstoßen, zwischen zwei Trainingsetappen einen gelben Getränkekasten mit Colaflaschen heben und seinem Trainingspartner eine Cola mit seiner Unterschrift überreichen, vor laufender Kamera. *Jonas* ist witzig und sympathisch, und er arbeitet für *Coke TV*, eine deutsche Sendung von *Coca-Cola* auf *Youtube*. Mehr als 275.000 Mal haben Zuschauer die Folge mit dem Parkour auf *Youtube* angesehen – und damit auch das Regal mit den berühmten roten Flaschen an der Studiowand, die Cola auf dem Couchtisch. Und für den Fall, dass die Dekoration dem Publikum nicht aufgefallen ist, leuchtet noch das *Coca-Cola*-Logo im Hintergrund. Vergesst nicht, *Coke TV* zu abonnieren, wird *Jonas* seine Fans nach seiner Kletterrunde ermahnen. Ein andermal nämlich gehen sie snowboarden, tanzen Hip-Hop oder testen ein elektrisches Einrad. Getränkeunternehmen setzen gern auf Bewegung, sagt *S. Herr*, Leiterin des Teams Lebensmittel beim *Bundesverband der Verbraucherzentrale* in Berlin. So entsteht der Eindruck, *Coca-Cola* und andere Produkte seien Teil eines aktiven Lebensstils." [6]

- stärken das **Konsumerlebnis**. Spätestens seit dem berühmten Cola-Experiment ist allgemein bekannt, dass viele Markenfans „ihre" Marke nicht deshalb präferieren, weil sie besser schmeckt oder andere Vorteile besitzt, sondern weil sie erwarten, dass sie besser schmeckt etc. als konkurrierende Angebote. [7] *Coca-Cola* und den übrigen „großen Marken" gelingt es dank ihrer ausgefeilten Kommunikationspolitik besser als anderen, positive Erwartungen zu wecken (⇒ Marketingplacebo).

Blindtest: Bewertung von Produkten, deren Herkunft die Probanden nicht kennen (anonyme Verpackung)

Coca-Cola oder Pepsi-Cola?

In einem als Blindtest konzipierten Experiment wurde der Geschmack von zwei Sorten Diät-Cola getestet. In der Versuchsgruppe I attestierten 51% der Probanden Cola A einen besseren Geschmack (ohne zu wissen, dass sie *Diet Pepsi* getrunken hatten), und 44% präferierten Cola B (ohne zu wissen, dass es sich dabei um *Diet Coke* handelte). Ganz anders urteilte Versuchsgruppe II, welche die Getränke unter Kenntnis der Marke verkostete: Den „identifizierten Test" beendete *Coca-Cola* mit 65% als eindeutiger Testsieger. Nur 23% gaben *Pepsi-Cola* den Vorzug, wenn sie wussten, was sie getrunken hatten. Offensichtlich präferieren viele *Coca-Cola* nicht, weil es besser schmeckt, sondern weil es *Coca-Cola* ist – d.h. wegen der Markenstärke.

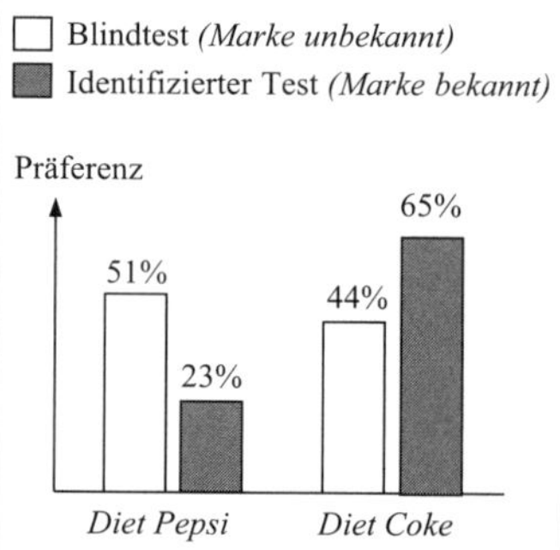

Mittels einer erweiterten Versuchsanordnung gelang es gut eine Dekade später einer Forschergruppe, den bei ⇒ Lovemarks und ihrer emotionalen Markenbotschaft besonders ausgeprägten **Markeneffekt** zu **erklären**. [8] Wie mit Hilfe von Kernspintomografie-Analysen gezeigt werden konnte, sind starke Marken wie *Coca-Cola* besser als Marken mit einer schwächeren Markenpersönlichkeit in der Lage, jene Gehirnareale zu aktivieren, die für die Steuerung positiver Emotionen zuständig sind. Diese wiederum beeinflussen das Geschmackserleben. Unterschiedlich gefärbte Gummibärchen bspw. schmecken nicht wirklich unterschiedlich. Vielmehr wecken die verschiedenen Farben unterschiedliche **Erwartungen** an das Geschmackserlebnis.

Allerdings sind die Konsumenten keine homogene Klasse, sondern unterscheiden sich in vielerlei Hinsicht voneinander. Je nachdem, ob Markenbewusstsein ihre **dominante Konsumorientierung** ist oder ob sie vorrangig preisbewusst einkaufen, handelt es sich um verschiedene Typen (vgl. Abb. 40). Es liegt auf der Hand, dass der Markennutzen vor allem für die Markenbewussten ein überzeugendes Kaufargument ist. Mit Abstrichen sind auch ⇒ Smart Shopper dafür empfänglich, aber nur dann, wenn der Preis stimmt.

Abb. 40: Markenbezogene Verbrauchertypologie

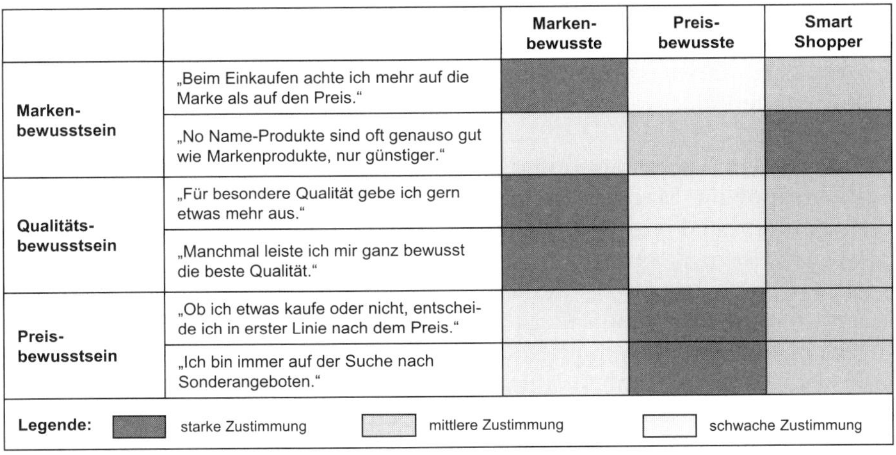

4 Markenmanagement

4.1 Positionierung der Marke

Damit eine Marke die beschriebenen Funktionen erfüllen kann, muss sie unter Berücksichtigung der herrschenden Markt- und Wettbewerbsbedingungen gestaltet werden. Grundlegend für eine erfolgversprechende Positionierung ist die vom Unternehmen zu definierende **Markenidentität.** Sie erwächst aus der Kernkompetenz der Marke, bestehend aus expliziten (z. B. *Lindt* als Chocolatier) und impliziten Leistungsbestandteilen wie Tradition, Herkunft oder Marktführerschaft. Wichtig ist weiterhin das zentrale **Nutzenversprechen**. Häufig bezieht sich dieses, wie bei *Audi* (= „Verlässlichkeit“) oder *Deutsche Bahn* (= Mobilität), auf konkrete Produktleistungen. Es kann aber auch darüber hinausgehen und spezielle Erlebnisse bzw. Emotionen thematisieren (z. B. *Beck's* ⇒ Unabhängigkeit; *Haribo* ⇒ Freude).

Positionierung: Suche nach einer attraktiven und einzigartigen Position der Marke „in den Köpfen“ der Nachfrager

Aufgabe der Markenführung ist es nun, aus der Markenidentität konkrete Maßnahmen abzuleiten, die schließlich das Markenimage prägen. Dabei sollten folgende **Ziele** verfolgt werden:

Markenimage: Gesamtheit der Eigenschaften, welche die Zielgruppe der Marke zuschreibt

- **Corporate Fit:** Die Marke muss zur Unternehmensphilosophie passen. Für innovative Anbieter wie *Apple* empfiehlt sich folglich kein traditioneller, sondern ein kreativer Marktauftritt.
- **Kundenorientierung:** Der von der Marke versprochene Nutzen muss der Zielgruppe zum einen wichtig sein und zum anderen dem Selbstbild der potentiellen Käufer entsprechen. Im Falle der spaßorientiert-sportlich-aktiven Zielgruppe von *Red Bull* etwa lag es nahe, die Marke assoziativ mit Lebensfreude und Jugendlichkeit zu verbinden.
- **Konkurrenzorientierung:** Die Marke muss sich eindeutig von konkurrierenden Angeboten abheben und als einzigartig erlebt werden (z. B. *Ikea*).

- **Prägnanz:** Starke Marken vermitteln Informationen wie das zentrale Nutzenversprechen auf leicht verständliche Weise, möglichst bildhaft (z. B. *Mövenpick*-Eis = Genuss). Komplexe Botschaften erschweren die Informationsverarbeitung.

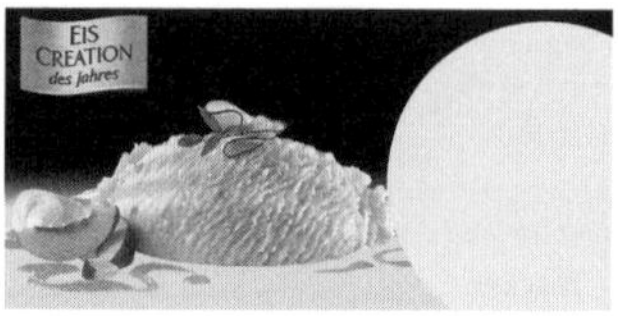

Stilamplitude: Bandbreite, innerhalb derer sich Stilelemente verändern lassen, ohne als Stilbruch wahrgenommen zu werden

- **Kontinuität:** Markenkommunikation ist ein langfristiges Projekt. Hat die Zielgruppe die Markenbotschaft jedoch erst einmal erlernt, wird sie diese nicht umgehend wieder vergessen. Und bisweilen lösen abrupte Änderungen wie „*Raider* heißt jetzt *Twix* – sonst ändert sich nix" sogar spürbare Proteste aus. [9] Daher muss die Positionierungsstrategie langfristig tragfähig sein. Um jedoch nicht vorzeitig zu altern, muss der Markenauftritt kontinuierlich, aber jeweils unmerklich verändert werden. Dies gelingt wie im Falle von *Marlboro,* wenn der Werbeauftritt allmählich dem Zeitgeist angepasst wird – innerhalb der sog. Stilamplitude. Ein eher abschreckendes Beispiel gibt dagegen *Camel.*

Marlboro-Mann oder _Camel_-Mann: Kontinuität schlägt Stilbruch

Die nach einem Zirkus-Dromedar benannte Zigarettenmarke *Camel* wurde 1913 in den amerikanischen und 1969 in den deutschen Markt eingeführt. Schnell avancierte der verschwitzte *Camel*-Mann, der „meilenweit für seine *Camel* lief", zu einer der bekanntesten Werbefiguren. Später passte man den Auftritt dem Zeitgeist der 1980er Jahre an: Nun war der *Camel*-Mann rasiert und gepflegt im Jeep unterwegs, verkörperte aber immer noch die ursprüngliche Positionierung „Abenteuer". In der Folge stieg der Marktanteil bis 1985 auf 9%. Der Mitte der 1980er Jahre ausgebrochene Preiskampf verleitete das Unternehmen dann jedoch zu einem Stilbruch. Nun warb ein Plüschkamel in der Wüste mit lustigen Sprüchen für *Camel.* Daraufhin sank der Marktanteil bis 1999 auf 3%. Schließlich wurden sogar die (außeramerikanischen) Markenrechte verkauft. Die Markenmanager von *Marlboro* hingegen ließen sich nicht beirren und setzten auf Kontinuität. Sie aktualisierten die Positionierung „Freiheit & Abenteuer" zwar regelmäßig, aber letztlich kaum merklich.

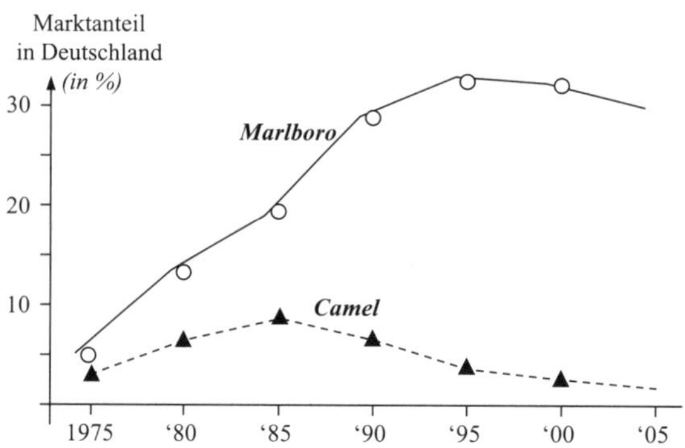

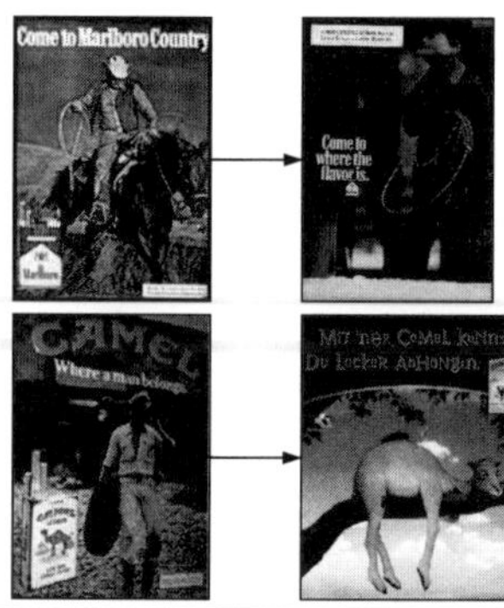

Quelle: Verband der Cigarettenindustrie.

4.2 Multisensorische Markenführung

Moderne Markenführung spricht nach Möglichkeit **alle Sinne** an. Die …

- auditive Wahrnehmung (z. B. angenehmer Klang des Markennamens),
- visuelle Wahrnehmung (z. B. charakteristische Farbgestaltung des Logos),
- olfaktorische Wahrnehmung (z. B. Signalfunktion von Düften),
- gustatorische Wahrnehmung (z. B. Zahnpastageschmack von Kaugummi als Symbol von Sauberkeit und Frische),
- taktile Wahrnehmung (z. B. „echtes" Leder als Signal der Hochwertigkeit).

Aufgabe der integrierten Kommunikation (vgl. Kap. L-2.4) ist es, durch die inhaltliche, zeitliche und formale Abstimmung der verschiedenen Maßnahmen einen **konsistenten Markenauftritt** sicherzustellen.

Visuell-akustische Markenführung

Eines der wichtigsten Instrumente der Markenführung ist das **Branding**: die Namensgebung. Markennamen sprechen sowohl den Hör- als auch den Gesichtssinn an. Wir unterscheiden drei Kategorien von Markennamen (vgl. Abb. 41).

- **Deskriptive Markennamen** verdeutlichen unmittelbar, welches Produkt bzw. welche Dienstleistung sich dahinter verbirgt (z. B. Kinderschokolade).
- Ein **assoziativer Markenname** weckt weiter reichende kognitive oder emotionale Assoziationen und Wunschvorstellungen (z. B. *Landliebe* ⇒ heile bäuerliche Welt).
- Mit einer Marke, die einen **artifiziellen Name**n trägt, verbinden wir anfänglich nichts, selbst wenn der Kunstname aus Sicht des Unternehmens bedeutungsvoll ist (z. B. *Persil* = *Per*-borat und *Sil*-ikat). Im Laufe der Zeit werden solche Kunstnamen durch Werbung, Konsumerfahrungen etc. mit Bedeutung „aufgeladen".

Abb. 41: Gestaltungsoptionen des Branding

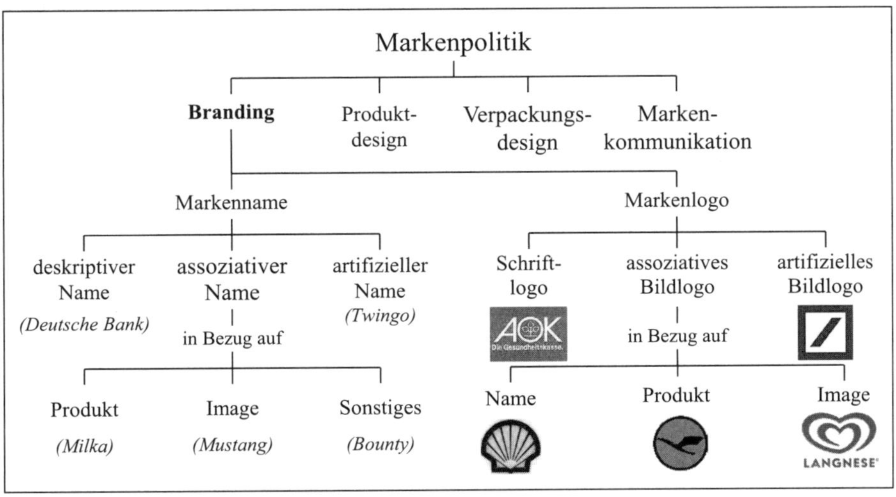

Markendehnung: Nutzung einer etablierten Marke zur Produktlinien oder Markenerweiterung

An deskriptive und assoziative Markennamen **erinnert** man sich leichter als an artifizielle. Allerdings können Unternehmen mit Kunstworten die eigenen Angebote besser von denen der Konkurrenten **abgrenzen** (z. B. *ARAL vs. ESSO).* Wenn ⇒ Markendehnung betrieben, d. h. die Marke auf andere (Produkt-)Bereiche ausgedehnt werden soll, kommt ein weiterer Vorteil derartiger Kunstnamen ins Spiel: ihre **Flexibilität**. Die Marke *Creme 21* bspw. ist so eindeutig mit „Creme" assoziiert, dass eine Ausdehnung etwa auf sog. Erfrischungswasser ('eau fraîche') wenig Erfolg verspräche. International tätige Unternehmen schätzen artifizielle ⇒ Markennamen auch deshalb, weil sie aufgrund ihres fehlenden Produkt- und Sprachbezugs juristisch, d. h. markenrechtlich zumeist schutzfähig und auch gut in andere Sprachen übertragbar sind (z. B. *Google).*

Gattungsbegriff: Markenname, der zum Inbegriff für eine Produktkategorie geworden ist

Manche Markennamen werden sogar zum **Gattungsbegriff**, weil …

- es sich bei dem markierten Produkt um eine Basisinnovation handelt (z. B. *PostIt),*
- die Marke die Werbung dominiert (z. B. *Tempo),*
- der Markenname linguistisch einfacher ist als der Produktbegriff (z. B. *Aspirin* statt Kopfschmerztablette).

Obwohl es Ausdruck eines außerordentlichen Markterfolges ist, wenn sich ein Markenname wie *Tesa* als Gattungsbegriff etabliert, ist dieser exklusive Status nicht ohne Risiko. Denn in dem Maße, wie auch möglicherweise minderwertige Nachahmerprodukte so bezeichnet werden, droht **Markenerosion**: der allmähliche Verlust an Prägnanz und Unverwechselbarkeit des Vorstellungsbildes, welches sich die Zielgruppe von der Marke macht.

Visuelle Markenführung

Duale Kodierung: Verbale und visuelle Speicherung von Bildinformationen

Menschen verarbeiten und erinnern Bildinformationen leichter als Textinformationen. Denn Bilder werden dual kodiert. Daher empfiehlt es sich, den Namen um ein **Markenlogo** zu ergänzen. [10] Hierbei kann es sich um ein Schriftlogo, ein artifizielles oder assoziatives Bildlogo handeln (vgl. Abb. 41). Bei der konkreten Gestaltung ist darauf zu achten, dass alle Gestaltungsvariablen (Form, Farbe, Anordnung etc.) das Markenimage in gleicher Weise symbolisieren und sich nicht widersprechen. Das Quadrat der *Deutschen Bank* etwa wirkt kräftig und verlässlich:

- Blau, die Unternehmensfarbe, signalisiert Beständigkeit und Seriosität.
- Symmetrische Logos erscheinen gefällig (asymmetrische interessant).
- Einfache und symmetrische Gestalten, bei denen sich die Figur deutlich vom Hintergrund abhebt (= Figur/Grund-Kontrast), wirken prägnant.

Akustische Markenführung

Zu den Aufgaben des Markenmanagements gehört auch, die hörbaren Erscheinungsformen der Marke entsprechend der angestrebten Positionierung zu gestalten. Dabei ist zu beachten, dass akustische Botschaften mehr als andere geeignet sind, gezielt Gefühle und Stimmungen auszulösen (vgl. Abb. 42).

Abb. 42: Emotionale Wirkung wichtiger akustischer Gestaltungsparameter

Akustische Parameter	Ausgestaltung						
Tempo	langsam	langsam	langsam	schnell	schnell	schnell	langsam
Lautstärke	moderat	leise	leise	moderat	moderat	laut	variierend
Tonhöhe	tief	tief	mittel	hoch	hoch	mittel	tief
Rhythmus	beständig	beständig	fließend	fließend	fließend	ungleich	ungleich
Harmonie	konsonant	dissonant	konsonant	konsonant	konsonant	dissonant	dissonant
⇩	⇩	⇩	⇩	⇩	⇩	⇩	⇩
emotionale Wirkung	ernst	traurig	heiter	humorvoll	fröhlich	aufregend	ängstigend

Quelle: Ballhausen/Tallau (2008, S. 52).

Zum Instrumentarium der akustischen Markenführung zählen:

- **Sound-** bzw. **Audio-Logo**: Eine charakteristische Tonfolge wie das *Telekom*-Soundlogo („Te-le-kom") stärkt die akustische Wiedererkennbarkeit und Unverwechselbarkeit der Marke.
- **Jingle**: Gesungene Markenclaims wie „Auf diese Steine können sie bauen" *(Schwäbisch Hall)* sind aufgrund ihrer Dualität (Text und Melodie) besonders gut erinnerbar.
- **Brand Songs**: Markenlieder werden entweder auf Basis bereits populärer Lieder arrangiert oder eigens komponiert, um einen möglichst großen Beitrag zur akustischen Unternehmensidentität zu leisten. Der *Langnese*-Brand Song „Like Ice in the Sunshine" hat es um die Jahrtausendwende als Single-Auskoppelung sogar auf Platz 10 der nationalen Charts geschafft.
- **Sound Design**: Autohersteller erachten den Klang des Motors *(Porsche)* oder das charakteristische satte Schließgeräusch („plopp") der Wagentür *(Mercedes)* als wichtigen Ausdruck ihrer unverwechselbaren Markenidentität. Auch Lebensmittelhersteller haben erkannt, wie wichtig das akustische Erscheinungsbild ihrer Produkte ist. Cornflakes etwa müssen beim Zubeißen krachend klingen, Brühwürstchen hingegen knackig. Und Kekse sollten eher hart-krachend klingen, sofern sie der jüngeren Zielgruppen schmecken sollen, während ältere Verbraucher einen weicheren Klang mit Wohlgeschmack verbinden.

Synonyme:
- Akustische Markenführung
- Acoustic Corporate Identity
- Corporate Sound
- Sound Branding

4.3 Markenbotschafter

Markenbotschafter tragen auf gleichermaßen subtile wie ganzheitliche Weise zur Markenführung bei. Diese Funktion können Mitarbeiter übernehmen, aber auch zufriedene Kunden oder Prominente, welche durch ihre Authentizität die Markenpersönlichkeit sicht- und erlebbar machen. *Opel* bspw. hat versucht, sein lange Zeit eher bieder-langweiliges Image durch das Engagement des frech-sympathischen Fußballtrainers *J. Klopp* als *Opel*-Markenbotschafter loszuwerden.

5 Markenarchitektur

5.1 Breite der Markenarchitektur

Marken-architektur: Struktur des Markenportfolios

Das Kriterium „Breite der Markenarchitektur" erfasst die Anzahl der Produkte, die ein Anbieter unter einer Marke führt. Dabei sind drei Grundformen zu unterscheiden:

- Hat ein Unternehmen (z. B. *Ferrero)* für jedes seiner Produkte eine eigenständige Marke etabliert, spricht man von **Einzelmarke** (z. B. *duplo, Milchschnitte, Mon Cheri, tic tac* etc.).
- **Familienmarken** wie *Du Darfst* markieren mehrere Produkte, die einer bzw. sehr ähnlichen Produktkategorie(n) angehören und ihrer Zielgruppe ein gleichartiges Nutzenversprechen geben (in diesem Fall: „schlank ohne Verzicht").
- Eine **Dachmarke** schließlich integriert verschiedene Produktgruppen (z. B. Automobile, Motorräder, CarSharing Service und Finanzdienstleistungen von *BMW).*

In der Praxis kommen Einzel-, Familien- und Dachmarken allerdings nicht immer in Reinform vor. So findet der Kunde unter dem Dach der Marke *Bahlsen* sowohl Keksgebäck der Familienmarke *Leibnitz* als auch Salzgebäck von *Lorenz.* Und *Henkel* kennzeichnet im Rahmen einer **Mehrmarkenstrategie** seine Einzelmarken *Persil, Weißer Riese, Spee, Pril* und *General* zusätzlich mit der allerdings dezent platzierten Dachmarke *Henkel.*

Keine Markenarchitektur ist grundsätzlich besser als eine andere. Deshalb ist in jedem Einzelfall anhand folgender **Kriterien** aufs Neue zu entscheiden, welche Breite dem jeweiligen Sortiment und den Marketingzielen am besten gerecht wird.

Heterogenität des Produktsortiments

Sehr unterschiedliche Produkte (z. B. Bier und Fruchtsaft) lassen sich im Regelfall nicht glaubwürdig gemeinsam unter einer Marke vertreiben. Besonders dann, wenn die zugehörigen Produktkategorien unvereinbar sind, ist die Einzelmarken- der Dachmarkenstrategie vorzuziehen. Da es vielen Verbrauchern Unbehagen bereiten würde, wenn Hygiene- und Reinigungsartikel zusammen mit Lebensmitteln unter einem Markendach stünden, verkauft *Procter & Gamble* seine Produkte nicht unter einer Dachmarke, sondern als Einzelmarken. Deshalb weiß kaum ein Verbraucher, dass *Charmin, Fairy* und *Pringles* aus demselben Haus stammen.

Präzision der Zielgruppenansprache

Kraft führt *Milka* und *Toblerone* als Einzelmarken. Deshalb kann das Unternehmen unterschiedliche Käufersegmente ansprechen (jung-dynamische Normalverbraucher vs. anspruchsvolle Schokoladenliebhaber), ohne Irritationen auszulösen. Das Renommee der Dachmarke *Volkswagen* wiederum soll Pkw-Käufer davon überzeugen, dass auch die *VW-Bank* solide und verlässlich ist.

Ausstrahlungseffekte

Verschiedene Produkte, die unter einer Familien- oder Dachmarke geführt werden, können von **positiven Spill over-Effekten** profitieren, aber auch von **negativen Spill over-Effekten** betroffen sein. So profitiert das gesamte *Milka*-Sortiment vom Ski-Sponsoring des Unternehmens (www.milka.de/aktionen/milka_ski_sponsoring). Umgekehrt schädigte der Giftanschlag auf *Nestlé*-Kindernahrung das Image aller *Nestlé*-Produkte. Bisweilen, wie im Falle der geplanten Versenkung der Ölplattform *BrentSpar*, treten auch paradoxe Effekte auf. Dass zahlreiche Nichtregierungsorganisationen dazu aufriefen, deshalb *Shell*-Tankstellen zu meiden, schadete der *Royal Dutch Shell plc* dank ihrer Einzelmarkenstrategie letztlich nur wenig. Zwar befolgten viele Kunden den Boykottaufruf und wechselten zu *Esso*-Tankstellen – ohne zu ahnen, dass diese ebenfalls zum *Shell*-Konzern gehörten.

Spill over-Effekt: „Überfließen" der Auswirkungen einer Maßnahme über den ursprünglich anvisierten Zielbereich hinaus

Kannibalisierungseffekt

Positioniert ein Unternehmen mehrere Einzelmarken im selben Marktsegment, so stellt sich die Frage, ob es damit seinen Marktanteil zumindest proportional zu den zusätzlichen Marktbearbeitungskosten erhöht oder ob die Einzelmarken nun wie Konkurrenten sich wechselseitig die Kunden „abjagen": d. h. sich kannibalisieren. Erreicht *Unilever* die mit seiner umfassenden Präsenz in der Produktkategorie „Margarine" *(Rama, Flora Soft, Bonella, Becel, Du Darfst, Lätta und Sanella)* angestrebten positiven Effekte: weitgehende Marktabdeckung und Abwehr potentieller Konkurrenten? Oder hätte man *Lätta*-Kunden auch von *Becel* überzeugen können (und umgekehrt)? Hätte man also mit geringerem Aufwand mehr oder minder den gleichen Effekt erzielen können?

Kosten der Markenführung

Für die Dach- und die Familienmarken spricht der Kostenvorteil. Vor allem bei der Markenkommunikation profitieren sie von Synergieeffekten. Demgegenüber ist die Führung von Einzelmarken aufwändiger, u. a. aufgrund der Koordinationskosten (z. B. erforderliche Abstimmung der Markenstrategie).

Strategische Flexibilität

Wird eine Einzelmarke neu positioniert, dann wirkt sich der veränderte Marktauftritt nicht auf andere Produkte des Unternehmens aus. Anbieter einer Familien- oder Dachmarke sind in dieser Hinsicht weniger flexibel. Denn jedes Produkt muss zur Marke passen (d. h. dem Markenkern, der Markenbotschaft etc. entsprechen). Andererseits verschaffen starke Familien- und Dachmarken dem Markeneigner bei Handel und Zielgruppe einen Vertrauensbonus. Diese Art von ⇒ Markenstärke erleichtert es, neue Produkte unter der bereits etablierten Marke in den Markt einzuführen.

5.2 Tiefe der Markenarchitektur

Trading up: Steigerung des Leistungsniveaus und Ausweitung des Leistungsspektrums

Wie viele Marken führt ein Unternehmen pro Produktart? In den 1960er Jahren konnte ein Anbieter mit einer mittelpreisig positionierten Marke noch alle Marktschichten weitgehend abdecken. Später **polarisierten** sich dann viele Märkte: Das mittlere Marktsegment schrumpfte, während die kleinere Zielgruppe der überdurchschnittlich Zahlungsbereiten und die größere Zielgruppe der primär Preisorientierten wuchsen. Auf diese Entwicklung reagierten viele Anbieter einerseits mit der Trading up-Strategie, indem sie die bisherige Marke zur **Erstmarke** und bisweilen auch zur **Premiummarke** aufwerteten, und andererseits mit der Einführung einer preisgünstigen **Zweitmarke**. Um mit Handelsmarken und Discountern konkurrieren zu können, wurde das Markenportfolio später nicht selten noch durch eine preisaggressive **Drittmarke** abgerundet. Eine solche **preisorientierte Mehrmarkenstrategie** verfolgte bspw. die *Oetker*-Gruppe mit ihrem Sekt-Sortiment: Erstmarke *Fürst von Metternich*, Zweitmarke *Henkell* und Drittmarke *Rüttgers Club* (vgl. Abb. 43).

Abb. 43: Preisorientierte Mehrmarkenstrategie in mehrschichtigen Märkten

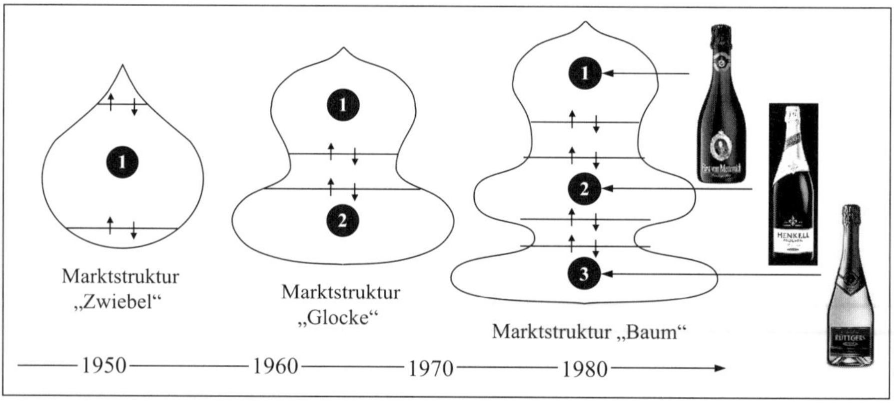

Nicht weniger bedeutsam ist die **bedürfnisorientierte Mehrmarkenstrategie.** Mit *Radeberger* zielt die *Oetker*-Gruppe auf traditionsbewusste und kulturinteressierte Biertrinker und mit *Jever* auf den naturverbundenen, individualistischen Mann. Was aber spricht dafür, wie *Unilever* in ein und demselben Preis- und Bedürfnissegment einer Produktkategorie mehrere Einzelmarken zu führen *(Becel, Du Darfst* und *Lätta)*?

- **Nachfragebezogene Gründe**: Durch das Angebot mehrerer Diät-Margarinen trägt das Unternehmen dem Bedürfnis vieler Konsumenten nach Abwechslung ('variety seeking') Rechnung, ohne befürchten zu müssen, sie als Kunden zu verlieren.

- **Konkurrenzbezogene Gründe**: Die Multi-Einzelmarkenstrategie ermöglicht es im „Kampf um den Regalplatz", einen Großteil der vom Handel für die Produktkategorie vorgehaltenen Regalfläche buchstäblich mit den eigenen Produkten zu „besetzen" und so eine äußerst wirksame Markteintrittsbarriere zu errichten.

Variety Seeker: Markenwechsler, die nicht unzufrieden sind, sondern ihr Bedürfnis nach Abwechslung befriedigen wollen

Markteintrittsbarrieren: Erschweren oder verhindern es, dass Konkurrenten in einen bestimmten Markt eintreten

6 Markentransfer

Eine neue Marke zu etablieren, ist aus vielerlei Gründen risikoreich. Mit der Geschichte der spannendsten **Markenflops** lassen sich mühelos umfangreiche Bücher füllen. [11] Aber auch dann, wenn die Einführung einer neuen Marke gelingt, ist das **Kostenrisiko** hoch, weil in einem aufwändigen Verfahren Bekanntheit und Image aufgebaut werden müssen. Wesentlich kostengünstiger sind zwei andere Optionen der Markenpolitik: Markendehnung und Markenkooperation.

6.1 Markendehnung

Synonyme:

- Markendehnung
- Markenerweiterung
- Markentransfer

Chancen und Risiken

Etwa 90 % aller Neuprodukte werden unter dem **Schutz einer etablierten Marke** in den Markt eingeführt. Ziel ist es, das Eigenschaftsprofil der etablierten Marke auf neue Produkte zu übertragen und so das über Jahre „eingezahlte" **Markenguthaben** (Bekanntheitsgrad, Image, Vertrauen etc.) auch für die Markteinführung neuer Produkte zu nutzen. Aus diesem Grund werden die Kosten einer Markendehnung auf etwa 50 % der Kosten der Etablierung einer neuen Marke geschätzt. [12]

Manchmal ist das, was die **Muttermarke** mit dem **Transferprodukt** verbindet, offensichtlich. Da viele Kunden die mediterrane Küche im Allgemeinen und Olivenöl im Besonderen mögen, baute *Bertolli* ein umfangreiches Sortiment von typisch italienischen Olivenöl-Produkten auf (Brotaufstrich, Pastasaucen, Pesto etc.). In anderen Fällen erkennt man die gemeinsame Klammer jedoch erst auf den zweiten Blick – etwa wie es *Danone* gelang, seine Mineralwassermarke *Evian* auf Kosmetikartikel zu transferieren: Indem das Management die Idee der Reinheit thematisierte. Und Reinheit ist für beide, Mineralwasser und Kosmetik, ein wichtiges Verkaufsargument.

Aber auch die Strategie der Markendehnung ist risikoreich. Bei kurzlebigen Konsumgütern werden **Scheiterquoten** von bis zu 70 % berichtet. Weder akzeptierten die Verbraucher Toilettenpapier von *Tempo* (Nase/Gesicht vs. Po!), noch reichte die Markenstärke von *Nivea* aus, um neben pflegenden Kosmetikartikeln (Hautcreme) auch dekorative Pflegeartikel (Lippenstift, Nagellack etc.) mit hinreichendem Erfolg verkaufen zu können. Problematisch wird es immer dann, wenn der **Fit** bzw. die wahrgenommene Ähnlichkeit zwischen Muttermarke und Transferprodukt zu gering ist. Langfristig gefährdet dies den Markenkern: Das Markenbild verliert an Prägnanz, die Einstellungen der Zielgruppe werden ambivalent, und die Marke wird unglaubwürdig. Zu prüfen ist folglich vor jeder Markendehnung, ob die Muttermarke stark genug ist, um einen solchen Eingriff unbeschadet zu überstehen und nicht zu „verwässern".

Marken- vs. Produktlinienerweiterung

Es gibt verschiedene Formen der Markendehnung: Markenerweiterung ('brand extension') und Produktlinienerweiterung ('line extension'). Wenn *Ferrari* seit geraumer Zeit nicht nur Sportwagen, sondern –„geadelt" mit seinem Markenlogo – auch Parfüm, Thermos-Reisetassen und vieles andere mehr verkauft, so ist dies ein Fall von **Markenerweiterung**: Unter einer bestehenden Marke wird ein neues Produkt, das zu einer andersartigen Produktkategorie gehört, angeboten. Hingegen betreibt ein Unternehmen **Produktlinienerweiterung**, wenn es einer bereits markierten Produktkategorie (z. B. *Fürstenberg Export)* ein oder mehrere Produkte derselben Art (z. B. Radler) hinzufügt – oder wenn *Ferrari* seine Produktpalette um SUVs erweitert.

Markenüberdehnung

Überdehnung: Erweiterung einer Marke um Produkte, die nicht zum Markenkern passen

Im Vorfeld einer Markendehnung ist zu prüfen, ob folgende **Voraussetzungen** erfüllt sind:

- Verfügt die Muttermarke über die erforderliche Markenstärke?
- Besteht zwischen den Zielgruppen des neuen Produkts und der Muttermarke eine hinreichend große Übereinstimmung?
- Passen beide – z. B. in emotionaler Hinsicht – zueinander („Markenfit")?

Im Falle des gescheiterten Versuchs, *Tempo*-Toilettenpapier einzuführen, bestand offenbar kein Fit. Denn das, was beide Produkte verbindet (Material = Zellulose; Ziel = Hygiene), mag aus produktionstechnischer und produktpolitischer Sicht bedeutsam sein. Die emotionale Distanz zwischen den betroffenen Körperregionen (Nase vs. Hinterteil) kompensiert diese Gemeinsamkeit jedoch nicht.

Schutz vor Markenüberdehnung bzw. Markenverwässerung bieten zwei Strategien. Bei der **Markenrestrukturierung** wird die überdehnte Marke in weitgehend homogene Markenfamilien oder Einzelmarken aufgeteilt, die allenfalls über eine dezent platzierte Dachmarke und somit nicht offensichtlich miteinander verbunden sind. Am einfachsten ist es natürlich, eine **Überdehnung** von vornherein zu **vermeiden**, wie dies *Mercedes* tat, als man davon absah, den *Smart* unter dem *Mercedes*-Markendach zu vermarkten. *Aston Martin* hat sich in einer vergleichbaren Situation anders entschieden – und mit dem auf Basis des *Toyota IQ* produzierten *Aston Martin Cygnet* spektakulär Schiffbruch erlitten.

6.2 Markenkooperation

Marken werden kombiniert, um die unterschiedlichen Stärken von zwei oder mehr Marken miteinander zu verbinden und Synergiepotential zu nutzen. Beim **Co-Branding** bringen Unternehmen, die jedes für sich Erzeugnisse auf derselben Wertschöpfungsstufe anbieten, gemeinsam ein Produkt auf den Markt, das durch beide Marken gekennzeichnet ist. Wie im Falle eines Multimedia-Handys, für das O_2 die Hardware und *ProSieben* die Inhalte bereitstellen, tragen zumeist beide Partner zum Co-Brand bei. Erfolgsbedingung ist, dass die Produktkategorie zu beiden Marken passt. Im Falle des Co-Brand *Fruity Smarties* war dies gegeben. Denn Handel und Verbraucher kannten *Haribo* und *Smarties* als kompetente Hersteller von Fruchtgummi bzw. Schokolinsen.

7 Überprüfung und Anpassung der Markenstrategie

Die Markt- und Wettbewerbsbedingungen verändern sich – manchmal rasch, manchmal langsam. Damit eine Marke „auf der Höhe der Zeit" bleibt, muss der Markeninhaber ihr Erscheinungsbild und ihre Positionierung regelmäßig überprüfen und nötigenfalls ändern. Das Spektrum seiner Handlungsmöglichkeiten reicht von der **Markenpflege** (= kontinuierliche und von den Kunden zumeist gar nicht wahrgenommene punktuelle Korrekturen) bis hin zur Repositionierung: einer strategischen Neuausrichtung der Marke. Da er es ermöglicht, den Lebenszyklus zu verlängern, wird der „Neustart" vielfach auch als **Markenrelaunch** bezeichnet.

7.1 Aktualisierung einzelner Markenmerkmale

Wie im Folgenden drei Erfolgsbeispiele demonstrieren, genügt es in vielen Fällen, „an einer Stellschraube" zu drehen:

- **Schärfung des Markenversprechens**: Um ihren Claim „Gesagt. Getan. Geholfen" zu visualisieren, präsentierte die *DEVK* in einer TV-Kampagne (ab 7/2016) Mitarbeiter als „Helfer in der Not", die ihren Kunden selbst in den ausgefallensten Situationen zur Seite stehen.
- **Modernisierung des Markenzeichens** (Redesign): Seit 2017 ist das *SEAT*-Logo, das zuletzt 2012 überarbeitet worden war, dem aktuellen Farbcode folgend nicht mehr zweifarbig (silberne Bildmarke und rote Wortmarke), sondern einfarbig. Weiterhin

wurde die Bildmarke durch eine leichte Verjüngung der Bögen des S wie auch der markanten Doppel-Diagonalen durch eine Vergrößerung der Zeichen-innenräume verschlankt. [13]

- **Rebranding** (bzw. Renaming): Obwohl der Markenname vielfach der Ankerstimulus der Markenidentität ist und deshalb mit allen Mitteln geschützt wird, gibt es immer wieder auch Gründe, ihn zu ändern. Bei einem Unternehmenszusammenschluss etwa stellt sich regelmäßig die Frage nach der Unternehmensmarke ('corporate brand'). *Verizon* bspw., ein in New York ansässiger Mobilfunkanbieter, verschmolz 2017 seine Tochterunternehmen *AOL* und *Yahoo* zu *Oath:* seiner neuen Internetsparte. Im Rahmen ihrer Internationalisierung wählen viele Unternehmen einen Namen, der in allen relevanten Ländermärkten positive Assoziationen auslöst, sich leicht aussprechen lässt, internationale Präsenz signalisiert etc. Aus diesem Grund wurde aus der niederländischen *Postbank* die international tätige *ING.* Bisweilen soll der neue Namen einen Imagewandel bzw. einen Strategiewechsel anzeigen. So wird der *Targobank* nachgesagt, dass es zumindest ein willkommener Nebeneffekt war, mit der Namensänderung die Imageprobleme der durch aggressive Vertriebstechniken in Verruf geratenen *Citibank* hinter sich zu lassen. Und *Tesla Motors, Inc.* hat sich 2017 in *Tesla, Inc.* umbenannt, um dem Markt zu signalisieren, dass man künftig nicht nur Elektroautos, sondern eine breite Produktpalette aus dem Energiebereich anbietet.

7.2 Markenrepositionierung

Gerade für Inhaber erfolgreicher Marken ist die Versuchung groß, eine kontinuierliche Modernisierung zu unterlassen. Hat sich dann über die Jahre ein ständig wachsender **Anpassungsdruck** aufgestaut, helfen nur noch radikalere Maßnahmen. Aufgabe der Markenrepositionierung ist es, „aus der Zeit gefallene" Traditionsmarken grundlegend zu **modernisieren**. Wie das Beispiel der englischen Modelinie *Burberry* zeigt, kommt dabei häufig der Veränderung der subjektiven Wahrnehmung der Zielgruppe die entscheidende Rolle zu. Zwar wurden, um das im Laufe der Jahre verstaubte Image zu erneuern, auch die Modekollektionen modernisiert. Entscheidend aber war es, die Schauspielerin *E. Watson* und das Model *K. Moss* als Werbegesichter zu engagieren. Beide symbolisierten glaubwürdig den von *Burberry* angestrebten Imagewandel.

4711, der „Mutter aller Eau de Colognes", erging es wie vielen anderen Traditionsmarken: Mittel- und langfristig bedroht die Überalterung ihrer Kunden ihre Existenz. Um auch die Zielgruppe U-50 anzusprechen, führte der Markeneigner *Mäurer & Wirtz* deshalb mit „Acqua Colonia" und „Nouveau Cologne" zum einen neue Duftkonzepte unter dem Markendach von *4711* ein und modernisierte zum anderen mit Hilfe von *Facebook, Twitter* und anderen sozialen Medien die Kommunikationsstrategie.

7.3 Brand Revival

Nicht immer markiert der Markentod das unwiderrufliche Ende des Markenlebenszyklus. Verschiedene Beispiele belegen, dass es gelingen kann, Marken, die mangels Erfolg oder aus anderen Gründen vor Jahren vom Markt genommen wurden, wiederzubeleben (z. B. *Creme 21, Sinalco).*

8 Literaturempfehlung

- *Aaker, D.A.; Joachimsthaler, E.* (2012): Brand Leadership, New York: The Free Press.
- *Burmann, C.; Halaszovich, T.; Schade, M.; Hemmann, F.* (2015): Identitätsbasierte Markenführung, 2. Aufl., Wiesbaden: Springer Gabler.
- *Esch, F.-R.* (2018): Strategie und Technik der Markenführung, München: Vahlen.
- *Sattler, H.; Völckner, F.* (2013): Markenpolitik, 3. Aufl., Stuttgart: Kohlhammer.

Endnoten

1. http://www.horizont.net/marketing/nachrichten/-Bruch-in-der-Markenfuehrung-Coca-Cola-wird-weiss-103961 (28.4.2016)
2. zur Unterscheidung von peripherer vs. zentraler Informationsaufnahme vgl. Schweiger/Schrattenecker (2009, S. 208 ff.)
3. vgl. Weyler (2013)
4. Michael et al. (2012)
5. Copulsky (2011)
6. Viciano/Gamperl (2017, S. 38)
7. De Chernatony/McDonald (1992)
8. McClure et al. (2004)
9. https://www.welt.de/wirtschaft/article4913295/Darum-heisst-Twix-ploetzlich-wieder-Raider.html
10. http://www.markenlexikon.com/logos_m.html
11. Haig (2004)
12. Sattler/Völckner (2013)
13. www.designtagebuch.de/neuer-markenauftritt-fuer-seat/

G. Grundlagen der Preispolitik

Pata negra, der berühmte spanische Schinken, ist im Laufe der Jahre zur Massenware verkommen. Drei Mio. Schinkenkeulen werden jährlich produziert und teilweise zu Schleuderpreisen verkauft. *E. Donato* hat sich dem Billigtrend entzogen und auf Qualität gesetzt. Seine Herde besteht aus lediglich 90 Tieren einer fast vergessenenen Schweinerasse, die ein besonders aromatisches Fleisch liefert: „kräftiger Aprikosenduft mit einer Mandelnote". Ihr Futter finden die freilaufenden Tiere in einem Hain mit mehr als 100 Jahre alten Bäumen: Eicheln, Mandeln, Walnüsse, Haselnüsse, die süßen Früchte des Erdbeerbaums und Wildkräuter. Während der durchschnittliche Schwarzhufer nach 14 Monaten geschlachtet wird, darf das gefleckte rosige andalusische Schwein drei bis vier Jahre lang leben. Dessen Fleisch wächst langsamer und ist ausgesprochen muskulös. Denn auf ihrer Futtersuche laufen die Tiere täglich etwa 14 km, bergauf und bergab. Die Reifezeit von vier bis fünf Jahren – statt der üblichen zwei bis drei Jahre – tut ein übriges. Auf Werbung kann *D. Donato* ebenso verzichten wie auf kostspielige Zwischenhändler. Denn es gibt eine Warteliste. Seine Kunden sind Sterneköche in der ganzen Welt, die sich glücklich schätzen, wenn sie eine der 80-100 Keulen, die jährlich zum Verkauf kommen, zu einem Stückpreis von mehr als 4.000 € erwerben „dürfen". [1]

Eine ganz andere Strategie verfolgt die Drogeriemarktkette *dm:* Preisführerschaft durch Dauerniedrigpreise. Um ihr Versprechen, den Kunden den dauerhaft besten Preis zu bieten, halten zu können, scheut Deutschlands umsatzstärkster Drogist (2016 = 7,9 Mrd. €) auch ungewöhnliche Methoden nicht. So kauft *dm* bisweilen Aktionsware auf, welche *Rossmann*, der wichtigste Konkurrent (2016 = 6,1 Mrd. €), nach Ansicht der Karlsruher für einen bestimmten Zeitraum unter Einstandspreis anbietet, um sie noch billiger in *dm*-Regale zu stellen. Seit kurzem fordert *dm* sogar den Billigspezialisten *Aldi* heraus und unterbietet diesen konsequent.

Verkauf unter Einstandspreis: Nach § 20, 4 GWB unter bestimmten Bedingungen (z. B. Missbrauch von Marktmacht) unzulässige Preisstrategie

1 Funktionen des Preises

1.1 Perspektive der Abnehmer

Preisfunktionen: Auswirkungen des Preises auf die subjektive Produktbeurteilung

Für Abnehmer erfüllt der Preis zwei Funktionen. Erstens: Preise quantifizieren die finanzielle Gegenleistung, die Konsumenten erbringen müssen, um in den Besitz einer Leistung und so in den Genuss des damit verbundenen Nutzens zu gelangen (= **Sacrifice-Effekt**). Zweitens: Gestützt auf die allgemeine Preis/Qualitätsvermutung informieren Preise über die Qualität der zu erwerbenden Leistung (= **Signaling-Effekt**). [2]

Dauerniedrigpreis-Politik: Garantiert dauerhaft niedrige Preise (und nicht nur zeitweise)

Anders als bspw. Design oder Haltbarkeit ist der Preis unmittelbar ersichtlich und – scheinbar – objektiv. Auf viele Konsumenten übt ein **niedriger Preis** einen unwiderstehlichen Kaufanreiz aus: 66,5 % der Befragten gaben 2015 in *best for planning*, der Nachfolgestudie der *Verbraucheranalyse* an, „immer nach günstigen Angeboten zu suchen". Nur 29,9 % stimmten der Aussage zu: „Ich leiste mir gern teure Sachen". [3] Die „Geiz ist geil-Kampagne" von *Saturn* hat Kultcharakter erlangt, und Hard-Discounter wie *Lidl* oder *Norma* sind mit ihrer aggressiven Dauerniedrigpreis-Politik erfolgreich.

Preis/Leistungs-Verhältnis: Subjektive Angemessenheit des Preises eines Angebots im Vergleich zu dessen Qualität

Produktinvolvement: Bedeutung, die ein Konsument einem Produkt aufgrund subjektiver Bedürfnisse, Werte etc. zuschreibt

Während zwei von drei Verbrauchern ein Angebot vorrangig aufgrund des Preises beurteilen, orientiert sich ein Drittel am **Preis/Leistungs-Verhältnis** (vgl. Abb. 44). Es gibt zahlreiche Gründe, Kaufentscheidungen primär oder ausschließlich preisorientiert zu fällen: Armut, Geiz, Sparsamkeit, geringes Produktinvolvement, um nur einige zu nennen (⇒ Involvement). Nicht zu vergessen ein informationsökonomisches Argument: Lässt sich ein Angebot nur schwer beurteilen, dann liegt es nahe, vom leicht zugänglichen Preis auf die „versteckte" Produktqualität zu schließen (= 'hidden charakteristics'). „Teuer"

Abb. 44: Leistungs- und Preis/Leistungs-Ranking von Tablets der Zeitschrift „Chip"

Rang	Produkt	Gesamtwertung	Preis-Leistung	Bewertung (Über Durchschnitt / Durchschnittlich / Unter Durchschnitt)	Preis
1.	Apple iPad Pro 9.7	91,1 → Testbericht	62	Handling (100,0%) Mobilität (58,7%) Display (96,9%) Ausstattung (100,0%)	ab 1.074,00 € BESTEN PREIS FINDEN Quelle: BestCheck
2.	Apple iPad Air 2 LTE 128GB (MH1G2FD/A)	89,6 → Testbericht	75	Handling (97,8%) Mobilität (65,9%) Display (93,8%) Ausstattung (88,1%)	ab 706,89 € BESTEN PREIS FINDEN Quelle: BestCheck
3.	Apple iPad mini 4 LTE 128GB (MK762FD/A)	89,6 → Testbericht	76	Handling (98,3%) Mobilität (73,0%) Display (85,5%) Ausstattung (88,1%)	ab 655,00 € BESTEN PREIS FINDEN Quelle: BestCheck
4.	Huawei MediaPad X2	89,6 → Testbericht	100	Handling (84,0%) Mobilität (100,0%) Display (92,7%) Ausstattung (90,8%)	ab 359,00 € BESTEN PREIS FINDEN Quelle: BestCheck
5.	Samsung Galaxy TAB S2 8.0 LTE (SM-T715)	88,4 → Testbericht	90	Handling (88,5%) Mobilität (89,3%) Display (87,8%) Ausstattung (86,8%)	ab 429,00 € BESTEN PREIS FINDEN Quelle: BestCheck
Rang	Produkt	Gesamtwertung	Preis-Leistung	Bewertung	Preis

Quelle: www.chip.de/bestenlisten/Bestenliste-Tablets–index/index/id/970/ (31.8.2016)

gilt dann als hochwertig und ein niedriger Preis als verlässlicher Hinweis auf geringe Qualität.

Die **Preis/Qualitätsvermutung** beeinflusst keineswegs nur die Informationsverarbeitung, sondern auch das reale (Kauf-)Verhalten. Sie tritt vorzugsweise unter folgenden Bedingungen auf:

Preis/Qualitätsvermutung: Subjektive Gewissheit, dass ein hoher Preis eine hohe Qualität garantiert

- Das Produkt ist – objektiv oder subjektiv, d. h. für den Käufer – neuartig.
- Die Produktqualität ist ein wichtiges bzw. das wichtigste Kriterium der Kaufentscheidung.
- Innerhalb der Warenkategorie variieren die Preise stark.
- Käufer empfinden ein hohes ⇒ Kaufrisiko (z. B. Qualitätsrisiko, soziales Risiko) und hoffen, mit dem Kauf eines hochpreisigen Angebots „auf der sicheren Seite" zu sein.
- Käufer besitzen wenig Produktwissen und sind nicht bereit (kein Involvement, geringe Motivation) bzw. in der Lage (Zeitdruck, geistiges Vermögen), die erforderlichen Produktinformationen einzuholen und zu verarbeiten.
- Außer dem Preis stehen keine Informationen (z. B. Markenname, Erfahrungen, Käuferberichte) zur Verfügung, aus denen der Kunde mit begrenztem Aufwand auf die Qualität schließen könnte.

Preis/Qualitätsillusion: Irrtümliche Vermutung, dass ein hoher Preis eine hohe Qualität garantiert

Wenn sich die Mehrzahl potentieller Käufer an der Preis/Qualitätsvermutung orientiert, dann kann – scheinbar paradoxerweise – ein **hoher Preis** ein Erfolgsfaktor sein und ein ungewöhnlich **niedriger Preis**, der Qualitätszweifel schürt, ein Misserfolgsfaktor.

1.2 Perspektive des Anbieters

Da der Preis eines Angebots maßgeblich und zumeist unmittelbar **Absatzmenge**, **Umsatz** und **Gewinn** beeinflusst, erfüllt die Preisfindung eine strategische Funktion. Zentrale Aufgabe der traditionellen Preispolitik ist es, einen Verkaufspreis zu kalkulieren und am Markt durchzusetzen, der den Unternehmenserfolg gewährleistet. Dabei ist allerdings Vorsicht geboten. Denn im Gegensatz zu anderen marketingpolitischen Entscheidungen (z. B. Produktentwicklung, Imagebildung) lässt sich ein Preis zwar relativ schnell festlegen und den Marktteilnehmern kommunizieren. Aber (nachträgliche) Preiserhöhungen akzeptieren Verbraucher selten. Selbst Preissenkungen sind nicht immer vorteilhaft, da sie als Hinweis auf Qualitätsmängel verstanden werden können.

2 Marktreaktionen

2.1 Preis/Absatz- und Preis/Umsatzfunktion

Preis/Absatzfunktion: Änderung der Absatzmenge in Abhängigkeit vom Preis

Um den „richtigen" Preis kalkulieren zu können, muss der Anbieter die Preis/Absatzfunktion und die Preis/Umsatzfunktion kennen: Bei welchem Preis kann er mit welcher Nachfrage rechnen und welcher Umsatz ergibt sich daraus?

Die **Preis/Absatzfunktion** dokumentiert die aggregierte Nachfragemenge (x) in Abhängigkeit vom gesetzten Preis (p). Wird der Preis erhöht, dann schrumpft normalerweise die abgesetzte Menge, weshalb die Preis/Absatzfunktion im Regelfall negativ geneigt ist. Dies gilt auch für die in Abb. 45 dargestellte einfachste Form einer negativ-linearen Preis/Absatzfunktion:

$$x_i = f(p) = \alpha - \beta p_i \quad \text{mit } \alpha, \beta > 0$$

Der **Parameter α** bezeichnet die Sättigungsmenge (x_{max}), d.h. die Menge, die sich maximal erreichen ließe, würde der Anbieter seine Leistung verschenken (Preis = 0). Und der **Parameter β** gibt an, um wie viele Mengeneinheiten sich der Absatz bei einer Preisänderung um eine Einheit ändert (= Anstieg der Preis/Absatzfunktion). Das Preisniveau, ab dem niemand mehr die Leistung nachfragen würde, bezeichnet man als **Prohibitivpreis p_{max}**.

Abb. 45: Lineare Preis/Absatzfunktion und umgekehrt U-förmige Preis/Umsatzfunktion

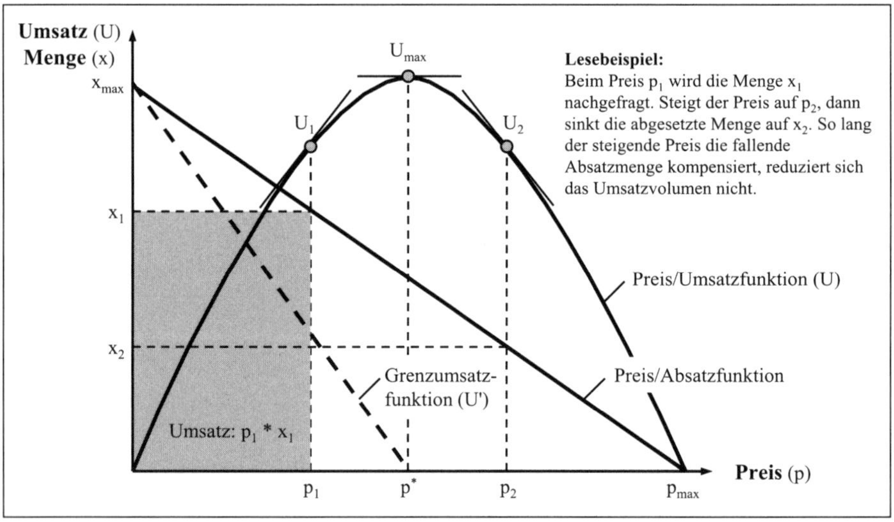

Die **Preis/Umsatzfunktion** erhält man durch Multiplikation der Absatzmenge mit dem Preis eines Angebots.

$$U_i = x_i \cdot p_i = (\alpha - \beta p_i) \cdot p_i$$

Grenzumsatz: Änderung des Umsatzes als Folge einer Preissteigerung um eine Einheit

Aus dem Verlauf der Preis/Umsatzfunktion (= umgekehrte U-Kurve) lässt sich ableiten, dass höhere Preise nicht unbedingt zu einem Umsatzanstieg führen. Vielmehr sinkt ab einer zu bestimmenden Preishöhe im Regelfall die Absatzmenge: Bei dem am Scheitelpunkt der Kurve angesiedelten **optimalen Preis (p*)** ist der Grenzumsatz gleich null und somit der Umsatz maximal (U_{max}). Eine darüber hinausgehende Preiserhöhung würde einen Umsatzverlust provozieren.

2.2 Änderung von Preisen

Als *Bionade* im Sommer 2008, mutmaßlich auf Druck der kreditgebenden Banken, den Preis seiner Limonade auf einen Schlag um mehr als 30 % anhob, brach der Umsatz ein. Offensichtlich haben damals die Verantwortlichen einen Grundsatz der Preispolitik ignoriert: Vor einer Preiserhöhung oder Preissenkung unbedingt erkunden, wie der Absatz darauf reagieren wird! Das übliche Maß für die voraussichtliche Marktreaktion ist die **Preiselastizität der Nachfrage (e)**. Mit ihrer Hilfe lässt sich für jeden Punkt auf der Preis/Absatzfunktion ermitteln, um wieviel sich der Absatz ändert, wenn der Preis um ein Prozent steigt oder fällt:

$$\varepsilon = \frac{\delta x_i}{x_i} : \frac{\delta p_i}{p_i} = \frac{\delta x_i \cdot p_i}{\delta p_i \cdot x_i} = \frac{\text{Mengeneffekt}}{\text{Preiseffekt}}$$

Da im Regelfall mit steigendem Preis der Absatz sinkt, ist die Preiselastizität zumeist negativ. Ein Betrag kleiner 1 ($|\varepsilon| < 1$) signalisiert eine **unelastische Nachfrage** – d. h. Preissenkungen steigern den Absatz nur unterproportional. Beim einem Betrag größer 1 ($|\varepsilon| > 1$) handelt es sich um eine **elastische Nachfrage**: Unter dieser Bedingung führen Preissenkungen zu einem überproportionalen Absatzanstieg und Preiserhöhungen zu einem überproportionalen Absatzverlust. Der Betrag der Preiselastizität wächst entlang der Preis/Absatzfunktion. Der Preis, welcher zur Sättigungsmenge (x_{max}) führt, hat eine Preiselastizität von 0 (= vollkommen unelastisch), beim Prohibitivpreis ($x = 0$) ist sie $-\infty$ (= vollkommen elastisch).

Bei der Preisbildung für ein neues Produkt stellt sich die Frage, ob die ***Apple*-Strategie** oder die ***Toyota*-Strategie** mehr Erfolg verspricht.

- *Toyota*, anfangs als Hersteller solider Klein- und Mittelklassewagen erfolgreich, führte den *Lexus* in den amerikanischen Oberklassenmarkt zu einem Kampfpreis von 35.000 $ ein. Denn das *Toyota*-Management hielt einen Eintritt in dieses anspruchsvolle Segment nur für möglich, wenn es seinen damaligen Imagenachteil durch einen deutlichen Preisvorteil überkompensierte. In dem Maße, wie die Käufer *Toyota* auch als Hersteller von Luxusautos akzeptierten, konnte der Preis des *Lexus* in den folgenden sechs Jahren schrittweise auf 51.680 $ angehoben werden.
- *Apple* hingegen bietet seine Produkte zunächst hochpreisig an, um die hohe Zahlungsbereitschaft der Konsumpioniere abzuschöpfen. Wenige Monate später wird der Preis regelmäßig deutlich reduziert. Denn nun möchte man auch die preisbewussten 'follower' ansprechen. Ihre Kaufbereitschaft steigt nun, weil ihnen der hohe Einstiegspreis als Referenzpreis dient, der die spätere moderatere Preisforderung wie ein Schnäppchen erscheinen lässt.

Innovatoren: Konsumpioniere mit hoher Zahlungsbereitschaft für Innovationen

Gemäß der Terminologie des Strategischen Marketing präferiert *Toyota* die Penetrationsstrategie und *Apple* die auch Abschöpfungsstrategie genannte **Skimmingstrategie**. Hierbei wählt das Unternehmen einen hohen Einführungspreis, den insb. Innovatoren akzeptieren. Später wird der Preis Schritt für Schritt gesenkt. Denn nun möchte man auch die weniger zahlungsbereiten Konsumenten überzeugen (vgl. Abb. 45). Der entscheidende Vorteil dieser Strategie – in der Anfangsphase des Produktlebenszyklus können hohe Gewinne erzielt werden – ist zugleich ihr Nachteil. Denn die Aussicht auf hohe Gewinne zieht Konkurrenten an. Deshalb empfiehlt sich die Skimmingstrategie nur dann, wenn …

Substitute: Ersatzprodukte, die denselben Zweck erfüllen wie das Originalprodukt (z. B. Margarine statt Butter)

- das Produkt technologisch rasch veraltet (⇒ Obsoleszenz), weshalb mögliche Konkurrenten nicht die erforderliche Zeit haben, Me too-Produkte auf den Markt zu bringen,
- das Marktpotential der zahlungsbereiten Innovatoren hinreichend groß ist,
- Nachfrager nicht auf preisgünstigere Substitute ausweichen können.

Abb. 46: Vorteile der Skimmingstrategie und der Penetrationsstrategie

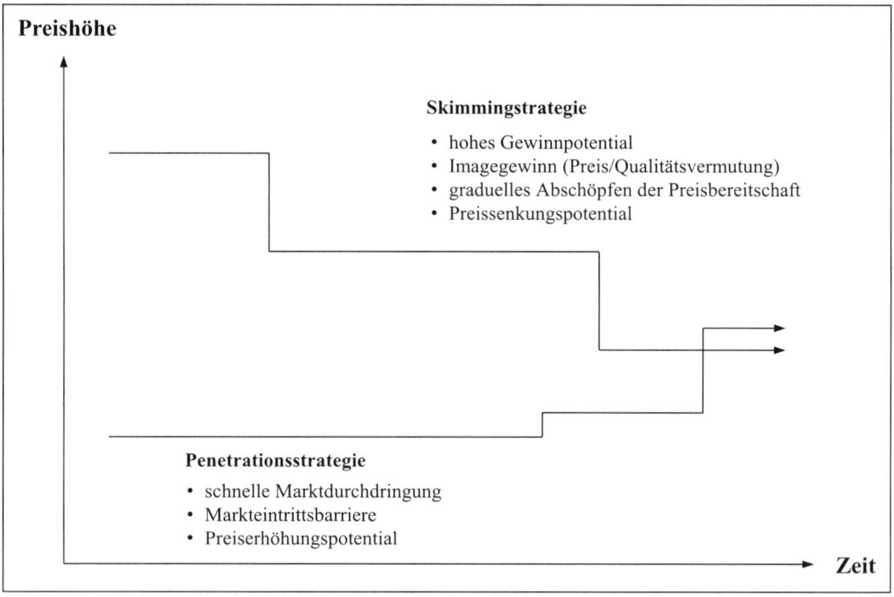

Netzeffekt bzw. Netzwerkeffekt: Abhängigkeit des Nutzens einer Leistung von der Anzahl der Nutzer dieser Leistung

Bei der alternativen **Penetrationsstrategie** (vgl. Abb. 46) wählt der Anbieter einen niedrigen Einführungspreis, um den Markt schnell zu erschließen und die Diffusion zu beschleunigen. Überdies wirkt ein niedriger Preis als Markteintrittsbarriere, die potentielle Wettbewerber davon abhält, in einen unattraktiven Markt zu investieren. Nachteilig an der Penetrationsstrategie ist die lange Amortisationsdauer. Auch besteht aufgrund der Preis/Qualitätsvermutung die Gefahr, dass die Zielgruppe vom geringen Preis auf Qualitätsdefizite schließt. Und haben Kunden sich erst einmal an das niedrige Preisniveau gewöhnt, dann fällt es später schwer, Preiserhöhungen durchzusetzen. Darüber hinaus verspricht die Penetrationsstrategie nur dann Erfolg, wenn es sich um große Märkte mit entsprechenden Absatzmengen handelt und die Preiselastizität hoch ist.

Die Internetökonomie hat einer Extremform der Penetrationsstrategie den Boden bereitet: dem **Follow the Free-Pricing**. Um die Diffusion ihrer Produkte entscheidend zu beschleunigen und frühzeitig eine dominierende Marktstellung zu erlangen, boten *McAffee* (Anti-Viren-Software), *gmx* (E Mail-Service), *Spiegel Online* (Zeitschrift) und andere ihre Produkte im Internet anfangs **kostenlos** an. Wurden genügend Nutzer auf diese Weise an das Unternehmen gebunden (= Lock in-Effekt), kann der Anbieter versuchen, diesen Kunden zusätzliche, höherwertige oder komplementäre Leistungen zu verkaufen (z. B. Premiumangebote, kostenpflichtige Updates). Zwar bietet sich diese Preisstrategie hauptsächlich bei digitalen Produkten an, da in deren Fall die variablen Kosten der Produktion sehr gering sind. Aber auch in der analogen Welt kann eine Variante diese Strategie Erfolg verschaffen. *Gillette* verteilte schon vor mehr als einem Jahrhundert kostenlos Rasierapparate. Die passenden Rasierklingen mussten jedoch vergleichsweise teuer gekauft werden. Und heutzutage werden Handygeräte den Kaufwilligen nahezu „nachgeworfen", vorausgesetzt, sie unterschreiben gleichzeitig einen Nutzungsvertrag, dessen Laufzeit und Gebühren so bemessen sind, dass sich das Geschäft für den Anbieter „unterm Strich" lohnt. Aufgrund des Free Rider-Problems ist Follow the Free-Pricing jedoch umstritten. Denn die im Internet an sich schon geringe Zahlungsbereitschaft schwindet fast vollständig, wenn Leistungen bezahlt werden sollen, die anfangs kostenlos erhältlich waren.

Lock in-Effekt: Durch Wechselkosten und andere Wechselbarrieren „erzwungene" Kundenbindung

Free Rider: Trittbrettfahrer, welche öffentlich bereitgestellte Güter ohne Gegenleistung in Anspruch nehmen

3 Preisbildung

Üblicherweise vollzieht sich die Preisbildung im sog. magischen Dreieck der Preispolitik (vgl. Abb. 47). Dabei ermöglicht es die …

- **kostenorientierte Preisbildung**, die Preisuntergrenze eines Angebotes zu bestimmen (= der Preis, bei dem alle variablen bzw. alle variablen und fixen Kosten gedeckt sind),
- **nachfrageorientierte Preisbildung**, die Preisobergrenze festzulegen (= der Preis, den potentielle Kunden maximal zu zahlen bereit sind),

Abb. 47: Magisches Dreieck der Preispolitik

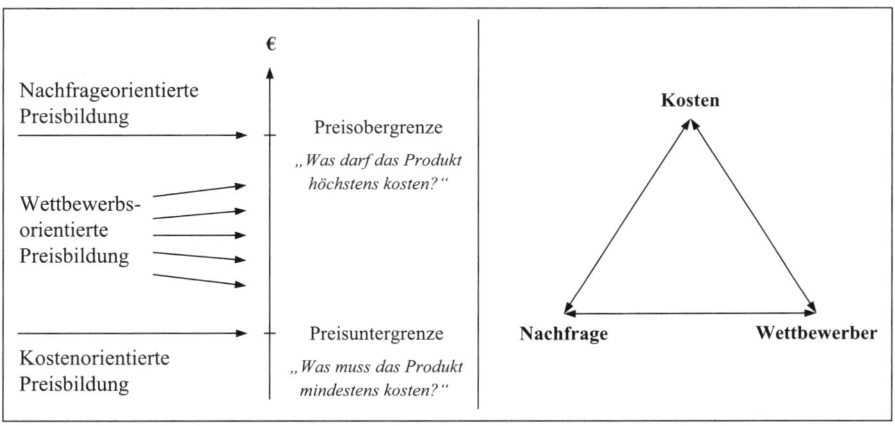

- **wettbewerbsorientierte Preisbildung**, den Preis zu ermitteln, der den voraussichtlichen (Re)Aktionen der wichtigsten Konkurrenten bestmöglich Rechnung trägt.

3.1 Kostenorientierte Preisbildung

Ermittlung der Preisuntergrenze

Variable Kosten: Steigen im Gegensatz zu fixen Kosten mit der Ausbringungsmenge (z. B. Kosten für Material)

In seltenen Fällen betreiben Unternehmen eine „nicht-kostendeckende Preispolitik. Mögliche Gründe sind, dass sie in einem Verdrängungswettbewerb stehen, Verbundkäufe stimulieren wollen oder Mischkalkulation betreiben. Im Regelfall aber sollte der Marktpreis eines Produktes zumindest dessen Stückkosten decken (d. h. Herstellungs-, Vertriebs-, Marketingkosten etc.). Die so definierte Preisuntergrenze lässt sich mit unterschiedlichen **Kalkulationsverfahren** ermitteln (vgl. Abb. 48).

Abb. 48: Kalkulationsverfahren

Richtung der Kalkulation / Basis der Kalkulation	**Progressive Kalkulation** ('cost-plus pricing')	**Retrograde Kalkulation** ('target costing')
Vollkosten	$p_i = k_i(1+\frac{g_i}{100})$	$k_{i,max} = p_i - G_i$ bzw. $p_i = k_{i,max} + G_i$
Teilkosten ('direct costing')	$p_i = k_{var,i}(1+\frac{db_{SOLL,i}}{100})$	$DB_{SOLL,i} = p_i - k_{var,i}$ bzw. $p_i = DB_{SOLL,i} + k_{v,i}$

p_i = Preis; k_i = gesamte Stückkosten; $k_{var,i}$ = variable Stückkosten; g_i = prozentualer Gewinnaufschlag; G_i = absoluter Stückgewinn; $db_{SOLL,i}$ = prozentualer Soll-Deckungsbeitrag; $DB_{SOLL,i}$ = absoluter Soll-Deckungsbeitrag

Vollkosten: Gesamtheit der variablen und der fixen Kosten

- Die **progressive Vollkostenrechnung** betrachtet den Preis als eine Funktion der Summe der auch als Selbstkosten bezeichneten Stückkosten (Material-, Herstellungs-, Verwaltungs- und Vertriebskosten), multipliziert mit einem Gewinnaufschlag. Um bspw. mit einem für 5 € hergestellten Medikament 10 % Gewinnaufschlag zu erzielen, müsste ein Anbieter 5 € × (1 + 0,1) = 5,50 € fordern.

Teilkosten: Gesamtheit der variablen Kosten

- Bei der **progressiven Teilkostenrechnung** wird ein Deckungsbeitrag festgelegt. Dieser gibt an, wieviel das Produkt nach Abzug der variablen Kosten dazu beitragen soll, die Fixkosten zu decken. Die Preisuntergrenze erhält man durch Multiplikation der variablen Stückkosten mit dem prozentualen Soll-Deckungsbeitrag. Angenommen, von den Stückkosten des o.g. Medikaments sind 3 € variabel, und der Anbieter möchte beim Verkauf wenigstens Fixkosten in Höhe von 50 % dieses Betrags decken, dann müsste er mindestens 3 € × (1 + 0,5) = 4,50 € dafür verlangen.

- Wer die **retrograde Vollkostenrechnung** anwendet, geht von der Zahlungsbereitschaft der Zielgruppe aus – dem erzielbaren Marktpreis bzw. 'target price' (p_i) – und berechnet die maximalen Einstands- bzw. Zielkosten ($k_{i,max}$), indem er vom Marktpreis den geplanten Gewinn pro Stück abzieht (G_i). Lässt sich für das o.g. Medikament ein Marktpreis von 6 € erzielen und beansprucht der Anbieter wenigstens 2 € Gewinn, dann dürfen die gesamten Stückkosten (fix + variabel) maximal 4 € betragen.
- Auch bei der **retrograden Teilkostenrechnung** ist der erzielbare Marktpreis der Ausgangspunkt. Von diesem werden allerdings nur die variablen Stückkosten ($k_{v,i}$) subtrahiert. Der so berechnete Soll-Deckungsbeitrag entspricht den maximalen Fixkosten. Wenn sich das Medikament also für 6 € verkaufen lässt und 3 € variable Kosten anfallen, dann dürfen die fixen Stückkosten 3 € nicht übersteigen.

Target Price: Zielpreis (Preis, der für ein neues Produkt am Markt voraussichtlich erzielt werden kann)

Risiken der einzelnen Verfahren [4]

Zahlreiche Situationen – z. B. der Markteintritt eines Wettbewerbers – können einen Absatzrückgang auslösen. Dann steigen die Fixkosten (pro Stück) des Anbieters, woraufhin dieser gemäß der Logik der **Vollkostenrechnung** den Preis anheben sollte. Dies hätte 'ceteris paribus' jedoch zur Folge, dass der Absatz weiter sinkt und immer wieder weitere Preisanhebungen erforderlich sind – mit jeweils demselben Effekt. Langfristig kalkuliert sich der Anbieter so „aus dem Markt". Damit ist gemeint, dass der immer höher geschraubte Preis früher oder später die Zahlungsbereitschaft der Zielgruppe übersteigt. Aber auch die **Teilkostenrechnung** birgt ein gravierendes Risiko. Gelingt es nämlich einem Anbieter, seine variablen Stückkosten zu senken (z. B. durch Rationalisierungsmaßnahmen), legt die Teilkostenrechnung eine Preissenkung nahe. Als Folge davon steigt der Absatz, und die damit verbundenen ⇒ Skaleneffekte lassen die variablen Stückkosten weiter sinken. Da aber die Teilkostenrechnung die unveränderten Fixkosten außer Acht lässt, läuft der Anbieter in diesem Fall Gefahr, sich sukzessive aus der Gewinnzone „herauszukalkulieren". Daraus folgt: Ein per Teilkostenkalkulation ermittelter Preis definiert die kurzfristige Preisuntergrenze und sollte nur vorübergehend gefordert werden, etwa um Konkurrenten vom Markteintritt abzuhalten oder schnell einen großen Marktanteil zu erringen. Per Vollkostenkalkulation lässt sich hingegen die langfristige Preisuntergrenze ermitteln.

Ceteris Paribus: Unter sonst gleichen Bedingungen[4]

Preise wiederum, die auf Vollkostenbasis **progressiv kalkuliert** werden, fallen oft derart hoch aus, dass sie am Markt nicht durchsetzbar sind, oder aber zu niedrig, um die Zahlungsbereitschaft der Zielgruppe bestmöglich abschöpfen zu können. Zwar lässt sich dies mit Teilkostenrechnung und **retrograder Kalkulation** vermeiden. Aber die dabei berechneten 'target costs' sind häufig derart gering, dass es nicht möglich ist, das Produkt unter derart restriktiven Vorgaben herzustellen. Mögliche Gegenmaßnahmen:

- Kostensenkung (z. B. durch Rationalisierung),
- Überarbeitung der Gewinnplanung mit dem Ziel der Ermittlung realistischerer 'target costs',

Target Costs: Zielkosten (= nach Abzug der angestrebten Gewinnspanne vom erzielbaren Preis „erlaubte" Produktkosten)

- kalkulatorischer Ausgleich bzw. Mischkalkulation mit dem Ziel der Quersubventionierung des defizitären Produkts und der Hoffnung, dass dieses sich als Lockvogel-Angebot erweist (z. B. preisgünstige Zimmerpflanzen im Baumarkt).

Lockvogel-Angebot: Defizitär kalkuliertes Produkt, das Käufer anzieht, die dann auch Ertragsbringer kaufen

3.2 Markt- bzw. nachfrageorientierte Preisbildung

Käuferbefragung

Im Zentrum dieser Preisfindungsstrategie steht die **Zahlungsbereitschaft** möglicher Kunden. Wo liegt deren Preisobergrenze? Was sind potentielle Käufer maximal zu zahlen bereit? Anders als bei den neueren, explizit verhaltenswissenschaftlich fundierten Verfahren erlaubt die klassische **Break Even-Analyse** nur eine indirekte Preisbildung. Dabei wird für mehrere denkbare Preise die „kritische Absatzmenge" berechnet, bei der das Unternehmen mit dem Produkt die Gewinnschwelle erreicht. Sodann versucht das Management einzuschätzen, wie realistisch die angenommen Absatzmengen angesichts der bestehenden Markt- und Wettbewerbsverhältnisse sind.

Preisbereitschaft: Individuelle Preisobergrenze (ergibt kumuliert die Preis/Absatz-Funktion)

Indirekte Fragen: Vermeiden sozial erwünschte Antworten durch Verschleierung des Befragungsziels

Während man die Zahlungs- bzw. Preisbereitschaft aggregierter Kundensegmente aus (vorliegenden) Kauf- und Entscheidungsdaten ableitet, wird die individuelle Preisbereitschaft zumeist mit Hilfe von Befragungen ermittelt. [5] Wieviel wären die Auskunftspersonen gegebenenfalls bereit, für ein bestimmtes Produkt maximal zu bezahlen? Mit derartigen **direkten Fragen** unterschätzt man jedoch erfahrungsgemäß die Zahlungsbereitschaft. Dafür verantwortlich ist die Tendenz, „sozial erwünschte Antworten" zu geben (⇒ Antworttendenz). Da es allgemein als clever gilt, möglichst wenig für eine Leistung zu bezahlen, und die allermeisten Probanden als clever gelten wollen („Ich bin doch nicht blöd"), neigt die Mehrzahl dazu, die direkte Frage nach ihrer Zahlungsbereitschaft mit auffällig geringen Werten zu beantworten. Als Korrektiv dieser Antwortverzerrung wurde die **indirekte Fragetechnik** entwickelt. Sie ermöglicht eine realistischere Einschätzung der Zahlungsbereitschaft:

- Was schätzen Sie, kostet dieses Produkt?
- Welchen Preis würden Sie für dieses Produkt als fair ansehen?
- Zu welchem Preis würden Sie als Unternehmer dieses Produkt anbieten?

Anbieter interessieren sich im Regelfall jedoch nicht für die Zahlungsbereitschaft einzelner Kunden. Sie möchten wissen, welche Preisspanne von möglichst vielen akzeptiert wird. Dies lässt sich mit Hilfe der **Van Westendorp-Methode** ermitteln. Aus den gemittelten Angaben der Befragten auf vier standardisierte Fragen kann man den **akzeptablen Preiskorridor** ableiten: jenen Bereich der Preisskala, der zwischen der ermittelten Preisobergrenze und der Preisuntergrenze liegt (vgl. Abb. 49).

Abb. 49: Van Westendorp-Methode

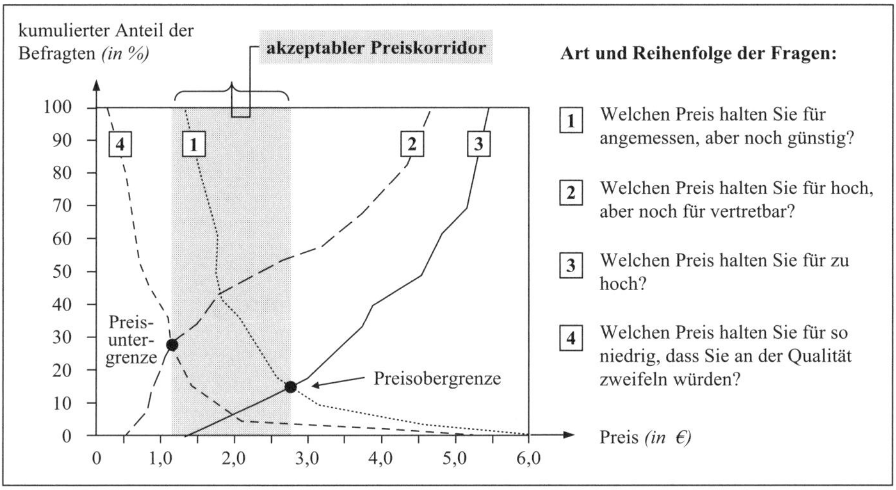

Quelle: eigene Erhebung; in Anlehnung an van Westendorp (1976).

Store- bzw. Markttest

Gleichgültig, ob direkte oder indirekte Fragetechnik: Beiden haftet immer der Makel an, dass man sich nicht sicher sein kann, ob die Auskunftspersonen das Produkt **tatsächlich** zu dem von ihnen genannten Preis **kaufen** würden. Valide lässt sich dies nur mit einem **Experiment** feststellen. Dazu wird das Produkt in ausgewählten Geschäften (= Storetest) oder Regionen (= Markttest) in einem bestimmten Zeitraum zu unterschiedlichen Preisen, aber sonst gleichen Bedingungen angeboten (d.h. unter quasi-experimentellen Bedingungen). Angenommen, ein Schokoladenhersteller würde seine neue Marke X probeweise

Validität: Gültigkeit von Untersuchungsmethoden

Quasi-Experiment: Manipulation der unabhängigen Variablen ohne Randomisierung

Randomisierung: Zufällige Zuweisung der Versuchspersonen zu den Versuchsbedingungen

Abb. 50: Anhand von 20 Storetests ermittelte Preis/Absatz-Funktion

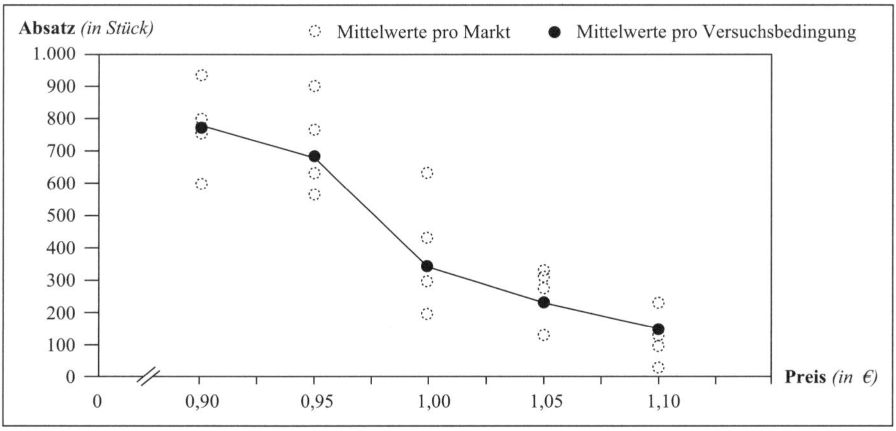

Quelle: eigene Erhebung.

in 20 repräsentativ ausgewählten Geschäften zu unterschiedlichen Preisen anbieten, jeweils in vier Geschäften zu 0,90 €, zu 0,95 €, zu 1,00 €, zu 1,05 € oder zu 1,10 €. Wie die aus den Verkaufszahlen ermittelbare Preis/Absatz-Funktion zeigt (vgl. Abb. 50), liegt zwischen 0,95 € und 1,00 € eine **Preisschwelle**. In diesem Bereich ändert sich die Preiswahrnehmung sprunghaft (bspw. die empfundene Preiswürdigkeit; vgl. Kap. H-4.1).

3.3 Konkurrenzorientierte Preisbildung

Strategien der konkurrenzorientierten Preisbildung

Es wäre grob fahrlässig, würde ein Anbieter seine preispolitischen Entscheidungen ohne Rücksicht auf die entsprechenden Aktionen und Reaktionen seiner Wettbewerber fällen. Denn Konkurrenten können viele Marketingmaßnahmen auf die ein oder andere Weise konterkarieren, etwa indem sie eine von dem Anbieter aufwändig inszenierte Verkaufsförderungsaktion durch eigene preispolitische Maßnahmen ins Leere laufen lassen.

Konkurrenzorientierte Preispolitik bedient sich üblicherweise einer von **vier Strategien**:

(1) Ist ein Anbieter Kostenführer, so kann er die **Preisführerschaft** übernehmen und den (Leit-)Preis vorgeben, an dem sich Konkurrenten zu orientieren haben. Denn Kostenführer produzieren aufgrund von Erfahrungseffekten, Standortvorteilen etc. zu konkurrenzlos geringen Kosten, was sie jederzeit zu weiteren Preissenkungen befähigt und nötigenfalls in die Lage versetzt, einen Preiskampf siegreich zu bestreiten. Üblicherweise werden zwei Formen der Preisführerschaft unterschieden:

- **Dominierende Preisführerschaft**: Der Anbieter ist dank seiner Marktmacht in der Lage, „Verstöße" gegen seine Preispolitik zu sanktionieren.
- **Barometrische Preisführerschaft**: In etwa gleichstarke Anbieter bestimmen in „friedlicher Koexistenz" das anzustrebende Preisniveau und übernehmen – ohne explizite Absprache – abwechselnd die Rolle des Preisführers. Die Preispolitik von Mineralölkonzernen, Energieversorgern und anderen Oligopolisten lässt sich als barometrische Preisführerschaft beschreiben.

Oligopol: Wenige Anbieter stehen zahlreichen Nachfragern gegenüber

(2) Das Gegenstück zur Preisführerschaft ist die **adaptive Preispolitik**. Preisfolger passen sich dem marktüblichen Preisniveau bzw. der Preispolitik wichtiger Wettbewerber an. Damit profitieren sie vom Wissensvorsprung bzw. der Markterfahrung der Preisführer und ersparen sich den Aufwand einer eigenständigen Preispolitik (bspw. für Marktforschung), geben aber ein wichtiges, unmittelbar verkaufswirksames Marketinginstrument aus der Hand.

(3) Eine weitere Option besteht darin, bewusst einen höheren Preis zu fordern als die wichtigsten Konkurrenten. Die Strategie der **Preisüberbietung** ist im Regelfall jedoch nur für Luxusmarken wie *Gucci, Chanel* etc. empfehlenswert, für deren Alleinstellungsmerkmal (z. B. Exklusivität, Premiumqualität) zahlungskräftige Kunden einen entsprechenden Aufpreis zu zahlen bereit sind.

Kostenführerschaft im Pharmamarkt

Es kostet Milliarden., ein neues Medikament zu entwickeln. *STADA,* der in Bad Vilbel ansässige größte europäische Generikahersteller, hat sich deshalb darauf spezialisiert, wirkstoffgleiche Kopien von Arzneimitteln, deren Patentschutz abgelaufen ist, herzustellen. Dank der so „ersparten" Entwicklungskosten können Generika überaus preiswert angeboten werden, teilweise zu einem Drittel des Preises des Originalpräparates. Dem Margendruck, der im Generikasegment herrscht, begegnet *STADA* mit der Kostenführerschaftsstrategie. Entwickelt und international vermarktet werden die *STADA*-Medikamente von Kooperationspartnern. Um standardisiert produzieren und so Skaleneffekte erzielen zu können, ist die Darreichungsform (Tabletten, Tropfen, Salben etc.) trotz lokaler Marktstrategien und länderspezifischer Produktnamen europaweit einheitlich. Auch die zur Produktion erforderlichen Wirk- und Hilfsstoffe stellt *STADA* nicht selbst her, sondern kauft sie kostengünstig in sog. Niedrigkostenländern. Dank dieser Strategie wuchs der Konzernumsatz seit 1977 stetig. Der bereinigte Konzerngewinn lag 2016 bei 177 Mio. €.

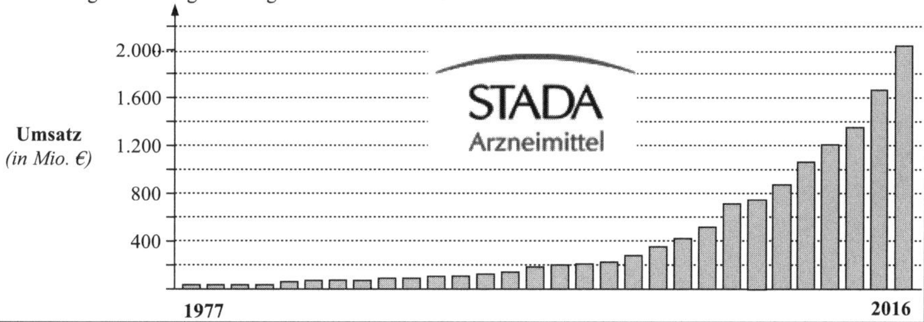

Quelle: www.stada.de.

(4) Weit häufiger ist das Gegenteil zu beobachten: **Preisunterbietung**. Augenfälliges Beispiel dafür sind die freien Tankstellen, welche nahegelegene Markentankstellen immer um einen Cent unterbieten und so preisbewusste Kunden ansprechen. Diese Strategie verspricht dann Erfolg, wenn die Nachfrage hinreichend elastisch reagiert, d.h. Preissenkungen nennenswerte Absatzsteigerungen zur Folge haben. Auch sollten nur Kostenführer den Markt mit systematischer Preisunterbietung „aufmischen". Denn falls wichtige Konkurrenten gleichfalls in der Lage sind, den Preis wiederholt und dauerhaft zu reduzieren, dann droht ein **Preiskampf**. Die Folge sind ...

- eine für alle schädliche Erosion des Preisniveaus (zu beobachten u.a. bei Passagierflügen, Fernbusreisen und im Milchmarkt),
- Imageverlust,
- Gefährdung der Unternehmensexistenz. Letzteres kann dann der Fall sein, wenn der Preisunterbieter lediglich die Grenzkosten berücksichtigt und seine Fixkosten dauerhaft nicht gedeckt sind.

Grenzkosten: Kosten einer zusätzlich produzierten Einheit

Preiskämpfe vermeiden

Paradoxerweise leiden langfristig auch die Käufer unter einem Preiskampf. Denn sinkende Margen mindern die Innovationsfähigkeit und das Qualitätsniveau der gesamten Branche. Wie aber können Unternehmen Preiskämpfe vermeiden?

- **Innovations- statt Preiswettbewerb**: Wer neuartige Leistungen auf den Markt bringt, welche den Kunden einen spürbaren Nutzenvorteil bieten, muss sich nicht in Preiskämpfe verwickeln lassen.

- **Gelassenheit**: Nicht zwanghaft auf jede Preissenkung von Konkurrenten mit eigenen Preissenkungen reagieren.
- **Intransparenz**: Preisvergleiche erschweren (bspw. durch ⇒ Preisbündelung).
- **Preis/Leistungsverhältnis**: Zusatznutzen kreieren, um die wahrgenommene Preiswürdigkeit des eigenen Angebots zu erhöhen.
- **Preisdifferenzierung**: Unterschiedliche Preisstrategien für unterschiedlich preissensible Kundensegmente verfolgen.

4 Preisdifferenzierung

4.1 Grundprinzip

Der allgemeinen Preis/Absatz-Funktion liegt die Annahme zugrunde, dass es für ein Angebot einen Marktpreis gibt, der für alle Nachfrager und unter allen Marktbedingungen gilt. Wie wir alle aus eigener Anschauung wissen, ist dies häufig nicht der Fall. Für dasselbe Erfrischungsgetränk, das beim Discounter oder im Getränkemarkt für 0,49 € angeboten wird, müssen wir im Ausflugslokal oder am Bahnhof 1,50 € bezahlen. Und das Sommerkleid, das im Frühjahr regulär 118,00 € kostete, ist wenige Wochen später im Schlussverkauf für 39,80 € zu haben.

Konsumentenrente: Nicht abgeschöpfte Zahlungsbereitschaft von Käufern

Die Strategie, für dasselbe Produkt unterschiedliche Preise zu fordern, zielt auf die **Konsumentenrente**. Abb. 51 illustriert das Prinzip an einem vereinfachten Beispiel. Ignoriert man die Fixkosten, dann entsprechen die variablen Stückkosten den Grenzkosten. Angenommen, der Anbieter verzichtet auf Preisdifferenzierung (= linke Seite der Abbildung) und wählt den Preis p*, dann erzielt er unter dieser Bedingung einen Gewinn in Höhe der gepunkteten Fläche ($G_{undifferenziert}$). Gleichzeitig entgehen ihm …

- die Konsumentenrente in Höhe von G_1 (denn einige Konsumenten wären mehr zu zahlen bereit gewesen als p*) und
- der Gewinn in Höhe von G_2 (weil einige Konsumenten nicht bereit sind, p* zu bezahlen).

Setzt der Anbieter allerdings zwei verschiedene Preise (p_1 und p_2) durch (= rechte Seite der Abbildung), dann steigt sein Gewinn, weil er nun je einen Teil von G_1 (graue Fläche) und von G_2 (schraffierte Fläche) abschöpfen kann. Theoretisch denkbar, aber praktisch unmöglich ist **vollkommene Preisdifferenzierung**: Denn um die gesamte Konsumentenrente abzuschöpfen, müsste der Anbieter unendlich viele Preise zwischen p_{min} (gerade kostendeckend) und p_{max} (Prohibitivpreis) fordern.

Abb. 51: Klassisches Modell der Preisdifferenzierung

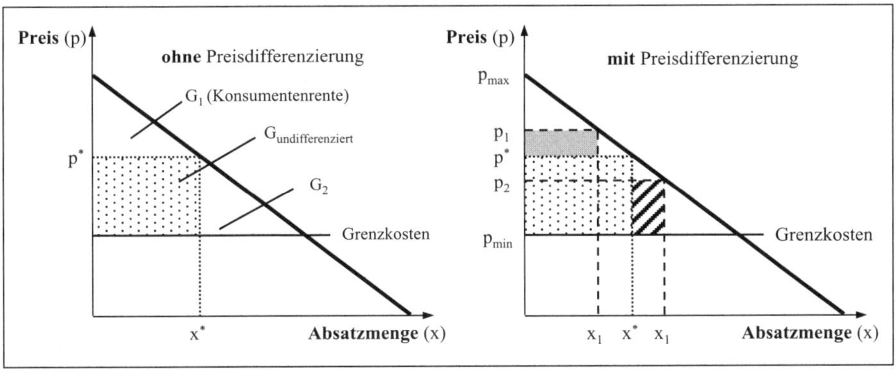

4.2 Traditionelle Formen der Preisdifferenzierung

Quantitative bzw. mengenmäßige Preisdifferenzierung

In vielen Fällen hängt der Preis einer Leistung von der Stückzahl bzw. der Häufigkeit der Inanspruchnahme einer Leistung ab. Dann müssen die Kunden mit zunehmender Menge relativ gesehen, d.h. pro gekaufter Einheit, weniger bezahlen als bei kleinerer Stückzahl (z.B. Mengenrabatt, vorteilhafter Preis von Großpackungen, Kaufe 3/Zahle 2-Angebote). Erklären lässt sich diese Form der nicht-linearen Preisbildung damit, dass der Anbieter von ⇒ Skaleneffekten profitiert, die er aus Gründen des Wettbewerbs (teilweise) an die Kunden weitergibt. Die **Größenersparnisse** fallen umso stärker aus, je größer die abgesetzte Menge ist (vgl. bspw. die Kosten einer 50gr-Packung Tee im Vergleich zu einer 250gr- oder 1000gr-Packung). Auch aus psychologischen Gründen ist ein Preisnachlass geboten. Denn für den Käufer nimmt mit zunehmender Menge der Grenznutzen einer Leistung ab.

Qualitative bzw. leistungsbezogene Preisdifferenzierung

In anderen Fällen werden ähnliche Leistungen zu unterschiedlichen Preisen angeboten. Die Bahn bspw. befördert 1. Klasse- und 2. Klasse-Kunden gleichermaßen von A nach B, die einen jedoch etwas komfortabler als die anderen. Den neuen Kühlschrank kann man selbst abholen oder sich gegen einen Aufpreis liefern lassen, das aktuelle Theaterstück von den teuren oder den billigen Plätzen aus ansehen, bei einer Singlebörse das Standard- oder das Premiumpaket buchen. Immer ist das Prinzip das Gleiche: identischer Leistungskern, aber **unterschiedliche Zusatzleistungen**.

Zeit- bzw. kapazitätsabhängige Preisdifferenzierung

Bei saisonabhängigen Preisen von touristischen Dienstleistungen, Happy Hour-Angeboten oder Frühbucherrabatten hängt der Preis vielfach vom **Zeitpunkt des Kaufs** bzw. der **Nutzung** ab. So kosteten 2007 gemäß einer Erhebung von *Stiftung Warentest* Flüge, die 120 Tage vor Abflug bei *Air France* für durchschnittlich 118 € zu haben waren, 10 Tage vor Abflug im Mittel 712 €. Bei *Ryanair* und anderen Billigfliegern fiel der Zeiteffekt zwar wesentlich schwächer aus, war aber durchaus nachweisbar (90 € → 121 €).

Yield: Erlös pro Passagiermeile

Yield Management: Ertragsmanagement durch Preis/ Mengensteuerung

Diese Form des Preismanagements verfolgt vorrangig das Ziel, die **Nachfrage zu kanalisieren**. Am konsequentesten geschieht dies mit Hilfe von Yield Management (bzw. Revenue-Management): Unternehmen, deren Leistungen bzw. Produkte nicht lagerbar sind, da sie zu einem bestimmten Zeitpunkt verfallen (z. B. Hotelzimmer am Ende des Tages), versuchen, durch **Ertragsmanagement** ihre Produktionskapazität (z. B. Hotelzimmer, Sitze im Flugzeug) möglichst vollständig auszulasten. Dies geschieht durch den permanenten Abgleich von erreichter und prognostizierter Auslastung. Je nachdem, wie groß und welcher Art die Abweichung ist, werden Preisänderungen vorgenommen. Ist ein Flugzeug bspw. zwei Wochen vor dem Abflugtermin besser ausgelastet, als aufgrund der Nachfrageentwicklung in der Vergangenheit zu erwarten war, kann das Preisniveau der noch verfügbaren Tickets hoch gehalten werden. Umgekehrt, d. h. bei schleppender Nachfrage, sind Preissenkungen angezeigt.

Beispiel
„Komplexe Yield-Management-Systeme aktualisieren bei Airlines täglich Tausende Preise automatisch. Die Mitarbeiter der Erlössteuerung greifen nur selten selbst ein. Zahlreiche Faktoren beeinflussen den Preis, darunter der Standort, die Vorausbuchungsfrist und die Reisedauer. (...) Untersuchungen zeigten, dass Flüge von großen Drehkreuzen aus tendenziell teurer sind, denn die Marktführer dort haben meist mit weniger Konkurrenz zu tun. Airlines halten auch ganz bewusst Sitze für Märkte zurück, in denen bessere Preise zu erreichen sind. Läuft gerade New York-Frankfurt-New York besser als Frankfurt-New York-Frankfurt, so wird der Flug eher in den USA gefüllt als in Deutschland." [6]

Räumliche Preisdifferenzierung

Unterschiedliche Preise in geografisch abgrenzbaren Teilmärkten können durch die jeweilige Entfernung zum Produktionsstandort bedingt sein (z. B. distanzabhängige Transportkosten für geringwertige Masse- bzw. Volumengüter wie Heizöl). Weitaus häufiger aber dürfte dies an der in den Teilmärkten unterschiedlichen Kaufkraft, Zahlungsbereitschaft, Konkurrenzintensität etc. liegen (z. B. Preis für einen Liter Bier auf der Münchner Wiesen im Vergleich zu einem niederbayrischen Dorfgasthof). Exportunternehmen wiederum tragen Lohnkostenunterschieden, länderspezifischen Steuerquoten, Zöllen und sonstigen Gebühren durch die vielleicht wichtigste Form der räumlichen Preisdifferenzierung Rechnung: die internationale Preisdifferenzierung (⇒ Preisdifferenzierung). In Zeiten von Online-Shopping sind ihr allerdings rechtliche wie auch technische Grenzen gesetzt:

- Rechtlich, weil es gemäß der EU-Dienstleistungsrichtlinie eine unzulässige Diskriminierung von Verbrauchern aufgrund von Wohnort oder Nationalität ist, wenn der geforderte Preis davon abhängt, von welchem Land aus die Leistung bestellt wurde (vgl. Abb. 52).

- Technisch, weil IT-erfahrene Kunden das mittlerweile illegale Geoblocking der Anbieter umgehen können, indem sie sich bei einem VPN-Dienst (bspw. *HideMyAss* oder *IPVanish*) eine IP-Adresse des Landes besorgen, in dem das von ihnen nachgefragte Produkt bzw. Dienstleistung besonders günstig angeboten wird.

Geoblocking: Ausschluss bestimmter Länder von einem digitalen Angebot

VPN: Virtual Private Network

Abb. 52: Räumlich differenzierte Mietwagenpreise (Dauer drei Tage)

Autovermieter	Modell	in Großbritannien gemietet	in Deutschland gemietet
Europcar	*Opel Zafira 1.8* *VW Sharan 2.0*	*155,19 €* *156,64 €*	*196,23 €* *234,91 €*
Hertz	*VW Passat Kombi* *Audi A4 Automatik*	*296,74 €* *252,54 €*	*326,49 €* *305,63 €*

Quelle: Finke/Becker (2014).

Personelle Preisdifferenzierung

Es gibt viele Gründe, für verschiedene, eindeutig abgrenzbare Personengruppen unterschiedliche Preise festzulegen.

- Vergünstigungen für **Schüler** und **Studenten** etwa sind, wenn man an deren langfristigen ⇒ Kundenwert und die Möglichkeit einer lebenslangen ⇒ Kundenbindung denkt, nicht nur sozialpolitisch sinnvoll, sondern auch betriebswirtschaftlich: Zwar ist die aktuelle Kaufkraft dieser Zielgruppe gering. Aber das wird sich früher oder später ändern. Und da junge Kunden ganz am Anfang ihres Kundenlebenszyklus stehen, lohnt es sich im Regelfall, sie durch einen Preisvorteil an das Unternehmen zu binden.
- Profitieren hingegen **Rentner, Pensionäre, Arbeitslose** etc. von einem Preisnachlass, so kann dies Ausdruck der gesellschaftspolitischen Verantwortung des Unternehmens sein (⇒ Corporate Social Responsibility). Oder man möchte so der im Regelfall geringeren Kaufkraft dieser Zielgruppe Rechnung tragen.
- Für die scheinbar gleiche Leistung bezahlen **Frauen** manchmal mehr und manchmal weniger als **Männer**. Während Autoversicherungen die geringere Unfallwahrscheinlichkeit weiblicher Autofahrer mit entsprechend günstigeren Versicherungsprämien honorieren, fordern Krankenversicherungen von Frauen aufgrund deren höheren Risiken höhere Beiträge.
- Auch Konsumenten, die mit *Apple*-Geräten im Internet einkaufen, müssen damit rechnen, dass ihnen höhere Preise abverlangt werden. Denn aufgrund des Preis/Qualitätsniveaus ihrer elektronischen Ausstattung wird unterstellt, dass ***Apple*-Besitzer** auch in anderen Konsumbereichen überdurchschnittlich zahlungsbereit sind. Gleiches kann Konsumenten widerfahren, die online mehrmals teure Produkte bestellt haben.

4.3 Moderne Formen der Preisdifferenzierung

„Modern" sind an diesen Differenzierungsstrategien nicht die preispolitischen Instrumente, die zum Einsatz kommen, sondern die zugrundeliegende Unternehmensphilosophie (⇒ Corporate Identity). Das Neuartige an **Relationship-Pricing** etwa ist die Einsicht, dass nicht unbedingt das einzelne Produkt rentabel sein muss, sondern die Kundenbeziehung als Ganzes. Die Loyalität von Kunden lässt sich preispolitisch u. a. durch Bonussysteme wie *Payback* bzw. *Miles & More* fördern (⇒ Lufthansa). Dasselbe Ziel verfolgt Mischkalkulation, welche den gesamten Kundenlebenszyklus berücksichtigt (z. B. geringere Kontoführungsgebühren für Jugendliche).

Pareto-Prinzip: 80 % der Ergebnisse werden mit 20 % des Aufwands erzielt

Kundenwert: Beitrag, den der Kunde zum Unternehmenserfolg leistet

Value-Pricing trägt dem *Pareto*-Prinzip Rechnung, wonach viele Unternehmen mit einem vergleichsweise kleinen Teil ihrer Kunden den Hauptteil ihres Gewinns erwirtschaften (= 80/20-Regel). Hotel schenken deshalb ihren nach Maßgabe des Kundenwerts attraktiven Gästen (z. B. Stammgäste) bestimmte Zusatzleistungen, (z. B. Blumenstrauß, Obstschale, Transportservice), um sie dauerhaft an das Haus zu binden und deren Zahlungsbereitschaft für die traditionellen Hotelleistungen zu erhöhen.

5 Literaturempfehlung

- *Diller, H.* (2008): Preispolitik, 4. Aufl., Stuttgart: Kohlhammer.
- *Hofbauer, G.; Knör, S.* (2015): Professionelles Preismanagement, Erlangen: Publicis.
- *Pechtl, H.* (2014). Preispolitik: Behavioral Pricing und Preissysteme, 2. Aufl., Stuttgart: Lucius (UTB).
- *Simon, H.; Fassnacht, M.* (2016): Preismanagement, 4. Aufl., Wiesbaden: Springer Gabler.

Endnoten

1. Urban (2016)
2. Esch et al. (2013, S. 314 ff.); Völckner (2006)
3. info@b4b.de (12.01.2016)
4. http://www.wirtschafts-lehre.de/ceteris-paribus.html
5. Balderjahn (2003)
6. Flottau u. a. (2014, S. 18)

H. Psychologie der Preispolitik

„In zehn Jahren fliegen alle umsonst!" Derart provokante Äußerungen kann sich *M. O'Leary*, der seit 1993 *Ryanair* vorsteht, erlauben. Denn „seine" Fluggesellschaft schreibt im Gegensatz zu vielen Konkurrenten schwarze Zahlen. Der Börsenwert von Europas größter Billig-Airline übertrifft den von *Air France*, und die Iren befördern mehr Passagiere als *British Airways*. Diesen Erfolg verdankt *Ryanair* seiner kompromisslos kostenorientierten Preispolitik: nur Direktflüge, Nutzung von kostengünstigen Nebenflughäfen, Online-Buchung, unattraktive – aber kostengünstige – Flugzeiten, keine Zusatzleistungen. Zum Erfolg trägt weiterhin angewandte Preispsychologie bei. *Ryanair* hat es verstanden, sich in den Köpfen der Verbraucher als die Billig-Airline zu positionieren, obwohl die Tickets größtenteils nicht preiswerter sind als die vieler Konkurrenten. Denn der auf Werbeplakaten herausgestellte Null- bzw. Niedrigtarif gilt nur für einen zumeist sehr geringen Teil der Sitzplätze. Auch erhöhen weitere Kosten den letztlich fälligen Preis spürbar. Neben Steuern und Gebühren müssen Fluggäste für jedes Gepäckstück bezahlen, und wer in Frankfurt-Hahn landet, muss lange Anfahrtswege in Kauf nehmen, die Zeit und Geld kosten. Auch dass sie für 15,99 € möglicherweise von Berlin nach London kommen, aber nicht zurück, bedenken viele Passagiere zunächst nicht. Sie erliegen dem Reiz attraktiver Lockvogel-Angebote und messen daran die Ticketpreise anderer Anbieter, die zumeist höher erscheinen.

1 Behavioral Pricing

Pay what you want: Preisfindungsstrategie, die es dem Käufer überlässt, einen angemessenen Preis festzulegen

Versuchspersonen, die auf einen Energy-Drink einen **Preisnachlass** erhielten, schnitten in einem anschließenden **Leistungstest** weniger gut ab als eine Vergleichsgruppe, welche den vollen Preis bezahlt hatte. [1] Zweites Beispiel: Lassen Anbieter die Nachfrager den **Preis** einer Leistung **selbst festlegen**, dann verhalten sich in der Realität nur wenige wie der 'homo oeconomicus' aus dem volkswirtschaftlichen Lehrbuch, der bspw. im Restaurant ein tolles Fünf-Gänge-Menü genießen und freiwillig dafür möglichst keinen Cent bezahlen würde. Die „Pay what you want-Forschung" hat gezeigt, dass weitaus die meisten Menschen entweder freiwillig eine angemessene Summe entrichten oder aber ganz auf den Kauf verzichten. [2]

Economic Man: Menschenbild der klassischen Ökonomie

Wie lassen sich diese und andere scheinbar irrationale Verhaltensweisen erklären? Mit der klassischen Preistheorie sicher nicht. Deren Vertreter gehen bekanntlich davon aus, dass Käufer sich streng rational verhalten. Ihr Leitbild, der '**economic man**', ist über die Preise aller konkurrierenden Anbieter vollständig informiert und entscheidet sich schließlich für jenes Angebot, das ihm unter Abwägung aller Vor- und Nachteile den größten Nutzen bietet. [3] Heute wissen wir, dass dieses Menschenbild wenig zur Erklärung des realen Konsumentenverhaltens beiträgt. Realistischer ist das Menschenbild des '**social man**'. Es impliziert u. a., dass Entscheidungen aller Art und somit auch Kaufentscheidungen zumeist beschränkt-rational gefällt werden. So ist bekannt, dass auch Kunden, die sich als preisbewusst einstufen, zumeist über kein hinreichendes Preiswissen verfügen.

Social Man: Menschenbild, das vom Vorrang sozialer Bedürfnisse und beschränkter Rationalität ausgeht

Deshalb hat sich in der jüngeren Vergangenheit die Erkenntnis durchgesetzt, dass die Wirtschaftswissenschaften das Preisverhalten der Nachfrager nur unter Zuhilfenahme verhaltenswissenschaftlicher Theorien umfassend erklären können. Im Falle des Energy-Drinks etwa eröffnet die allgemeine Preis/Qualitätshypothese einen Erklärungsansatz. Da gemäß dieser Vermutung nur Teures gut sein kann, billigen die Probanden dem preisreduzierten Getränk weniger „Power" zu als dem hochpreisigen Drink. Und dass die meisten bei 'pay what you want' freiwillig spürbar mehr bezahlen, als sie müssten, lässt sich mit Hilfe der Identitäts- und Selbstbildforschung erklären: Demnach bietet die Wahrung eines positiven Selbstbildes („Ich bin fair") einen größeren Nutzen als ein kurzfristiger materieller Vorteil.

Verhaltenswissenschaften: Analysieren das Verhalten von Menschen (insb. Psychologie, Sozialpsychologie, Soziologie)

Lange Zeit befasste sich die Behavioral Pricing-Forschung (vgl. Abb. 53) vorrangig mit der **bewussten kognitiven Verarbeitung** von Preisinformationen (z. B. Preisänderungen), die sich mit der klassischen Preistheorie nicht erklären lassen. [4] Ausgangspunkt dieser Forschungsrichtung ist die Erkenntnis, dass Konsumenten Preise nicht absolut, sondern relativ beurteilen, in Bezug auf einen **Referenzpreis**. Von dessen Ausprägung hängt ab, ob wir einen bestimmten Preis als „günstig" oder „teuer" empfinden. Wer es gewohnt ist, in 5-Sterne-Hotels zu nächtigen, wird einen sehr viel höheren Referenzpreis für eine Übernachtung gebildet haben als der typische Gast von Ein-Sterne-Hotels. Deshalb wird den einen ein Zimmerpreis von 220 € als „billig" und den anderen als „teuer" erscheinen. Nur verhaltenswissenschaftlich erklärbar ist auch die sog. **Kreditkartenprämie**. Der Zahlungsmodus (bar oder Kreditkarte) beeinflusst demzufolge nicht nur die Zahlungsbereitschaft – Kreditkartennutzer geben bereitwilliger Geld aus als Barzahler [5] –, sondern auch die Produktwahrnehmung: Wer mit einer Kreditkarte bezahlt, denkt vorrangig an den Nutzen, den

Referenzpreis: Preis, der bei der Beurteilung anderer Preise als Vergleichsmaßstab herangezogen wird

Abb. 53: Struktur der Behavioral Pricing-Forschung

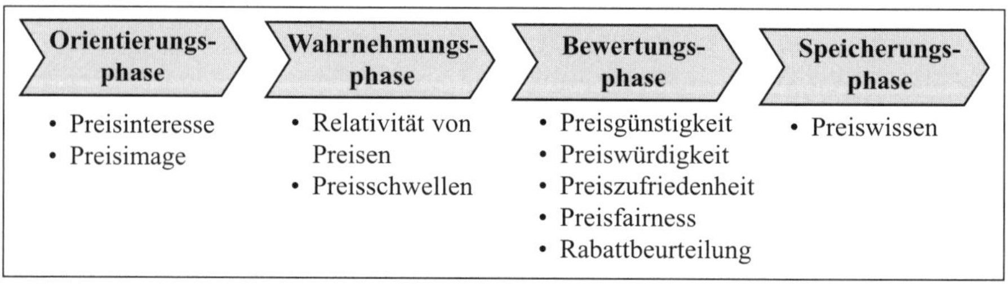

Quelle: in Anlehnung an Homburg/Koschate (2005, S. 386).

ihm sein Kauf stiften wird, während Barzahlen stärker an die negativen Seiten der Transaktion erinnert – die Kosten. [6]

In neuerer Zeit analysiert die Behavioral Pricing-Forschung neben Preisstolz, Preisneid, Preisärger und anderen **Emotionen** (vgl. H-5.3) zunehmend auch den Stellenwert **unbewusster kognitiver Vorgänge**. Dabei konnte u. a. gezeigt werden: Aktiviert ein Herrenausstatter durch Präsentation hochwertiger und hochpreisiger Anzüge das Preis/Qualitätsschema seiner Kunden, so steigert er damit deren Preisbereitschaft bei Krawatten, Hemden und selbst solchen Leistungen, die in keinem direkten Zusammenhang mit Bekleidung im Allgemeinen und Anzügen im Besonderen stehen. [7] Dieser Vorgang wird als ⇒ **Priming** bezeichnet. Der Ankerreiz „hochpreisiger Anzug" sorgt, ohne dass dies den Betroffenen bewusst würde, für eine bessere Verfügbarkeit des Preis/Qualitätsschemas.

Schema: Mentale Organisation des Wissens über einen Sachverhalt (z. B. Preis/Qualitätsschema)

2 Orientierungsphase

In Befragungen geben die meisten Auskunftspersonen ⇒ sozial erwünschte Antworten: Sie antworten so, wie sie meinen, dass man antworten sollte. Und da es als vernünftig gilt, sich für den Preis dessen, was man kaufen möchte, zu interessieren, beantworten die allermeisten die Frage „Wie wichtig ist Ihnen der Preis eines Angebots" zumeist mit „wichtig" oder „sehr wichtig". Dabei handelt es sich jedoch bestenfalls um **passives Preisinteresse**, das bspw. zumeist nicht dazu führt, dass die Befragten vor einem Kauf tatsächlich gezielt Preise vergleichen, im Ladengeschäft per Augenschein oder im Internet mit Hilfe von Preisrobotern (= **aktives Preisinteresse**). Dafür, dass das in Verbraucherumfragen regelmäßig ermittelte große Preisinteresse überwiegend Ausdruck des idealisierten Selbstbildes der Befragten ist, spricht auch das in zahlreichen Studien nachgewiesene geringe Preiswissen vieler Konsumenten (vgl. Kap. H-5.1).

Preisinteresse: Ausmaß der Suche nach und der Verarbeitung von Preisinformationen

Preisroboter: Vergleichsportal für Preise und Tarife

Üblicherweise werden **drei Dimensionen** des **Preisinteresses** unterschieden: [8]

(1) Preisgewicht: Welche Bedeutung besitzt der Preis im Verhältnis zu den übrigen Kriterien einer Kaufentscheidung? Die Antwort auf diese Frage hängt wesentlich von der Bandbreite der Preise konkurrierender Angebote ab. Schwanken diese nur geringfügig (bspw. 0,79 – 0,89 € für einen 125gr Fruchtjoghurt-Becher), dann ist das sog. Preisgewicht gering, und Marke, Fruchtbeimischung oder Art der Verpackung bestimmen die Kaufentscheidung. In dem Maße jedoch, wie die Preisspreizung zunimmt (bspw. 0,49 – 1,29 €), gewinnt der Preis an Einfluss.

(2) Alternativenbewusstsein: Während anspruchsvolle, qualitätsorientierte Käufer im Regelfall Wert auf eine große Auswahl legen, ist dieses Bedürfnis beim Typus des „Niedrigpreiskäufers" zumeist nur schwach ausgeprägt. Er präferiert von vornherein die Handelsmarke seines Lieblings-Discounters und verzichtet auf eine Alternative.

(3) Preissuche: Intensität und Qualität der Preissuche hängen von folgenden Faktoren ab:

- **Ökonomische Faktoren**: Je niedriger der Ausgangspreis und je höher die Suchkosten, desto weniger ausdauernd suchen Käufer nach Preisinformationen. Hohe Suchkosten entstehen auf intransparenten Märkten (z. B. durch heterogene, kaum vergleichbare Produkte).
- **Persönlichkeitsmerkmale**: Bestimmten Menschen bereitet es Freude, sich ausführlich zu informieren. Manche haben sich zu sog. Preis-Mavenisten entwickelt, einer speziellen Form der 'market mavens'. Preis-Mavenisten sammeln intensiv Preisinformationen und teilen sie mit anderen Konsumenten. Einige haben daraus sogar ein Geschäftsmodell entwickelt. Sie bieten im Internet Preisvergleiche an (z. B. *billigflieger.de, billiger.de*) bzw. richten Foren ein, in denen Konsumenten anderen Käufern preiswerte Anbieter bzw. Produkte empfehlen können. Finanziert werden derartige Portale u. a. mit Hilfe von Werbeeinnahmen, Sponsoring und Gewinnspiel-Kooperationen.

Market Mavens: Gut informierte Konsumenten, die ihr Produkt- und Marktwissen gerne mit anderen teilen

- **Preisstrategien der Anbieter**: Einige Unternehmen bieten ihren Kunden an, den Kaufpreis zurückzuerstatten, wenn dasselbe Produkt anderswo billiger erhältlich ist. Selbst für Anbieter, die keineswegs immer die billigsten sind, ist eine solche Rückerstattungs-Garantie relativ gefahrlos. Denn aufgrund der Trägheit der meisten Kunden ist das Rückgaberisiko gering.

Unternehmen, die auf den Erfolgsfaktor „Preiswürdigkeit" setzen, sollten den Kunden die Preissuche erleichtern. Wer hingegen teurer ist als seine Konkurrenten und diesen Nachteil nicht durch einen eindeutigen Wettbewerbsvorteil kompensieren kann, dem muss daran gelegen sein, die Preissuche zu erschweren. Dazu bietet es sich an, die **Suchkosten** zu erhöhen. Manche Anbieter steigern diese, indem sie eine unübliche Packungsgröße wählen (z. B. 90gr-Tafel Schokolade), sodass sich der Preis nur schwer mit dem der handelsüblichen 100gr-Tafeln anderer Anbieter vergleichen lässt.

3 Wahrnehmungsphase

3.1 Referenzpreise

Relativität der Preiswahrnehmung

Interner Referenzpreis: Anhand eigener Erfahrungen gebildete Preisvorstellung

Jeder Mensch hat eine mehr oder minder konkrete Vorstellung davon, was ein bestimmtes Produkt kostet: ein *Samsung*-Smartphone 400-600 €, ein Mittagessen im Restaurant 15 € und ein Sandwich 3 €. Ein Sandwich für 2,20 € erscheint uns „billig" und für 4,80 € „teuer". Derartige subjektive, im Gedächtnis längerfristig gespeicherte Preisvorstellungen werden als **interner Referenzpreis** bezeichnet, als Ankerstimulus, der herangezogen wird, um aktuelle Preise zu bewerten. Der Referenzpreis beruht auf …

- bisherigen Erfahrungen mit demselben oder ähnlichen Angeboten,
- Berichten von Freunden, Bekannten, Kollegen, Familienmitgliedern oder Medien,
- dem Betrag, der für ein vergleichbares Angebot normalerweise zu bezahlen ist,

- dem Betrag, den der Käufer für fair hält,
- der Preisuntergrenze, bei deren Unterschreitung er an der Qualität des Angebots zweifelt.

Es kann vorkommen, dass Käufer keinen internen Referenzpreis besitzen, z. B. weil sie ein Produkt erstmalig bzw. selten kaufen, keine Marke eindeutig präferieren oder aus derart vielen Angeboten auswählen können bzw. müssen, dass kognitive Überlastung die Folge ist. In solchen Fällen bilden Käufer unmittelbar am Point-of-Sale (PoS) anhand der Preisschilder der dort zur Auswahl stehenden Produkte einen **externen Referenzpreis**. An diesem messen sie einen aktuell geforderten Preis und können so das Angebot als „billig" oder „teuer" einstufen. Da der Handel die „doppelte Preishoheit" besitzt, d.h. sowohl die Preise der eigenen Marken als auch die konkurrierender Herstellermarken festlegt, ist es ihm möglich, die externen Referenzpreise seiner Kunden zu beeinflussen, indem er konkurrierende Herstellermarken auf einem Preisniveau anbietet, welches die Eigenmarken zwangsläufig als vorteilhaft erscheinen lässt.

Externer Referenzpreis: Anhand der am PoS verfügbaren Informationen gebildete Preisvorstellung

Wahrnehmungs- und sozialpsychologische Erklärungsansätze

Vertreter der Psychophysik wie *G.T. Fechner* konnten nachweisen, dass zwischen Reizintensität und Reizwahrnehmung keine lineare Beziehung besteht. Das sog. **Webersche Gesetz** vermag u. a. zu erklären, warum wir uns über einen Vortrag, der statt der angekündigten 10 Minuten 20 Minuten gedauert hat, mehr ärgern als über einen Vortrag, der nicht wie üblich nach 90 Minuten, sondern erst 100 nach Minuten endet, obwohl die Überlänge in beiden Fällen exakt 10 Minuten beträgt. Dafür sorgt eine Besonderheit der menschlichen Informationsverarbeitung. Sie orientiert sich nicht an den **absoluten**, sondern an den **relativen Differenzen**, weshalb 100 % Überlänge im Falle des Kurzvortrags die Geduld der Zuhörer wesentlich mehr strapaziert als die 11 % Überlänge des längeren Vortrags. Nicht anders verhält es sich mit der Preiswahrnehmung. Stellen wir uns einen Kinofilm vor, der statt der üblichen 8 € plötzlich 16 € kosten soll, und ein Konzert, für das statt 64 € nunmehr 72 € verlangt werden. Während nicht wenige angesichts der Verdoppelung des Preises der Eintrittskarte vermutlich empört auf den Kinobesuch verzichten würden, fiele die Erhöhung des Preises der Konzertkarten um denselben Betrag (8 €) für die meisten wahrscheinlich kaum ins Gewicht.

Psychophysik: Analysiert, wie Menschen objektive physikalische Stimuli (z. B. Schall, Licht) subjektiv wahrnehmen („empfinden")

Webersches Gesetz: Je größer, intensiver etc. ein Stimulus ist, desto mehr muss sich dieser Stimulus von einem anderen Stimulus unterscheiden, um noch als verschieden wahrgenommen zu werden

Aus den Erkenntnissen der Psychophysik über die Relativität der Wahrnehmung und den daraus abgeleiteten Hinweisen auf die Wirkungsweise von Referenzpreisen ergeben sich zahlreiche **Handlungsempfehlungen** für die Preispolitik. So ist es im Allgemeinen unschädlich, wenn Hersteller hochpreisiger Produkte ihre Zusatzausstattungen überproportional teuer anbieten. Denn dies fällt, wie folgendes Beispiel zeigt, preispsychologisch kaum ins Gewicht: Im Oktober 2016 bot *Porsche* den *Panamera 4E-Hybrid* in der Grundversion für 107.553 € an und mit „adaptiven Sportsitzen, Memory-Paket etc." für 110.793 € – ein kaum wahrnehmbarer Preisunterschied.

Preisauslobungseffekt: Einfluss der Rabattauszeichnung auf die wahrgenommene Preisgünstigkeit des Angebotes

Gemäß dem **Preisauslobungseffekt** empfiehlt es sich, im Hochpreissegment Rabatte als Absolutbeträge auszuweisen (d.h. X €) und im Niedrigpreissegment als prozentuale Abschläge (d.h. X %). Warum dies so ist, offenbart ein kleines Gedankenexperiment. Eine PC-Tastatur, die ursprünglich 20 € gekostet hat, wird für 10 € angeboten (= 50% des Originalpreises). Bei einem Notebook mit einem Normalpreis von 999 € entspräche derselbe absolute Nachlass einem kaum wahrnehmbaren Rabatt in Höhe von knapp einem Prozentpunkt. Deshalb wäre es klug, die Tastatur mit 50% Rabatt und das Notebook mit 10 € Rabatt anzubieten.

Anders als das Webersche Gesetz geht die von *H. Helson* formulierte **Adaptionsniveau-Theorie** davon aus, dass Stimuli nicht absolut (= fester Bezugspunkt), sondern relativ beurteilt werden, bezogen auf einen **variablen Bezugspunkt**: das sog. Adaptations- bzw. Anpassungsniveau. Ein Beispiel: Wer während eines Südostasienurlaubs häufig frische, am Baum gereifte Mango essen konnte, dem werden später die in deutschen Supermärkten angebotenen Früchte weniger gut schmecken als vor dem Urlaub, als sein entsprechendes Adaptationsniveau noch wesentlich niedriger lag als nach dem Urlaub. Der jeweilige Vergleichsmaßstab bildet sich unter dem Einfluss verschiedener Arten von Reizen (vgl. Abb. 54).

Abb. 54: Referenzpreisbildung gemäß der Adaptionsniveau-Theorie

Adaptionsniveau

↑ ↑ ↑

Fokale Reize (Anbieter)	**Kontextreize** (Umfeld)	**Residualreize** (Nachfrager)
• Produktpreis • Preisschilder • Preisbrechersymbole	• Preis „konkurrierender" Marken • Instore-Werbung • Regalplatzierung	• Preiserfahrung • Preiswissen • Kaufkraft

Quelle: in Anlehnung an Kleinschrodt (2007, S. 20).

- **Fokale Reize** reflektieren das Verhalten des Anbieters (Höhe des Preises, Art der Preisauszeichnung, Werbeformeln wie „mega-günstig" oder „Preisknaller" und Preisbrechersymbole wie „Preishammer" oder „Sparschwein").

- **Kontextreize** repräsentieren das Umfeld der Kaufentscheidung, etwa die Preispolitik von Wettbewerbern. Wenn Handelsunternehmen ihre Eigenmarken unmittelbar neben den vergleichsweise hochpreisigen Herstellermarken platzieren, dann sorgt der Kontexteffekt dafür, dass ihr Angebot besonders preisgünstig erscheint. Eine vergleichbare Funktion erfüllen im Ladengeschäft sog. Sonderplatzierungen. Schüttplatzierungen etwa suggerieren, dass es sich für den Händler nicht einmal lohnt, ein derart billiges Produkt ordentlich in ein Regal einzusortieren.

Schüttplatzierung: Zweitplatzierung abseits herkömmlicher Regalflächen, in der die Ware lose liegt

- **Residualreize** beruhen auf den Erfahrungen der Betroffenen: Wer für die Strecke Berlin – London – Berlin bislang 625 € bezahlt hat und auch andere nationale Airlines diese Verbindung nur unwesentlich billiger anbieten, dem erscheinen aufgrund des so gebildeten Adaptionsniveaus die von einem Billigflieger geforderten 89,99 € „fast wie geschenkt".

Aus Sicht der **Range-Theorie** hängt die von Konsumenten wahrgenommene Attraktivität eines Preises nicht nur vom Ausgang des Vergleichs mit dem internem Referenzpreis ab (= Aussage der Adaptionsniveau-Theorie), sondern auch vom Vergleich des Preises mit den Endpunkten der „price range". [9] Der Anfang dieser fiktiven Skala wird vom niedrigsten und deren Ende vom höchsten Preis konkurrierender Angebote gebildet (bspw. innerhalb eines Ladengeschäfts). Es kommt somit darauf an, welche anderen Preise den eigenen Preis „einrahmen". Angenommen, ein Herrenausstatter bietet vier Anzüge an, deren „Range" von 99 € bis 499 € reicht (vgl. Abb. 55). In dieser Konstellation markiert der 499 €-Anzug das obere Ende der Preisspanne, weshalb er als „teuer" wahrgenommen und nur selten gekauft wird. Selbst eine Preissenkung würde daran nichts ändern. Denn auch für 399 € würde dieser Anzug das teure Skalenende markieren. Nimmt der Händler jedoch zusätzlich einen fünften Anzug für – sagen wir – 699 € in sein Sortiment auf, dann verändert dies das Preisgefüge grundlegend. Nunmehr rückt das 499 €-Angebot stärker in die Mitte der Preisspanne, und der zunächst „teure" Anzug findet als „preiswertes", weder zu teures noch zu billiges Angebot reißenden Absatz. Statt seiner übernimmt nun der 699 €-Anzug die Rolle des Ladenhüters.

Range: Spannweite zwischen niedrigstem und höchstem Preis

Abb. 55: Steuerung der Preiswahrnehmung durch Veränderung der Preisspanne

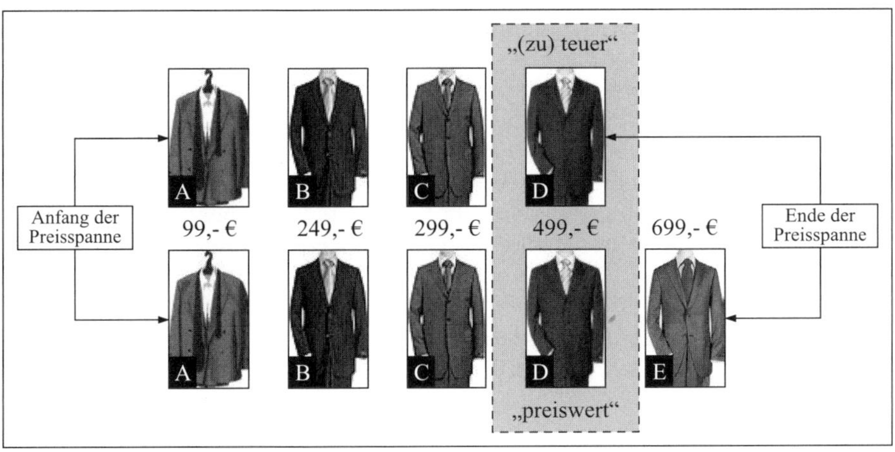

Gemäß der **Assimilations/Kontrast-Theorie** werden Preise, die sich vom Referenzpreis ('adaptation level') nur mäßig unterscheiden, assimiliert, d.h. ähnlich wahrgenommen wie der Referenzpreis. [10] Das gegenteilige Phänomen ist zu beobachten, wenn der geforderte Betrag stärker vom Referenzpreis abweicht. In solchen Fällen kommt es zum Kontrasteffekt – d.h. der bestehende Preisunterschied wird akzentuiert und damit überdeutlich wahrgenommen. Für die Preispolitik bedeutet dies, dass Unternehmen, welche die Preisvorteilsstrategie verfolgen, den Kontrasteffekt nutzen und den Referenzpreis deutlich unterbieten sollten. Denn wer nur geringfügig unter dem von Konkurrenten gesetzten Referenzpreis bleibt, muss damit rechnen, dass die Zielgruppe aufgrund des Assimilationseffekts den geringen Preisunterschied nicht bemerkt.

Mikroökonomische Erklärungsansätze

Prospects: Erwartungen, (Erfolgs-)Aussichten

Prospect Theory: Neue Erwartungstheorie

Im Jahre 2002 wurden *Kahneman* & *Tversky* für die Erkenntnis, dass der objektive Erwartungsnutzen eines Ereignisses das menschliche Entscheidungsverhalten weit weniger beeinflusst als bislang angenommen, mit dem Nobelpreis für Wirtschaftswissenschaften ausgezeichnet. Mit der von ihnen formulierten **Prospect-Theorie** [11] kann man bislang am besten erklären, wie sich Abweichungen eines Ist-Wertes (z. B. einer Preisforderung) von einem Referenzwert auswirken:

- Liegt der für ein Produkt geforderte Preis unter dem Referenzwert, dann erwartet der Abnehmer, beim Kauf einen **Gewinn** zu erzielen, der ihm einen zusätzlichen Nutzen stiftet („zusätzlich" zum Produktnutzen). Hingegen wird ein Preis, welcher den Referenzwert übersteigt, als **Verlust** empfunden, der wie ein Aufpreis einen Schaden anrichtet. Dies klingt zunächst wenig überraschend, hat jedoch erhebliche Konsequenzen für die Preis- und Wettbewerbspolitik. Anstatt durch aufwändige Verkaufsförderungsaktionen, Rabattschlachten etc. den Referenzpreis zu senken, sollten Anbieter versuchen, diesen zu erhöhen – so wie Händler, wenn sie die unverbindliche Preisempfehlung des Herstellers (z. B. 2,39 €) als Referenzwert ausweisen und diesen zugleich deutlich unterbieten (z. B. 1,99 €).

Nutzenfunktion: Verläuft konkav

Schadensfunktion: Verläuft konvex

- Allerdings steigt der Nutzen eines niedrigeren Preises mit zunehmender Gewinnhöhe degressiv (**abnehmender Grenznutzen**). Ebenso verhält es sich bei Verlusten: Je höher der Preis und damit der erwartete Verlust, desto geringer fällt der Schaden einer zusätzlichen Preiserhöhung aus (**abnehmender Grenzschaden**). Daraus ergeben sich u. a. Konsequenzen für den Verkauf von Produktbündeln (z. B. Skiausrüstung). Preisnachlässe sollten für jede Komponente einzeln ausgewiesen werden (z. B. Skier: -10 €, Bindung: -10 €, Stöcke: -5 €), weil die Einzelnachlässe in der Summe einen höheren Nutzen stiften als ein Gesamtrabatt in gleicher Höhe auf das gesamte Produktbündel (Rabattsplittungs-Effekt). Hingegen sollte der (unrabattierte) Preis für das Produktbündel aggregiert angegeben werden (z. B. 299 €). Denn die aus den Einzelpreisen der Komponenten erwachsende Summe der Verluste wären für den Käufer „schmerzlicher" (z. B. Skier: 199 €, Bindung: 75 €, Stöcke: 25 €).

Wie die empirischen Untersuchungen von *Kahneman* & *Tversky* zum Entscheidungsverhalten in Lotterien gezeigt haben, verursachen Verluste subjektiv mehr Schaden, als Gewinne in gleicher Höhe Nutzen stiften. Wer an ein und demselben Tag einen Lotteriegewinn von 100 € (= Ereignis A) und einen Strafzettel über 100 € (= Ereignis B) erhält, wird den Tag mit dem Gefühl beschließen, Pech gehabt zu haben. Denn entsprechend dem steileren Verlauf der Nutzenfunktion in der Verlustzone ist der subjektive Wert des Verlusts (-y) merklich größer als der subjektive Wert des Gewinns (vgl. Abb. 56).

Abb. 56: Nicht-linearer Verlauf der Nutzenfunktion gemäß der Prospect-Theorie

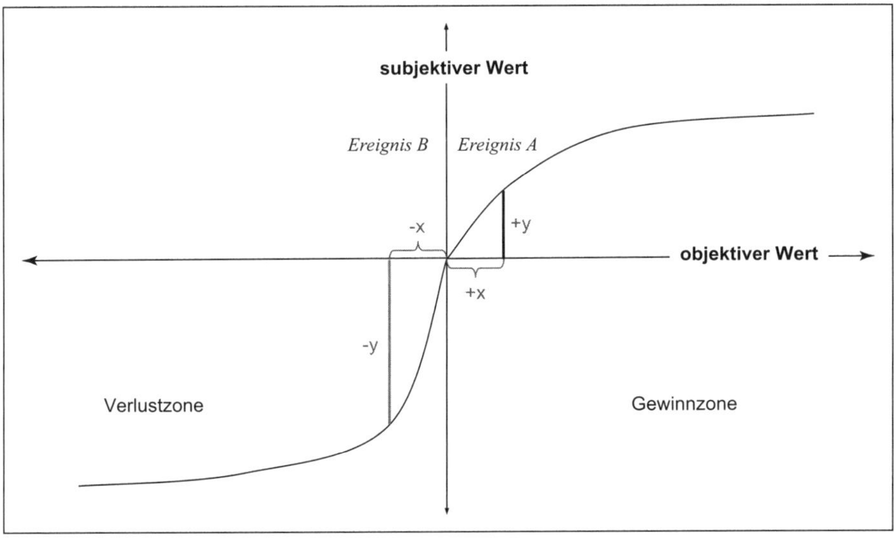

Das psychologische Korrelat der systematisch unterschiedlichen Bewertung und Gewichtung von Verlusten und Gewinnen ist die generalisierte **Verlustaversion** vieler Menschen. Mit ihrer Hilfe lässt sich begründen, warum „**Preisaktionitis**", d. h. wiederholtes vorübergehendes Senken von Preisen, destruktiv ist und besser unterbleiben sollte: Der aus der Preissenkung entstehende Nutzen ist für die Kunden geringer als der Schaden der späteren Preiserhöhung. In der Summe entsteht auch dann ein Nettoschaden, wenn der Verkaufspreis letztlich wieder auf dem Ausgangsniveau liegt.

Verlustaversion: Nutzenfunktion mit im Vergleich zur Schadensfunktion flacherem Verlauf

Dass es sehr schwer ist, **Preissenkungen** zu **revidieren**, mussten u. a. die Brauereien erfahren. 2003 wurden 26,8 % der klassischen 20er-Kisten Bier (0,5 l) als Sonderangebot verkauft – für durchschnittlich 10,53 € und damit 7,1 % unter dem durchschnittlichen Normalverkaufspreis von 11,33 €. 2016 war der Anteil der Sonderangebotsverkäufe auf 72,1 % gestiegen, und es wurden durchschnittlich nur noch 10,11 € erlöst (= 14,3 % unter dem damaligen durchschnittlichen Normalverkaufspreis von 12,97 €). Um ihre an der Droge „Preisvorteil" hängenden Kunden auch weiterhin für sich zu gewinnen, mussten die Anbieter offensichtlich die Dosis erhöhen.

Downsizing: Reduktion des Packungsinhalts ohne entsprechende Preissenkung

Supersizing: Vergrößerung des Packungsinhalts und überproportionale Preiserhöhung

So schwer es ist, Preissenkungen zurückzunehmen, so schwer fällt es Anbietern auch, **Preiserhöhungen durchzusetzen**. Eine Möglichkeit, diese zu verschleiern, sind verdeckte Preiserhöhungen. Auf einer von der *Verbraucherzentrale Hamburg* geführten „schwarzen Liste" stehen mehr als 500 Produkte, die auf trickreiche Weise so verteuert wurden, dass die Preiserhöhung für die Käufer nur schwer zu erkennen war, weil zwar Füllmenge, Preis etc. verändert wurden, nicht jedoch das Erscheinungsbild der Packung. [12]

Jumbo-Trick: Die Füllmenge einer Packung wird erhöht – etwa nach dem Motto: „Neu, plus 20 % mehr Inhalt." Aber der Preis steigt mehr als der Packungsinhalt. Im Falle von *Lenor* z. B. wurde so eine Preiserhöhung von 114,3 % vorgenommen.

Minus-Jumbo-Trick: Der Produktpreis wird gesenkt, allerdings prozentual gesehen weniger als die Inhaltsmenge. *Nivea* Cremeseife etwa gab es früher als 150-Gramm-Stück für 79 Cent, aktuell aber nur noch als 100-Gramm-Version für 69 Cent. Das entspricht einer Preiserhöhung von 31 %.

Doppel-Trick: Der Preis bleibt gleich, die Menge schrumpft, bei einigen Produkten schon zum wiederholten Mal. So wurde die 200gr-Packung *Pringles Chips* 2006 auf 170 und 2010 nochmals, auf nunmehr 165 Gramm reduziert – eine Verteuerung um 51,7 %.

Sorten-Trick: Beliebt ist es auch, neue Sorten anzubieten, mit einer ähnlichen Aufmachung wie das Original, aber mit weniger Inhalt. So hat der *Patros Schafkäse „leicht"* nicht nur weniger Fett, sondern wiegt auch 50 Gramm weniger – zum selben Preis, was den Artikel 33,3 % teurer macht.

Retro-Trick: *Nestlé* nahm 2003 *Yes-Torty* vom Markt. Zwischenzeitlich kehrte das Produkt immer mal wieder in die Verkaufsregale zurück. Seit April 2011 ist es wieder zu haben, zum selben Preis. Es wiegt allerdings nur noch 32 Gramm. Früher waren es 38 Gramm. Das entspricht einer Teuerung von 15,8 %. [13]

Einen weiteren Beleg für die Existenz einer **generalisierten Verlustaversion** lieferten *Kahnemann & Tversky* mit folgender Versuchsanordnung. Die Versuchspersonen sollten wählen zwischen …

- einem **sicheren Gewinn** von 240 € und
- der 25 %-Chance **eines Gewinns** von 1.000 €.

Für welche Option würden Sie sich entscheiden? Vermutlich wie die große Mehrheit: 84 % zogen den sicheren Gewinn (= 240 €) der Chance auf 1.000 € vor, obwohl deren Erwartungswert 250 € betrug (= 25 % von 1.000 €). Besteht die Entscheidungsalternative jedoch …

- in dem **sicheren Verlust** von 750 € und
- der 75 %-Chance, 1.000 € **zu verlieren** (sowie entsprechend der 25 %-Chance, nichts zu verlieren),

dann ziehen 87 % den möglichen größeren Verlust (= 1.000 € mit 75 %-Wahrscheinlichkeit) dem sicheren kleineren Verlust (= 750 €) vor. Vergleichbares lässt sich auf den Aktienmärkten beobachten. Vor allem Privatanleger wollen unter allen Umständen vermeiden, Kursverluste „realisieren", d. h. auf ihrem Konto verbuchen zu müssen (= sicherer Verlust), weshalb sie „schlecht laufende" Aktien möglichst nicht verkaufen, obwohl erfahrungsgemäß deren Kursverluste auch zukünftig eher zu- als abnehmen werden (= möglicher höherer Verlust). Hingegen verkaufen sie „gut laufende" Aktien, obwohl die Wahrscheinlichkeit groß ist, dass diese auch in Zukunft überdurchschnittlich gut abschneiden würden. Aufgrund der generalisierten Verlustaversion erscheint die Möglichkeit, den bislang eingetretenen Kursgewinn real auf dem eigenen Konto verbuchen zu können, attraktiver als die Aussicht auf einen künftigen höheren Gewinn. Da Gewinne und Verluste auf **unterschiedlichen mentalen Konten** [14] verbucht werden, ist vielen nicht möglich zu erkennen, dass sie den größten Nettogewinn erzielen könnten, würden sie „gut laufende" Aktien in ihrem Portfolio behalten und „schlecht laufende" Aktien verkaufen.

Mit Hilfe des Konzepts des '**mental accounting**', d.h. der Art und Weise, wie Menschen Güter und deren Preise auf unterschiedlichen „geistigen Konten" verbuchen, lassen sich verschiedene Asymmetrien menschlichen Entscheidungsverhaltens erklären.

Mental Accounting: Geistige Buchführung

Beispiel

Szenario 1: Sie haben für 50 € eine Eintrittskarte für ein Konzert gekauft. Beim Einlass bemerken Sie, dass Sie die Eintrittskarte verloren haben. Wären Sie in dieser Situation bereit, nochmals 50 € auszugeben, um sich eine Ersatzeintrittskarte kaufen zu können?

Szenario 2: Als Sie ihre reservierte Eintrittskarte an der Kasse abholen und bezahlen wollen, bemerken Sie, dass Sie einen 50 €-Schein verloren haben. Würden Sie die Eintrittskarte dennoch bezahlen? (Randbedingung: Einerseits verfügen Sie noch über zumindest 50 € und andererseits ist die Nachfrage nach Karten an der Abendkasse so groß, dass es problemlos möglich wäre, vom Kauf zurückzutreten.)

Obwohl der Verlust in beiden Fällen 50 € beträgt, würden unter Szenario 1 weit mehr Versuchsteilnehmer auf den Konzertbesuch verzichten und nach Hause gehen (= 54 %) als unter Szenario 2 (= 12 %). Diesen Unterschied erklären *Tversky & Kahneman* damit, dass der Verlust in den beiden Szenarien auf unterschiedlichen geistigen Konten verbucht wird, was unterschiedliche Konsequenzen nach sich zieht. Der Verlust der Eintrittskarte wird auf dem „Kulturkonto" verbucht, was zur Folge hätte, dass der Eintritt subjektiv nun 100 € kosten würde, was 64 % der Versuchsteilnehmer zu teuer erschienen wäre. Der Verlust des Geldscheins wird hingegen dem allgemeinen „Shit happens-Konto" zugeschrieben, auf dem auch die Kosten verbucht werden, die aufgrund des verlorenen Haustürschlüssels, der Geschwindigkeitsüberschreitung etc. anfallen. Diese Kosten stehen subjektiv für die allermeisten Versuchsteilnehmer nicht mit der Angemessenheit des Preises der Eintrittskarte in Zusammenhang.

Die Mental Accounting-Forschung geht davon aus, dass Verbraucher ihre Ausgaben nicht gesamtheitlich planen, sondern in verschiedene Bereiche aufteilen – sog. **Kategorien**: Auto, Wohnung, Essen, Freizeit etc. In einer Art von „geistiger Buchführung" ordnen sie den einzelnen Kategorien verschiedene Budgets zu, welche zur Erfüllung ihrer jeweiligen Bedürfnisse zur Verfügung stehen. Aus preispolitischer Sicht ist dabei u.a. bedeutsam, dass die Konsumenten in den verschiedenen Kategorien unterschiedlich **preissenibel** sind und der Wert eines bestimmten Betrages (bspw. zehn Euro) davon abhängt, wofür er verwendet wird. Beim Kauf von Lebensmitteln etwa fällt ein Preisunterschied von zehn Euro weit mehr ins Gewicht als beim Erwerb eines Smartphones oder einer

Preissensibilität: Wichtigkeit des Preises bei Kaufentscheidungen sowie Art und Ausmaß der Reaktion auf Preisänderungen

Urlaubsreise. Weiterhin hat die Mental Accounting-Forschung empirisch nachgewiesen, dass Käufer und Verkäufer eines Wertgegenstandes dessen ökonomischen Wert höchst unterschiedlich bewerten, jeweils entsprechend ihrer divergierenden Interessenlage.

3.2 Wahrnehmungsphase

Preisschwelle: Preisniveau, ab dem sich die Preiswahrnehmung sprunghaft ändert

Eine Anomalie der Preiswahrnehmung haben wir bereits kennen gelernt: ihre Nicht-Linearität. Überdies ist sie **diskontinuierlich.** Damit ist gemeint, dass Käufer aufgrund ihrer begrenzten Fähigkeit, Informationen umfassend und realitätsgetreu zu verarbeiten, Preise **kategorial** beurteilen: ab einer bestimmten Grenze als „hoch" bzw. „teuer", darunter als „niedrig" bzw. „billig". Von einer Preisschwelle spricht man, wenn sich die Preiswahrnehmung sprunghaft ändert.

Als typische Preisschwelle gilt der Übergang von einem „gebrochenen" Betrag (z. B. 1,99 €) zu einem „runden" Betrag (z. B. 2,00 €). Zwar konnte in zahlreichen Studien nachgewiesen werden, dass **gebrochene Preise** in vielen Fällen eine absatzsteigernde Wirkung haben, aber nicht generell. Bei starken Marken etwa und bei hochpreisigen Gütern verkehrt sich der Effekt ins Gegenteil. Auch ein allzu häufiger Gebrauch derartiger Preisendungen schadet mehr, als dass die Unternehmen davon profitieren. [15] Bei geringwertigen Verbrauchsgütern hingegen ist die empirische Evidenz eindeutig positiv. Bei Geschirrspülmittel bspw. hat sich gezeigt, dass Konsumenten auf gebrochene Preise, die knapp unterhalb diverser Preisschwellen liegen (z. B. 0,95 €, 1,45 €, 1,95 €), mit einer höheren Kaufbereitschaft reagieren als auf die jeweiligen **runden Preise** (1,00 €, 1,50 €, 2,00 €; vgl. Abb. 57).

Abb. 57: Preisschwellen eines Geschirrspülmittels

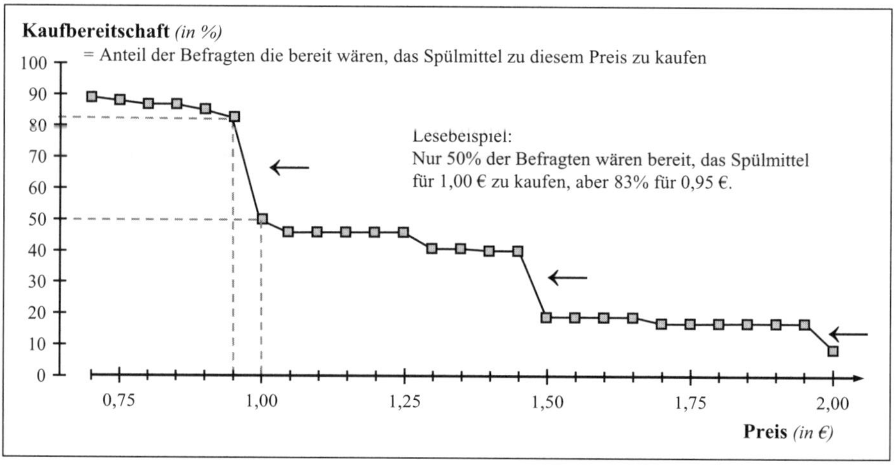

Quelle: eigene Erhebung.

Erklärt wird die Wirkung der auch '**odd pricing**' genannten Preisstrategie mit Hilfe des Primacy-Effekts. Demzufolge beeinflussen die ersten aus einer Reihe von Informationen (z. B. Preisziffern) den Gesamteindruck (z. B. wahrgenommene Preiswürdigkeit) überproportional stark. Entsprechend beschreibt der Recency-Effekt die besondere Bedeutung der letzten aus einer Reihe von Informationen.

4 Beurteilungsphase

Preisbeurteilung lässt sich als „der kognitiv kontrollierte, bewusste Prozess der Bewertung von Preisen" definieren. [16]

4.1 Verarbeitung von Preisinformationen

Preisgünstigkeit

Häufig möchten Käufer wissen, ob ein Preis vorteilhaft für sie ist oder nicht. Um zu einem Preisgünstigkeitsurteil zu gelangen, ordnen sie den absolutskalierten Preis einigen wenigen Kategorien zu. Ihr Urteil lautet „günstig" bzw. „niedrig", wenn der geforderte Preis unter dem individuellen Referenzpreis liegt, und „ungünstig" bzw. „hoch", wenn er darüber liegt. Derartige **Kategorisierungen** erleichtern die Kaufentscheidung insb. dann, wenn der Preis das entscheidende Auswahlkriterium ist.

Absolutskala: Skala mit natürlichem Nullpunkt und vorgegebenen, gleichabständigen Skaleneinheiten (z. B. Körpergröße)

Preiswürdigkeit

Ist ein Angebot seinen Preis wert? Einen Eindruck von dessen Preiswürdigkeit erhält der Käufer, wenn er den Preis ins Verhältnis zum Leistungsumfang setzt. Selbst ein hochpreisiges, aber qualitativ hochwertiges Angebot kann demzufolge preiswürdig sein. Denn es bietet ein angemessenes **Preis/Leistungs-Verhältnis**.

Preisfairness

Die wahrgenommene Preisfairness basiert auf **Gerechtigkeitsüberlegungen**. Wie sich aus der Equity-Theorie ableiten lässt, wird ein Preis dann als fair bewertet, wenn das eigene Kosten/Nutzen-Verhältnis subjektiv dem Kosten/Nutzen-Verhältnis des Anbieters entspricht. Gewinnen Nachfrager hingegen den Eindruck, dass der Preis – gemessen am Produktnutzen und den Produktionskosten des Anbieters – zu hoch ist und das Kosten/Nutzen-Verhältnis folglich unausgewogen, dann empfinden sie dies als ungerecht.

Equity-Theorie: Theorie der (Verteilungs-)Gerechtigkeit

Unter bestimmten Bedingungen spielt die wahrgenommene Preisfairness eine besonders eine wichtige Rolle: erstens in **längerfristigen Geschäftsbeziehungen** mit wiederholten Transaktionen und zweitens, wenn Unternehmen **Preise erhöhen**. Können sie dies mit verschlechterten Einkaufskonditionen (z. B. für

Rohstoffe) begründen oder ethische Motive anführen (z. B. bessere Entlohnung von Zulieferern in Niedriglohnländern, Verzicht auf Pestizide), dann akzeptieren die Kunden eine angemessene Erhöhung im Regelfall. Als unfair werden Preiserhöhungen hingegen empfunden, wenn der Anbieter dadurch primär seinen Gewinn steigert, eine Monopolstellung ausnutzt etc. (⇒ Preisvertrauen). Dann beschweren sich Kunden bzw. wechseln ohne Vorwarnung den Anbieter. Kommt Abwanderung aufgrund hoher Wechselkosten (z. B. Bankverbindung) oder mangels einer Alternative (z. B. Gasanbieter) nicht in Frage, „rächen" sich viele Kunden, indem sie versuchen, dem Unternehmen durch negative Mund-zu-Mund-Propaganda zu schaden.

Preiszufriedenheit

Preiszufriedenheit ist das Ergebnis des Vergleichs von **Preiserwartung** und **Preiserfahrung**. Verglichen werden nicht nur Preishöhe, Preis/Leistungs-Verhältnis etc., sondern auch Preistransparenz und Preiszuverlässigkeit (vgl. Abb. 58).

Abb. 58: Maßnahmen zur Steigerung der Preiszufriedenheit

Preisgünstigkeit	Preiswürdigkeit	Preistransparenz	Preiszuverlässigkeit
• Preisnachlässe • Gebührensenkung • Kostenlose Zusatzleistungen	• Qualitätssignale • Serviceleistungen	• Übersichtliche Preisinformationen • Vollständige Preisinformationen	• Korrekte Rechnungslegung • Verbindliche Kostenvoranschläge • Festpreise

Quelle: in Anlehnung an Diller (2008, S. 160).

4.2 Verarbeitung von Rabattinformationen

Disount Framing: Art und Weise, wie eine Preissenkung kommuniziert wird

Weitaus die meisten Kunden sind mangels Zeit und Interesse nicht gewillt, sämtliche Preisinformationen, die auf sie einströmen, eingehend zu verarbeiten. Deshalb wird in einem speziellen Forschungsfeld, dem '**discount framing**', untersucht, wie Rabattinformationen am besten vermittelt werden sollten. Wie sich gezeigt hat, sind **prozentual ausgewiesene Nachlässe** häufig nicht überzeugend (z. B. weil Prozentrechnung nicht jedermanns Sache ist oder weil Prozentangaben für übertrieben gehalten werden). Allerdings gibt es auch hierfür ein Gegenmittel: innovative Preisstrategien. [17] Wer das übliche Rabattangebot „Sparen Sie 20 %!" durch das unübliche „Zahlen Sie 80 % des Originalpreises!" ersetzt, kann mit einer höheren Kaufbereitschaft der Zielgruppe rechnen. Vermutlich regt das ungewohnte 'discount framing' zum Nachrechnen und letztlich zu einer intensiveren Verarbeitung der Werbebotschaft an. [18]

Discount Framing

In einem Experiment wurde amerikanischen Studenten eine Digitalkamera von *Sony* zum Preis von 239,95 $ mit einem Rabatt von 20% angeboten. Das experimentelle Treatment bestand in der Variation des Framing der Botschaft. Während Gruppe 1 auf herkömmliche Art informiert wurde („Zahlen Sie 20% weniger als den regulären Preis!“), lautete das Framing bei Gruppe 2 „Zahlen Sie 80% des regulären Preises!“. Ergebnis: Die zweite Variante wirkte signifikant stärker.

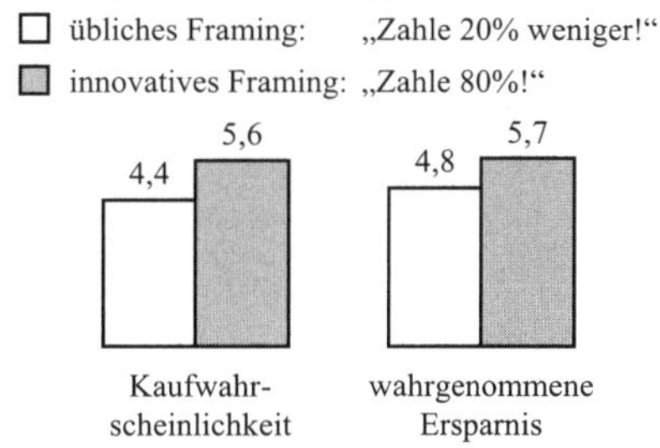

Preispromotion: Vorübergehende Preissenkung, die den Absatz kurzfristig steigern soll

Rabattinformationen werden auch besser verarbeitet, wenn man dem Rabatt ein „Gesicht“ bzw. einen Namen gibt, anstatt nur seine Höhe zu thematisieren. Die Strategie der **Vergegenständlichung** verfolgte bspw. *MediaMarkt* mit Aktionen wie „Deutschland zahlt keine Mehrwertsteuer!“ und „Einkäufe ohne 19 % Mehrwertsteuer“. Auch Naturalrabatte sind geeignet, den Nachlass zu vergegenständlichen („Wer drei Pakete Kaffee kauft, bekommt eines gratis!“). Da die Höhe des Rabattes im gewählten Beispiel dem Wert des bereits mehrfach erworbenen Produkts entspricht, kann der Käufer dessen Höhe genau ein- und wertschätzen. Amerikanische Anbieter haben extreme Varianten dieser Strategie entwickelt: „BOGOF“ („Buy one, get one free“) bzw. „241“ („Two for one“). Noch wirksamer sind Preispromotions, bei denen die Zugabe nicht, wie im Kaffeebeispiel, in derselben „Währung“ geleistet wird, sondern in keiner Beziehung zum Ursprungsprodukt steht (z. B. Zugabe eines Kinogutscheins bei Übernachtung in einem Hotel).

5 Speicherungsphase

5.1 Preiswissen

Theoretische Grundlagen

Käufer speichern die Preise einzelner Produkte und Marken, aber auch ganzer Produktkategorien oder Einkaufsstätten, in ihrem Gedächtnis. Ihr von dort abrufbares Preiswissen ist der **interne Referenzpreis**, mit dem sie aktuelle Preise vergleichen und beurteilen (z. B. Preisgünstigkeitsurteil). **Explizites Preiswissen** entsteht durch intentionales, d. h. absichtliches Lernen. Der Konsument prägt sich den Preis eines Angebots bewusst ein. Inzidentelles bzw. unabsichtliches Lernen sorgt hingegen für **implizites Preiswissen**: Der Konsument nimmt den Preisstimulus nur peripher wahr, kann sich in der konkreten Kaufsituation aber diffus daran erinnern: als Gefühl der Vertrautheit. Ein aktueller Preis kommt ihm dann „irgendwie billig“ oder „irgendwie teuer“ vor, was häufig genügt, um sich für oder gegen den Kauf zu entscheiden.

Das Preiswissen lässt sich mit Hilfe **verschiedener Methoden** messen. Die ersten drei erfassen das explizite Preiswissen, und Deal Spotting, d.h. die letzte der hier vorgestellten Messmethoden, das implizite Preiswissen.

Recall: Aktive Erinnerung

- **Price Recall**: Die Auskunftsperson nennt den Betrag, den sie beim letzten Kauf bezahlen musste. Verschiedene Studien haben gezeigt, dass sich zumeist nur wenige Verbraucher an den exakten Preis erinnern können, aber relativ viele an den ungefähren Preis. [19]

Recognition: Wiedererkennen (passive Erinnerung)

- **Price Recognition**: Nunmehr besteht die Aufgabe darin, aus einer vorgegebenen Reihe alternativer Preise für ein Produkt den richtigen auszuwählen. Wie die lerntheoretische Forschung nachweisen konnte, fällt wiedererkennen im Regelfall leichter als erinnern, weshalb die in derartigen Studien gemessenen Recall-Werte zumeist deutlich niedriger ausfallen als die entsprechenden Recognition-Werte.
- **Relativer Preisrang**: Welchen Rangplatz nimmt eine bestimmte Marke hinsichtlich ihres Preises im Vergleich zu einer Reihe von Konkurrenzmarken ein (z.B. zweitteuerste Marke)? Auch dies fällt den Befragten leichter, als den exakten Preis anzugeben.
- **Deal Spotting**: Die Befragten geben an, ob ein bestimmter Preis innerhalb oder außerhalb des üblichen Bereichs liegt (d.h. der Spannweite früher gezahlter Preise).

Empirische Befunde

Schnäppchenjäger: Preissensible Käufer mit geringer Markenpräferenz

Von Ausnahmesituationen abgesehen verfügen die meisten Menschen über ein erstaunlich **geringes Preiswissen**. Dies zeigt sich unabhängig davon, ob man das explizite oder das implizite Preiswissen analysiert bzw. jüngere oder ältere Konsumenten befragt. [20] Selbst die „preisfixierten" Schnäppchenjäger interessieren sich zwar generell stark für Preise. Ihr tatsächliches Preiswissen aber ist nur wenig besser als das anderer Konsumenten und beschränkt sich zumeist auf das Produkt, das Gegenstand ihrer aktuellen „Schnäppchenjagd" ist. Hingegen besteht ein nachweisbarer Zusammenhang zwischen der **Wettbewerbssituation** und dem Preiswissen: Werden in einer Kategorie (z.B. Hautcreme) sehr viele Produkte angeboten, deren Preise zudem stark variieren, dann kennen die von dieser Informationsfülle überforderten Verbraucher die jeweiligen Preise nicht oder allenfalls sehr ungenau. Intensive **Preiswerbung**, etwa in Form von Postwurfzetteln, erhöht hingegen insb. das implizite Preiswissen. [21]

5.2 Preisimage

Eckartikel: Häufig gekaufte Produkte, welche das Preisimage eines Anbieters prägen

Das Preisimage eines Anbieters erfüllt eine Schlüsselfunktion. Sind Kunden überzeugt davon, dass ein Anbieter preiswert bzw. billig ist, dann prüfen sie nicht (mehr) bei jedem Produkt, ob sie es anderswo billiger erwerben könnten. Prägend für das (Niedrigpreis-)Image sind **Eckartikel** bzw. **Schlüsselprodukte** (z.B. Butter, Kaffee, Schnittkäse). Wer bei diesen (wenigen) Eckartikeln der Preisgünstigste ist, kann es sich erlauben, die große Vielzahl der anderen, seltener gekauften Artikel teurer anzubieten.

Apotheken- vs. Discounter-Image

In einem Experiment sollten Studenten angeben, wie viel eine 500g-Packung Spezialmilch für Babys ihrer Meinung nach kostet. Die eine Gruppe sollte sich den Kauf in einer Apotheke vorstellen und die andere den Kauf beim Drogeriediscounter *Schlecker*. Aufgrund des damaligen Niedrigpreis-Image von *Schlecker* und dem Hochpreis-Image von Apotheken wurde die tatsächlich bestehende Preisdifferenz von 0,60 € erheblich überschätzt (= 1,39 €).

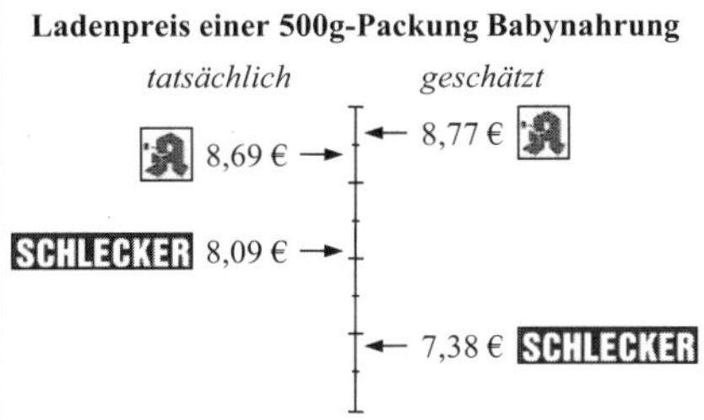

Quelle: eigene Erhebung.

5.3 Preisemotionen

Lange Zeit hat die Forschung den Umstand, dass Preisinformationen auch Emotionen auslösen, weitgehend vernachlässigt. Aus Marketingsicht ist dies ein Fehler. Denn **Preisfreude** (z. B. über den Kauf eines „Schnäppchens") und **Preisstolz** (z. B. über erfolgreiches „Herunterhandeln") sorgen für positive Mund-zu-Mund-Propaganda. Auf der anderen Seite erzeugt **Preisneid** (z. B. weil ein Bekannter dasselbe Produkt billiger gekauft hat) Nachkaufdissonanz, und **Preisärger** (z. B. weil ein Sonderangebot ausverkauft ist) führt zu Beschwerden und Konflikten mit dem Verkaufspersonal.

5.4 Konsequenzen für die Preispolitik

Erfolgreiche Anbieter passen ihre Preisstrategie dem Preiswissen ihrer Zielgruppe an. Ist dieses, wie in werbeintensiven Branchen üblich, stark ausgeprägt (z. B. bei Mobiltelefonie) und besitzt das Unternehmen keinen eindeutigen Wettbewerbsvorteil, dann liegt es nahe, eine **Niedrigpreisstrategie** zu verfolgen (z. B. *Base*). Wer hingegen einen eindeutigen Wettbewerbsvorteil vorzuweisen hat, kann sich selbst in wettbewerbsintensiven Märkten und bei ausgeprägtem Preiswissen der Kunden (z. B. in der Automobilbranche) für die **Hochpreisstrategie** entscheiden (z. B. *Mini Cooper* als kultiger Kleinwagen). Bei geringem Preiswissen (z. B. bei Möbeln) kann ein Anbieter u. U. auch ohne Wettbewerbsvorteil einen vergleichsweise hohen Preis durchsetzen. Voraussetzung dafür ist allerdings, dass der Kunde zeitgleich keine konkurrierenden Angebote wahrnimmt, aus denen er einen externen Referenzpreis bilden könnte.

6 Literaturempfehlung

- *Homburg, C.; Koschate, N.* (2005): Behavioral Pricing-Forschung im Überblick, Teil 1/2, Zeitschrift für Betriebswirtschaft, 75(4/5): 383-423/501-525.
- *Kahnemann, D.; Tversky, A.* (1979): Prospect Theory. An Analysis of Decision under Risk, Econometrica, 47(2): 263–292.
- *Kleinschrodt, A.* (2007): Preispsychologie im Marketing, Berlin: Akademiker Verlag.
- *Kopetzky, M.* (2016): Preispsychologie, Wiesbaden: Springer Gabler.
- *Pechtl, H.* (2014): Preispolitik. Behavioral Pricing und Preissysteme, 2. Aufl., Konstanz: UVK.

Endnoten

1. Shiv et al. (2005)
2. Gneezy u. a. (2012); http://www.zeit.de/wirtschaft/2013-01/pay-what-you-want (24.9.2016)
3. Krelle (1976)
4. Homburg/Koschate (2005); Pechtl (2014)
5. Prelec/Simester (2001
6. Chatterjee/Rose (2012)
7. Adaval/Wyer (2011)
8. Diller (2007, S. 133f.)
9. Janiszewski/Lichtenstein (1999)
10. Diller (2003, S. 264)
11. Kahnemann/Tversky (1979)
12. Jalsovec (2013)
13. http://www.sueddeutsche.de/geld/mogelpackungen-tricksen-im-einkaufsregal-1.1090384 (7.7.2015)
14. Thaler (1985)
15. Macé (2012)
16. Diller (2008, S. 138)
17. Hinterhuber/Liozu (2014)
18. Kim/Kramer (2006)
19. Esch u. a. (2013, S. 313)
20. Helm u. a. (2012, S. 436); Schneider u. a. (2009)
21. Homburg/Koschate (2005, S. 505)

I. Grundlagen der Distributionspolitik

„Nichts überzeugt mehr als die Empfehlung der besten Freundin oder eine Produktpräsentation im eigenen Wohnzimmer.“ Dieser Leitsatz der Brüder *Carl* und *Adolf Vorwerk* trug wesentlich zum Erfolg der von ihnen 1883 in Wuppertal gegründeten *Barmer Teppichfabrik Vorwerk & Co* bei. Geschäftszweck war zunächst der Verkauf von Teppichen und Möbelstoffen, später von Elektrogeräten. 1929 kam der Staubsauger *Kobold* hinzu, den *Vorwerk* ab 1930 **ausschließlich per Direktvertrieb** anbot, buchstäblich im Wohnzimmer der Kunden. Gegenüber dem üblichen Vertriebsweg, dem stationären Elektro- und Haushaltsgerätehandel, bietet diese Strategie zwei entscheidende Vorteile. Erstens demonstriert ein hierfür eigens ausgebildeter Berater die Funktionsweise des Staubsaugers am tatsächlichen Einsatzort, dem Wohnzimmerteppich, ohne Zeitdruck und in einer angenehmen Atmosphäre. Zweitens erhält der Anbieter im direkten Gespräch einen unmittelbaren Eindruck von den Bedürfnissen seiner Kunden. Beides ist gerade bei technisch komplexen, erklärungsbedürftigen Geräten von unschätzbarem Wert. Der direkte Vertriebsweg erwies sich als so erfolgreich, dass *Vorwerk* ihn auch beibehielt, als das Sortiment um Mixer, Einbauküchen und Bügelsysteme erweitert wurde.

2011 allerdings änderte das Management angesichts starker Umsatzrückgänge im Staubsaugersegment Vertriebsstrategie und **Markenauftritt** (z. B. Straffung des Produktportfolios, Modernisierung des Produktdesign). **Social Media-Strategien** versetzte das Traditionsunternehmen nun in die Lage, auf mehreren Kanälen mit seinen Kunden zu kommunizieren, und die **Multi Channel-Strategie** stärkte die Marktpräsenz. Wie die Mitarbeiterstruktur (2016 = 11.949 feste Mitarbeiter und 637.000 selbständige Handelsvertreter) belegt, blieb *Vorwerk* zwar der lange Zeit erfolgreichen Direktvertriebsstrategie treu, ergänzte diese nun aber mit stationären *Vorwerk*-Läden und dem *Kobold* Online-Shop. In der jüngeren Vergangenheit entwickelte sich *Vorwerk* zu einer internationalen Unternehmensgruppe mit Vertriebspartnern in 79 Ländern sowie einem Geschäftsvolumen von 3,06 Mrd. € (= 2016). Zurückführen lässt sich dies auf den Erfolg des *Thermomix*. 2014 übertraf der Umsatz, den das Unternehmen mit dem „Hexenkessel für Hausfrauen“ [1] erzielte (= 920 Mio. €), erstmals den Umsatz des bisherigen Umsatzgaranten, dem *Kobold*. Getreu der Unternehmenstradition wurde die *Thermomix*-Erfolgsgeschichte weitgehend ohne Unterstützung durch traditionelle Mediawerbung geschrieben. Entscheidend waren die Empfehlungen und Vorführungen von Influencern wie *Thermifee* per *You Tube*.

Beispiel
„Bei mir ging das 2010 los, mit einer Einladung bei einer Freundin, erinnert sich *S. Holtz*, die *Thermifee*. Im Rahmen solcher Einladungen wirkt der Zauber des Hexenkessels: bei einem netten Abend im Freundeskreis. Erlebniskochen heißt das im *Vorwerk*-Deutsch, eine Art *Tupper*-Party mit Küchenmaschine. Nur auf diesem Weg kommt man an einen *Thermomix*: zuschauen, mitmachen, bestellen. Anders ist das Gerät nicht zu bekommen. (...) Wer am Ende einer solchen Party keinen Thermomix kauft, kann ihn sich auch verdienen. Indem er seinerseits Freunde und Bekannte zum Erlebniskochen einlädt. So wie die *Thermifee* machen das insgesamt 34.500 sog. freie *Thermomix*-Repräsentantinnen. Diese Heerscharen sind das Geheimnis von *Vorwerk*." [2]

1 Erfolgsfaktor Absatzweg

1.1 Strategische Bedeutung

Die Wahl des auch Distributionskanal genannten Absatzweges ist grundlegender, strategischer Natur und sollte aus folgenden Gründen wohl überlegt sein:

- Da der Aufbau von Distributionskanälen (z. B. ein stationäres Filialnetz) höchst zeit- und kostenintensiv ist, lassen sich distributionspolitische Entscheidungen nur **schwer rückgängig** machen. Weiterhin ist die Handelsstruktur historisch gewachsen: Die Kunden sind es gewöhnt, bestimmte Produkte bei bestimmten Absatzmittlern zu beziehen. So werden Neuwagen nach wie vor zumeist beim autorisierten Händler und selten im Internet oder gar an der Haustür gekauft.
- Selbständige Vertriebspartner verfolgen eigene Ziele, die im Konflikt mit den Zielen des Anbieters stehen können. Klassisch ist der **Hersteller/Handelskonflikt**. So setzen die meisten Händler bei der Kundenbindung auf Preissenkung und Sonderangebote, was die Hersteller als Preisaktionitis kritisieren, welche sowohl Gewinnspanne als auch Markenimage gefährdet (vgl. Kap. I-5).
- Gemäß der Grundidee des **Integrierten Marketing** – Wirkungsverstärkung durch koordinierten Einsatz der verschiedenen Instrumente – müssen bei der Absatzwegeentscheidung auch die anderen Instrumente des Marketingmix berücksichtigt werden. So ist der Vertrieb erklärungsbedürftiger (z. B. Satellitenempfänger) bzw. hochwertiger Güter (z. B. *Rolex*-Uhr) die Domäne des Fachhandels, während der Online-Vertrieb nicht nur, aber in besonderem Maße bei digitalisierbaren Gütern (z. B. Bücher) Vorteile bietet (Distributionspolitik ↔ Produktpolitik). Niedrigpreisiges lässt sich am besten in Verbrauchermärkten verkaufen, teure Produkte wie *Tupperware* hingegen auf ⇒ Verkaufspartys, da der Käufer dort keine Preise vergleichen kann und möchte (Distributionspolitik ↔ Preispolitik). Für Produkte mit hohem Emotionalisierungsgrad, wie Designerkleidung, eignen sich Boutiquen oder Flagship-Stores, weil in diesen „Vorzeigeläden" die Markenbotschaft auch durch das Corporate Design kommuniziert werden kann (Distributionspolitik ↔ Kommunikationspolitik).

Integriertes Marketing: Aufeinander abgestimmte Ausgestaltung und Einsatz der Marketinginstrumente

Flagship-Store: Vorzeigefiliale, die ein größeres und höherwertiges Sortiment führt und besser ausgestattet ist als andere Filialen

1.2 Funktionen

Distribution erfüllt zum einen **akquisitorische Funktion**. Um den bestmöglichen Kontakt zu den Kunden aufbauen und pflegen zu können, müssen im Zuge des Absatzwegemanagements verschiedene Grundsatzfrage beantwortet werden:

- Direkter oder indirekter Vertrieb?
- Single Channel- oder Multi Channel-Vertrieb?

Abb. 59: Struktur der Vertriebswege

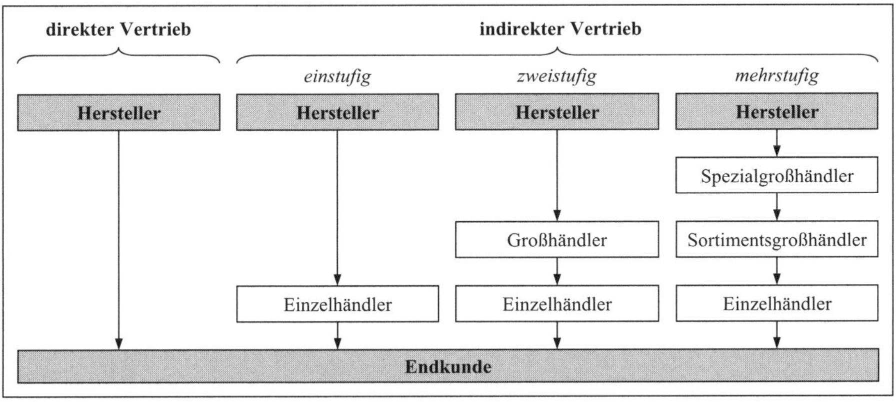

Quelle: in Anlehnung an Specht/Fritz (2005, S. 162).

Zum anderen erfüllt Distribution eine **physische Funktion**. Sie optimiert den realen Warenfluss innerhalb der Absatzwege, damit die Ware für den Kunden zum richtigen Zeitpunkt am richtigen Ort in der richtigen Menge verfügbar ist. Denn Hersteller wie Handel fürchten das Out of Stock-Problem: Finden Kunden „ihre" Marke im Regal des Einzelhändlers nicht vor, ist die Gefahr groß, dass sie zu einer anderen Marke oder einer anderen Einkaufsstätte wechseln und „untreu" werden. Wichtige Entscheidungsfelder der physischen Distribution sind die Standortwahl, die Gestaltung der Transportkette, die Lagerhaltung und die Auftragsabwicklung.

2 Direkter Vertrieb

2.1 Erscheinungsformen

Beim direkten Vertrieb schaltet der Hersteller keine Absatzmittler ein, sondern **verkauft** seine Produkte **selbst** an die Endabnehmer (d. h. unmittelbar bzw. direkt). Im Einzelnen können hierfür unternehmensinterne Vertriebsträger, selbständige Absatzhelfer, Marktveranstaltungen und diverse Verkaufsmedien genutzt werden (z. B. Katalog, Online-Shop; vgl. Abb. 60).

Abb. 60: Organe und Instrumente des direkten Vertriebs

Interne Vertriebsträger	Absatzhelfer	Marktveranstaltungen	Medialer Verkauf
Verkaufsabteilung	Handelsvertreter	Tages-/Wochen-/Jahrmarkt	Katalogverkauf
Verkaufsniederlassung	Makler	Großmarkt	Telefonverkauf
Außendienst	Kommissionär	Messe, Ausstellung	Teleshopping
	Spediteur	Waren- und Einkaufsbörse	E-Commerce
	Organisation zur Retrodistribution	Auktion	M-Commerce
		Einschreibung	

Factory Outlet Center: Vertriebsstätte, in der mehrere Hersteller ihre Produkte (oft Überschüssiges bzw. Auslaufmodelle) verbilligt anbieten

Key Account-Management: Exklusive Betreuung von Schlüsselkunden durch persönliche Ansprechpartner

Am stärksten an das Unternehmen gebunden sind **interne Vertriebsorgane**, die Kunden zumeist in einer Verkaufsabteilung bzw. -niederlassung betreuen. Von den diversen Verkaufsniederlassungen ist nach wie vor die traditionelle Filiale, wie wir sie in den Fußgängerzonen der Städte erleben, am wichtigsten. Der mit den Jahren etwas angestaubte Fabrikverkauf erlebt seit den 1990er-Jahren als Factory Outlet bzw. Factory Outlet Center ein Revival. Erstere werden von einem Hersteller in Eigenregie betrieben (z. B. *Hugo BOSS*), zumeist an einem nahe der eigenen Produktionsstätte gelegenen Standort, abseits großer Städte. Letztere werden von einem Betreiber errichtet sowie verwaltet und fassen mehrere Factory Outlets zusammen (z. B. *Ingolstadt Village)*. Beide verdanken ihre Attraktivität der Erwartung vieler Kunden, dort Markenprodukte besonders preisgünstig erwerben zu können. Andere Vertriebsmitarbeiter betreuen ihre Kunden im Außendienst (z. B. in der Pharmabranche), wobei Key Account-Manager sich besonders intensiv um einzelne wichtige Kunden kümmern. Zu den vergleichsweise exotischen direkten Vertriebswegen zählen …

- das oftmals als belästigend empfundene Haustürgeschäft,
- die noch schlechter beleumundete Kaffeefahrt
- und weniger aufdringliche Vertriebsformen wie Verkaufsfahrer (z. B. *Eismann, Bofrost)*, Verkaufsparty (z. B. *Tupperware)* oder Clubsystem (z. B. *Bertelsmann*-Buchclub).

Retrodistribution: Rückführung gebrauchter Produkte bzw. Teile in den Güterkreislauf (mittels Containern, Sammelstellen etc.)

Das Unternehmen kann auch **rechtlich selbständige Absatzhelfer** vertraglich binden, die Geschäfte vermitteln (Makler) bzw. die Ware auf Rechnung des Herstellers im eigenen Namen (Kommissionär) oder im Namen des Herstellers (Handelsvertreter) vertreiben. Im Gegensatz zu internen Vertriebsmitarbeitern erhalten Absatzhelfer kein Grundgehalt, sondern werden erfolgsabhängig bezahlt. Dies mindert die Fixkosten und damit das finanzielle Risiko des Herstellers. Vertreiben Absatzhelfer auch konkurrierende Produkte, sind Interessenkonflikte unausweichlich. Andere Absatzhelfer übernehmen rein logistische Funktionen (z. B. Spediteur, Organe der Retrodistribution).

Marktveranstaltungen wie das Münchner *Oktoberfest* oder der *Christkindlmarkt* in Nürnberg sind räumlich und zeitlich begrenzt. Aufgrund der zunehmenden Event-Orientierung der Verbraucher sowie des Trends zum Außer-Haus-Verzehr erlebte auch diese Vertriebsform in der jüngeren Vergangenheit eine Renaissance und ist insb. für die Lebensmittelindustrie und das Ernährungshandwerk bedeutsam geworden. Weiterhin bieten Märkte kleineren Anbietern (z. B.

Ökobauern), die aufgrund geringer Produktionsmengen für die großen Handelsunternehmen nicht als Lieferanten in Frage kommen, eine Absatznische. Messen und Ausstellungen können gleichfalls als Vertriebsweg genutzt werden; primär aber dienen sie dazu, Verbraucher über (neue) Produkte zu informieren.

Schließlich eröffnen verschiedene Medien, welche den persönlichen Kontakt zwischen Kunden und Absatzhelfern bzw. Verkäufern ersetzen, Vertriebsmöglichkeiten.

- **Katalogvertrieb**: Gedruckte Kataloge waren lange Zeit der wichtigste direkte Vertriebskanal. Angesichts der wachsenden Akzeptanz des Online-Handels schien das Ende dieses Mediums besiegelt zu sein. Im Zuge ihrer Multi Chanel-Strategie setzen mittlerweile allerdings selbst *Amazon, Primus-Online* oder der Online-Spielzeugshop *Mytoys* Kataloge ein, um ihre Kundenansprache zu intensivieren. Weiterhin richten Online-Anbieter ⇒ Katalogschauräume ein, um es ihren Kunden zu ermöglichen, die Ware in Augenschein zu nehmen.
- **Telefonverkauf**: Da zahlreiche unseriöse Anbieter diesen Vertriebskanal nutzen, hat er einen denkbar schlechten Ruf. Außerdem können nur nicht-erklärungsbedürftige Produkte am Telefon verkauft werden.
- **Teleshopping**: Dieser Absatzweg erfreut sich zunehmender Beliebtheit. 2016 erzielten insgesamt 17 Sender, allen voran *OVV* und *HSE 24*, auf dem deutschen Markt einen Umsatz von 1,9 Mrd. € – deutlich mehr als auf den anderen europäischen Märkten. Erklären lässt sich dies u. a. mit der Möglichkeit, den Zuschauern das Produkt im Gebrauch zeigen und somit (scheinbar) innovative Problemlösungen erklären und verkaufen zu können. Hinzu kommen medienspezifische Beeinflussungstechniken wie das Zuschalten zufriedener Kunden. Ob es sich dabei allerdings um reale Kunden oder Schauspieler handelt, ist eine andere Frage.

Catalogue Showroom: Verkaufsstätte, in der Kunden Produkte erwerben können, die sie zuvor in einem Katalog angeschaut haben

2.2 Sonderfall Online-Handel

Lange Zeit von den etablierten Distributionsorganen sträflich unterschätzt, entwickelt sich der Online-Handel seit Jahren zu einer **Erfolgsgeschichte** ohnegleichen. Wurden 1999 in Deutschland noch 1,1 Mrd. € per E-Commerce umgesetzt, waren es 2016 schon 52,7 Mrd. €. Angesichts beeindruckender jährlicher Wachstumsraten (2016 = +12,5 %) wird allerdings leicht übersehen, dass der stationäre Handel nach wie vor mehr als das Zehnfache umsetzt: 2016 = 592 Mrd. €.

Hinzu kommt, dass manche Branchen „**online-affiner**" sind als andere. Muskelaufbaupräparate, Nahrungsergänzungsmittel etc. werden überwiegend anonym im Netz gekauft. *Myprotein* bspw., der in Europa erfolgreichste Anbieter derartiger Mittel, hat 1,3 Mio. Fans bei *Facebook* und 623.000 bei *Instagram*. Und dass die Musikbranche 2016 weltweit erstmals mehr Umsatz mit Streaming und Downloads digitaler Musikdateien erlöst hat (10,7 Mrd. $) als mit dem Verkauf traditioneller Tonträger (8,5 Mrd. $), lässt sich zum einen mit technischen Argumenten erklären und zum anderen mit einem speziellen Wertewandel: Die jüngere Generation legt weniger als ihre Elterngeneration Wert darauf,

Produkte wie Auto oder Tonträger zu besitzen. Es genügt ihnen, diese bei Bedarf nutzen zu können.

Aber dank neuer technischer Hilfsmittel (z. B. Bodyscanner) und dem großzügigen Umtausch- bzw. Rückgaberecht des Online-Handels werden zunehmend auch Produkte, von denen man dachte, sie blieben dauerhaft die Domäne des stationären Handels, weil die meisten Kunden sie vor dem Kauf anfassen und anprobieren möchten (z. B. Kleidung), erfolgreich im Netz angeboten. Auch Möbel, Brillen etc. werden mittlerweile Online gekauft. Und dass Online-Schuhhändler zweistellige Wachstumsraten verbuchen, während die stationären Schuhläden ein Umsatzminus verkraften müssen, liegt auch an dem großen Erfolg von Sneakers, Sport- und Laufschuhen, die großenteils aufgrund der Marke gekauft werden.

Die hochgesteckte Erwartung, das Internet werde die **Wirtschaftswelt demokratisieren**, da neue Anbieter – ohne große Investitionen tätigen zu müssen – in den Markt eintreten können, hat sich bislang nur in Randbereichen erfüllt. Etwa 70 % des weltweiten Online-Umsatzes von 1,3 Bill. $ haben 2017 fünf amerikanische Konzerne verbucht: allen voran *Alphabet* (= Mutterkonzern von *Google) und Amazon*, gefolgt von *Facebook, Ebay* sowie dem Medienkonzern *Liberty International*, zu dem u. a. der Einkaufssender *QVC* gehört. Auf der anderen Seite trägt der Online-Handel möglicherweise zur Lösung der von ihm mitverursachten Krise des kleinteiligen Innenstadthandels bei. Wie zuvor schon Marktplatzbetreiber wie *Atalanda* oder *Locamo* verspricht die *Ebay City Initiative lokal & digital*, den stationären Handel dabei zu unterstützen, den Online-Handel als zweites Standbein zu nutzen. Auch gibt es Beispiele dafür, dass Internetpräsenz ein Sprungbrett sein kann, welches den Markteintritt in die analoge Welt des stationären Handels erleichtert. Im Falle des französischen Kosmetikkonzerns *Sephora* etwa hatte die Zielgruppe der Millenials dank des Internets bereits Gelegenheit gehabt, das Unternehmen und sein für Deutschland ungewöhnliches Sortiment kennenzulernen.

Millenials: 17-37-Jährige, die mit dem Internet aufgewachsen ('digital natives') und in den sozialen Medien zuhause sind. Alternativ wird diese Alterskohorte auch als „Generation Y" bezeichnet, die Generation, die alles in Frage stellt (abgeleitet von der englischen Aussprache des Buchstaben Y: why = warum).

Erfolgsfaktoren des Online-Handels

C-Produkte: Selten verkaufte Produkte mit überproportional hoher Kapitalbindung

Aufgrund geringer Fixkosten können Online-Händler Marktsegmente zu bedienen, die für den häufig personalintensiven stationären Handel nicht mehr rentabel sind. Damit in Verbindung steht das Long Tail-Prinzip. [3] Damit ist gemeint, dass der Online-Handel „Langsamdreher", die gemäß der ABC-Analyse als C-Produkte den „lang auslaufenden Schwanz" der Umsatzkurve bilden, nicht aus Kostengründen auslisten muss. Denn bei digitalen Gütern (z. B. eBooks, Musikstücke, Software) fallen kaum **Kapitalbindungs-** und **Lagerhaltungskosten** an. Und bei realen Gütern profitieren Online-Anbieter davon, dass ihr **Einzugsgebiet** so gut wie grenzenlos ist und sie ihre Produkte ohne nennenswerte Mehrkosten nahezu weltweit verkaufen können. Wer bspw. Kompostwürmer kaufen möchte, um seinen Gartenboden aufzulockern, seinen Kompost in wertvollen Humus zu verwandeln etc., wird im örtlichen Gartencenter vermutlich vergeblich danach fragen, im Internet hingegen mit wenigen Maus-Clicks ein reichhaltiges Angebot finden. Anders als der stationäre Handel, der durch sein Sortimentscontrolling in ein enges Korsett von Direkter Produktrentabilität, Space Management usw. gezwängt wird, kann der Online-Handel reichhaltige Sortimente führen und nahezu jeden Wunsch erfüllen.

Das dem Online-Handel vom Gesetzgeber aufgezwungene äußerst großzügige **Umtausch**- bzw. **Rückgaberecht** nimmt den Kunden die „Schwellenangst" und ermutigt sie, in Online-Shops einzukaufen. Weiterhin können Online-Händler technologiebedingt die zahlreichen **Neuen Medien** besonders effizient nutzen.

Beispiel
Graf-Dichtungen, die schon im ersten Jahr mit ihrem Online-Shop ein Umsatzplus von 35 % erzielten, mussten zwar erkennen, dass Dusch-, Fenster-, Tür-, Kühlschrank- und sonstige Dichtungen nicht Social Media-affin sind, weshalb ihnen ihre *Facebook*-Präsenz keinen nennenswerten Nutzen bot. Umso mehr profitiert das Unternehmen von *YouTube* (hier stellt das Unternehmen Filme mit Anleitungen für häufig wiederkehrende Probleme ein – z. B. „Wie montiert man eine Absenkdichtung?") und *WhatsApp* (hier können Kunden verbal ausformulierte und/ oder bebilderte Anfragen stellen, die spätestens am nächsten Tag beantwortet werden; www.graf-dichtungen.de).

Schließlich entspricht es der technologischen Logik dieses Vertriebskanals wie auch den Erwartungen der Online-Kunden, alle **Geschäftsprozesse** zu **standardisieren**. Anders als die mit hohen Fixkosten belasteten traditionellen Vermögensverwalter versetzt die damit verbundene **Kostenreduktion** bspw. Online-Vermögensverwalter ('robo-advisors') wie *Easyfolio* in die Lage, von ihren Kunden keinen Mindestanlagebetrag (z. B. 100.000 €) zu fordern.

Risiken des Online-Handels für die Kunden [4]

Online-Kunden müssen damit rechnen, regelmäßig „zahllose" Mails zugesandt zu bekommen, mit denen sie über den Stand ihrer Bestellung, ihres Bezahlvorgangs etc. informiert oder gebeten werden, den gesamten Kaufvorgang zu bewerten, diesen oder jenen Bonus an Freunde oder Bekannte weiterzuleiten etc. Die Spuren, die sie im Netz hinterlassen, werden aber nicht nur zu einer besonders intensiven und von nicht wenigen als **belästigend empfundenen Beziehungspflege** genutzt, sondern auch, um **Konsumentenrente abzuschöpfen**. Online-Händler gehen davon aus, dass Konsumenten, die sich mehrmals über dasselbe Produkt informieren, an diesem sehr interessiert sind und eine überdurchschnittliche Zahlungsbereitschaft haben. Deshalb kommt es vor, dass ein Hotelzimmer oder eine andere Leistung beim wiederholten Aufruf teurer angeboten wird als beim erstmaligen Aufruf. Wer dies verhindern möchte, sollte für Recherche und Buchung zwei verschiedene IP-Adressen nutzen (etwa den Computer im Büro und den zu Hause) oder anonym im Internet surfen (bspw. mit dem *Tor*-Browser).

Risiken des Online-Handels für die Anbieter

Besondere Herausforderungen des Online-Handels sind **Logistik** und **Retourenmanagement**. Bei der Belieferung erwarten die meisten Kunden grenzlose Schnelligkeit (möglichst noch am Tag der Bestellung) und bei der Warenrücknahme grenzenlose Großzügigkeit. Da Online-Kunden Qualität, Funktionalität, Materialien etc. der Ware erst nach der Bestellung prüfen können, wenn die Lieferung bei ihnen eintrifft, hat der Gesetzgeber privaten Kunden ein 14-tägiges, sehr weitgehendes Widerrufsrecht eingeräumt. [5] Aus vielerlei Gründen wird dieses Recht, das fälschlicherweise oft als Umtauschrecht bezeichnet wird, beim Kleiderkauf besonders häufig in Anspruch genommen (Retourquoten teilweise über 50 %): Die Hose passt nicht, der Pullover gefällt nicht etc. Manche bestellen sogar mit der festen Absicht, die Ware zu zurückzusenden:

- Zwar trägt man normalerweise Kleidergröße 38. Zur Sicherheit wird dasselbe Modell aber auch in Größe 36 und Größe 40 bestellt.
- Und warum soll man den teuren Anzug, den man voraussichtlich nur einmal tragen wird (z. B. anlässlich der Beerdigung des Großvaters), kaufen, da man ihn doch auch online bestellen, am fraglichen Tag tragen und anschließend zurücksenden kann?

Anbietern entstehen durch Retouren hohe **Kosten** (Gebühren der Rücksendung, Kontrolle der Ware auf Beschädigung, Neuverpackung etc.), weshalb bspw. *Zalando* viele Jahre nicht aus den roten Zahlen kam. Deshalb liegt es nahe zu versuchen, die Menge an Rücksendungen von vornherein zu verringern, indem man Rezensionen anderer Käufer online stellt, virtuelle Vollansichten der Produkte präsentiert, die Kunden online berät oder 3 D-Scanner einsetzt, welche Körperteile exakt vermessen.

Retourenmanagement

Als besonders wirksam hat sich allerdings eine **restriktive Retourpolitik** erwiesen. Hierzu zählen …

- zeitliche Restriktionen (z. B. Rücksendung nur innerhalb der gesetzlich garantierten 14 Tage-Frist möglich),
- monetäre Restriktionen (z. B. keine Erstattung der Rücksendegebühren oder Gutschein statt „Geld zurück"),
- sonstige Restriktionen (z. B. kein vorgefertigter Rücksendeschein).

Aus Marketingsicht überwiegen allerdings die negativen Effekte einer restriktiven Retourenpolitik deren Vorteile. Abgesehen davon, dass sie den Anbieter in einem negativen Licht erscheinen lassen („kleinlich") und im Extremfall auch juristische Auseinandersetzungen provozieren können, halten derartige Restriktionen so manchen davon ab, überhaupt zu bestellen. Daher verfolgt u. a. *Zalando* (Markenclaim: „Schrei vor Glück oder schick's zurück") eine großzügige Retourpolitik – natürlich in der Hoffnung, dass die dadurch ausgelösten Mehrbestellungen die Kosten einer erhöhten Retourenmenge (über-)kompensieren. [6]

2.3 Erfolgsfaktor persönlicher Kontakt

Aufgrund des allgemeinen Kostendrucks ersetzen immer mehr Unternehmen den **individuellen Kundenbetreuer** durch eine Servicenummer. Anrufer werden durch ein Telefonmenü geleitet und schließlich mit einem Callcenter-Agenten verbunden. Dies senkt die Kosten und ermöglicht es, „rund um die Uhr" erreichbar zu sein. Vielfach hat sich jedoch gezeigt, dass persönlicher Kontakt ein unersetzlicher Erfolgsfaktor ist.

Erfolgsfaktor Kundenkontakt

Aus Kostengründen versuchen viele Dienstleister, möglichst nur noch online mit ihren Kunden zu kommunizieren. Der Verzicht auf persönlichen Kontakt erweist sich jedoch zumeist als ein Fehler. Denn „face-to-face" ist ein Erfolgsfaktor. Wie unserer Befragungen ergaben, sind vermögende Privatkunden einer Bank, die im zurückliegenden Jahr mindestens ein persönliches Treffen mit ihrem Berater hatten, signifikant zufriedener als solche, die ihrem Berater nicht begegnet sind. Bankberater sollten daher sich bietende Anlässe nutzen (z.B. freiwerdende Kapitalbeträge), um mit wichtigen Kunden ein persönliches Beratungsgespräch zu führen.

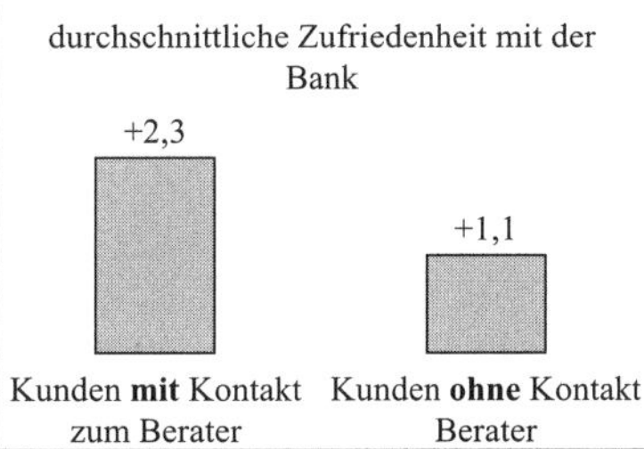

Da in vielen Unternehmen „Kostensenkung" ein unschlagbares Argument ist, werden immer häufiger reale Callcenter-Mitarbeiter durch **Chatbots** ersetzt. Da die Zahl der Konsumenten, die gerne mit einer Maschine kommunizieren, gering ist, wird dies zu einem Verlust an Kundenbindung führen.

Chatbot: Kommunikationsroboter, textbasiertes Dialogsystem

3 Indirekter Vertrieb

Beim indirekten Vertrieb hat der Hersteller keinen unmittelbaren Kundenkontakt. Dafür sind externe, rechtlich und wirtschaftlich selbständige Dienstleister zuständig: Absatzmittler. **Großhändler** bündeln die Ware mehrerer Hersteller ähnlicher (Spezialgroßhändler) oder verschiedener Produktkategorien (Sortimentsgroßhändler). Spezialgroßhändler beliefern Fachgeschäfte des Einzelhandels oder Sortimentsgroßhändler, die wiederum die gekauften Waren zu einem Sortiment bündeln und weiter an verschiedene Einzelhändler vertreiben. Neben dem klassischen Zustellgroßhandel hat sich seit den 1960er Jahren der Selbstbedienungsgroßhandel etabliert. Er konnte in diesem umkämpften Markt Fuß fassen, weil er nicht nur das Prinzip der Selbstbedienung vom Einzel- auf den Großhandel übertrug, sondern auch das Prinzip der Barzahlung. Beides sicherte dem SB-Großhandel einen wesentlichen Kostenvorteil. Die Kunden, zumeist Einzelhändler und Gewerbetreibende, wählen die Ware wie in einem Supermarkt aus, bezahlen sie und übernehmen selbst den Transport – was die Bezeichnung dieser Betriebsform begründet: Cash & Carry. Mit einem Jahresumsatz von 29,9 Mrd. € zählte die in 25 Ländern an 759 Standorten aktive *METRO Cash & Carry* 2016 zu den weltweit führenden Selbstbedienungsgroßhändlern.

Konzentrationsgrad: Anteil der Marktführer (z. B. Top 10) am Gesamtumsatz einer Branche (deutscher LEH 2005 = 86,2 %)

Die verschiedenen Betriebsformen des stationären **Einzelhandels** (z. B. Discounter, Supermarkt, Fachgeschäft, Kaufhaus) unterscheiden sich systematisch hinsichtlich Verkaufsfläche, Sortimentsbreite (Anzahl unterschiedlicher Produktarten) und Sortimentstiefe (Anzahl verschiedener Varianten bzw. Marken eines Produkts; vgl. Abb. 61). Davon zu unterscheiden ist der Distanzhandel, dessen ursprüngliche Erscheinungsform, der **Versandhandel**, vom Online-Handel weitgehend verdrängt wurde. Von den 62,2 Mrd. €, die der Versandhandel 2017 umsetzte, erwirtschaftete der Online-Handel den Löwenanteil (= 58,5 Mrd. €).

Abb. 61: Betriebsformen des stationären Einzelhandels

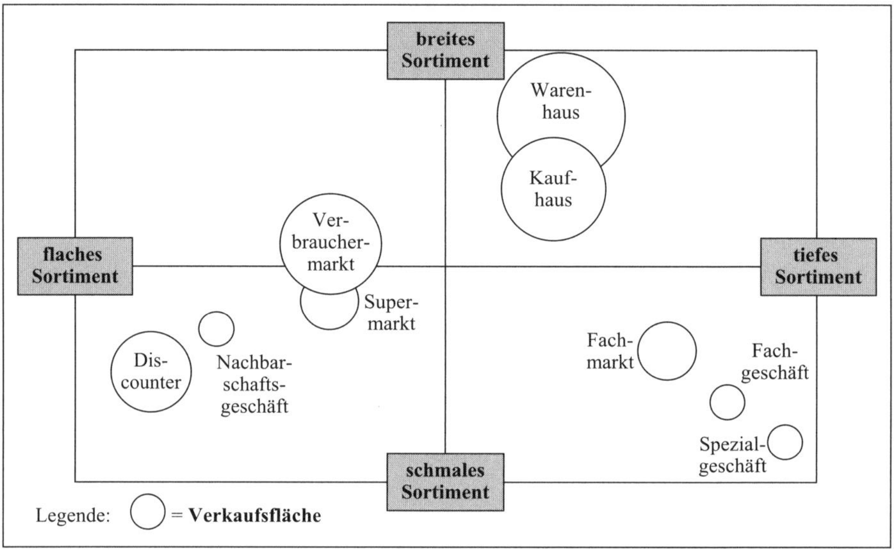

Marktanteilsgewinne konnten in den letzten Jahren hauptsächlich großflächige (Verbrauchermärkte) und preisaggressive Betriebsformen (Discounter) sowie der Online-Handel verzeichnen, während der traditionelle Handel (Supermärkte, Fach- und Nachbarschaftsgeschäfte) stetige Verluste hinnehmen musste.

4 Grundsatzfragen der Absatzwegeentscheidung

4.1 Direkter oder indirekter Vertrieb?

Für den **Direktvertrieb** sprechen zahlreiche Argumente. Durch den unmittelbaren Kontakt mit den Kunden erhält der Anbieter aus erster Hand Informationen über deren Bedürfnisse. Ein weiterer Pluspunkt ist die Unabhängigkeit von der Unternehmenspolitik der Handelsbetriebe, welche den im Regelfall knappen Regalplatz als Machtmittel nutzen und mit Auslistung drohen können, um ihre eigenen Vorstellungen über Preisstellung, Imagepositionierungen und Servicekultur durchzusetzen. Finanziell lohnt sich ein Direktvertrieb, wenn die Aufwendungen für dessen Aufbau und Pflege geringer sind als die sonst anfallende Handelsspanne, die in manchen Branchen (z. B. Möbel, Kleidung) 50 % ausmacht.

Aber auch der **indirekte Vertrieb** bietet wesentlich Vorteile. Zu den wichtigen Dienstleistungen des Handels zählt die Sortimentsbildung. Sie ermöglicht es dem Verbraucher, (fast) alles aus einer Hand zu kaufen. Ein weiterer Vorteil des indirekten Vertriebs ist die Ubiquität. Da hierbei rechtlich selbständige Absatzmittler (z. B. Einzelhändler) den Verkauf der Ware übernehmen, ist der Investitionsbedarf des Herstellers gering. Dies mindert sein finanzielles Risiko. Weiterhin profitieren Anbieter, die selbst keine fundierte Marktkenntnis besitzen, vom indirekten Vertrieb. Dem steht der Nachteil gegenüber, dass der Handel aufgrund seiner Einkaufsmacht seine eigene Unternehmenspolitik verfolgen kann und bspw. nur solche Produkte listet, die für ihn von Vorteil sind (zumeist nach Maßgabe der ⇒ direkten Produktrentabilität). Bei der Entscheidung zwischen direktem und indirektem Vertrieb ist demzufolge eine Vielzahl von Kriterien simultan zu beachten (vgl. Abb. 62).

Sortiment: Menge bzw. Struktur der von einem Händler angebotenen Artikel

Ubiquität: Überallerhältlichkeit der Ware

Abb. 62: Kriterien zur Beurteilung von Vertriebswegen

Wenn …, dann <u>direkter</u> Vertrieb		**Wenn …, dann <u>indirekter</u> Vertrieb**
	Unternehmen	
komplex, hochwertig, maßgeschneidert	← Produkt →	einfach, geringwertig, standardisiert
Kundenkontakt, Serviceorientierung	← dominantes Ziel der Distributionspolitik →	Ubiquität
wenige, räumlich konzentriert	← Anzahl und Konzentration →	viele, räumlich verteilt
nein	← Verbundkauf →	ja
eng	← Marktabdeckung →	breit
schwach	← Kontrollierbarkeit →	stark
hoch	← Kosten →	niedrig

4.2 Intensiver oder selektiver Vertrieb?

Hat sich ein Hersteller für einen (oder mehrere) indirekte Absatzkanäle entschieden, stellt sich die Frage nach der Zahl der Partner pro Kanal. Die Antwort hängt von den Zielen des Anbieters ab. Bei Waren des täglichen Bedarfs und bei Pharmazieprodukten ist Ubiquität ein Erfolgsfaktor: Die Angebote sollten überall erhältlich sein. Um dieses Ziel zu erreichen, arbeitet der Hersteller mit möglichst vielen Vertriebspartnern zusammen (= intensiver Vertrieb).

Intensiver Vertrieb: Keine Beschränkung der belieferten Händler

Selektiver Vertrieb: Konzentration auf Absatzmittler, die bestimmte Kriterien erfüllen

Adidas verfolgt stellenweise eine andere Vertriebsstrategie und bietet seine erfolgreiche Lifestyle-Produktlinie „Originals" lediglich ausgewählten Modefachgeschäften zum Verkauf an – und nicht seinen lange Zeit vorrangigen Vertriebspartnern, den Modefachgeschäften. Denn das Management erhofft sich von **selektivem Vertrieb** einen Imagevorteil, welcher den Nachteil einer geringeren Distributionsdichte überwiegt. Erfolgsfaktor ist hier 'scarcity': (künstliche) Verknappung des Angebots. Diese Vertriebsstrategie wählen zumeist Anbieter erklärungsbedürftiger und hochwertiger Güter (z. B. Uhren, Möbel, Hifi-Anlagen, Computer). *Bang & Olufsen* etwa akzeptiert nur solche Händler, die Standards wie geschultes Personal, hinreichende Ladengröße und hochwertige Ausstattung sowie Premiumimage genügen.

Exklusiver Vertrieb: Konzentration auf wenige, qualitativ hochwertige Absatzmittler

Hersteller von Luxusgütern entscheiden sich nicht selten für die Extremform dieser Strategie: den **Exklusivvertrieb**. Sie legen sich auf einige wenige Vertriebspartner fest und räumen diesen ein Alleinvertriebsrecht für ein bestimmtes Marktareal ein (Gebietsrecht).

4.3 Single- oder Multi Channel-Vertrieb?

Weiterhin stellt sich die Frage nach der **Anzahl** der **Absatzwege**. Soll sich das Unternehmen auf einen Vertriebskanal konzentrieren (z. B. Direktvertrieb mittels Außendienst) oder mehrere Vertriebskanäle nutzen (z. B. Warenhaus und Online-Handel) oder eine umfassende Integration der verschiedenen Vertriebskanäle (offline und online) anstreben? Welche Distributionsstrategie letztlich Erfolg verspricht, hängt vom Wettbewerbsumfeld und anderen Einflussfaktoren ab (z. B. gesetzliche Vorgaben).

Single Channel-Vertrieb

Fit: Zueinanderpassen (z. B. Zielgruppe und Vertriebsorgan)

Dies Vertriebsstrategie verspricht Erfolg, wenn der gewählte Absatzkanal eine klar abgegrenzte, kaufkräftige **Zielgruppe** erschließt und zwischen beiden (Absatzkanal und Zielgruppe) ein **„Fit"** besteht. Die *Dr. Theiss Naturwaren GmbH* bspw. bietet ihre Heil-, Pflege- und Kosmetikprodukte ausschließlich in Apotheken an, um die Zielgruppe der Gesundheitsbewussten mit geringen Streuverlusten zu erreichen und ihren Produkten den Flair des Exklusiven zu verleihen. Nachteilig ist die Abhängigkeit von einem einzigen Vertriebskanal.

Multi Channel-Vertrieb

Waren des täglichen Bedarfs (Butter, Waschmittel etc.) müssen überall erhältlich sein. Dies lässt sich durch einen einzigen Absatzkanal kaum erreichen, weshalb bspw. *Milka* seine Produkte in allen Betriebsformen des Einzelhandels anbietet (z. B. Discounter, Verbrauchermärkte, Tankstellen). Neben möglichst unbegrenzter zeitlicher und räumlicher Verfügbarkeit erleichtert Multi Channel-Vertrieb es, verschiedene Marktsegmente zielgruppengerecht anzusprechen. So erreicht man im …

- Flagship-Store die besonders markentreuen Käufer,

- Kaufhaus die multioptionalen Käufer,
- Online-Shop die Preisbewussten bzw. Convenience-Orientierten.

Convenience: Wunsch nach Bequemlichkeit (flexible Ladenöffnungszeiten etc.)

Darüber hinaus bietet die Multi Channel-Strategie zahlreiche weitere **Vorteile**. Mit ihrer Hilfe lässt sich das Variety Seeking-Bedürfnis jener Kunden stillen, die zwar marken-, aber nicht einkaufsstättentreu sind. Überdies ermöglicht sie es, alle relevanten Marktteilnehmer in ein Kommunikationsnetzwerk einzubinden und eine Erlebniswelt zu schaffen, in dessen Mittelpunkt das Unternehmen und dessen Marken stehen. Im Falle von *Birkenstock* ist die Aussicht auf eine höhere Gewinnmarge für die Hersteller ein wichtiger Anreiz. Dem Online-Handel eröffnet die Beteiligung am stationären Handel die Möglichkeit, mit seinen Kunden real ins Gespräch zu kommen und dabei wichtige Informationen zu gewinnen, lokale Events zu veranstalten etc.

Beispiel

Dem 1774 gegründeten Familienunternehmen, dessen Jahresproduktion von zuletzt 20 Mio. Paar Sandalen regelmäßig ausverkauft ist, wurde bewusste, dass es seine Kunden kaum kennt. Das Management erkannte die damit verbundene Gefahr und die Chance, welche E-Commerce in diesem Zusammenhang bietet. „Denn wer im Netz kauft, hinterlässt Daten, und diese ermöglichen es, die Kundenwünsche sehr viel besser zu verstehen und zu bedienen: Welche Farben, welcher Stil kommt an? Und was interessiert die Kunden sonst? *Birkenstock* hat in einem ersten Schritt einen eigenen Online-Shop aufgesetzt. Erstmals vertreibt die Firma ihre Produkte nun auch selbst, nicht bloß über Großhändler. *Birkenstock* hat dazu – zweiter Schritt – ein eigenes Digital-Team gegründet. … (Es) liefert zwar bislang nur 10 % des gesamten Umsatzes von *Birkenstock*, aber schon rund 40 % des Gewinns. Denn die Marge ist sehr viel höher, wenn die Sandalen nicht über mächtige Großhändler vertrieben werden, die den größten Teil des Gewinns abgreifen, sondern direkt über den eigenen Online-Shop. Vor allem aber kennen sie bei *Birkenstock* nun ihre Kunden sehr viel besser. 13 Mio. haben ihre Spuren auf der Website hinterlassen. Die Käufer in den USA z. B. sind eher *Bernie Sanders*-Anhänger. Sie lieben Komfort, Werte, Handwerk, lassen sich nichts vorschreiben, leben naturnah und sehr bewusst. Man kann das weiter runterbrechen, in noch kleinere Gruppen, und jede dieser Kundengruppen versorgt *Birkenstock* nun mit individuellen Newslettern.“ [7]

- *Amazon* eröffnete 2016 in Seattle seinen ersten stationären Buchladen: *Amazon Books*. Und *Amazon* Pop-up-Stores sollen den Kunden ermöglichen, neue *Amazon*-Geräte zu erproben und sich über Dienstleistungen wie Prime und *Amazon*-Serien zu informieren.
- *Zalando* kaufte 2017 den Sneakers-, Basketball- und Streatwear-Händler *Kickz*, um in den stationären Handel einsteigen zu können. Begründet wurde dieser strategische Schwenk mit der Absicht, den Kunden eine authentische Basketballwelt zu bieten, die *Zalando* selbst nicht inszenieren könne.
- *Decathlon* war anfangs mit großflächigen, spartanisch ausgestatten Verkaufsstellen an kostengünstigen Standorten (Gewerbegebiete) erfolgreich. 2016 aber eröffnete der französischstämmige „Aldi des Sports“ erstmals in bester – und teurer – Innenstadtlage „kleine & kompakte“ ⇒ *Decathlon*-Märkte (z. B. in Stuttgarts Königstraße), digital vernetzt mit dem *Decathlon*-Online-Shop. [8]

- *Vorwerk* ergänzte sein Erfolgsrezept „Direktvertrieb" um einen Online-Shop sowie stationäre *Vorwerk*-Stores, die in größeren Städten das gesamte Leistungsspektrum bieten: Präsentation, Beratung und Verkauf.

Nachteilig, da aufwändiger ist es insb., mehrere statt einen einzigen Vertriebskanal führen zu müssen (z. B. zusätzliche Koordinations- und Transaktionskosten). Auch der Verzicht auf Exklusivität (aufgrund) der Beschränkung auf einen besonders attraktiven Vertriebskanal) ist zu bedenken.

Cross Channel-Vertrieb

Beim Multi Channel-Vertrieb werden die einzelnen Vertriebskanäle unabhängig voneinander geführt. Der Cross Channel-Vertrieb überwindet diese Trennung und **integriert** die verschiedenen Kanäle entsprechend ihrer jeweiligen Stärken und Schwächen. Es ist erwünscht, dass die Kunden zwischen den Kanälen „surfen" und sich bspw. im Flag Ship-Store beraten lassen, im Internet bestellen und die Ware schließlich im Filialgeschäft abholen ('click & collect').

Omni Channel-Vertrieb

Omni: lat. = alles

Diese Vertriebsstrategie versteht sich als konsequente Weiterentwicklung des Multi Channel-Vertriebs. Ziel ist der multioptionale Verbraucher. Sie sollen nicht mehr nur, wie früher, durch einen Filialbesuch, per Telefon oder Briefpost mit dem Unternehmen Verbindung aufnehmen können, sondern auch über die Website, eine App oder die verschiedenen soziale Medien. Kennt der Anbieter diese sog. **Kontaktpunkte** seiner (potentiellen) Kunden, modelliert er individuell deren **Customer Journey**, angefangen vom ersten Interesse bis hin zur Zielhandlung (z. B. Kauf): Welcher Kontaktpunkt spielt auf dem anzustrebenden Weg von der Aufmerksamkeitsgewinnung (z. B. Bannerwerbung) über das Interesse (z. B. Soziale Medien), das Bedürfnis (z. B. Showroom), den Kauf (z. B. Webshop) und die Kundenbindung (z. B. Chats) welche Rolle? Mit Hilfe spezieller Customer Journey Analytics-Software (z. B. *SAP Hybris)* kann man in Echtzeit analysieren, welche Vertriebskanäle für welche Kunden wichtig sind, wer welche Erlebnisse an welchen Kontaktpunkten hatte, warum Kunden den Einkaufsprozess abgebrochen und den Warenkorb im Webshop unbezahlt zurückgelassen haben, in welcher Weise das Unternehmen in einer bestimmten Situation mit einem Nutzer interagieren sollte, um eine bestimmte wünschenswerte Reaktion auszulösen („Next Best-Action") etc.

4.4 Etablierte oder innovative Vertriebskanäle?

Im Verlauf von zehn Jahren musste der deutsche Einzelhandel einen flächenbereinigten Umsatzverlust von 10 % hinnehmen (vgl. Abb. 63). Angesichts der stetig **abnehmenden Flächenproduktivität** verbietet sich eine Strategie des „Weiter-so". Weder die Vergrößerung der Verkaufsfläche noch die pure Optimierung der bisher verfolgten Vertriebsstrategien lassen auf eine Trendwende hoffen. Deshalb haben in der jüngeren Vergangenheit innovative Vertriebskonzepte Konjunktur.

Abb. 63: Entwicklung der Flächenproduktivität des deutschen Einzelhandels (2000 – 2010)

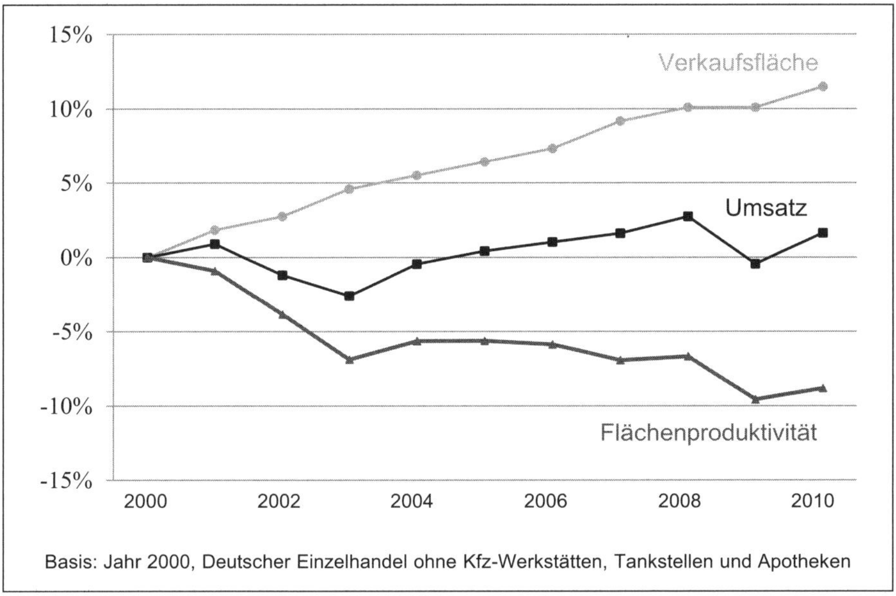

Quelle: Hutter/Hoffmann (2013, S. 114).

Pop up-Stores

Pop up-Stores (bzw. Guerilla-Stores) werden nur für einen begrenzten Zeitraum eröffnet – oft unangekündigt und an möglichst ungewöhnlichen Orten. [9] Erfolgsfaktoren sind künstliche Verknappung (begrenzte zeitliche Verfügbarkeit des Ladenlokals sowie ein erlesenes, aber jeweils nur in wenigen Exemplaren vorrätiges Angebot), ein besonderes Einkaufserlebnis und Mund zu Mund-Propaganda von Besuchern, welche das Gefühl haben, unverhofft eine ungewöhnliche 'location' entdeckt zu haben.

Underground Stores

Dieser Geschäftstyp „versteckt" sich in Hinterhöfen und an anderen hippen, schwer zugänglichen Standorten. Erfolgsfaktor ist der Reiz, den Verbraucher empfinden, wenn sie einen 'underground store' „entdecken", mit ihren Freunden teilen und damit ihrer Rolle als „Edel-Market Mavens" (vgl. Kap. M-6.1) gerecht werden können.

Concept Stores

Auch sie erinnern wenig an traditionelle Geschäfte – eher an einen „Showroom für den angesagten Lifestyle". Ihr Erfolgsrezept ist ein weit über die klassische Inszenierung hinausgehendes Angebot sinnlicher Erlebnisse, zelebriert von authentischen Verkäufern, deren eigener Lifestyle der Aufmachung des 'concept stores' entspricht. Dessen Hauptaufgabe ist es, die Kunden zu inspirieren.

Die eigentlichen Verkäufe finden dann später im zugehörigen Online-Shop statt. Für diesen erfüllt der 'concept store' eine ähnliche Funktion wie die Flagship-Stores für Großunternehmen. [10]

Beispiel
„Rechterhand betritt man ein Geschäft, das ohne Überheblichkeit den Titel „The Store" tragen darf. Geschäft ist gar nicht der richtige Ausdruck. Es ist ein Lebensgefühl, das sich auf 2.800 m² zwischen Holzdielen und Betondecke mit Nischen, Ebenen, Grünpflanzen und viel Freiraum ausbreitet. Kunst, Mode, Design, Bücher, Musik, Essen, Friseur – alles gehört zusammen. Für Sie und Ihn. Eben ein Concept Store im Wortsinn, in dem man glatt einziehen würde, weil er so großzügig und doch heimelig ist. Und nebenbei einkauft. Oder auch nicht. Man könnte sich mit seinem Laptop auch einfach an einen der Mosaiktische setzen oder auf das blaue Samtsofa lümmeln und Getränke von der Bar ordern, oder irgendetwas sehr Gesundes mit Produkten aus der Region – und dabei das Sofa auch gleich kaufen. Denn auch das gehört zum Konzept. Man könnte sich am Regal mit den Schallplatten von *J. Deller* aus der *Vinyl Factory* ärgern, dass der Plattenspieler von *Braun* bei einer von vielen Aufräumaktionen längst aussortiert wurde." [11]

Off Price Stores

Zu den neueren Versuchen, das Bedürfnis eines Teils der Verbraucher nach **preisgünstigen** Einkäufen zu nutzen, zählen 'off price stores'. Hierbei handelt es sich um mittel- bis großflächige Fachdiscounter, „die vorwiegend bekannte Markenartikel des Nichtlebensmittelbereichs (z. B. Textilien, Schuhe, Glaswaren, Porzellan) in Selbstbedienung wesentlich unter dem dafür üblichen Preisniveau anbieten." [12]

5 Konflikte im Absatzkanal

Handelsspanne: Differenz zwischen Nettoverkaufs- und Nettoeinkaufspreis (in % vom Verkaufspreis)

Handelsmarke: Marken, welche der Absatzmittler selbst vermarktet (z. B. *Tandil / ALDI*))

Auf vielen Handlungsebenen verfolgen Hersteller und Handels divergierende und bisweilen konträre Ziele. So fiel es *Mexx* auch deshalb schwer, sich als Premiummarke zu positionieren, weil die großen Handelsketten diese Rolle den Marktführern (z. B. *BOSS)* vorbehielten. *Levi's* musste in den 1990er Jahren machtlos dabei zusehen, wie ihr Markenimage unter einem Preiskampf der Händler litt. Und jeder Hersteller möchte seine gesamte Produktpalette auf dem besten Regalplatz präsentieren, Konkurrenten ausschalten, sein Markenimage pflegen und die Handelsspanne minimieren. Für den Handel sind jedoch nicht einzelne Produkte maßgeblich, sondern das gesamte Sortiment. Dieses gilt es zu optimieren, bspw. durch Konzentration auf „Schnelldreher", d. h. Produkte, die sich gut verkaufen – unabhängig, von welchem Anbieter sie stammen. Weiterhin möchte er das Image seiner Handelsmarken stärken und die Handelsspanne maximieren.

5.1 Gatekeeper-Funktion des Handels

Lange Zeit besaßen die Händler wenig Marktmacht. Die Tante Emma-Läden waren kaum mehr als die Erfüllungsgehilfen der Hersteller, weshalb es diesen zunächst nicht schwer fiel, ihre Interessen durchzusetzen. 1974, mit dem Wegfall der **vertikalen Preisbindung** (= „Preisbindung der zweiten Hand"), kam es dann zu einer Trendwende. Nun konnten die Handelsunternehmen ihre eigene Preispolitik verfolgen, was den Discountern zum Siegeszug verhalf und im Handel eine dramatische **Konzentrationswelle** auslöste. *Aldi, Lidl, Netto* etc. zogen indessen nicht nur aufgrund ihrer gewachsenen Nachfragemacht mit den großen Markenartikelherstellern gleich. Auch dank der Professionalisierung ihres Marketing konnten sie nun der bis dahin übermächtigen Markenartikelindustrie Paroli bieten. Vom Erfüllungsgehilfen wandelte sich der Handel in der Folgezeit zum **Gatekeeper**, zum „Pförtner", der den ⇒ Engpassfaktor „Regalplatz" kontrolliert und – anders als die Hersteller – tagtäglich unmittelbaren Zugang zu den Kunden hat.

Vertikale Preisbindung: Vertragliche Verpflichtung des Handels, von ihren Kunden den vom Hersteller festgesetzten Endverkaufspreis zu fordern

Neuerdings sorgen zwei Entwicklungen wieder für mehr Machtbalance in der Hersteller/Handels-Beziehung. Die **Multi Channel-Strategie** und die Professionalisierung des **Online-Handels** veranlassen immer mehr Hersteller, Online-Shops einzurichten, mit deren Hilfe sie ihre Produkte selbst vermarkten und sich vom Handel unabhängig machen können. *Adidas* bspw. verkaufte die Trikots der Fußball-Nationalmannschaft bislang u. a. mit Hilfe der etwa 3.000 deutschen Sportfachgeschäfte – anlässlich der Fußballweltmeisterschaft 2014 immerhin mehr als drei Mio. Stück. Um möglichst wenig von diesem Kuchen abgeben zu müssen, teilte der fränkische Sportartikelhersteller bei der Präsentation der 2018er-Trikots mit, diese zunächst nur in den *Adidas*-Stores sowie den Online-Shops von *Adidas* und *DFB* anzubieten.

5.2 Handlungsmöglichkeiten der Hersteller

Zwar eröffnet die zunehmende Akzeptanz des Internets den Herstellern immer mehr Möglichkeiten, Konflikte mit dem Handel zu vermeiden und ihre Kunden per Direktvertrieb zu erreichen. Aber dieser Vertriebskanal ist nicht immer eine vollwertige Alternative zum indirekten Vertrieb. Wichtige Funktionen der traditionellen Absatzmittler (z. B. Sortimentsbildung, Kundennähe) kann er nicht hinreichend ersetzen.

Kompetitive Konfliktlösung

Geht man davon aus, dass die beschriebenen Interessengegensätze im Wesentlichen unauflösbar sind, dann bleiben den Herstellern zwei Möglichkeiten, ihre **Interessen** gegenüber dem Handel **durchzusetzen**: die Pull- und die Push-Strategie (vgl. Abb. 64).

Abb. 64: Handlungsoptionen der Hersteller

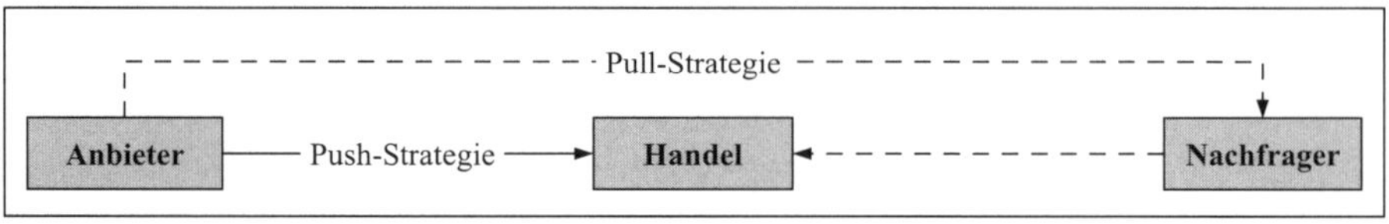

Listen: Ein Produkt in das Sortiment aufnehmen

Bei der **Pull-Strategie** betreibt der Hersteller intensive Endverbraucherwerbung, um einen Nachfragesog auszulösen und die beworbenen Produkte aus dem Handel zu „ziehen" (= to pull). Dies erfordert jedoch den Aufbau einer Marke, die so stark ist, dass die Verbraucher im Zweifelsfall die Marke in einem anderen Geschäft kaufen, wenn ein Händler sie nicht listet bzw. kurzfristig nicht verfügbar hat. Für kleinere Unternehmen sind die Kosten der Pull-Strategie im Regelfall jedoch nicht tragbar und für größere Unternehmen lediglich für ausgewählte Premiummarken (z. B. *Ariel, Mon Cheri*). Hinzu kommt: Je mächtiger der Handel ist, umso weniger verspricht die Pull-Strategie Erfolg.

Daher versuchen die meisten Hersteller, ihre Waren mit der **Push-Strategie** in die Regale zu „drücken" (= to push). Neu an dem hierzu entwickelten Vertikalen Marketing [13] ist der Gedanke, den Handel als Kunden zu betrachten und mit folgenden Argumenten zu überzeugen, die eigenen Produkte zu listen: Wir …

- betreiben Regalpflege,
- schulen ihr Personal,
- finanzieren verkaufsfördernde Maßnahmen (z. B. Verkostungsaktion am Point-of-Sale),
- optimieren die Produktverpackung entsprechend ihren Wünschen etc.

Werbekostenzuschuss (WKZ): Finanzielle Leistungen der Hersteller, welche der Handel vorgeblich für Werbung einsetzt, oft aber pauschal einfordert

Viele dieser ursprünglichen Zusatzleistungen setzt der Handel mittlerweile jedoch als selbstverständlich voraus: Naturalrabatte, kooperative Werbung, Werbekostenzuschüsse und oft auch Listungsgebühren. Angesichts der Kosten dieses **Nebenleistungswettbewerbs** und dessen nachlassender Wirkung (Gewöhnungseffekt) wird alternativ der kooperative Ansatz propagiert. Voraussetzung dafür ist, dass Hersteller und Handel ihre gemeinsamen Ziele erkennen.

Kooperative Konfliktlösung

Category Captain: Hersteller, der dem Handel hilft, eine bestimmte Warenkategorie zu steuern (bei gleichberechtigter Berücksichtigung von Konkurrenzprodukten)

Der **Category Management-Ansatz** geht davon aus, dass jedes Produkt (z. B. Haarspülung) innerhalb einer Warenkategorie (z. B. Haarpflegemittel) ein spezifisches Bedürfnis sowohl der Kunden (z. B. Mittel gegen Haarspliss) als auch der Händler erfüllt (z. B. Lockvogel, Ertragsbringer, Frequenzbringer, Verbundverkauf). Hersteller und Handel versuchen nun gemeinsam, jede Warengruppe so zu führen, dass den Bedürfnissen aller Beteiligten möglichst weitgehend entsprochen wird. Aufgrund seiner Produktkompetenz übernimmt dabei häufig der Hersteller mit dem größten Marktanteil die Rolle des Category Captain.

Ziel des **Efficient Consumer Response-Ansatzes** ist es, den Waren- und Informationsfluss von der Produktionsstätte bis zum Endverbraucher zu optimieren. Neben effizienter Regalbestückung, Neuproduktentwicklung (z. B. gemeinsame Storetests) und Verkaufsförderung (z. B. auf bestimmte Filialen abgestimmt) zielt ECR auf die zeitlich optimale Nachbestellung verkaufter Ware. Vorzeitige Nachbestellung sorgt für übervolle Lager, diverse Platz- und Koordinationsprobleme sowie Bindung finanzieller Ressourcen. Wird zu spät nachbestellt, dann ist die Ware im Regal nicht verfügbar und Kunden wandern ab. Dies lässt sich vermeiden, indem man das elektronische Warenwirtschaftssystem (WWS) des Herstellers mit dem WWS des Handelsunternehmens koppelt und Nachbestellungen automatisch ausführt. Für den dazu erforderlichen Datenaustausch sorgt immer häufiger die vergleichsweis aufwändige RFID-Technologie. [14] Dabei wird an der Ware ein Transponder befestigt, der ein Funksignal abgibt, wodurch sich das Produkt permanent identifizieren und lokalisieren lässt (wovor Verbraucherschützer mit Blick auf den Datenschutz warnen). Auf dem Transponder sind auch Produkt- und Preisinformationen gespeichert, weshalb sich „auf Knopfdruck", d.h. unverzüglich und nahezu kostenlos, Preise anpassen lassen (z.B. im Rahmen einer Verkaufsförderungsmaßnahme).

RFID: Radio Frequency Identification

Umgehen des Konflikts

Wer derartige Konflikte grundsätzlich vermeiden möchte, dem eröffnet die sog. **Quasi-Filialisierung** interessante Optionen. Denn diese „Filialunternehmen" (Vertragshändler und Franchisenehmer) verantworten zwar formal-juristisch ihr Geschäftsergebnis selbst, sind aber vertraglich und wirtschaftlich vom Hersteller abhängig. Noch eindeutiger ist das Abhängigkeitsverhältnis bei der **vertikalen Integration**.

Den im Automobilsektor üblichen **Vertragshändlern** schreibt der Hersteller Mindestabnahmemengen und Qualitätsstandards vor, verpflichtet sie zu Reparatur- und ⇒ Nachkauf-Serviceleistungen etc. *VW*-Vertragshändler bspw. müssen das *VW*-Logo verwenden und strenge Corporate Design-Vorschriften erfüllen, können allerdings im Gegensatz zu Franchisenehmern den eigenen Firmennamen bewerben.

Corporate Design: Einheitliches Erscheinungsbild von Produkten (z.B. Verpackung), Kommunikationsmitteln (z.B. Geschäftspapier) etc.

Auch beim ⇒ **Franchising** wird streng kontrolliert. Der Franchisegeber (z.B. *McDonald's, Nordsee, OBI)* überlässt dem Franchisenehmer gegen eine Franchisegebühr seine erfolgreiche Marketingkonzeption, welche dieser ohne Abstriche umsetzen muss (z.B. Produktpalette, Ladeneinrichtung, Gestaltung der Speisekarte). Die strikte Standardisierung senkt die Vertriebskosten und bietet dem Franchisenehmer die Gewissheit, auf ein erprobtes und erfolgreiches Geschäftskonzept bauen zu können.

Bei der vertikalen Integration kaufen Händler bzw. Hersteller vor- oder nachgelagerte Wertschöpfungsstufen auf und gliedern diese in das Unternehmen ein. Damit werden die vielfältigsten Ziele verfolgt (u.a. Kostensenkung, Vertiefung der Wertschöpfung, Synergie, Qualitätskontrolle). Wenn Hersteller wie *Benetton* oder ⇒ *Zara* Handelsunternehmen erwerben, dann spricht man von **Vorwärtsintegration** (weil sie in der Wertschöpfungskette vorgelagert sind). Entsprechend handelt es sich um **Rückwärtsintegration**, wenn Handelsketten selbst produzieren bzw. Hersteller aufkaufen (z.B. *H&M, IKEA).*

6 Distributionslogistik

Aufgabe der ⇒ Distributionslogistik ist es, die Warenströme so zu steuern, dass die Ware den Kunden zur richtigen Zeit am richtigen Ort in der gewünschten Menge möglichst kostengünstig zur Verfügung steht. Aus Sicht des Marketing sind hierbei zwei grundlegende Entscheidungen zu treffen: Wie ist die **Lagerhaltung** organisiert? Und wer **transportiert** auf welche Weise die Ware? Ein weiteres bedeutsames Aufgabengebiet der Distributionslogistik ist die **Auftragsabwicklung**: Eingang und Bearbeitung der Bestellung sowie Zusammenstellung, Fakturierung, Verpackung und Versand der Ware.

7 Literaturempfehlung

- *Müller-Hagedorn, L; Natter, M.* (2011): Handelsmarketing, 5. Aufl., Stuttgart: Kohlhammer.
- *Schögel, M.* (2012): Distributionsmanagement, München: Vahlen.
- *Specht, G.; Fritz, W.* (2005): Distributionsmanagement, 4. Aufl., Stuttgart: Kohlhammer.
- *Zentes, J.; Swoboda, B.; Foscht, T.* (2012): Handelsmanagement, 3. Aufl., München: Vahlen.

Endnoten

1. Rohwetter (2015, S. 23)
2. Rohwetter (2015, S. 24)
3. Anderson (2008)
4. www.online-schlichter.de vermittelt kostenlos zwischen Online-Händlern und unzufriedenen Kunden
5. www.br.de/themen/ratgeber/inhalt/verbrauchertipps/kundenrecht-widerrufsrecht-versand-online-shop100.html
6. Janakiraman et al. (2016)
7. Schäfer (2017)
8. Ritzer (2016)
9. Hutter/Hoffmann (2014)
10. Johnston (2017)
11. www.welt.de/icon/article138806011/Dieser-Concept-Store-verdient-den-Titel.html
12. Ausschuss für Definitionen zu Handel und Distribution (2006, S. 52)
13. Schögel (2012, S. 283 ff.)
14. Zentes et al. (2012, S. 612 ff.)

K. Psychologie der Distributionspolitik

Tchibo: Aus „Tchilling" (= Familienname eines der Unternehmensgründer) und „Bohne" gebildetes Kunstwort

Erwartungsfroh betreten Kunden das *Tchibo*-Geschäft. Was wird wohl diese Woche angeboten? Früher ausschließlich als Kaffeeröster bekannt („Oh, frische Bohnen"), punktet das Hamburger Unternehmen nunmehr primär aufgrund seines wöchentlich wechselnden Angebots an Gebrauchsartikeln. Das anfänglich auf ca. 30 Produkte beschränkte Sortiment steht unter dem Motto „Jede Woche eine neue Welt" (z. B. Gartenarbeit, Wandern). Seinen Erfolg verdankt *Tchibo* neben der Inszenierung von Erlebniswelten dem ⇒ Scarcity-Prinzip: der besonderen Attraktivität der nur für eine Woche und ausschließlich bei *Tchibo* erhältlichen Produkte. Wer sie kaufen möchte, muss aufgrund der künstlich geschaffenen Knappheit schnell zugreifen. Weiterhin lösen die wöchentlichen Themenwelten Verbundkäufe aus. Mancher kauft dann nicht nur eine neue Backform, sondern gleich die ganze Grundausstattung des Backens. Zudem erleichtern die flache Sortimentsstruktur und ein anerkannt leistungsfähiges Qualitätsmanagement den Kunden das Einkaufen. Und dass es nicht möglich ist, die *Tchibo*-Produkte im Ladenlokal mit Konkurrenzangeboten zu vergleichen, ist für die Preiswahrnehmung von Vorteil. Die Kunden können so nicht erkennen, dass es sich im Regelfall um mittelpreisige Angebote handelt. Vielmehr erscheinen diese aufgrund der Art der Präsentation und der zeitlich begrenzten Verfügbarkeit als „Schnäppchen". Finanziell profitiert das gesamte Unternehmen von den hohen Deckungsbeiträgen der von Auftragsherstellern in Fernost in großer Zahl und kostengünstig exklusiv für *Tchibo* produzierten Artikel.

1 Strukturwandel

1.1 Aufstieg und Fall von Handelsunternehmen

Wheel of Retailing: Annahme eines quasi-gesetzmäßigen Wandels der Betriebsformen des Handels im Zeitverlauf

Jeder zweite Deutsche lebt in einer Stadt. Der Lebensstandard steigt, und der Außer-Haus-Verzehr boomt. Der Handel reagiert auf den Wandel von **Lebensverhältnissen** und **Lebensstil** (⇒ Euro-Socio-Styles), indem er ständig neue Betriebsformen erprobt (z. B. ⇒ Off Price-Stores) und etablierte Betriebsformen dem Zeitgeist anpasst (z. B. Fingerfood-Buffet statt traditionelles Fast Food). Dieser Innovations- und Anpassungsprozess wird als '**wheel of retailing**' bezeichnet. Er verläuft üblicherweise in zwei Phasen (vgl. Abb. 65).

Phase I

Zumeist drängen neue Anbieter mit einem besonders preisgünstigen Sortiment in den Markt. Ihren **Preisvorteil** erlangen sie häufig dadurch, dass sie ...

- ein schmales und flaches Sortiment mit hoher Umschlagsfrequenz und einen minimalen Service anbieten (z. B. *Aldi, Lidl),*
- die Ladeneinrichtung auf das absolut Notwendige reduzieren (z. B. ⇒ *Decathlon),*
- große Mengen preiswert einkaufen bzw. an Niedriglohnstandorten produzieren lassen (z. B. *H&M, kik).*

Abb. 65: Vom Preis- zum Qualitätswettbewerb

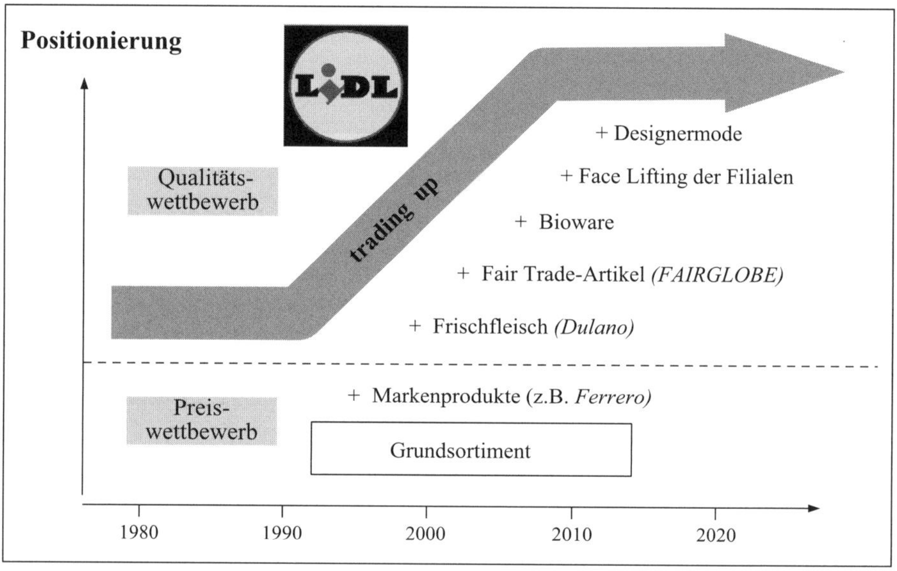

Phase II

Trading up: Aufwertung der Betriebsform durch höherwertigere Produkt- und Serviceangebote

Auf Dauer können lediglich Kostenführer wie *Aldi* und *Lidl* eine aggressive Preispolitik durchhalten. Aber selbst ihnen, den 'low level-trader', bieten niedrige Preise nur begrenzte Möglichkeiten, sich zu profilieren, Umsatz zu generieren und Kunden dauerhaft zu binden. Deshalb betreiben die meisten Pionierunternehmen, sobald der Preisvorteil seinen anfänglichen Reiz einbüßt, **'trading up'**. Sie bieten mehr Service (z. B. Kundentoilette bei *Aldi)* oder ein breiteres und tieferes wie auch hochwertigeres Sortiment (z. B. Frischetheke und Bioprodukte bei *Rewe,* Modekollektion von *Heidi Klum* bei *Lidl).* Im oberen Preissegment treffen sie dann allerdings auf 'high level-trader' wie *Edeka* und *Konsum,* die im **Qualitätswettbewerb** erfahren sind. Das 'wheel of retailing' sorgt also dafür, dass das untere Marktsegment immer wieder für **preisorientierte Neueinsteiger** geräumt und der Wettbewerb im oberen Marktsegment intensiviert wird. So macht das 'trading up' von *Aldi* und *Lidl* den Platz frei für Konkurrenten, die wieder wie jene in ihren Anfangsjahren unter Verzicht auf alle Annehmlichkeiten ausschließlich auf den Reiz des Preisvorteils setzen. [1]

Beispiel
„Drinnen enge Gänge, auf den Auslagen stapeln sich Dosen, Packungen und Flaschen. An den Regalen hängen Preisschilder – und der Preis ist für alle gleich: 25 Pence, also 33 Cent. Egal, ob für Kekse, Erbsen oder Nudeln. Echte Schnäppchen. *S. Haji-Ioannou* hofft, mit diesen Kampfpreisen den Discountern im Königreich Kunden abzujagen. Der 48 Jahre alte Milliardär – Gründer und Großaktionär von *Easyjet* – will unter dem Namen *Easy-Foodstore* eine Kette von Billigmärkten aufbauen. (...) Ich habe das Gefühl, dass es im Lebensmitteleinzelhandel eine Lücke gibt – eine Nische unterhalb der Discounter, sagt der Spross einer Rederfamilie. (...) *Haji-Ioannou* geht davon aus, dass vielen armen Briten selbst *Aldi* und *Lidl* zu teuer sind." [2]

1.2 Beschleunigung des Strukturwandels

In der Modebranche dreht sich das 'wheel of retailing' besonders schnell. *⇒ Abercombie & Fitch, ⇒ American Apparel* und andere erlangten innerhalb weniger Jahre Kultstatus, um sodann in noch kürzerer Zeit geradezu abzustürzen. [3] Als Treiber des anfänglichen Erfolgs gelten neben äußerst aggressiven Marketingstrategien (Sexappeal, Stars etc.) die **sozialen Medien**. Unter anderen sorgte *Facebook* für die unverzügliche globale Verbreitung ursprünglich lokaler Phänomene (z.B. den Auftritt des Rocksängers *J. Borrell* in Röhrenjeans und einem V-Neck T-Shirt von *American Apparel).* Daraufhin setzte ein so gewaltiger Ansturm auf die Filialen des Unternehmens ein, dass ein organisches Unternehmenswachstum nicht mehr möglich war. Versäumt wurde u. a., leistungsfähige Unternehmensstrukturen aufzubauen, und anstelle von Controlling, Corporate Governance etc. entwickelten sich in der Chefetage **Selbstüberschätzung** sowie die Überzeugung, unfehlbar zu sein.

1.3 Positionierungsgebot

Angesichts des mit dem 'wheel of retailing' verbundenen hohen Scheiterrisikos sollte jeder Händler nicht nur eine einzigartige, sondern auch **dauerhaft erfolgversprechende** Wettbewerbsposition besetzen. *Starbucks* versucht dies mit „Lifestyle", während *ebay* auf den Wettbewerbsvorteil „Bequemlichkeit" baut und *Edeka* auf „Frische". Das Positionierungsgebot gilt selbst für Low Level-Trader. Zwar schränkt die Niedrigpreisstrategie deren Spielraum ein. Aber auch Preisgünstigkeit lässt sich in Szene setzen. *Mäc-Geiz* etwa sortiert seine Artikel nicht nach Waren-, sondern nach Preisgruppen. Abb. 66 thematisiert die verschiedenen **Profilierungsinstrumente** der Händler, die in den folgenden Kapiteln eingehender erläutert werden.

1A-Lage im Handel: Hochwertige Einkaufsstraße mit vielen zahlungskräftigen Passanten

Abb. 66: Profilierungsmöglichkeiten von Handelsunternehmen

Standort	Die Lage einer Einkaufsstätte nimmt starken Einfluss darauf, wie viele und welche Kunden ein Händler anzieht. Große Handelsunternehmen bevorzugen 1A-Lagen.
Sortiment	Ein entscheidender Vorteil gegenüber dem Direktvertrieb durch den Hersteller ist die Sortiments-Bildung durch den Handel (einzigartiger Mix an Produkten und Dienstleistungen).
Laden-gestaltung	*Aldi* ordnete in seinen Anfangsjahren viele Waren nicht in Regale ein, sondern beließ sie in den Kartons (nicht aus Nachlässigkeit, sondern als sichtbarer Ausdruck der Preisvorteilsstrategie.
Verkaufs-gespräch	Verkäufer setzen gezielt verschiedene Gesprächstechniken ein, um ihre Kunden von der Vorteilhaftigkeit des Angebots zu überzeugen.
Einkaufs-erlebnis	Einkaufen dient zunehmend der Freizeitgestaltung und soll daher auch Spaß bereiten.

Quelle: in Anlehnung an Müller-Hagedorn/Natter (2011, S. 26).

2 Standortwahl

Grüne Wiese: Große Gewerbeflächen in verkehrsgünstiger Lage außerhalb der Städte

Komplementäre Anbieter: Bieten Produkte an, die sich ergänzen (z. B. Fleischer und Bäcker)

Erfolgreiche Handelsgeschäfte finden sich auf der „grünen Wiese" wie auch in der Innenstadt. Bei der Wahl eines passenden Standorts sind **vier Faktoren** zu beachten: die räumlichen Nähe zu Kunden und komplementären Anbietern, die Distanz zu Konkurrenten sowie Image und Kaufkraft des Standorts bzw. dessen Umfelds.

2.1 Nähe zur Zielgruppe

Für kleinere Betriebsformen, die Waren des täglichen Bedarfs anbieten, ist die räumliche Nähe zu den Kunden der Erfolgsfaktor. Um **fußläufig erreichbar** zu sein, lassen sich Nachbarschaftsgeschäfte, Supermärkte, Bäcker, Fleischer etc. bevorzugt in Wohngegenden nieder. Blumenhändler profitieren von der Nähe zu Krankenhäusern und Friedhöfen, Friseure von der Nähe zu Altenheimen und Copy-Shops, PC-Geschäfte, Buchhandlungen etc. von der Nähe zu einer Hochschule.

Laufkundschaft: Passanten, die eine Einkaufsstätte spontan betreten (d. h. ohne es geplant zu haben)

Convenience Store: Geschäft mit langen Öffnungszeiten, das Waren des kurzfristigen Bedarfs anbietet

Fast-Food-Anbieter, Eisdielen, Kioske etc. sind auf **Laufkundschaft** angewiesen, die zum Impulskauf neigt. Und für großformatige Betriebsformen ist der Erfolgsfaktor **hohe Kundenfrequenz** entscheidend. Waren- und Kaufhäuser siedeln sich deshalb in den 1A-Lagen von Großstädten an. Den *Berliner Alexanderplatz* etwa passieren täglich 300.000 Menschen. Noch attraktiver sind die großen Flughäfen und Bahnhöfe. Am Hamburger Hauptbahnhof bspw. werden täglich mehr als 550.000 Reisende gezählt, weshalb sich dort nicht nur Convenience-Stores ansiedeln, welche den Reisebedarf decken (z. B. Lebensmittel, Zeitungen), sondern auch Anbieter hochwertiger Waren (z. B. Markenbekleidung). Offensichtlich ist die Kauf- und Zahlungsbereitschaft der Passanten groß genug, um die an diesen Vorzugslagen extrem hohen Ladenmieten – nicht selten mehr als das Zehnfache der ortsüblichen Mieten – zu rechtfertigen.

Wie sehr sich mittlerweile internationale Flughäfen zu luxuriösen Einkaufswelten gewandelt haben, erkennt man u. a. daran, dass so mancher Flughafenbetreiber mit den Shopping-Meilen mittlerweile mehr Mieteinnahmen erzielt als mit dem Kerngeschäft, den Start- und Landegebühren. Am Frankfurter Flughafen bspw. boten 2016 mehr als 300 Geschäfte und Gastronomiebetriebe auf 38.000 m^2 Verkaufsfläche an 365 Tagen im Jahr 61 Mio. Passagieren ihr Leistungen an. Wie eine Umfrage von *JCDecaux* zum Einkaufsverhalten von Global Shopper aus zwölf Ländern ergab, …

- begreifen insgesamt 87 %, vor allem aber Reisende aus Arabien, Asien und Russland, Fernreisen in hohem Maße als Shopping-Touren,
- planen 66 % der Flugreisenden ihre Einkäufe schon im Voraus,
- treffen 68 % mehr als zwei Stunden vor Abflug am Flughafen ein,
- reisen 63 % der Befragten, die aus Asien oder Nahost stammen, gezielt in der Zeit regionaler Sonderangebotsaktion.

Eustress: Positiver, anregender Stress

Distress: Negativer, gesundheitsgefährdender Stress

Happy Hour am Flughafen

Eine hohe Kundenfrequenz garantiert zunächst nur zahlreiche potentielle Käufer. Wie viele tatsächlich etwas kaufen, hängt von weiteren Faktoren ab: bspw. von Verweildauer und Kauflaune. Beides ist häufig am Flughafen gegeben. Nachdem sie die Sicherheitskontrolle passiert und ihr Gate gefunden haben, entspannen sich die Reisenden und sind dankbar für jede Form der Abwechslung, die ihnen hilft, sich die Zeit bis zum Abflug zu vertreiben. In dieser „Happy Hour" decken viele nicht nur ihren Reisebedarf (Getränke, Snacks, Geschenke), sondern interessieren sich auch für hochwertige Kleidung, Schmuck, Parfüm etc. Passagieren, die nicht aus der EU stammen, bietet das sog. Tax Back-Verfahren einen zusätzlichen Anreiz. Sie können sich am Flughafen die Mehrwertsteuer auf ihre in Deutschland getätigten Umsätze erstatten lassen.

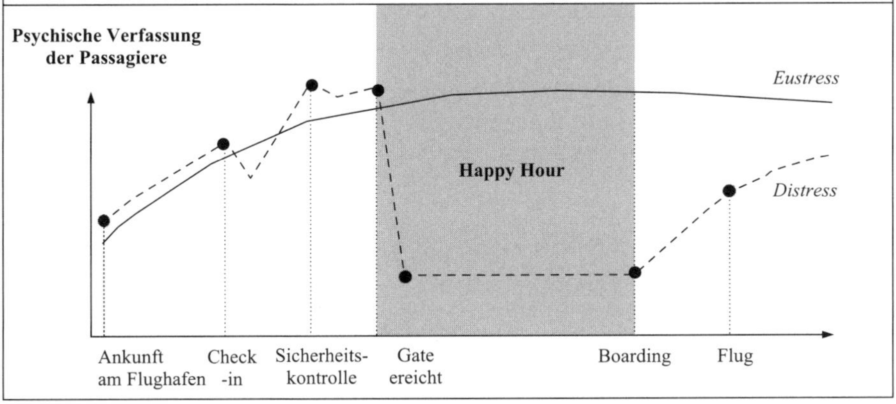

Großflächige Einzelhandelsbetriebe sind aufgrund ihrer betriebsformentypischen Wettbewerbsvorteile (z. B. preisgünstiges Angebot, breites Sortiment, kostenloses Parken) in der Lage, zahlreiche Kunden anzuziehen, die dort ihre Wochen- bzw. Großeinkauf tätigen. Einkaufscenter, Hypermärkte etc. können sich deshalb in den kostengünstigen, städtebaulich nicht-integrierten Lagen an den großen Ausfallstraßen ansiedeln. Der Erfolgsfaktor dieser Betriebsform ist die **Güte** der **Verkehrsanbindung**.

Nicht-integrierte Lage: Außerhalb der geschlossenen Wohnbebauung

Involvement: Inneres Engagement – z. B. von Konsumenten beim Einkauf

Für andere Einzelhandelsbetriebe ist die räumliche Nähe zum Kunden weniger wichtig. So sind Besucher von Spezialgeschäften (z. B. Hochzeitsbedarf, Inneneinrichtung) überdurchschnittlich involviert und daher auch bereit, weite Strecken zu fahren, um ihren Bedarf zu decken. Und Online-Händler sind ortsunabhängig.

2.2 Nähe und Distanz zu komplementären Anbietern und Konkurrenten

Standortagglomeration: Räumliche Ansammlung von Einzelhändlern

Das Einzugsgebiet leistungsstarker **Konkurrenten** sollte sich nicht mit dem eigenen Einzugsgebiet überschneiden. Dies gilt insb. für Anbieter von Convenience-Goods. Denn Waren des täglichen Bedarfs werden zumeist schnell und ohne weitere Preis- bzw. Qualitätsvergleiche beschafft. Anders verhält es sich mit Shopping-Goods: Möbel, Kleidung, elektronische Geräte etc. werden häufig erst nach eingehender Informationssuche gekauft. Auch steigert in ihrem Fall eine große Auswahl die Attraktivität des Angebots (z. B. Schuhe). Diese Bedürfnisse kann eine Standortagglomeration, die im Regelfall auch konkurrierende Anbieter einschließt, besser befriedigen als ein Anbieter allein.

One-Stop-Shopping: Möglichkeit, alle benötigten Waren an einem Ort einzukaufen

Shopping-Center: Als Einheit geplante Ansiedlung verschiedener Einzelhändler und Dienstleister

Erfolgreich sind weiterhin Standortagglomerationen **komplementärer Handelsunternehmen**. Ein Angebotsverbund sich ergänzender Waren ermöglicht es den Kunden, (fast) alle benötigten Dinge an einem Ort kaufen zu können (z. B. Lebensmittel im Frischemarkt, Lippenstifte im Drogeriefachgeschäft und Bücher in der Buchhandlung). Die Möglichkeit des One-Stop-Shopping hat entscheidend zum Siegeszug der Shopping-Center beigetragen. Ein weiterer Erfolgsfaktor ist ein kundengerechter Mix an Mietern:

- Anbieter von Waren des täglichen Bedarfs (z. B. Lebensmittelgeschäft) und Dienstleister (z. B. Friseur, Reinigung) sind „Besucher-Magneten", die für die erforderliche Kundenfrequenz sorgen.
- Luxus-Geschäfte (z. B. Juwelier) verleihen dem Center eine hochwertige Ausstrahlung.
- Filialen erfolgreicher Modemarken (z. B. *Zara*) sowie Elektrofachmärkte (z. B. *Saturn*) ziehen ein junges Publikum an.
- Unterhaltungs- und Gastronomiebetriebe (z. B. Eisdiele) laden zum Verweilen ein.

2.3 Standortimage

Image-Fit: Entsprechung zwischen dem Image des Standorts und der angestrebten Positionierung des Händlers

Das Image des Standorts trägt dann zum Unternehmenserfolg bei, wenn es die Positionierung des Anbieters unterstützt, im Idealfall diese sogar symbolisiert. So hat *VW* mit der *Gläsernen Manufaktur* aus dem gleichen Grund eine Produktions- und Verkaufsniederlassung am Rande des Großen Gartens mitten in Dresden errichtet, wie die Confiserie *Sprüngli* in Zürichs renommierter Bahnhofstraße. Das außergewöhnliche Umfeld soll Exklusivität signalisieren. Designerschmuck und Trendboutiquen sind dagegen besser im Szeneviertel einer Stadt aufgehoben.

2.4 Kaufkraft im Einzugsgebiet

Neben räumlichen Faktoren spielt auch die Kaufkraft der potentiellen Kunden im Einzugsgebiet des Händlers eine wichtige Rolle. Ist diese unterdurchschnittlich, dann eignet sich der Standort eher für Discounter als für hochpreisige Anbieter. Eine erste Orientierung ermöglichen die Kaufkraftanalysen der *Gesellschaft für Konsumforschung (GfK)*. 2016 betrug demnach die durchschnittliche Kaufkraft 21.879 € pro Kopf der Bevölkerung, was bei rund 81 Mio. Einwohnern eine Kaufkraftsumme von 1.776,5 Mrd. € für Gesamtdeutschland ergibt. Differenziert man diese Angaben nach den 402 deutschen Landkreisen, dann wohnen die kaufkräftigsten Deutschen im LK Starnberg, während die Menschen rund um Görlitz am wenigsten Geldmittel zur Verfügung haben (vgl. Abb. 67). Aber selbst auf Ebene der Stadtkreise (z. B. Kaufkraftindex München = 135,2, Berlin = 91,4) sind diese Informationen bei weitem zu grob, als dass auf ihrer Basis Standortentscheidungen gefällt werden könnten. Um eine verlässlichere Entscheidungsgrundlage zu schaffen, müssen ansiedlungswillige Handelsunternehmen die Zahl der Bewohner des Einzugsgebiets mit deren verfügbarem Einkommen sowie mit dem Anteil der Ausgaben multiplizieren, die ihre Einkäufe in dieser Betriebsform (z. B. Verbrauchermarkt) im Schnitt haben.

GfK Kaufkraft: Summe aller Nettoeinkünfte der Wohnbevölkerung (Nettoeinkommen aus selbstständiger und nichtselbstständiger Arbeit, Kapitaleinkünfte, Arbeitslosengeld, Kindergeld und Renten)

Abb. 67: Landkreise mit der höchsten und der geringsten Kaufkraft (2016)

Rang	Landkreis	Einwohner	Kaufkraft (€ pro Einwohner)	Kaufkraftindex (Durchschnitt = 100)
1	Starnberg	131.873	31.850	145,6
2	Hochtaunuskreis	230.798	31.238	142,8
3	München	332.800	30.530	139,5
4	Main-Taunus-Kreis	229.976	30.530	135,6
...	...	...	...	...
401	Elbe-Elster	106.157	16.817	78,4
402	Görlitz	262.168	16,645	77,6

Quelle: GfK Kaufkraft Deutschland 2016

3 Sortimentsgestaltung

3.1 Sortimentsstruktur

Sortimentsbreite: Anzahl unterschiedlicher Produktlinien

Sortimentstiefe: Anzahl verschiedener Varianten eines Produkts

Die Struktur des Sortiments hängt von seiner **Breite** und **Tiefe** ab. Ein breites Angebot ermöglicht One-Stop-Shopping, ein tiefes Angebot erhöht die Auswahlmöglichkeiten. Angesichts dieser Vorteile galt lange Zeit ein großes Sortiment als Erfolgsgarant, weshalb die meisten Einzelhändler dazu tendieren, ihr Sortiment im Laufe der Zeit zu vergrößern. Wer allerdings bspw. vor einem übervollen Regal mit 40 Laptops verschiedenster Marken und Preise steht, erkennt sehr schnell die Schattenseiten dieser Strategie: Je größer das Angebot, desto aufwändiger der Such- und Auswahlprozess und desto schneller fühlt sich der durchschnittliche Käufer verwirrt bzw. demotiviert. Die Folge sind Kaufunlust, suboptimale Kaufentscheidungen und letztlich unzufriedene Kunden. Hinzu kommt, dass große Sortimente auch ihren Preis haben (z. B. Platzbedarf, Logistikkosten).

Die **optimale Dimensionierung** des Sortiments hängt von vielen Faktoren ab – u. a. von den Bedürfnissen der Zielgruppe. Jede Gestaltungsoption eröffnet eine bestimmte Profilierungsmöglichkeit:

- Boutiquen, Feinkostläden, Hochzeitsausstatter und andere Spezialgeschäfte präferieren im Regelfall die Sortimentsstruktur „**schmal und tief**". Denn ihre Kunden sind stark involviert und legen Wert auf eine große Auswahl.
- Kunden, die schnell und gezielt (z. B. Snack an der Tankstelle) bzw. besonders preisgünstig (z. B. Hard-Discounter) einkaufen möchten, schätzen „**schmal und flach**".
- „**Breit und flach**" ist die ideale Kombination für den One-Stop-Shopper, der alle Waren des täglichen Bedarfs in einem Verbrauchermarkt kaufen möchte, ohne lange auswählen zu müssen.
- „**Breit und tief**" ist das Sortiment von Megastores sowie mit Abstrichen von Kauf- und Warenhäusern. Ihr Kunden möchten sich inspirieren lassen, vergleichen können und nebenbei noch alles andere einkaufen. Da sich die Warenfülle schwer steuern lässt, strukturieren Kauf- und Warenhäuser Teilsortimente oft als Shop-in-Shop. Dies erhöht ihre Attraktivität und erleichtert markenorientierten Kunden die Auswahl. Der Händler profitiert von der Mieteinnahme sowie vom Image und der Sortimentskompetenz des Shop in Shop-Betreibers. Dieser wiederum sichert sich so einen Standort mit hoher Kundenfrequenz.

Shop in Shop: Exklusive Präsentation bestimmter Produkte bzw. Marken außerhalb der üblichen Warenstruktur (teilweise mit eigenem Personal und eigener Kasse)

3.2 Verbundeffekte

Lockvogelangebot: Besonders vorteilhaftes, aber nur begrenzt verfügbares Angebot

Viele Produkte werden zusammen gekauft, weil sie **sich ergänzen** (z. B. Fleisch, Gewürze, Holzkohle, Grillanzünder) oder weil sie **ähnliche Bedürfnisse befriedigen** (z. B. Windeln und Taschentücher). Nicht immer ist die Verbundbeziehung derart offensichtlich. Lockvogelangebote sind vielfach der Grund, warum Kunden einen Laden betreten – und bei der Gelegenheit gleich noch andere

Waren kaufen. Die Verbundfunktion kann sogar dafür sprechen, selbst Verlustbringer im Sortiment zu behalten. Werden sie nämlich eliminiert, sind Umsatzverluste in anderen Unternehmensbereichen die Folge.

Zwei Gesichter der Frischfischabteilung

Eigentlich – d.h. aufgrund des Ergebnisses der Umsatzstrukturanalyse – hätte ein deutscher Großhändler seine Frischfischabteilung schließen müssen. Denn wie eine Auswertung der Einkaufsbons ergab, kaufen dort nur 20% aller Kunden ein, während es etwa in der Haushaltswarenabteilung 90% sind. Auch die geringfügigen Ausgaben pro Kunde (rund 40 € pro Jahr vs. z.B. Spirituosen = 760 €) sprachen nicht für den Erhalt dieser Abteilung. Wie jedoch die Verbundanalyse ergab, zieht die Frischfischtheke überproportional viele Kunden an, die auch in anderen Food-Bereichen einkaufen. Dies erklärt, warum in den „Märkten mit Frischfischbereich" die Umsätze für Backwaren, Feinkost und Nährmittel deutlich über den Umsätzen liegen, die „Märkte ohne Frischfischbereich" erzielen.

Umsatzplus
Märkte mit Frischfischtheke
(in %)

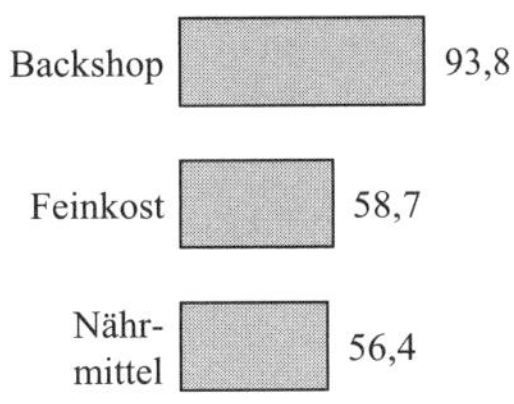

Quelle: eigene Erhebung

3.3 Markenartikel

In den häufig übergroßen Sortimenten großflächiger Betriebsformen erfüllen Markenartikel (vgl. Kap. F) eine wichtige **Orientierungsfunktion**: Aufgrund ihres hohen Bekanntheitsgrades und Qualitätsniveaus vertrauen die meisten Verbraucher den bekannten Marken. Im Gegensatz zu den Impulsartikeln, die spontan gekauft werden, zählen *Coca Cola, Nutella, Persil, Tesa* etc. zu den Mussartikeln. Kunden verlangen ausdrücklich nach ihnen.

Mussartikel: Artikel, die so attraktiv sind, dass jeder Händler sie anbieten muss

Um sich aus ihrer Abhängigkeit von den Markenartikelherstellern zu befreien und selbst die **Marketingführerschaft** zu erringen, begannen die großen Handelsunternehmen in den 1970er-Jahren, eigene Marken zu entwickeln. Aus den anfänglich anspruchslosen 'no names' wurden im Laufe der Jahre hochwertige Handels- bzw. Eigenmarken wie *K-Classic (Kaufland), Tip (Real)* oder *Aro (Metro)*, welche den klassischen Herstellermarken zunehmend Konkurrenz machten. Vor allem das preisorientierte Käufersegment und insb. 'smart shopper' betrachten mittlerweile beide als ebenbürtig. Dazu trägt bei, dass manche „Markenartikler", um ihre Produktionsanlagen auszulasten, anonym für Handelsunternehmen produzieren (bspw. *Storck* Schokolade und Schokoküsse für diverse Discounter sowie *Bahlsen* Gebäck für *Aldi;* vgl. Abb. 68). Deutschland gehört zu den Ländern, in denen die Eigenmarken des Handels einen hohen Umsatzanteil errungen haben (2014 = 37,8 %).

Eigenmarken: Von Einzelhandelsunternehmen geführte Marken (auch Handelsmarken oder Private Labels genannt)

Smart Shopper: Verbraucher, die qualitativ hochwertige Angebote zu günstigen Preisen suchen

Marketingführerschaft: Durch (Nachfrage- bzw. Sanktions-)Macht und oder Kompetenz geschaffene Führungsrolle im Absatzkanal, welche es dem Hersteller- bzw. Handelsunternehmen ermöglicht, mit Blick auf die Vermarktung eines Produkts bzw. einer Produktlinie Vorgaben für die Gestaltung des Marketingmix zu machen und diese jenseits des eigenen Unternehmens durchzusetzen.

Abb. 68: Welche Herstellermarke verbirgt sich hinter welcher Handelsmarke?

Herstellermarke →	**wird u.a. verkauft als ... (von ...)**	
Alberto Baguettes *(Freiberger)*	Gut & Günstig Baguettes 6x Salami *(Edeka)*	K-Classic Baguette *(Kaufland)*
Böklunder Echte Land-Bockwurst *(Böklunder)*	ja! 5 Bockwürstchen *(Rewe)*	TiP Bockwürstchen *(Real)*
Meßmer Feinster Earl Grey *(Meßmer)*	Cornwell Earl Grey *(Norma)*	Westcliff Earl Grey *(Aldi Süd)*
Nadler Sahne Heringfilets *(Nadler)*	TiP Sahne Filets *(Real)*	Almare Sahne-Heringsfilets *(Aldi Süd)*
Verporten Eierlikör *(Verporten)*	Advocaat Eierlikör *(Lidl)*	Van Veen Eierlikör *(Penny)*

Bei der Sortimentsgestaltung verfolgt der Handel die **Zwei-Pfeiler-Strategie**: Pfeiler 1 sind die bekannten Herstellermarken, von deren Renommee man profitieren möchte, und Pfeiler 2 die Eigenmarken. Sie sind aus mehreren Gründen für die Handelsunternehmen attraktiv:

- Verbreiterung der Gewinnspanne (da der Händler nicht mehr nur für die traditionelle Handelsfunktion entlohnt wird),
- Erweiterung des Entscheidungs- und Handlungsspielraums (da der Händler nun alle Teilbereiche der Markenführung verantwortet),
- Profilierung im Wettbewerb mit anderen Handelsunternehmen und Festigung der Kundenbindung (da Eigenmarken ausschließlich in den Vertriebsstätten des jeweiligen Handelsunternehmens erhältlich sind).

Beispiel
ALDI SÜD bewirbt auf seiner Homepage die zwei Pfeiler seines Sortiments: bekannte Herstellermarken und *ALDI*-Eigenmarken. „Haben Sie schon erraten, welche neuen großen Marken Sie auch in Ihrer Filiale einkaufen können? Hier wartet die Auflösung auf Sie. Egal ob Sie es knusprig, herzhaft oder süß mögen, unsere Markenvielfalt lässt keine Wünsche offen. *LEIBNIZ* Butterkekse, *OREOs* und Schokoriegel von *Twix®*, *Snickers®* oder *Balisto®* sind nicht nur gut für Geist und Seele, unsere Markenprodukte sind auch gut für Haut und Haar: *head & shoulders Shampoo* und *NIVEA Pflegedusche* sorgen für Frische von Kopf bis Fuß und *Pampers* für einen frischen Babypopo. In Ihrer Filiale finden Sie aber nicht nur große Marken, sondern natürlich auch unsere bewährten Eigenmarken." [4]

4 Ladengestaltung

4.1 Stationäre Läden

Erscheinungsbild

Das äußere (Gebäude, Schaufenster etc.) und das innere Erscheinungsbild (Verkaufsraum, Warenpräsentation etc.) sollten einheitlich gestaltet werden, entsprechend einem übergeordneten, aus der ⇒ **Corporate Identity** abgeleiteten **Konzept**. Idealerweise hat das Unternehmen ein **Corporate Design** entwickelt, das sich in einer Vielzahl von Gestaltungsregeln konkretisiert, welche ein CD-Handbuch dokumentiert. Welche Schrifttypen, welche Unternehmensfarbe, welches Logo, welche Lichtinstallation, welche Hintergrundmusik etc. verleihen der angestrebten Corporate Identity sicht-, fühl- bzw. hörbaren Ausdruck?

Corporate Design: Bewusste Gestaltung des Erscheinungsbilds als Ausdruck der Unternehmensidentität

Raumaufteilung & Laufrichtung

Ein Erfolgsfaktor der Ladengestaltung ist die Aufteilung in verschiedene **Funktionszonen**. Durch eine dem angeborenen Orientierungssinn des Menschen angepasste Anordnung von Regalen, Laufwegen etc. lässt sich erreichen, dass der Kunde die Ware in einer bestimmten Reihenfolge passiert – idealerweise entgegen dem Uhrzeigersinn (vgl. Abb. 69). Denn Rechtshänder, d. h. die weit überwiegende Mehrheit, orientieren sich bevorzugt nach rechts und beachten die dort platzierten Artikel. Zum „Rechtsdrall" kommt die „Wandorientierung" [5] hinzu. Die meisten Menschen meiden nach Möglichkeit den Innenbereich großer Räume und halten sich bevorzugt in den Randbereichen auf, entlang der Außenwände.

- Supermärkte platzieren die Obst- und Gemüsetheke gewöhnlich in der „Bremszone", nahe am Eingang. Beim Anblick der als „Frischeparadies" arrangierten Ware (z. B. Obstpyramide) verringert der Kunde sein anfängliches „Straßentempo". Im Kaufhaus übernimmt zumeist die Parfümabteilung die Stopp-Funktion.
- Die am häufigsten benötigten Waren des täglichen Bedarfs (z. B. Wurstwaren und Molkereiprodukte) werden im hinteren Teil des Marktes angeboten, um alle Besucher auf einen weiten Rundweg zu schicken. Dabei passieren sie

Abb. 69: Typische Raumaufteilung im Supermarkt

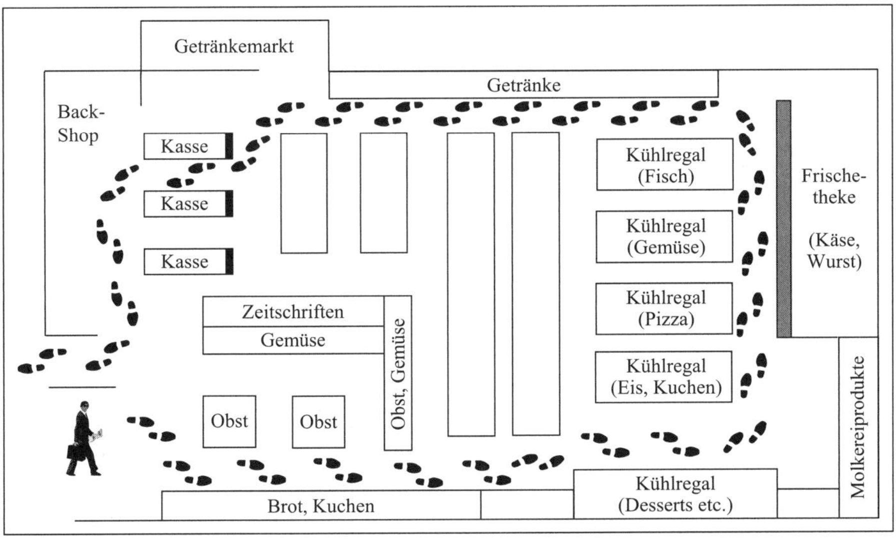

zwangsläufig die Feinkost- und die Tiefkühltheke sowie andere Angebote. Entsprechend gilt es in mehrstöckigen Waren- und Kaufhäusern, die Besucher auch in die oberen Etagen und ins Untergeschoss „zu locken". Deshalb sind besonders attraktive Abteilungen, Cafeteria und Toiletten zumeist oben und die Lebensmittelabteilung unten platziert.

- Nachdem er den Getränkebereich passiert hat, wird der Kunde zur Kasse geführt. Dort hat er während der gesamten Wartezeit Artikel vor Augen, welche dem Händler eine überdurchschnittlich hohe Gewinnspanne bescheren (z. B. Schokoriegel, Eis, kleinere Spielsachen). Vor allem Kinder können der Versuchung der „Quengelware" selten widerstehen. Die Kassenzone ist von überragender Bedeutung. Denn unter langen Wartezeiten und gestressten Kassierern leidet das gesamte Einkaufserlebnis.

Stopper: Aktionsstände, die Kunden auf Impulsartikel aufmerksam machen und in Seitengänge leiten

Durch eine **horizontale Anordnung** der Regale kann man die Kunden gleichfalls in Richtung der ertragsstarken Waren lenken. Allerdings sollten diese nicht den Eindruck gewinnen, dass ihnen ein bestimmter Laufweg aufgezwungen wird – weil bspw. Abkürzungen grundsätzlich nicht möglich sind. Zwang ist ein aversiver Reiz und löst Gegenreaktionen aus (Reaktanz).

Eine verhaltensgerechte Raumaufteilung hilft, das **Crowding**-Phänomen [6] zu verhindern. Bspw. sollten die schmalsten Gänge in einem Ladengeschäft mindestens 1,60 m breit sein, damit zwei der gängigen Einkaufswagen kollisionsfrei aneinander vorbeikommen. Sie sollten nicht …

- wesentlich **breiter** sein. Denn Kunden, die sehr schnell vorankommen, sind nicht empfänglich für Verkaufsanreize, die Impulskäufe auslösen sollen.
- wesentlich **schmaler** sein. Denn wie seine steinzeitlichen Vorfahren empfindet auch der moderne Mensch enge (Regal-)Schluchten ohne Fluchtwege als gefährlich. Die Folge ist Vermeidungsverhalten.

Crowding: Ein als unangenehm erlebter psychischer Zustand, der auftreten kann, wenn Menschen sich räumlich eingeengt fühlen. In vielen Fällen löst Crowding-Stress den Fluchtreflex aus. Abhängig von der individuellen Stressresistenz besteht am PoS Crowding-Gefahr, wenn zu enge Gänge oder zu viel Displaymaterial den Kunden einschränken, wenn zu viele Umweltreize auf ihn einströmen oder wenn sich zu viele andere Kunden am gleichen Ort aufhalten.

Aber nicht nur übervolle, auch **menschenleere Verkaufsräume** werden als unangenehm empfunden und gemieden. Deshalb kann es sinnvoll sein, den ersten Kunden an einem Verkaufstag einen Anreiz in Aussicht zu stellen, damit deren Präsenz andere Kunden anzieht. So soll es Restaurants geben, die Studenten unmittelbar nach Lokalöffnung kostenlos essen lassen, damit von Anfang an ein, zwei Tische besetzt sind. Erstrebenswert ist eine mittlere Besucherdichte.

Beispiel

„Schlimmer als enge Regalreihen ist nur der 'butt brush effect' (Popo-Wisch-Effekt). Den hat der amerikanische Konsumforscher *P. Underhill* zufällig bei Videoaufnahmen für eine Studie entdeckt. Die Kamera fing nicht nur den Eingang eines New Yorker Warenhauses ein, sondern auch einen dort platzierten Ständer mit Krawatten. Viele Menschen blieben anfangs davor stehen, aber kaum jemand entschied sich später für den Kauf. Der Grund: Beim Betrachten wurden sie oft von vorbeigehenden Kunden am Rücken oder Hintern gestreift. Ein-, zweimal angerempelt – und die Kunden ließen die Krawatten links liegen." [7]

Regalgestaltung & Regalplatzoptimierung

Der **Regalplatz** wird gewöhnlich nach bestimmten Kriterien vergeben. Hochpreisige bzw. ertragsstarke Erzeugnisse werden in Blickhöhe angeboten – in der sog. **Sichtzone** des Verkaufsregals (120–160 cm). Denn sie sollen ins Auge fallen und leicht erreichbar sein. Die **Greifzone** (80–120 cm) ist dem normalen Sortiment vorbehalten, während besonders preisgünstige Ware in der **Bückzone** (20–80 cm) untergebracht wird. Denn preisbewusste Kunden nehmen die kleine Mühe, sich bücken zu müssen, gerne in Kauf. Besonders unattraktiv für Händler und Hersteller ist die **Reckzone** (>160 cm), da das menschliche Blickfeld nach oben stark begrenzt ist. Dort lagern Nachfüllware und Produkte, die weniger rentabel sind, aus übergeordneten Gründen aber im Sortiment verbleiben (z. B. um Verbundeffekte zu nutzen oder One-Stop-Shopping zu ermöglichen).

Abb. 70: Regeln für die Regalplatzvergabe

Regalhöhe	Regalzone	Regalbelegung
ab 161 cm	Reckzone	Signalartikel, selten verkaufte Artikel, leichte Artikel, großvolumige Paketware (bis 1,5 kg)
121 – 160 cm	Sichtzone	Profil- und Impulsartikel, Superpremium- und Premiumartikel (Kleinpackungen), Artikel mit hohem Deckungsbeitrag, Artikel, die forciert werden sollen
81 – 120 cm	Greifzone	Profil- und Suchartikel, mittleres Preissegment, Artikel mit hohem Deckungsbeitrag (z. B. Spezialitäten), Forcierartikel mit geringem Marktanteil
< 80 cm	Bückzone	Suchartikel, seltene gekauft Artikel, Niedrigpreisartikel, Artikel mit niedrigem Deckungsbeitrag

Quelle: Birker/Voss (2000, S. 58); Zentes et al. (2012, S. 531).

Forcierartikel: Artikel, die zum regulären Preis und ohne Rabatte angeboten werden

Beispiel
„Im *Knorr*-Regal sieht das so aus: In der Mitte stehen die häufig gekauften Fix-Gerichte für den Hackbraten, das Jäger-Schnitzel, das Wildgulasch. An diesen Ankerprodukten kann sich der Verbraucher orientieren. Rechts und links finden sich Tütensuppen und Fertigsoßen. Neuheiten werden dort platziert, wo der Blick zuerst hinfällt: in der Sichtzone. Bratensoßen hingegen gehören ins unterste Regal, in die Bückzone, wo der Käufer in die Knie gehen muss. Dort lagern Produkte und Dinge für den täglichen Bedarf, sog. Schnelldreher. Milch z. B. braucht man ständig, da soll sich der Kunde ruhig bücken." [8]

Schnelldreher: Häufig nachgefragte Artikel mit entsprechend hoher Umschlagsgeschwindigkeit

Regalplatzoptimierung zielt auf die umsatzoptimale Zuteilung des knappen Gutes Regalplatz. Dies kann auf Basis von realen Abverkaufszahlen mit Hilfe spezieller Optimierungsprogramme (z. B. *APOLLO, SPACEMAX)* geschehen, aber auch aufgrund von Eye Tracking-Studien. Anhand der dabei gemessenen

Blickaufzeichnung: Analyse der visuellen Informationsaufnahme

Bias: Systematische Urteilsverzerrung

Fixationen und der Verweildauer gibt der Blickverlauf zu erkennen, welche Regalplatzpositionen bzw. welche Produkte die Kunden bevorzugt wahrnehmen. [9] Mit dieser Methode wurde nachgewiesen, dass Diätprodukte, Vitaminpräparate und Energydrinks, die in der Mitte eines Verkaufsregals positioniert sind, häufiger und länger angesehen werden als Vergleichsprodukte, deren Standort der linke oder rechte Rand dieses Regals ist. Besonders groß ist der Unterschied in der Endphase des Entscheidungsprozesses, kurz bevor die Kaufentscheidung gefällt wird. [10] Dies erklärt, warum nicht nur die Wahrnehmung, sondern auch das Kaufverhalten dem '**central fixation bias**' unterliegt: Mittig platzierte Produkte werden häufiger gekauft als peripher platzierte, ansonsten aber vergleichbare Produkte.

Erfahrungsgemäß ist der vorderste Platz im Regal zumeist nicht der beste. Denn viele Kunden laufen erst einige Meter in einen Gang hinein, bevor sie sich orientieren. Sonderangebote finden sich vorzugsweise an den frequenzstarken Stirnseiten der Regalreihen (Gondelkopf-Platzierung). Preisaggressive Anbieter wiederum bevorzugen die Schüttplatzierung. Dabei liegt die Ware ungeordnet in sog. Wühltischen, was „preisgünstiges Sonderangebot" suggeriert und Schnäppchenjäger anspricht.

Verkaufshilfen

Die in den Einkaufsstätten bereit gestellten **Einkaufswagen** sind aus einem einfachen Grund zumeist übergroß. Abgesehen von einem Großeinkauf für eine Großfamilie scheinen die hineingelegten Artikel darin geradezu zu verschwinden, so dass der Kunde möglichst nie optisch den Eindruck gewinnt, „viel" oder gar „zu viel" eingekauft zu haben. Aus dem gleichen Grund ist der Gitterboden des Einkaufswagens nach hinten abgeschrägt: Artikel, die hineingelegt werden, rutschen nach hinten und damit aus dem Blickfeld. Und eine spezielle Federung der Rollen sorgt für einen paradoxen Effekt: Je mehr sie beladen sind – und damit je schwerer –, desto leichter lassen sich moderne Einkaufswagen schieben.

Ladenatmosphäre

Das umweltpsychologische Erklärungsmodell beschreibt zahlreiche Möglichkeiten, fur angenehme, verkaufsfördernde Bedingungen zu sorgen.

- In einem Ladenlokal sollte es weder zu warm noch zu kalt sein. Als ideal gilt eine **Temperatur** von 19°.
- Angenehme **Hintergrundmusik** (leichte, zur Einkaufssituation passende Musik mit 72 Bassschlägen pro Minute) verlängert die Zeitspanne, die Kunden in dem Geschäft verbringen. Laute, drängende Hintergrundmusik wird hingegen als unangenehm und manipulativ erlebt.
- Zunehmend werden auch **Düfte** eingesetzt, da sie unmittelbarer als andere Umweltreize gewünschte Emotionen auslösen können, ohne dass die Kunden dies als Beeinflussungsversuch empfinden. Da die allermeisten Menschen durch den Geruch von frischem Brot in eine wohlige Stimmung versetzt werden, ist in den Backshops im Eingangsbereich der Märkte ein Backofen in Betrieb.

4.2 Online-Shops

Die einschlägige empirische Forschung hat u. a. **Originalität**, **Orientierungsfreundlichkeit** und **Einfachheit der Nutzung** als Erfolgsfaktoren der Gestaltung virtueller Läden identifiziert, jeweils in Bezug auf Verhaltensvariablen wie „Verweildauer im Online-Shop“, „Absicht, die Website wieder zu besuchen“ oder „Kaufbereitschaft“. [11] Im Einzelnen hat sich gezeigt, dass originell und ästhetisch gestaltete Online-Shops mit hohem Unterhaltungswert die Aktivierung der Besucher und damit deren Verhaltensbereitschaft steigern. Eindeutig strukturierte Shops mit einem intuitiv leicht erschließbaren Aufbau werden als „orientierungsfreundlich“ wahrgenommen, was der wahrgenommenen Servicequalität und letztlich der Kundenzufriedenheit zugute kommt. Eine Schlüsselrolle spielt dabei die Leichtigkeit und Schnelligkeit der Navigation.

5 Verkaufsgespräch

Das idealtypische Verkaufsgespräch läuft in mehreren Phasen ab. In deren Verlauf wenden Verkäufer verschiedene Techniken an, um ihre Ziele zu erreichen.

5.1 Einstiegsphase

Zunächst gilt es, **sympathisch** zu **erscheinen** und die Gunst des Kunden zu gewinnen. Dafür ist es wichtig, die Reziprozitätsnorm zu beachten. Sie wird u. a. dadurch aktiviert, dass der Verkäufer dem Käufer seine Wertschätzung zeigt („Sie scheinen ein Kenner zu sein. Da ist tatsächlich unser bestes Modell.“). Mit einer Anschlussfrage („Haben Sie es schon einmal ausprobiert?“) wird dann das Interesse des Gegenübers geweckt.

Reziprozität: Prinzip der Gegenseitigkeit

5.2 Argumentationsphase

Nunmehr gilt es, den Kunden von der Vorteilhaftigkeit des Produkts zu überzeugen. Abhängig von Produkt und Kundentyp kommen folgende **Argumentationstechniken** und **Argumentationsstile** zum Einsatz:

- **Rationale Argumente** eignen sich, wenn sie unzweifelhaft für das Produkt sprechen (z. B. Testsieger) und der Kunde Produktkenntnis besitzt.
- **Emotionale Argumente** (bzw. Appelle) bieten bei öffentlich und demonstrativ genutzten Produkten (z. B. Kleidung) sowie bei prestigebewussten Zielgruppen Vorteile (z. B. „In diesem Anzug machen Sie aber eine gute Figur!“).
- **Plausible Argumente** appellieren an den gesunden Menschenverstand. Sie werden eingesetzt, wenn Kaufentscheidungen auf Basis von ⇒ Heuristiken gefällt werden (z. B. „hochpreisige Produkte sind besser als billige“, „bekannte Markenprodukte sind immer eine gute Wahl“).

Rational: Logisch bzw. objektiv nachprüfbar

- **Normative Argumente** nehmen auf gesetzliche und sonstige Vorgaben Bezug. Sie wirken besonders gut bei Menschen, die autoritätsgläubig sind (z. B. „Gemäß der Energieeinsparverordnung sind Heizkessel, die älter als 30 Jahre sind, auszutauschen.“).
- **Moralische Argumente** fordern ein aus ethischer Sicht wünschenswertes Verhalten ein (z. B. „Mit einem Brennstoffzellenauto emissionsfrei fahren und die Umwelt schützen“).

Etwaige **Einwände** des Kunden lassen sich mit der **Bumerang-Methode** entkräften. Dabei stimmt der Verkäufer den Bedenken des Kunden – zu dessen Überraschung – zunächst zu. Sodann aber münzt er den Nachteil in einen Vorteil um (z. B. „Stimmt schon: Sie mussten lange auf Ihr Essen warten. Aber dafür können Sie sicher sein, dass wir es für Sie frisch zubereitet und nicht nur aufgewärmt haben.“). Bewährt hat sich auch die **Entlastungsmethode**. Dabei identifiziert sich der Verkäufer mit dem Kunden („Ich war schon einmal in einer ähnlichen Situation, ...“) und verbündet sich mit ihm gegen einen imaginären Schuldigen („Ich weiß, dieser Preis ist sehr hoch; aber wenn Sie es meinem Chef nicht verraten, gewähre ich Ihnen den Sonderkundenrabatt.“). Nicht zuletzt hilft der Verkäufer dem Kunden, sein Gesicht zu wahren, indem er ihm Recht gibt (= Entlastung).

Reaktanz: Psychische Reaktion zur Abwehr einer wahrgenommenen Freiheitseinschränkung

Welche Technik und welches Argument auch immer zum Einsatz kommen: Nimmt der Kunde die Beeinflussungsabsicht wahr und fühlt sich deshalb manipuliert, reagiert er gewöhnlich mit **Reaktanz** und letztlich mit Kaufverweigerung.

5.3 Kaufphase

Ein erfolgreicher Abschluss (z. B. Kauf bzw. Bestellung) ist das eigentliche Ziel des Verkaufsgesprächs. Allerdings scheuen viele Kunden aus den verschiedensten Gründen eine endgültige Entscheidung. Diese „Abschlussangst“ lässt sich mit folgenden Argumentationstechniken überwinden:

Implikation: Aussage, die stillschweigend eine weitere einschließt („impliziert“; hier: Kauf)

- **Alternativtechnik** (= 'implication'): Der Verkäufer lenkt die Aufmerksamkeit des Kunden von der Grundfrage des „Ob“ („Soll ich es kaufen?“) auf das „Wie“ bzw. „Was“ („Möchten Sie das Gerät lieber leasen oder lieber finanzieren?“).
- **Verknappung** (= 'scarcity'): Der Verkäufer schränkt die Verfügbarkeit des Angebots ein und steigert dadurch dessen Attraktivität. Als *Adidas* im Januar 2018 Sneakers als limitierte Edition für 170 € anbot, bildeten sich Warteschlangen vor den Geschäften, die teilweise so lang waren, dass die Polizei einschreiten musste.

Door-in-the-Face: mit der Tür ins Haus fallen

- **Überrumpelung** (= 'door-in-the-face'): Wer etwas Übertriebenes vorschlägt bzw. fordert (bspw. Kauf des Luxusmodells), provoziert zwar Widerstand, bereitet so aber den Weg für einen Kompromiss. Statt der von ihm zunächst erwogenen Einfachausstattung entscheidet sich der Kunde für die besonders ertragreiche Komfortvariante, die ihm nun, d. h. im Vergleich mit dem Luxusmodell, preiswert erscheint.

- **Fuß in der Tür** (= 'foot-in-the-door'): Zugeständnisse bzw. Vergünstigungen (z. B. zweiwöchige Testphase, erweitertes Rückgaberecht) sind besser als kein Abschluss. Damit hat der Verkäufer nicht nur den sprichwörtlichen „Fuß in der Tür". Im Falle des „Probenutzens" kann er überdies auf den sog. Besitztumseffekt (= 'endowment') hoffen: Wer zwei Wochen lang den eigentlich viel zu teuren Plasmafernseher nutzen konnte, wird sich danach schon etwas wie sein Besitzer fühlen und deshalb eine erhöhte Kaufbereitschaft entwickeln. Denn Menschen überschätzen den Wert von Geräten und anderen Objekten, die in ihrem Besitz sind. Hinzu kommt der sog. Status Quo-Bias: Die meisten Menschen vermeiden in Situationen, die sie als mehr oder minder risikoreich empfinden, nach Möglichkeit Veränderungen. [12]

Lässt sich der Kunde nicht durch Argumente überzeugen, dann hilft in vielen Fällen ein **materieller Anreiz**. Bisweilen kommt vor, dass Verkäufer ihren Kunden mehrere Incentives anbieten, in der naheliegenden Annahme, deren Nutzen würde sich addieren (z. B. Preisnachlass + Produktzugabe). Empirisch, mit Hilfe von sog. Impression Formation-Experimenten, lässt sich jedoch nachweisen, dass dies ein riskante Strategie und weniger mehr sein kann. [13] Bietet eine Fluggesellschaft ihren Kunden als Entschädigung für eine mehrstündige Verspätung einen Reisegutschein im Wert von 35 $ und eine Telefonkarte mit einem Guthaben von 25 Cent an, dann leistet sie damit paradoxerweise weniger Wiedergutmachung, als wenn sie es bei dem Reisegutschein belassen hätte. Denn der **subjektive Wert** der angebotenen Entschädigung berechnet sich nicht **objektiv**, d. h. additiv (35,00 $ + 0,25 $ = 35,25 $), sondern als Durchschnittswert: (35,00 $ + 0,25 $): 2 = 17,62 €. Psycho-logisch mindert die zusätzliche Gabe einer geringwertigen Entschädigung den Gesamtwert der Wiedergutmachung.

Impression Formation: Bildung eines Gesamturteils bzw. Gesamteindrucks aus mehreren Einzelinformationen

6 Gestaltung des Umfeldes

6.1 Inszenierung des Einkaufs

Der moderne Verbraucher ist **hybrid**. Manchmal möchte er preiswert und ohne großen Aufwand einkaufen, ein anderes Mal sucht er das besondere Einkaufserlebnis. Während im Supermarkt Wartezeit als Stress empfunden wird, spielt Zeit beim Einkaufsbummel in der Fußgängerzone keine Rolle. In Abgrenzung zur Preisstrategie der Discounter setzen andere deshalb auf den Erfolgsfaktor „Einkaufserlebnis". Sie betreiben **Event-Marketing** und verwandeln ihre Geschäfte in Erlebniswelten. Shopping-Center nutzen ihre großflächigen Räumlichkeiten sowie ihre verkehrsgünstigen Lage und bieten den Kunden kostenlose Kunst-/Musikveranstaltungen, Autogrammstunden von Prominenten oder Betreuungsangebote für Kinder. Kleineren Einzelhändlern fehlen hierfür zumeist alle Voraussetzungen. Ihre Stärke sind zielgruppenspezifische Events, die unmittelbar mit ihrem Kerngeschäft zusammenhängen. So veranstalten Buchhändler Lesungen, Kücheneinrichter Kochseminare und Autohäuser Oldtimer-Ausfahrten.

„Einkaufen macht mir großen Spaß" sagen 68 % Frauen und 49 % Männer

„Einkaufen macht mir besonders viel Spaß" im Internet (= 75 %), Einkaufszentrum (= 71 %), Supermarkt (= 63 %), Kaufhaus (= 59 %), Fachgeschäft (= 58 %), Wochenmärkten und Markthallen (= 47 %)[13]

Good Corporate Citizen: Unternehmen, die durch ihr bürgerschaftliches Engagement zum sozialen Frieden beitragen

Events sollen nicht nur Besucher anziehen, sondern auch das Unternehmen im **Image-Wettbewerb** positionieren. So thematisiert *Ikea* mit dem Midsommerfest seine schwedische Herkunft. *Bosc*h präsentiert sich der Gesellschaft mit den Förderaktivitäten der *Bosch*-Stiftung als 'good corporate citizen'. Und Automobilhersteller inszenieren die Übergabe des gekauften Wagens als unvergessliches Erlebnis. Autokäufer, die „ihren" *VW* persönlich in der Wolfsburger Zentrale abholen, lernen die *Autostadt* kennen, bewundern Nobelmarken wie *Lamborghini* und *Bentley*, die auch zur *VW*-Familie gehören, fahren mit dem 3-D-Simulator und genießen ein vorzügliches Menü, bevor Servicemitarbeiter ihnen den Wagen erklären und feierlich übergeben.

6.2 Digitalisierung des Einkaufs

Nicht zuletzt versuchen Handelsunternehmen, ihre Kunden mit Hightech-Mitteln zu faszinieren: **digitale Schaufenster** etwa, die es den Passanten ermöglichen, die dort ausgestellten Kleidungsstücke virtuell anzuprobieren, sie auf vorteilhafte Angebote im Internet aufmerksam machen etc. *Adidas* wiederum versetzt seine Kunden mit dem Scanner **BodyKinectizer** in die Lage, am eigenen, virtuell erzeugten Körper zu prüfen, welche Farbe, Form und Größe eines bestimmten Kleidungsstückes ihnen am besten steht. Und die 3 D-Technik **CyberFIT** erlaubt es, die Umkleidekabine virtuell dem ausgewählten Kleidungsstück anzupassen (bspw. Wanderjacke – Gebirgsatmosphäre).

RFID: Radio Frequency Identification

Der **RFID-Technologie** wird eine Schlüsselrolle bei der Automatisierung des Handels zugebilligt. Sie ermöglicht es u. a., über Funk Daten von Preisetiketten zu lesen. Damit ausgerüstete Regale (sog. 'smart shelves') melden drohende Regallücken und bestellen entsprechenden Nachschub in der Zentrale. Zudem lassen sich die ausgeschilderten Preise im gesamten Geschäft auf Knopfdruck ändern. *Amazon* erprobt mit *Amazon Go* den **Laden ohne Kassen** und folglich auch ohne Warteschlangen. Möglich wird dies durch eine Vielzahl von Kameras und Sensoren (bspw. am Regalboden, welche jegliche Warenentnahme registrieren).

Anders als soziale Innovationen sind derartige technische Innovationen allerdings häufig kurzlebig: Zwischen 2011 und 2015 konnten *Adidas*-Kunden in den zehn NEO-Läden mit Hilfe des **Social Mirror**, einem speziellen Spiegel, Fotos von sich und dem neuen Outfit „schießen" und so Freunde, Familienangehörige etc. über die sozialen Netzwerke an der Kaufentscheidung beteiligen. Inzwischen hat das Smartphone diese Aufgabe übernommen – und der Social Mirror ausgedient. Nicht selten floppen derartige Hightech-Innovationen auch, bevor sie im größeren Rahmen erprobt werden können. *Google Glass* etwa, ein als „Brille" zu tragender Miniaturcomputer, konnte nie die in ihn gesetzten Hoffnungen erfüllen (z. B. Einzelhandelsmitarbeiter von Beratungsaufgaben entlasten). Möglicherweise wird dies jedoch den **Verkaufsrobotern** gelingen, die *Media Markt* und *Saturn* derzeit erproben. Die Abkömmlinge der Pflegeroboter ermüden nie, sind nie krank, aber immer freundlich, beherrschen viele Sprachen und kennen den gesamten Warenbestand. Und wenn es sein muss, machen sie sich auf den Weg und holen einen realen Verkäufer.

6.3 Stadtmarketing

Public Private Partnership: Projektbezogene Kooperation von öffentlicher Hand und privatwirtschaftlichen Unternehmen

Stadtmarketing zielt auf das Umfeld der Verkaufsstätte. In vielen Städten schließen sich Kommunen und Einzelhändler zusammen, um mittels einer sog. PPP-Initiative die **Innenstädte** zu **revitalisieren** (bspw. durch Standortberatung bzw. Ansiedlungspolitik). Weitere Ziele der zumeist langfristig angelegten Public Private Partnership-Vorhaben sind Sauberkeit, Sicherheit, gute Erreichbarkeit, zusätzliche Serviceangebote, ansprechende optische Gestaltung insb. der Fußgängerzonen.

Aufgabe der vielerorts eingesetzten **City-Manager** ist es, die verschiedenen Interessengruppen zur Mitarbeit motivieren und zu koordinieren. Denn traditionelles Stadtmarketing bindet bspw. die Haus- und Grundeigentümer zu wenig ein.

- **Events** wie verkaufsoffener Sonntag, Straßen- und Stadtfest, Museumsnacht, Kneipenfestival, Open Air-Veranstaltung (z. B. Filmnächte) oder Stadtstrand sind unerlässlich für attraktive Innenstädte. Sie bieten allen Akteuren Gelegenheit, sich zu engagieren.
- Im Rahmen des **Quartiersmanagement** werden einzelne Quartiere der Stadt in Zusammenarbeit mit der Immobilienwirtschaft entwickelt.
- Ein **Business Improvement-District** ist eine nicht-staatliche Gesellschaft, die für einen z. B. anhand von Straßenzügen abgrenzbaren innerstädtischen Bereich ein Konzept zur Aufwertung des Standortes entwickelt und dieses unter Mitwirkung der Grundeigentümer des Distrikts umsetzt.

7 Literaturempfehlung

- *Bänsch, A.* (2013): Verkaufspsychologie und Verkaufstechnik, 9. Aufl., München: Oldenbourg.
- *Diller, H.; Haas, A.; Ivens, B.* (2005): Verkauf und Kundenmanagement, Stuttgart: Kohlhammer.
- *Hurth, J.* (2006): Angewandte Handelspsychologie, Stuttgart: Kohlhammer.
- *Müller-Hagedorn, L.; Toporowski, W.; Zielke, S.* (2012): Der Handel, 2. Aufl., Stuttgart: Kohlhammer.

Endnoten

1. zur Kritik am Konzept des 'wheel of retailing' vgl. Schögel, M. (2012, S. 168) und Zentes et al. (2012)
2. Finke (2016)
3. Braatz (2014)
4. www.aldi-sued.de/de/sortiment/aus-unserem-sortiment/marken-sortiment/
5. Kroeber-Riel/Gröppel-Klein (2013, S. 510)
6. Kroeber-Riel/Gröppel-Klein (2013, S. 518f.)
7. Bund (2012)
8. Bund (2012)
9. Kroeber-Riel/Gröppel-Klein (2013, S. 342 ff.)
10. Atalay et al. (2012)
11. Abdallah/Jaleel (2015); Wu et al. (2013)
12. Kahneman et al. (1991)
13. Weaver et al. (2012)

L. Traditionelle Kommunikationspolitik

1907 brachte *Henkel* das erste „selbsttätige“ Vollwaschmittel auf den Markt: *Persil*. Dessen wichtigsten Bestandteile – *Per*borat und *Sil*ikat – ersparten das bis dahin unumgängliche mühsame Rubbeln und Bleichen der Wäsche. Obwohl längst schon viele weitaus preiswertere No Name- und Handelsmarkenwaschmittel Vergleichbares leisten, blieb *Persil* bis heute in Deutschland der Marktführer, u. a. dank einer konsequenten Kommunikationspolitik. Dabei spielt die Farbe „Weiß“ eine Schlüsselrolle. Denn einst waren weiße Kragen, Schürzen und Röcke ein Statussymbol. Hinzu kam, dass nach den Gräueln und Verwüstungen des Ersten Weltkriegs „Weiß“ Unschuld und Neubeginn symbolisierte. Um *Persil* bekannt zu machen, flanierten weiß gekleidete Männer mit weißen Schirmen durch Berlin, gefolgt von wandelnden *Persil*-Paketen. 1922 schuf der Maler *K. Heiligenstaedt* mit der *Weißen Dame* eine der bekanntesten Werbefiguren, die bis in die 1960er Jahre in der Print- und Außenwerbung als ⇒ 'key visual' diente: als visuelles Leitmotiv. Aufsehen erregten zudem Flugzeuge, die mit Rauchschrift *Persil* an den Himmel schrieben.

Marktführer: Unternehmen mit dem größten Marktanteil

Vorreiter war *Persil* auch bei der Nutzung der Massenmedien. 1921 ließ das Unternehmen den ersten Zeichentrick-Werbefilm produzieren, 1932 den ersten Werbe-Kinofilm und 1956 den ersten TV-Werbespot. 2007 feierte der in Düsseldorf ansässige Konsumgüterhersteller die 100jährige Marken- und Kommunikationsgeschichte mit dem Slogan „100 Jahre *Persil* – Rein in die Zukunft“. [1] Selbstverständlich beruht der dauerhafte Erfolg von *Persil* nicht ausschließlich auf Mediawerbung. Neben anderem trug auch die Verpackung ihren Teil dazu bei. Denn das Waschmittel wurde von Anfang an nicht, wie damals üblich, als lose Ware, sondern in einem auffällig gestalteten stabilen Karton verkauft. Als Erfolgsfaktoren erwiesen sich weiterhin regelmäßige Produktinnovation (z. B. phosphatfreie Rezeptur, erstes Colorwaschmittel, Anti-Grau-Formel) und systematische Produktpflege (*Persil* nicht als Pulver, sondern als flüssiges Waschmittel, in Perlenform, in selbstauflösenden Tütchen etc.).

1 Vom Produktwettbewerb zum Kommunikationswettbewerb

Marktsättigung: Liegt vor, wenn das Markt- bzw. Absatzpotential weitgehend ausgeschöpft ist

Viele Märkte sind **reife, gesättigte Märkte**. Angesichts des erreichten hohen Entwicklungsstandes sind echte Innovationen, welche zusätzliche Nachfrage schaffen könnten, selten. Dies hat zur Folge, dass der Handel innerhalb einer Warenkategorie (z. B. Fruchtjoghurt) hauptsächlich Me too-Produkte anbietet: mehr oder minder weitgehende Nachahmungen bereits etablierter Angebote. Deshalb erleben viele Kunden das bestehende, scheinbar vielfältige Produktangebot als **austauschbar**.

Die weitgehende Austauschbarkeit zahlreicher Angebote veranlasst viele Anbieter, sich mit anderen als den üblichen produkt- oder preispolitischen Mitteln von ihren Wettbewerbern abzugrenzen. Vor allem in den späteren Phasen des Produktlebenszyklus wandelt sich der Produktwettbewerb häufig zum Kommunikationswettbewerb. Trotz der spürbar gewachsenen Bedeutung der Online-Kommunikation wird dieser noch immer überwiegend mit den Mitteln der **klassischen Mediawerbung** ausgetragen.

Nettowerbeeinnahmen: Summe der Werbeeinnahmen der erfassbaren Werbeträger (ohne Rabatte, Mittlerprovisionen und Produktionskosten)

ZAW: Zentralverband der deutschen Werbewirtschaft e.V.

Share of Advertising: Anteil des Werbeetats eines Unternehmens für eine Produktkategorie am entsprechenden Werbeetat aller Unternehmen

Um im Kommunikationswettbewerb bestehen zu können, schalten die Unternehmen **vermehrt Werbung**. Von 2005 bis 2010 stieg die Zahl der auf dem deutschen Markt werbenden Unternehmen von 28.111 auf 36.130 und die Zahl der beworbenen Produkte von 62.805 auf 78.766. Die **Nettoeinnahmen** der vom *ZAW* erfassten Werbeträger betrugen 2015 etwas mehr als 15 Mrd. €, die Gesamtausgaben (inkl. Werbemittelproduktion, Agenturkosten etc.) sogar 30 Mrd. €. [2] 1970 lagen die Einnahmen noch bei 3 und 5 Mrd. €. Gleichzeitig stieg die **Zahl der Werbeträger**: 1997 verzeichnete der *Verband der Deutschen Zeitungsverleger (VDZ)* 1.048 Publikumszeitschriften, 2015 waren es schon 1.595. Noch stärker wuchs der Fernsehmarkt: von neun TV-Sendern (= 1970) auf 1.085 (= 2015). Hinzu kamen zahllose Online-Medien sowie die sozialen Netzwerke. Media Sharing-Plattformen wie *You Tube* oder *Instagram* haben das Informationsangebot nicht nur dramatisch gesteigert, sondern auch wesentlich verändert. Mode, Künstler, Fußballstars wurden durch sie zu Stilikonen mit erheblicher, von den Unternehmen allerdings kaum zu kontrollierender Werbewirkung.

Obwohl nahezu alle Unternehmen in diesem Zeitraum ihre Werbebudgets erhöht haben, konnte kaum eines seinen **Werbedruck** steigern. Denn aufgrund der beschriebenen Veränderungen der Medienlandschaft blieb der jeweilige der 'share of advertising' (SoA) mehr oder minder konstant. Hinzu kommt, wie Abb. 71 am Beispiel des Werbefernsehens nachweist, dass die Nutzungsintensität nicht mit der Ausweitung des Werbeaufkommens Schritt hielt.

Abb. 71: Abnehmende Resonanz des Werbefernsehens

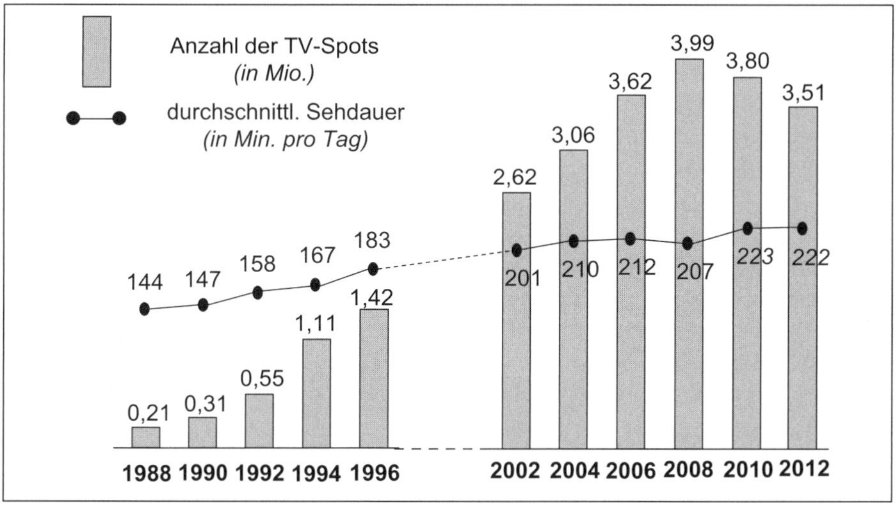

Quelle: Hutter/Hoffmann (2013, S. 7), auf Basis von: Nielsen Media Research 2013; AGF 2013.

2 Entwicklung einer Kommunikationsstrategie

2.1 Überblick

Innerhalb des Marketingmix kommt der Kommunikationspolitik die Aufgabe zu, **Meinungen, Einstellungen, Erwartungen** und **Verhaltensweisen** der verschiedenen Zielgruppen des Unternehmens (z. B. Kunden, Handel) so zu **beeinflussen**, dass sie zum Erreichen der Unternehmensziele beitragen. Das Wie und Womit wird in der Kommunikationsstrategie festgelegt. Sie wiederum leitet sich aus der Marketingstrategie ab und überführt die häufig eher allgemein formulierten Prinzipien der ⇒ Corporate Identity (CI) in konkrete Werbemaßnahmen.

In ihrem Ablauf orientiert sich die Kommunikationsstrategie am Modell des **allgemeinen Kommunikationsprozesses** (vgl. Abb. 72): Ein Sender (z. B. *Coca-Cola)* kodiert eine Botschaft (z. B. „Coke Zero = Echter Cola-Geschmack, aber ohne

Kodieren: Verschlüsseln (dekodieren = entschlüsseln)

Werbemittel: Visuelle, akustische, taktile etc. Realisierung einer Werbebotschaft (als Anzeige, Flyer, Hörfunkspot etc.)

Abb. 72: Struktur und Elemente der Kommunikationsstrategie

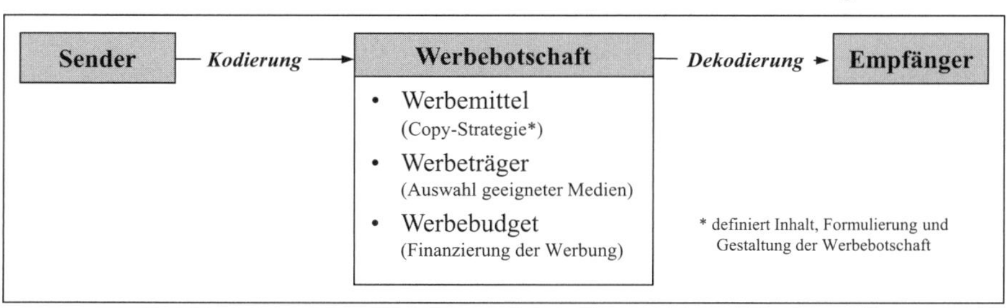

Zucker"), gestaltet diese als Werbemittel (z. B. Werbespot mit *Manuel Neuer* als Leitbild) und verbreitet sie mit Hilfe geeigneter Werbeträger (z. B. *YouTube*). Im Idealfall dekodieren die Empfänger (z. B. Zielgruppe der 18-45jährigen Körperbewussten) die Werbebotschaft entsprechend den Kommunikationszielen des Senders (z. B. *Coke Zero* = sportlich), speichern sie im Langzeitgedächtnis und reagieren darauf, indem sie das beworbene Produkt kaufen, es anderen Konsumenten empfehlen etc.

Werbeträger: Medium, mit dessen Hilfe die Werbebotschaft übermittelt wird (z. B. Zeitschrift)

DINK: Kinderlose Doppelverdiener („**D**ouble **I**ncome **n**o **K**ids")

Der **Sender** der Werbebotschaft definiert das Werbeobjekt: den Gegenstand der Kommunikation. Zumeist ist dies das Unternehmen selbst (z. B. *Henkel*) oder eine seiner Marken (z. B. *Persil*) bzw. Produkte (z. B. *Persil Color Pulver*). Aus der Marketingstrategie leitet der Sender sodann seine Kommunikationsziele ab (bspw. den Bekanntheitsgrad einer bestimmten Marke von 40 auf 60 % steigern) und davon wiederum seine Kommunikationsstrategie (vgl. Abb. 73). Zugleich werden die **Empfänger** der Werbebotschaft definiert:

- welche Zielgruppe (z. B. DINKs) wird
- wo (z. B. lokal, regional, national, international, global),
- wann (z. B. kontinuierlich von Juni bis August) und
- wie angesprochen (z. B. individuell vs. undifferenziert)?

Abb. 73: Typologie wichtiger Kommunikationsstrategien

	Wichtigstes Ziel	Art der Gestaltung
Bekanntmachungsstrategie	Bekanntheitsgrad erhöhen	aufmerksamkeitsstark (z.B. Einführungskampagne des neuen *BMW*)
Informationsstrategie	Wissen über Produkteigenschaften vermitteln	informativ, sachlich (z.B. 100 € Startkapital bei Kontoeröffnung)
Imageprofilierungsstrategie	Nutzen und einzigartiges Image kommunizieren	emotional, erlebnisorientiert (z.B. Printanzeige von *Porsche*)
Konkurrenzabgrenzungsstrategie	eigene USP, UAP herausstellen	vergleichend, aggressiv (z.B. Geiz ist geil-Kampagne von *Saturn*)
Zielgruppenerschließungsstrategie	Zielgruppe besser ausschöpfen bzw. neu erschließen	zielgruppenspezifisch (z.B. Präsentation eines Schülertickets)
Beziehungspflegestrategie	Vertrauen und Loyalität schaffen	persönlich, vertrauenswürdig (z.B. Vertrauenswerbung der *Deutschen Bank*)

Quelle: Auszug aus Bruhn (2015, S. 249).

2.2 Copy-Strategie

Das Herzstück jeder Kommunikationsstrategie ist die Copy-Strategie. Sie definiert die Zielgruppe(n) und legt die Richtlinien für Inhalt und Gestaltung der Werbebotschaft fest. Dabei sind drei Kriterien bedeutsam:

Consumer Benefit

Welchen Nutzen verspricht die Positionierung des Unternehmens, der Marke bzw. des Produktes den aktuellen bzw. potentiellen Kunden? *Siemens* bspw. präsentiert sich als innovativ, *After Eight (Nestlé)* als traditionsbewusst und *Activia (Danone)* als umweltfreundlich. Das Nutzenversprechen wird als **Unique Selling Proposition** (USP) formuliert. Dabei gilt: Die beworbene Marke, das beworbene Produkt etc. sollen als einzigartig erscheinen und der aus Sicht der jeweiligen Zielgruppe „idealen Marke" möglichst entsprechen. *Danone* kommuniziert seine USP auf vielfältige Weise („multimodal"): Neben sprachlichen Hinweisen (Natur, nachwachsende Rohstoffe etc.) signalisieren das *WWF*-Logo, das *Öko-Test*-Urteil und die Farbe Grün die USP „umweltfreundlich".

Unique Selling Propostion (USP): Einzigartiges, den Verkauf stimulierendes Nutzenversprechen

Reason Why

Nunmehr gilt es, die USP zu begründen. Die Werbebotschaft soll glaubhaft machen, dass und wie das Nutzenversprechen eingelöst wird. Dazu präsentiert man das Produkt, das Unternehmen, einzelne Mitarbeiter etc. als Problemlöser. *Lufthansa* etwa gelang mit dem auch in den sozialen Medien erfolgreichen TV-Spot „CEO Wilson kommt" so ein Imagewandel: von der streikgeplagten Krisen-Airline zur Premium-Fluglinie. Teil der Kampagne ist eine digitale Sonderausgabe des *Lufthansa Magazins* (LH.com/nonstop-you), die einen Blick hinter die Kulissen gewährt. In Videos werden dort die Geschichten von fünf Mitarbeitern erzählt, welche die *Lufthansa*-USP „Vertrauen, Sicherheit und Premium" tagtäglich einlösen: Im Hintergrund ('back stage') oder im Flugzeug sorgen sie dafür, dass sich selbst gefürchtete und überaus anspruchsvolle Kunden wie „CEO Wilson" an Bord wohl fühlen („Sie fliegt mit den Deutschen"). [3]

Reason Why: Grund, warum jemand ein Produkt kaufen sollte

Tonalität

In welchem Stil soll die Werbebotschaft gestaltet werden? Ruhig? Aufregend? Sportlich? Exklusiv? Traditionsbewusst? Innovativ? *Marlboro* etwa setzt bekanntermaßen auf Abenteuerlust und *Landliebe* auf idyllische Naturerlebnisse. Dabei hat es sich bewährt, der USP symbolisch-bildhaften Ausdruck zu verleihen. So schläft in einem *Mercedes*-Spot (USP = Sicherheit) das Kleinkind wohlbehütet auf dem Rücksitz des Wagens, obwohl dieser bei Dunkelheit und Nässe eine kurvenreiche Strecke zu bewältigen hat, und das „Wäscheleine-Motiv" visualisiert die außerordentliche Waschkraft des *Weißen Riesen*.

Tonalität: Stimmung bzw. Atmosphäre des Werbemittels

Um besondere Fettlösekraft als USP des Spülmittels *Fairy* in den Köpfen der Verbraucher zu verankern, erfand die Werbeagentur *Grey* für *Procter & Gamble* die Geschichte von Villarriba und Villabajo – zwei spanische Dörfer, die Jahr für Jahr ihre Fiesta mit einer riesigen Paella feiern. Den Abschluss bildet jedes Mal ein Spülwettbewerb, in dessen Verlauf Vertreter beider Dörfer die fett-verkrusteten Mega-Pfannen reinigen müssen. Dies war immer äußerst mühselig, bis den Leuten von Villarriba 1992 erstmals *Fairy Ultra* zur Verfügung stand, das erste echte Spülmittelkonzentrat. In diesem Jahr gewannen sie den Wettbewerb nahezu mühelos. Und während die Abgesandten von Villabajo bis spät in die Nacht schrubben mussten, konnte ganz Villarriba sich bald den schönen Seiten des Lebens zuwenden.

Involvement: Grad der inneren Beteiligung bzw. des Engagements

Nicht zuletzt lassen sich aus dem ⇒ Corporate Design und bestimmten Merkmalen des beworbenen Objektes, der Zielgruppe etc. konkrete Hinweise für die Gestaltung der Werbebotschaft ableiten. Das **optimale Text/Bild-Verhältnis** etwa ergibt sich u. a. aus dem Involvement der Zielgruppe (vgl. Abb. 74): Wer für finanziell (z. B. Geldanlage) oder funktional risikoreiche Produkte (z. B. Waschmaschine) wirbt, sollte versuchen, die vorwiegend rational involvierte Zielgruppe mit einem vergleichsweise großen, offensichtlich informativen Textanteil zu überzeugen. Bei sozial (z. B. Kleidung) oder psychisch bedeutsamen Produkten (z. B. Urlaub) empfiehlt sich hingegen eine bildhaft-emotionale Ansprache. Ist die Zielgruppe weder rational noch emotional beteiligt, muss vorrangig aufmerksamkeitsstark geworben werden.

Abb. 74: Empfehlenswertes Verhältnis von Text- und Bildanteil

		rationales Involvement der Zielgruppe	
		stark	*schwach*
emotionales Involvement der Zielgruppe	*stark*	**ausgewogenes Text/Bild-Verhältnis** („Gefühl und Verstand ansprechen"; z.B. Automobilwerbung)	**großer Bildanteil** („beeindrucken"; z.B. Parfümwerbung)
	schwach	**großer Textanteil** („überzeugen"; z.B. Versicherungswerbung)	**extrem aufmerksamkeitsstark** („auffallen um jeden Preis"; z.B. Waschmittelwerbung)

Unique Advertising Proposition: Kommunikativ geschaffenes emotionales Alleinstellungsmerkmal

Aus Tonalität und konkreten Gestaltungsmerkmalen erwächst schließlich die **Unique Advertising Proposition** (UAP). Für ⇒ Lovemarks wie *Apple* oder *Coca-Cola* ist sie bedeutsamer als die USP, der Markenmythos („der amerikanische Traum") wichtiger als die Produktleistung („Erfrischungsgetränk"). Zwar sind USP und UAP kein Gegensatz. Gleichwohl gilt: Je schwächer die USP, desto stärker muss die Unique Advertising Proposition sein.

2.3 Agentur-Briefing

Pitch: Präsentation konkurrierender Werbestrategiekonzepte

Um schließlich die Kommunikationsstrategie in eine reale Kampagne zu überführen, werden mehrere Werbeagenturen eingeladen, ihre Ideen zu präsentieren. Grundlage ist das Agentur-Briefing: Von den acht bis zwölf prinzipiell geeigneten und vom Auftraggeber auf die sog. Shortlist gesetzten Agenturen erhalten nach einem weiteren Auswahlprozess schließlich drei bis vier Agenturen alle nötigen **Informationen** und **Vorgaben** (vgl. Abb. 75). Auf deren Basis wird ein Kommunikationskonzept entworfen und im Rahmen des sog. Pitch vorgestellt. Hierbei „kämpfen" die im Wettbewerb verbliebenen Agenturen um den Auftrag oder Teile davon (Kreation, Produktion, Media-Planung, Erfolgskontrolle).

Abb. 75: Beispielhafte Struktur eines Agentur-Briefings

Ist-Situation	Unternehmen (z.B. Unternehmenshistorie/-kultur, Corporate Identity, Stärken/Schwächen)
	Kommunikationsobjekt (z.B. Marktstellung, Marketingstrategie, Marketingmix, Image,)
	Markt (z.B. Volumen/Potential, Region, Image und Auftritt wichtiger Konkurrenten, Trends)
	Zielgruppe (z.B. soziodemographische/psychographische Merkmale, Mediennutzung, Trends)
Geplante Maßnahmen	Kommunikationsziele, Zielgruppe, Raum, Zeit und Streuung der Kampagne
	Kommunikationsmix und Mediamix (inkl. Gewichtung)
	Copy-Strategie (Positionierung, Consumer Benefit, Reason Why, Tonalität, USP und UAP)
Auftrag	Leistung: Konzeption, Umsetzung (z.B. Kreation, Produktion), Erfolgskontrolle/Monitoring
	Termine und Budget

2.4 Finanzierung

Sodann ist das **Kommunikationsbudget** festzulegen und so auf geeignete Werbeträger zu verteilen, dass die Werbewirkung optimiert wird. Nur wenige Unternehmen greifen dazu auf vergleichsweise komplexe analytische Entscheidungsmodelle wie das *Dorfman/Steiner*-Modell zurück. Die meisten bedienen sich einfacher ⇒ heuristischer Methoden. [4] Die **All you Can Afford-Methode** etwa kommt häufig dann zum Einsatz, wenn das Management der Kommunikationspolitik keine große Bedeutung beimisst. Denn bei dieser Allokationsmethode ergibt sich die Höhe des Kommunikationsbudgets als Residualgröße: das, was nach Abzug aller übrigen Aufwendungen vom Marketingbudget übrig bleibt. Andere nutzen die **Per Unit-Methode** und legen das Budget als Fixbetrag fest. Dieser berechnet sich bei der …

Dorfman/Steiner-Modell: Marginalanalytische Ermittlung des gewinnmaximalen Kommunikationsbudgets auf Grundlage von Erfahrungswerten

- **Percentage of Sales-Methode** als Prozentsatz des Umsatzes der Vorperiode,
- **Percentage of Profit-Methode** als Prozentsatz des Gewinns der Vorperiode.

Nachteilig an dieser Budgetierungsmethode ist ihre prozyklische, d. h. den bestehenden Trend verstärkende Wirkung. Denn Umsatz- bzw. Gewinnrückgang zwingen zur Kürzung des Kommunikationsbudgets. Die daraufhin zu erwartenden Mindereinnahmen haben weitere Budgetkürzungen zur Folge etc. Im Extremfall „spart das Unternehmen sich so aus dem Markt".

Prozyklisch: Den Konjunkturverlauf verstärkend

Die **Wettbewerbs/Paritäts-Methode** orientiert sich am Kommunikationsbudget der wichtigsten Konkurrenten: absolut (= Anteil am Umsatz) oder relativ (= Anteil am Gewinn). Je nachdem, ob ein Unternehmen eine defensive oder eine aggressive Strategie verfolgt, wird es ein größeres, gleich großes oder kleineres Kommunikationsbudget wählen als seine wichtigsten Konkurrenten. Anhänger der **Werbeanteils/Marktanteils-Methode** bestimmen die Höhe ihres Werbebudgets als Anteil am Kommunikationsaufwand der gesamten Branche: Unternehmen, denen es genügt, ihre derzeitig Marktposition zu halten, wählen ihren 'share of advertising' (SoA) entsprechend dem eigenen Marktanteil. Ein überproportionaler SoA spricht dafür, dass das Unternehmen seine Marktposition verbessern möchte.

3 Gestaltung der Werbebotschaft

3.1 Formulierung der Werbebotschaft

Aufgabe der Werbebotschaft ist es, die Zielgruppe entsprechend den Zielen der Werbetreibenden zu beeinflussen. Dabei kommen verschiedene **Beeinflussungsstrategien** zum Einsatz. Diesen ist gemeinsam, dass sie bestimmte soziale Normen und psychologischen Prinzipien instrumentalisieren.

- **Reziprozität**: Menschen neigen dazu, Gleiches mit Gleichem zu vergelten. Dies ist auch die Aufgabe von Werbegeschenken: Sie sollen die Empfänger zu einem „Geschäft auf Gegenseitigkeit" veranlassen. Denn Geschenke lösen einen Impuls aus, sich zu revanchieren (in diesem Fall durch Kauf, Loyalität, Weiterempfehlung etc.). Wenn *Media-Markt* seinen Kunden die Mehrwertsteuer „erlässt", so deshalb, um aufgrund der Reziprozitätsnorm letztlich mehr davon zu profitieren als die „Beschenkten".
- **Konsistenz**: Das Bedürfnis, widerspruchsfrei zu erscheinen, ist die Grundlage der „Foot in the-Door-Technik". Sie besteht aus zwei Teilen. Zunächst wird eine Aussage präsentiert, der nahezu alle zustimmen können (z. B. „Der Strompreis ist zu hoch", „Man sollte gut essen können, ohne zuzunehmen"). Damit gelingt es dem Kommunikator, „den Fuß in die Tür" zu bringen. Sodann werden Menschen gezeigt, die demonstrieren, wie man sich im Alltag entsprechend diesem Statement verhalten kann, d. h. konsistent. Natürlich, indem man das beworbene Produkt kauft (z. B. Stromkosten senken → *Yellow*-Strom, schlank bleiben → *Du Darfst*).
- **Vertrautheit und Sympathie**: Es fällt uns vergleichsweise leicht, Wünsche von Menschen, die wir kennen und mögen, zu erfüllen. Daher empfiehlt es sich, in der Werbung vertraute und sympathische Kommunikatoren einzusetzen. Dies können Testimonials sein, die aufgrund ihrer Ähnlichkeit mit der Zielgruppe besonders glaubwürdig wirken, aber auch Prominente, die als sympathische oder auf andere Weise attraktive Leitbilder erscheinen (z. B. der Rapper *Kanyne West*). Dieser ist mittlerweile „auch in Herzogenaurach ein Star. Sein Freizeitschuh namens *Yeesey*, den er mit *Adidas* entwickelt hat, sorgt für Hysterie in den Geschäften. Autofahrer ignorieren rote Ampeln, um als Erste am Laden anzukommen. Wenn nötig, verbringen Kunden die Nacht auf dem Bürgersteig, um ein Paar aus der limitierten Schuhedition zu ergattern, für 200 bis 350 Euro. In kurzer Zeit hat *Kanyne West* mehr erreicht,

Testimonial-Werbung: Strebt Imagetransfer von typischen Produktverwendern bzw. Prominenten auf ein Produkt oder Unternehmen an

als mancher Konzernmanager: Mit seiner Hilfe wurde *Adidas* zur Lifestyle-Marke. Landet ein Foto des Rappers in *Adidas*-Schuhen im Internet, schnellen die Verkaufszahlen in die Höhe. ... *West* hat die Marke *Adidas* von ihrer Umkleidekabinenmuffigkeit befreit." [5]

Leitbild-Werbung: Darstellung vorbildlicher Personen, Gebäude, Regionen oder Sportarten, deren Image sich auf das beworbene Produkt übertragen soll

- **Autorität**: Personen, die aufgrund ihres fachlichen Wissens (z. B. Experten), Berufes (z. B. Pilot) oder Talents (z. B. Schriftsteller) öffentliches Ansehen genießen, beeinflussen ihr Umfeld stärker als andere. Deshalb empfahlen in Werbespots, solange es rechtlich erlaubt war, Zahnärzte Zahnpflegeprodukte. Heute übernehmen deren – angeblichen – Ehepartner oder fiktive Personen mit Doktortitel diese Funktion: z. B. „Ich als Frau eines Zahnarztes empfehle ..."; „*Dr. Best* empfiehlt ...". [6]
- **Knappheit** ('scarcity'): Alles, was nur in geringer Anzahl, nicht überall oder nur für einen begrenzten Zeitraum erhältlich ist, erscheint uns wertvoller als unbegrenzt Verfügbares. Zahlreiche Vermarktungsaktionen machen sich den Reiz der Knappheit zunutze: die Sommerpause von *Mon Chéri*, eine nur kurze Zeit gültige Gutscheinaktion oder „Solange der Vorrat reicht-Angebote". Hotelbuchungsseiten und andere Online-Anbieter haben diesen Trick perfektioniert: Sie begnügen sich nicht mit dem mehr oder minder glaubwürdigen Hinweis, in dem gewünschten Hotel seien nur noch zwei Zimmer verfügbar, sondern blenden nach kurzer Zeit die blinkende Nachricht ein, soeben sei eines der beiden Zimmer vergeben worden.

Sonderangebot oder Lockvogelangebot?

Sonderangebote müssen gemäß § 3 Abs. 3 Nr. 5 des *Gesetzes gegen den unlauteren Wettbewerb (UWG)* „für einen angemessenen Zeitraum in angemessener Menge zum genannten Preis bereitgestellt werden. Als angemessen gelten zwei Verkaufstage (vgl. hierzu auch das *BGH*-Urteil Az. I ZR183/09).

- **Soziale Validierung** ('social proof'): Menschen suchen Orientierung. Fehlen objektive Maßstäbe, nutzen sie soziale Vergleiche. Was tun (kaufen, schenken etc.) die anderen? Daher werden Bücher und CDs als Bestseller und Finanzdienstleister als Marktführer beworben. Und wenn den Gastgebern *Ferrero Küsschen* aus der Hand gerissen werden, so zeigt auch diese Szene eines bekannten Werbespots, dass Käufer dieses Produkts sich in guter Gesellschaft befinden. Mehr noch als andere setzen die sozialen Medien die Social Proof-Technik ein; bspw. *Amazon* mit dem Hinweis, „Kunden, die diesen Artikel gekauft haben, kauften auch ...."

Unternehmen setzen diese Beeinflussungsstrategien mit Hilfe von **Argumentationstechniken**, die auch in Verkaufsgesprächen zum Einsatz kommen, um: Rationale, emotionale und/oder moralische Argumente sollen den Empfänger der Botschaft von der Vorteilhaftigkeit eines bestimmten Produkts bzw. einer Marke überzeugen (vgl. ausführlicher Kap. K-5).

Werbeargumente für Umweltschutztechnologie

- Moralische Argumentation: „Das schulden wir unseren Kindern"
- Logische Argumentation: „Unsere Umwelt jetzt zu schützen, kostet weitaus weniger, als sie später zu sanieren"
- Emotionale „Argumentation": Schöne Naturbilder, untermalt von klassischer Musik

Vergleichende Werbung: Bezieht sich mittel- oder unmittelbar auf einen Mitbewerber bzw. dessen Angebot

Ob es sich empfiehlt, in der eigenen Werbung auf konkurrierende Angebote Bezug zu nehmen, ist umstritten. US-amerikanische Unternehmen betreiben **Vergleichende Werbung** in teilweise ausgesprochen aggressiver Form. Dabei wird zum einen der Hauptkonkurrent **explizit**, d.h. namentlich genannt, oder, wie im sog. Cola-Krieg zwischen *Coca-Cola* und *Pepsi*, **implizit** (vgl. Kasten). Zum anderen wird die Überlegenheit des eigenen Angebots herausgestellt.

In **Deutschland** ist Vergleichende Werbung erst seit der Jahrtausendwende erlaubt – sofern sie nicht gegen das *UWG* verstößt. Demzufolge dürfen nur Waren, die für den gleichen Bedarf bestimmt sind, miteinander verglichen werden – sofern dies in Bezug auf objektiv nachprüfbare, relevante Eigenschaften geschieht und nicht in irreführender, herabsetzender bzw. verunglimpfender oder auf Verwechslung angelegter Weise. Nicht zulässig sind demzufolge u. a. …

- der Vergleich von Mobilfunk- und Festnetztarif (= unterschiedliche Leistungen bzw. Bedarfe),
- Werbebotschaften wie „Big Mac schmeckt besser als Whopper" (= subjektive, nicht verifizierbare Aussage) oder
- „Ist Ihnen der *Stern* auch zu langweilig?" (= herabsetzend).

Weitere juristische und unternehmensstrategische Implikationen werden im **Glossar** diskutiert (⇒ Vergleichende Werbung).

3.2 Design der Werbebotschaft

Kognitiv: Bewusst erlebbare Formen der menschlichen Informationsverarbeitung (Wahrnehmung, Lernen, Erinnern, Denken)

Wie wird eine (Werbe-)Botschaft für die Zielgruppe wahrnehmbar – d.h. mit den fünf Sinnen erfassbar? Und welche Gestaltungsmittel sorgen für die gewünschte Tonalität? Am leichtesten fällt es zumeist, die Werbebotschaft in kognitive Reize zu übersetzen, z. B. als geschriebenen oder gesprochenen Text. Dominiert dieses Stilmittel, spricht man von **informierender Werbung**. Ihre Domäne ist die Vermarktung von Produkten, die mit hohem finanziellem und funktionalem Risiko verbunden sind (z. B. Versicherungsleistungen). Werbetexte sollten verständlich und zielgruppengerecht formuliert sein sowie möglichst kurz und prägnant. Fachbegriffe und Anglizismen sind nach Möglichkeit zu vermeiden. Der bürokratische Stil, erkennbar an Passivsätzen und Substantivierungen (-ung, -keit etc.), ist der natürliche Feind jedes guten Textes. Das

Gegenmittel sind Aktivsätze und Verben (z. B. „Wir gestalten die Zukunft" statt „Die Gestaltung der Zukunft ist unsere Stärke").

Schema: Stark vereinfachte Darstellung der wesentlichen Merkmale eines Sachverhaltes

Die Imagery-Forschung hat gezeigt, dass **emotionale Werbung** textlastigen Darbietungen in mehrfacher Hinsicht überlegen ist. [7] Geeignete Bilder erregen mehr Aufmerksamkeit, werden besser erinnert und lösen stärkere Emotionen aus als andere Gestaltungsformen. So aktivieren Bilder von Kleinkindern bzw. Jungtieren das sog. Kindchenschema. Der Verhaltensforscher *K. Lorenz* bezeichnete mit diesem Begriff bestimmte Körpermerkmale (wie ein im Verhältnis zum Körper großer Kopf, eine im Verhältnis zum Kopf große Stirn, rundliche Körperformen etc.). Sie wirken als Schlüsselreiz – d. h. sie lösen angeborene Reaktionen aus, insb. positive Gefühlsreaktionen und Zuwendung, bis hin zu aufopfernder Pflege des eigenen Nachwuchses. Werbung nutzt das Kindchenschema in vielen Variationen, um durch die angeborene Zuwendungsreaktion die abwehrende Haltung, die viele Verbraucher Anzeigen, TV-Spots etc. gegenüber einnehmen, zu überwinden (vgl. Abb. 76).

Abb. 76: Prinzip und werbliche Umsetzung des Kindchenschemas

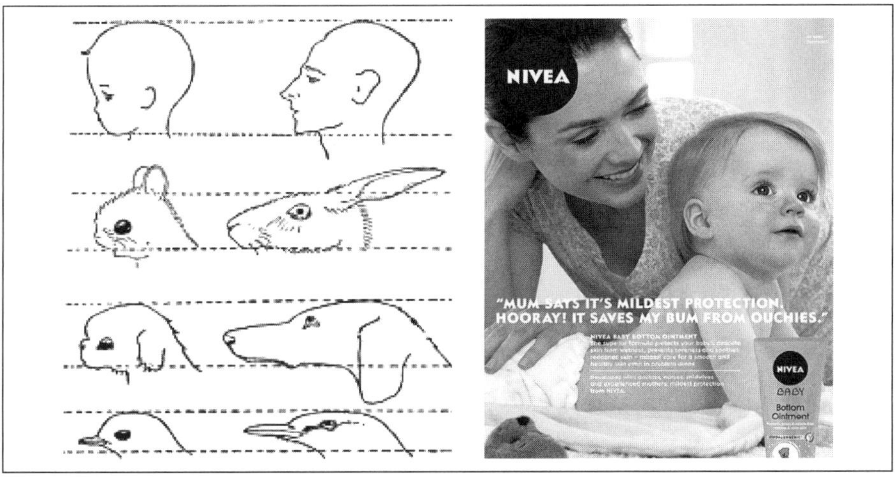

Duale Kodierung: Einerseits getrennte, andererseits interagierende Verarbeitung sprachlicher und bildlicher Informationen

Key Visual: Zentrales Bildmotiv einer Werbemaßnahme

Für die Kombination von Bild und Text spricht, dass sie es dem Betrachter ermöglicht, Informationen **dual** zu **kodieren** (⇒ Theorie der dualen Kodierung). In der rechten Gehirnhälfte werden Bilder und andere ganzheitliche Informationen verarbeitet und mit sprachlichen Informationen verknüpft, welche die linke Gehirnhälfte verarbeitet. Dual kodierte Informationen sind besonders gut erinnerbar; denn das Bild dient als Schlüssel zu den Detailinformationen. Dieses Prinzip nutzen Werbeagenturen, indem sie sog. **Key Visuals** (zentrale Bildmotive) einsetzen: das an seiner grünen Takelage erkennbare Segelschiff von *Beck's* etwa, das

Jingle: Kurzes, einprägsames Musikstück, das werblich genutzt wird

Slice of Life-Technik: Realistische Darstellung von Alltagsszenen mit typischen Verbrauchern

Freiheit und Abenteuer symbolisiert, die *Semperoper* von *Radeberger*, die für Kultur und Hochwertigkeit steht, oder ein See, in der *Krombacher*-Werbung Ausdruck von Heimat- und Naturverbundenheit.

In TV- und Hörfunk-Spots erfüllen **Jingles** eine ähnliche Funktion. Diese „musikalischen Lautbilder" werden gleichfalls ganzzeitlich gespeichert und entsprechend gut erinnert. Auch sind sie, wie etwa der *Bacardi*-Song, bestens geeignet, bestimmte Emotionen zu aktivieren (z. B. Urlaubsstimmung). Bei der **Slice of Life-Technik** („ein Stück aus dem Leben") wird zunächst ein Problem vorgestellt (z. B. Familie M. benötigt dringend einen Klempner), um sodann das zu bewerbende Produkt als Problemlöser zu präsentieren *(Gelbe Seiten)*.

Quadratwurzelgesetz: Verdoppelung der Anzahl der Personen, welche die Anzeige wahrnehmen, bei Vervierfachung der Anzeigengröße

Um in der wachsenden Flut von Werbebotschaften überhaupt wahrgenommen zu werden, setzen viele Werbetreibende **aufmerksamkeitsstarke, aktivierende**[8] **Reize** ein (vgl. Abb. 77). Denn es hat sich gezeigt, dass auffällige Motive, große Anzeigen und kräftige Farben häufiger beachtet werden als kleine Formate und Pastellfarben. Allerdings steigt entsprechend dem Quadratwurzelgesetz der Werbung die Aufmerksamkeit nur unterproportional mit der Reizintensität (z. B. Größe einer Anzeige). Auch können allzu grelle Farben wie Warnfarben wirken und Vermeidungsreaktionen (z. B. Wegsehen) bzw. negative Assoziationen auslösen (z. B. Rot = Gefahr).

Abb. 77: Aufmerksamkeitsstarke Reize

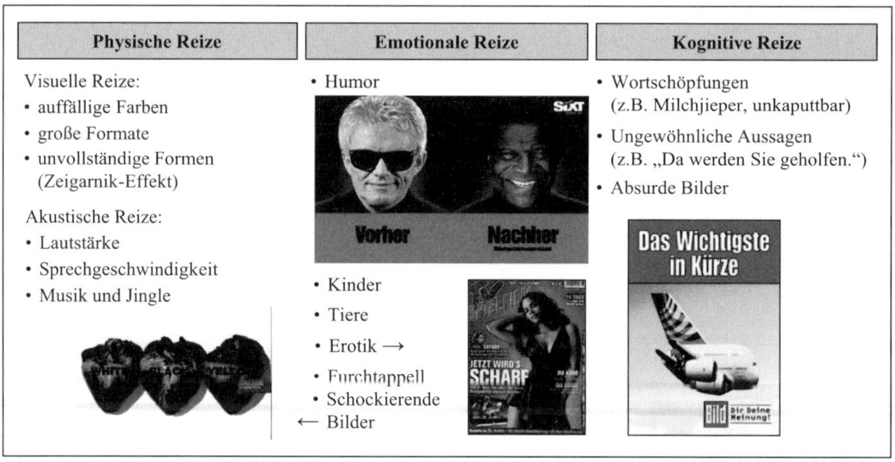

Bumerang-Effekt: Angestrebte Wirkung verkehrt sich in ihr Gegenteil

Emotional aktivierende Reize sind ebenfalls nicht unproblematisch. Erotische und humorvolle Werbung etwa kann derart stark aktivieren, dass die Zielgruppe später zwar das Werbemotiv, aber nicht die beworbene Marke bzw. die Werbebotschaft erinnert (= **Vampir-Effekt)**. Bei furchteinflößenden Werbebotschaften droht zusätzlich der **Bumerang-Effekt**: Anstatt den Bekanntheitsgrad z. B. der beworbenen Marke zu erhöhen, sinkt die Erinnerungsquote, und die Einstellung der Zielgruppe ('attitude toward the brand') verbessert sich nicht, sondern verschlechtert sich. Ursache der ungünstigen Wirkung von Furchtappellen auf die …

- Erinnerung ist das Vermeidungsverhalten der Umworbenen. Altersarmut, Verkehrsunfall, HIV-Infektion etc. sind für die allermeisten Menschen höchst unangenehme Themen, die sie so gut es geht verdrängen oder möglichst erst gar nicht wahrnehmen wollen.
- Einstellung ist die grundsätzliche Abwertung des Absenders von furchterregenden Werbebotschaften (z. B. „Keine Altersarmut dank unserer Vorsorgeprodukte“, die zumeist nicht glaubwürdig erscheinen).

Unternehmen, die einen allzu starken Werbedruck ausüben, müssen gleichfalls mit einem Bumerang-Effekt rechnen, weil vor allem werbekritische Zielgruppen sehr häufige und sehr intensive Werbung als Freiheitseinengung erleben, gegen die sie sich wehren – bspw. indem sie den Absender der Werbebotschaft abwerten.

4 Auswahl geeigneter Werbeträger

4.1 Intermedia-Selektion

Massenmedien: Kommunikationsmittel zur öffentlichen Verbreitung gleichlautender Botschaften an eine große Menschenmenge

Cross Media: Paralleler Einsatz sich ergänzender Werbeträger (z. B. TV und Radio)

Mit welchen (Massen-)Medien können Unternehmen ihre Werbebotschaften am besten verbreiten? Die verschiedenen Werbeträger lassen sich drei Kategorien zuordnen: **Printmedien**, **elektronische Medien** und **Außenmedien** (vgl. Abb. 78). Allerdings entfalten viele Werbeträger erst in Kombination mit anderen Werbeträgern ihre volle Wirkung, weshalb Cross Media- bzw. Multimedia-Werbung die Regel ist.

Printmedien

Nettoreichweite: Anteil der über 14jährigen, die ein Medium zumindest einmal nutzen

Streuverlust: Personen, die mit einem Werbeträger Kontakt haben, aber nicht der Zielgruppe angehören

Unter den periodisch erscheinenden Druckerzeugnissen, in denen Anbieter Werbung schalten können, spielen **Zeitungen** noch immer die bedeutendste Rolle. Mit ihren gedruckten und Online-Ausgaben erzielen sie eine Nettoreichweite von 86,3 %. Bei den **Zeitschriften** unterscheidet man Publikums-, Fach-, Kunden- und Mitarbeiterzeitschriften. Von den Publikumszeitschriften sprechen die General Interest-Titel wie *Stern* oder *TV-Spielfilm* ein breites Publikum an, die Special Interest-Zeitschriften (z. B. *auto motor sport*, *Computerwoche)* hingegen eine spezielle Zielgruppe. Laut *TNS Emnid Mediaforschung* lesen 44 % der Verbraucher gelegentlich einen oder mehrere Special Interest-Titel und 17 % regelmäßig. Diese Medien bieten den Werbungtreibenden verschiedene Vorteile (z. B. aufgrund ihrer speziellen Leserschaft eine Minderung der Streuverluste).

Supplements: Periodisch erscheinende Beilagen von Zeitungen und Zeitschriften (z. B. TV-Programm)

Weiterhin zählen **Anzeigenblätter** (kostenlose, reine werbefinanzierte Zeitungen), **Verzeichnismedien** wie Telefon- und Adressbücher sowie **Supplements** (z. B. Freizeitbeilage der Tageszeitung) zu den Printmedien. Ein zumeist unterschätzter Werbeträger sind **Prospekte** – das nach wie vor wichtigste Werbemedium des Handels. Jeder der 40 Mio. Privathaushalte erhält pro Woche durchschnittlich zwölf Prospekte, was pro Jahr ein Gesamtvolumen von mehr als 20 Mrd. verteilten Prospekten ergibt.

Abb. 78: Vor- und Nachteile traditioneller Werbeträger im Überblick

Werbeträger		Einnahmen *(in Mio. €)**	Vorteile	Nachteile	Eignung
Printmedien	Tageszeitungen	2.532 (-31,5%)**	lokal + regional planbar, schneller Reichweitenaufbau, Glaubwürdigkeit	Bildqualität, Akzeptanzverlust bei unter 30-Jährigen, geringe Zahl von Lesern pro Ausgabe	Informierende Werbung
	Publikumszeitschriften	1.015 (-28,0%)	Gestaltung, Reichweite, passendes Umfeld	Streuverluste	Sympathiewerbung
Elektronische Medien	Fernsehen	4.560 (+25,3%)	schneller Reichweitenaufbau, positives Programmumfeld, Emotionalität (Ton + Bild)	Streuverluste, Zapping, Kosten, Platzierung im Werbeblock nicht beeinflussbar	Sympathiewerbung
	Hörfunk	768 (+13,3%)	Aktualität, Regionalität, Reichweite	Gestaltung, Flüchtigkeit	Informierende Werbung
	Kino	88 (+23,3%)	Aktualität, Länge, Aufmerksamkeit	Reichweite	Sympathiewerbung
	Online & Mobile	1.517 (+98,6%)	Aktualität, Reichweite, Interaktivität, Gestaltung	Umfeld, Technikabhängigkeit, internetferne Zielgruppen	universal
Außenmedien	Plakate, LED-Bildschirme, Verkehrsmittel	1.033 (+40,0%)	Kaufnähe, Kontakt kaum vermeidbar, Originalität, geringe Kontaktkosten	Streuverluste, Ablenkung, Umfeld schwer kontrollierbar,	universal

* Netto-Werbeeinnahmen erfassbarer Werbeträger (ZAW 2016)
** Veränderung gegenüber 2009
*** Weitere Werbeträger: Anzeigenblätter (1.811), Verzeichnismedien wie Adressbücher (892), Fachzeitschriften (862), Wochen- / Sonntagszeitungen (154), Zeitungssupplements (79)

Elektronische Medien

Trotz Online-Werbung ist das traditionelle **Fernsehen** nach wie vor der wichtigste Werbeträger (vgl. Abb. 78). Für dieses Medium spricht die Möglichkeit, die Zielgruppe multisensorisch (Text, Ton, bewegte Bilder) und, dank vieler unterschiedlicher Sender und Sendungen, gezielt anzusprechen. Beeinträchtigt wird TV-Werbung durch Vermeidungsstrategien der Umworbenen (Zapping, Verlassen des Raumes, geminderte Aufmerksamkeit während der Werbepause, parallele Beschäftigung wie Bügeln, Telefonieren etc.).

Beispiel
„TV-Spots sind die schnellste und kosteneffizienteste Methode, viele Menschen zu erreichen. Auch *Nestlé* weiß um die strategischen Vorteile des linearen Fernsehens für Werbetreibende. Aktuell liefert es uns immer noch den schnellen Reichweitenaufbau, den wir zur Unterstützung unserer Marken- und unserer Produktkampagnen benötigen, erklärt die *Nestlé*-Mediaverantwortliche *T. Beuchler.* Doch klar ist auch: Die Bedeutung der digitalen Medien wird in den kommenden Jahren weiter zunehmen. Wir sammeln jetzt seit 15 Jahren Erfahrungen

im Digitalen und haben festgestellt, dass wir bei vielen Maßnahmen im Netz eine ganz andere Kontaktqualität erreichen. Aus diesem Grund wird ein immer größerer Teil des Werbebudgets ins Internet abwandern. So will *Nestlé* in den kommenden Jahren den Digitalanteil ihrer Werbung über alle Marken von derzeit 10 auf 15 % ausbauen." [9]

Mit Abstand folgt der **Hörfunk**, der auf akustische Stilmittel beschränkt ist und als Hintergrundmedium gilt, das weniger beachtet wird. Im **Kino** wiederum schalten große Werbetreibende aufwändig produzierte Werbefilme und regionale Anbieter Kinospots mit speziellen Hinweisen (bspw. Geschäftseröffnung). Vorteile der Kinowerbung sind die weitgehend ungeteilte Aufmerksamkeit der Zielgruppe und der Gestaltungsspielraum. 2004 kam mit dem **Internet** ein weiterer elektronischer Werbeträger hinzu, der jährlich zweistellig wächst und von seiner Interaktivität profitiert. Über Werbebanner wie Skyscrapers und Pop Ups gelangen Internetnutzer direkt zur Webseite des Anbieters und können dort die beworbenen Produkte bestellen, kommentieren oder um Kontaktaufnahme bitten.

Skyscraper: Vertikale Werbebanner

Pop Up: Werbung, die beim Öffnen einer Internetseite im eigenen Fenster erscheint

Cross Media

Früher waren Medienangebot und Mediennutzungsverhalten „überschaubar". Heute kommt es immer häufiger vor, dass verschiedene Medien gleichzeitig genutzt werden – bspw. Fernsehen und Smartphones bzw. Tablets. Wer darauf eine spezielle App installiert, erhält, sobald er in die Nähe einer bestimmten Verkaufsstelle kommt, dazu passende Werbung, Coupons, Gewinnspiele etc. Und wer einen auf einem Plakat angebrachten QR-Code einliest, wird auf direkten Wege auf die Website des zugehörigen Unternehmens geführt, wo weiterführende Informationen, Animationen etc. bereit stehen. Nicht selten wird dort auch eine Bestellmöglichkeit angeboten.

4.3 Intramedia-Selektion

Hat sich der Werbetreibende für einen Werbeträger (z. B. Rundfunk) entschieden, wählt er den konkreten Sender anhand eines **Kosten/Nutzen-Vergleichs** aus.

- Kosten: Belegungs- bzw. Schaltkosten für den Einsatz der verschiedenen Werbeträger
- Nutzen: Kommunikative Wirkung des mittels der Werbeträger verbreiteten Werbemittels

Quantitative Reichweite: Leser pro Ausgabe (LpA) = verkaufte Auflage · Leser pro Exemplar (LpE)

Da es äußerst schwierig wäre, alle Nutzenkomponenten (quantitativ und qualitativ) erfassen zu wollen, beschränkt man sich zumeist darauf, den Nutzen quantitativ zu definieren und verschiedene **Kontaktmaßzahlen** zu berechnen.

- **Quantitative Reichweite**: Anzahl der Leser, Hörer bzw. Seher, die mit einer Ausgabe des Mediums in einem bestimmten Zeitraum Kontakt haben.
- **Qualitative Reichweite**: Anteil der Zielgruppe, der mit einer Ausgabe des Mediums in einem bestimmten Zeitraum Kontakt hat.

Die verschiedenen Reichweitenmaße können absolut („Anzahl der Leser") oder prozentual („Anteil an der Grundgesamtheit") angegeben werden.

Der **Tausend-Kontakte-Preis** ist ein einfaches, aber überaus wichtiges Kriterium der Mediaplanung. Was kostet es, mit einer viertelseitigen Schwarz/Weiß-Anzeige (bzw. einer einseitigen Farbanzeige bzw. einem 30-Sekunden-Spot) bei einmaliger Belegung 1.000 Personen (Leser/Seher/Hörer) zu erreichen? Der TKP ermöglicht es, das Kosten/Nutzen-Verhältnis verschiedener Medien miteinander zu vergleichen. Bevorzugt wird das Medium mit dem geringsten TKP. Allerdings sind „1.000 Leser, Seher bzw. Hörer" lediglich **potentielle Kontakte** des Werbemittels. Denn nicht jeder liest jede Seite, betrachtet jede Anzeige oder sitzt während der Werbepause vor dem Bildschirm. Zudem bedarf es bei mehrmaliger Belegung und mehreren Medien komplexer Reichweitenmaße, die u. a. berücksichtigen, welche Zielpersonen mehrfach erreicht werden.

Reminder-Technik: Wiederholung eines Spots in einem Werbeblock bzw. zweimalige Schaltung einer Anzeige in einer Zeitschrift

Schließlich muss über die **Platzierung** des Spots bzw. der Anzeige innerhalb des Mediums entschieden werden. Im TV sind die Eckplätze der Werbepausen besonders begehrt, da die Zuschauer bei den ersten ein, zwei Werbespots noch bzw., beim letzten Spot, wieder aufmerksam sind. Hinzu kommt, dass wir uns an die ersten (Primacy-Effekt) und die letzten Informationen (Recency-Effekt) aus einer längeren Reihe von Informationen am besten erinnern. In Zeitschriften werden die Umschlagseiten stark, Anzeigen im hinteren Teil hingegen weniger beachtet. Außergewöhnliche Formen wie ausklappbare und mit Produktproben versehene Anzeigen fallen gleichfalls auf. Wichtig ist weiterhin das Umfeld des Werbemittels. So zieht eine neben dem Leitartikel platzierte Anzeige viel Aufmerksamkeit auf sich, ebenso ein inmitten zahlreicher Farbmotive platziertes Schwarz/Weiß-Motiv. Auch die sog. Reminder- oder Tandem-Technik ist sehr aufmerksamkeitsstark.

5 Evaluation der Werbung

5.1 Abgrenzungen

Werbeerfolg: Ökonomischer Effekt einer Werbemaßnahme

Der ökonomische Erfolg einer Werbemaßnahme wird als **Werbeerfolg** bezeichnet. In welchem Maße konnte der Absatz der beworbenen Leistung durch eine bestimmte Werbemaßnahme gesteigert werden? So wünschenswert es wäre, diese Frage eindeutig beantworten zu können, so selten ist dies aufgrund der sog. Zurechenbarkeitsproblematik in der Praxis möglich. Eindeutige Ursache-Wirkungszuschreibungen sind aufgrund diverser Ausstrahlungseffekte vielfach nicht möglich.

- Spill Over- bzw. Ausstrahlungseffekt: Betreibt man für eine Marke (z. B. *Bild am Sonntag*), die zu einer Markenfamilie gehört *(Bild)*, Verkaufsförderung und wirbt gleichzeitig für ein anders Mitglied der Markenfamilie (z. B. *Bildzeitung*), so kann es sein, dass der höhere Abverkauf von *Bildzeitung* nicht der Werbemaßnahme, sondern der Verkaufsförderung zuzuschreiben ist.
- Carry Over- bzw. Verzögerungseffekt: Verstärkt ein Unternehmen bspw. dann seine Werbeanstrengungen, wenn es der Zielgruppe an Kaufkraft man-

gelt, kann es sein, dass der Absatz stagniert, obwohl sich die Zielpersonen an die Werbung erinnern und sie positiv bewerten.

- Decay- bzw. Beharrungseffekt: Gute Werbemaßnahmen entfalten eine Depotwirkung. Ihre Wirkung ist auch dann noch nachweisbar, wenn schon lange nicht mehr geworben wird (z. B. *Esso* – Pack den Tiger in den Tank). Wirbt ein Unternehmen regelmäßig für ein bestimmtes Werbeobjekt, besteht somit die Gefahr, dass es die Wirkung der zuletzt durchgeführten Maßnahme überschätzt.
- Konkurrenzeinflüsse: Möglicherweise wäre die eigene Testimonialwerbung ja erfolgreich gewesen. Da aber der wichtigste Konkurrent zeitgleich radikale Preissenkungen vorgenommen hat, verpuffte der eigentlich zu erwartende Effekt der Werbeaktion.
- Umwelteinflüsse: War die Werbebeilage wirklich ein Flop oder wurden von den darin beworbenen Sommerkleidern nur deshalb weniger verkauft als erwartet, weil im Anschluss daran eine langandauernde Schlechtwetterperiode die Zielgruppe eher an Winter- als an Sommerkleidung denken ließ?

Unter **Werbeeffizienz** versteht man das Verhältnis des (monetären) Werbeerfolgs zu den Werbekosten. Allgemein lässt sich vermuten, dass angesichts steigender Wettbewerbsintensität und physischer wie auch kognitiver Vermeidungsreaktionen der Zielgruppe die Werbeeffizienz kontinuierlich sinkt. Da jedoch der Werbeerfolg nur in Ausnahmefällen exakt bestimmbar ist, kann auch die Werbeeffizienz zumeist nicht quantifiziert werden.

Regelmäßig ermittelt wird hingegen die **Werbewirkung**: die außerökonomischen bzw. psychologischen Konsequenzen von Werbemaßnahmen. Konnte der Bekanntheitsgrad der beworbenen Marke gesteigert werden? Erscheint das Werbeobjekt nun sympathischer als zuvor? Konnte die Kaufabsicht der Zielgruppe gesteigert werden? Die aus den Werbezielen ableitbaren Erfolgskriterien lassen sich absolut (z. B. Bekanntheitsgrad von 78 %) oder relativ nutzen: als Zielerreichungsgrad. Dieser drückt aus, in welchem Maße die verfolgten Werbeziele (z. B. Bekanntheitsgrad > 70 %) erreicht wurden (= 111,3 %).

Werbewirkung: Außerökonomischer Effekt einer Werbemaßnahme (jegliche Art von Reaktion)

5.2 Modelle der Werbewirkung

Stufenmodelle der Werbewirkung

Die einfachsten Wirkungsmodelle gehen von mehr oder minder vielstufigen, aber linearen Wirkungsketten aus. Sie beschreiben Werbung als einen in seiner Abfolge zwangsläufigen Beeinflussungsprozess (vgl. Abb. 79): Demzufolge sollte eine Werbemaßnahme zunächst die Aufmerksamkeit der Umworbenen gewinnen und ihr Interesse an der Botschaft wecken, sodann die gewünschte Präferenz bilden und den Wunsch fördern, das beworbene Produkt zu besitzen. Kommt es schließlich zu einem Kauf, stellt sich die Frage, ob eine Werbemaßnahme auch die Wiederkaufwahrscheinlichkeit der Kunden erhöht sowie deren Loyalität zum Produkt, zur Marke bzw. zum Unternehmen stärkt (z. B. Weiterempfehlungsabsicht, Kundenresilienz).

Präferenz: Bevorzugung eines Objekts (z. B. Produkt) gegenüber einem anderen

Resilienz: Unerschütterlichkeit, Widerstandsfähigkeit

Abb. 79: Kriterien der Werbewirkung und des Werbeerfolgs

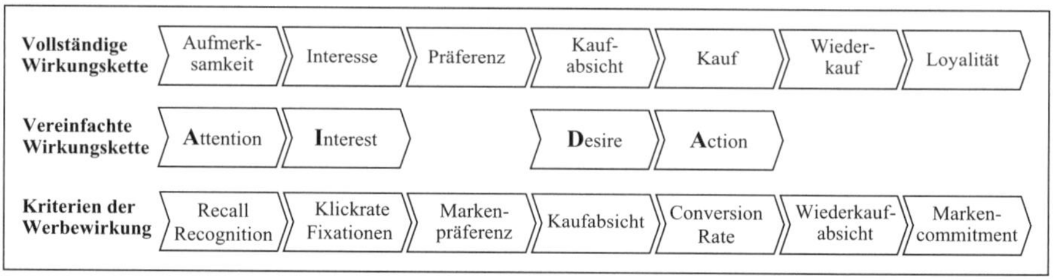

Einfache Stufenmodelle, wie das **AIDA-Modell**, berücksichtigen nur Teile dieses umfassenden Ablaufmodells. Ursprünglich war es entwickelt worden, um den idealen Ablauf eines Verkaufsgesprächs nachzubilden: **A**ttention ⇒ **I**nterest ⇒ **D**esire (Kaufwunsch) ⇒ **A**ction (Kauf). Die meisten Werbeagenturen beschränken sich allerdings auf die Analyse und Beeinflussung der vergleichsweise leicht überprüfbaren Aufmerksamkeitswirkung. Die Einstellungswirkung und das reale Kauf- und Nachkaufverhalten der Umworbenen werden eher selten untersucht.

Hierarchie von Effekten-Modelle

Anders als die Stufenmodelle geben sie die Abfolge der Wirkungskomponenten nicht starr-linear vor, sondern strukturieren diese auf unterschiedliche Weise hierarchisch, je nachdem, wie involviert die Umworbenen sind. Wenig Involvierte befassen sich typischerweise nur oberflächlich mit einer Werbemaßnahme. Sie sind primär durch häufige Wiederholung oder besonders aufmerksamkeitsstarke Werbereize beeinflussbar. So konnte experimentell nachgewiesen werden, dass Werbeaussagen gerade wenig Interessierten glaubwürdiger erscheinen, wenn sie häufiger wiederholt werden. Allerdings schwindet dieser Effekt, je größer die Anzahl an Wiederholungen ist (degressiv steigender Wirkungsverlauf). [10]

Duale Prozessmodelle

Das prominenteste dieser Wirkungsmodelle ist das Elaboration-Likelihood-Modell. Es geht davon aus, dass Informationen auf grundlegend unterschiedliche Weise verarbeitet werden, je nachdem, wie stark das Involvement der wahrnehmenden Person ist und deren Bedürfnis, sich intensiv und kognitiv mit einem Sachverhalt auseinanderzusetzen ('need for cognition'). Der kognitiv aufwändige **zentrale Verarbeitungspfad** wird aufgrund der beschränkten Informationsverarbeitungskapazität des Menschen nur genutzt, wenn Involvement, Motivation und Fähigkeit zu elaborierter Informationsverarbeitung hinreichend groß sind. Ist zumindest eine dieser Bedingungen nicht erfüllt, kommt der **periphere Verarbeitungspfad** zum Zug, was eine eher beiläufige, intuitive und nichts selten auch kurzschlüssige Informationsverarbeitung zur Folge hat.

Werbebotschaften treffen nur selten auf eine involvierte und aufnahmebereite Zielgruppe. Nur in diesen Ausnahmefällen verspricht informierende Werbung

Erfolg. Sie überzeugt durch Art und Qualität der Argumente. Einstellungsänderungen, die auf diesem „zentralen Weg" ausgelöst werden, sind dauerhaft, gegenüber Umwelteinflüssen (z. B. Kritik) resistent und verhaltensrelevant (z. B. Kaufwahrscheinlichkeit). Zumeist aber trifft Werbung auf wenig involvierte Zielgruppen. Im Falle des dann relevanten „peripheren Weg der Beeinflussung" hängt die Werbewirkung davon ab, ob es einen oder mehrere periphere Hinweisreize gibt, die für die Zielgruppe positiv besetzt sind (z. B. Zahl der Wiederholungen, humorvolle Werbung, attraktive Modelle). Einstellungsänderungen, die auf dem peripheren Weg erzielt wurden, sind weniger stabil, weniger verhaltensrelevant etc.

5.3 Pretests

Idealerweise testet bzw. prognostiziert ein Werbungtreibender die Wirksamkeit potentieller Kampagnen **vor** deren **großflächigen Einsatz**. Denn so lassen sich etwaige Schwächen frühzeitig aufdecken, alternative Entwürfe vergleichend bewerten (z. B. in Gestalt von Storyboards) und Fehlinvestitionen vermeiden. Drei Pretests stellen wir im Folgenden vor.

Storyboard: Erster Entwurf eines Werbespots in Form einer Abfolge von Skizzen

- Die **Blickregistrierung** (vgl. Kap. L-6.1/Abb. 81) bietet sich zur Überprüfung visueller Werbemittel an. Sie beantwortet die Frage, ob die Zielgruppe die Werbebotschaft überhaupt wahrnimmt.
- Bei längeren verbalen Werbebotschaften (100 – 300 Worte) empfiehlt es sich, die Textverständlichkeit zu prüfen. Dazu kann ein sog. **Lückentest** durchgeführt werden, wobei bspw. jedes fünfte Wort durch eine Leerstelle ersetzt wird. Verständlichkeit wird definiert als Anteil der von den Probanden richtig (sinngemäß oder wortgetreu) ergänzten Leerstellen.
- Und wie die Umworbenen das Wahrgenommene verarbeiten, darauf gibt die **funktionelle Magnetresonanztomographie** (fMRT) entscheidende Hinweise, indem sie die durch den Werbereiz aktivierten Gehirnareale bildlich darstellt. [11] Wird bspw. der ventromediale Präfrontalkortex aktiviert, dann spricht dies dafür, dass die Werbemaßnahme in der Lage ist, das Geschmackserleben der Probanden zu beeinflussen. Die Aktivierung des Hippokampus wiederum ist ein Indiz dafür, dass emotionale Gedächtnisinhalte gespeichert bzw. abgerufen werden.

5.4 Posttests

Aus Zeit- und insb. aus Kostengründen sehen viele Unternehmen jedoch davon ab, Pretests durchzuführen. Nicht wenige lehnen aufgrund einer gewissen Wissenschaftsskepsis Tests dieser Art sogar grundsätzlich ab und begnügen sich mit Posttests. Mit ihrer Hilfe wird **nach Abschluss der Werbekampagne** geprüft, ob und gegebenenfalls wie diese gewirkt hat. Beispielsweise möchte man wissen, an welche Elemente der Werbebotschaft die Zielgruppe sich erinnern kann.

Erinnern der Werbebotschaft

Geschlossene Fragen: Geben Antwortkategorien vor (z. B. ja/nein)

Offene Fragen: Keine Beschränkung bzw. Standardisierung des Antwortspektrums

Der **Recall-Wert** erfasst, ob die Befragten sich daran erinnern, eine bestimmte Anzeige, einen TV-Spot oder eine andere Werbemaßnahme schon einmal gesehen bzw. gehört zu haben. Durch eine offene Frage wie „Nennen Sie mir die Werbeanzeigen, an die Sie sich erinnern" lässt sich der ungestützte Recall-Wert erheben ('unaided recall'). Der gestützte Recall-Wert ('aided recall') wird anhand einer Liste von Anzeigen, Spots etc. erfragt: z. B. „Welche der folgenden Anzeigen haben Sie in der Zeitschrift XY gesehen?" Beim Testen von TV-Spots kommt häufig die DAR-Methode zum Einsatz. Der 'day after recall' wird nicht unmittelbar, nachdem die Probanden das Werbemittel gesehen haben, ermittelt, sondern 24 Stunden später. Erfahrungsgemäß müssen etwa 3.000 zufällig ausgewählte Angehörige der Zielgruppe angerufen werden, um etwa 150 Zuschauer zu finden, die sich an den fraglichen TV-Spot erinnern und einzelne Bestandteile der Werbebotschaft nennen können (insb. Markenname, Slogan). Die Zeitverzögerung soll den Realitätsgrad der Wirkungsmessung erhöhen und simulieren, dass Kaufentscheidungen im Regelfall auch nicht dann gefällt werden, nachdem man gerade die entsprechende Werbebotschaft wahrgenommen hat.

Wiedererkennen der Werbebotschaft

Der **Recognition-Wert** zeigt an, ob die Zielgruppe das Werbemittel unter einer Reihe von Anzeigen (oder Werbespots), die man ihr vorgelegt (oder zeigt), wiedererkennt. Da es leichter ist, etwas wiederzuerkennen, als sich aktiv daran zu erinnern, fallen die Recognition-Werte zumeist deutlich höher aus als die Recall-Werte. Beim bekanntesten Recognition-Verfahren, dem *Starch*-Test, wird dreistufig gefragt:

- Haben Sie die Anzeige bereits gesehen ('noted')?
- Erinnern sie Teile davon und insb. den Absender ('seen/associated')?
- Haben Sie mehr als die Hälfte gelesen ('read most')?

Um sozial erwünschte Antworten zu vermeiden, werden oft zusätzlich Anzeigen einbezogen, welche der Proband nicht gesehen haben kann. Die Erinnerungswerte dieser Pseudowerbemittel sind von denen „echter" Werbemittel abzuziehen.

Share of Mind: Anteil der von der Zielgruppe erinnerten Werbebotschaften eines bestimmten Unternehmens an allen erinnerten Werbebotschaften

Großunternehmen und zunehmend auch mittelständische Unternehmen lassen Posttests zumeist von Marktforschungsinstituten durchführen. Im Rahmen der von diesen angebotenen **Tracking-Studien** (z. B. *GfK-Werbeindikator* oder *AdEffect* von *Kantar TNS)* werden neben der Erinnerung an Slogans und konkrete Kampagnen (auch von Konkurrenten) in regelmäßigen Abständen überdies allgemeine Merkmale der Marke (z. B. Bekanntheit, Einstellung) erhoben. Auf diese Weise lässt sich der 'share of mind' berechnen. Setzt man diesen in Relation zum 'share of advertising', ergibt sich die Werbeeffizienz.

Beispiel
„*AdEffect* ist in der Lage, die Effizienz der Media-Strategie und die Kommunikationsleistung getrennt zu bewerten, um gezielte Optimierungsempfehlungen für beide Dimensionen auszusprechen. Mit Blick auf die Werbeziele identifiziert *AdEffect*, wie stark sich die Kampagne in der Zielgruppe durchsetzt und erinnert wird; ob sie ausschließlich für die Marke wirbt oder generisch für die Kategorie; ob die Kampagne die Kommunikationsziele erreicht und die Werbeinhalte „richtig" wahrgenommen werden; inwieweit die Wahrnehmung der Kampagne wirklich zu Veränderungen bei der Zielgruppe führt (bzgl. Markenimage, Markensympathie, Kaufimpuls). Mit Blick auf die Mediaumsetzung zeigt *AdEffect*, ob und in welchem Umfang die Zielgruppe erreicht wird; ob der Werbedruck optimal ist (Sättigungseffekte = optimaler Werbedruck) oder ob bislang zu viel bzw. zu wenig investiert wurde; ob alle Werbeziele eine gleiche Kontaktdosis benötigen; wie gut die eingesetzten Medien arbeiten (einzeln, im Media-Mix)."

Quelle: https://www.tns-infratest.com/branchen-und-maerkte/pharma_otc_adeffect.asp

Recall- und Recognition-Tests sind zwar überaus beliebt – da einfach anwendbar und plausibel –, aber vermutlich nicht hinreichend valide. Es gibt zahlreiche empirische Hinweise darauf, dass es diesen Kriterien an der erforderlichen **Prognosevalidität** mangelt. So hat sich gezeigt, dass die Gedächtnismaße das Kaufverhalten von Kunden eines Supermarktes wesentlich weniger gut vorherzusagen erlauben als Variablen des Blickverlaufs (Fixation, Betrachtungsdauer). [12]

6 Grenzen der Werbung

Abgesehen von handwerklichen Fehlern gibt es zahlreiche Gründe, warum Werbemaßnahmen nicht bzw. weniger gut wirken als erwartet.

6.1 Werbevermeidung: Abwehrmöglichkeiten der Konsumenten

Zwar scheint mit den sozialen Medien eine Nutzergeneration groß geworden zu sein, die Werbung nicht als störend, sondern als positiven Ausdruck ihres Lebensstils empfindet. Für die Mehrzahl der Konsumenten aber gilt nach wie vor: Je mehr die Umworbenen Werbemaßnahmen als lästig, aggressiv bzw. manipulativ empfinden, umso größer ist die Wahrscheinlichkeit, dass sie ablehnend darauf reagieren. Vor allem Werbeformen, welche den Wahrnehmungsprozess auf offensichtliche Weise zu beeinflussen versuchen – z. B. Werbebanner, die sich über die soeben aufgerufene Seite schieben und vom Nutzer „weggeklickt" werden müssen –, lösen Gegenreaktionen aus. [13]

Verhaltensebene

Eine besonders einfache und wirksame Abwehrmöglichkeit besteht darin, der Werbebotschaft keine **Aufmerksamkeit** zu schenken. Denn damit ist die im AIDA-Modell beschriebene Wirkungskette frühzeitig unterbrochen. Seit langem ist etwa bekannt, dass nur ein geringer Teil derer, die ein Fernsehgerät eingeschaltet haben, die Sendung uneingeschränkt verfolgen. Die meisten beschäftigen sich nebenher mit anderen Tätigkeiten (Bügeln, Essen zubereiten, E-Mails lesen etc.). Vor allem Werbepausen nutzen viele Fernsehzuschauer, um dieses oder jenes zu erledigen. Deshalb erzielen Werbespots, die nicht am Anfang oder Ende eines Werbeblocks gesendet werden, sondern auf den Positionen 3, 4, 5 etc., vergleichsweise schlechte Recall-Werte.

Zunehmend werden auch **technische** oder **sonstige Hilfsmittel** genutzt, um sich unerwünschter Beeinflussung zu entziehen – was wiederum Gegenreaktionen der Werbungtreibenden provoziert.

- **Zapping:** Fernsehzuschauer, die keine Werbung sehen wollen, können mit der Fernbedienung fast mühelos den Kanal wechseln. Um diese Vermeidungsstrategie zu erschweren, haben die werbefinanzierten Sender ihre Werbeblocks zeitlich koordiniert, so dass Zapper nur noch die Wahl haben, zu einem werbefreien Fernsehkanal zu wechseln.
- **Werbeblocker:** Wer im Internet werbefrei surfen möchte, kann Programme herunterladen, welche Pop Ups und andere Werbeformen entfernen bzw. unterdrücken. [14] Diese Werbefilter oder AdBlocker (z. B. *AdBlock Plus)* befreien nicht nur die Nutzer von Werbeeinblendungen, sondern verkürzen auch die Ladezeiten vieler Seiten spürbar. Da sie jedoch dem Geschäftsmodell der vorrangig werbefinanzierten Medien die wirtschaftliche Basis entziehen, entwickelten diese Gegenstrategien. So versperren immer mehr Zeitungen und Zeitschriften Lesern, die Werbeblocker nutzen, den Zugang zu ihren Internetseiten. Andere, wie *Bild.de,* lassen den Lesern die Wahl, entweder ihren Werbeblocker abzuschalten oder gegen eine monatliche Gebühr *Bildsmart* zu abonnieren, und die *Süddeutsche Zeitung* ging juristisch, aber erfolglos gegen einen AdBlock-Betreiber vor.

Psychische Ebene

Werbedruck: Intensität, mit der Werbebotschaften auf die Zielgruppe einwirken

Selektive Wahrnehmung: Ausblenden der in einer bestimmten Situation überzähligen, uninteressanten bzw. störenden Stimuli

Immer mehr Menschen **empfinden** traditionelle Mediawerbung als störend und aufdringlich. Auf den ständig wachsenden Werbedruck reagieren sie mit selektiver Wahrnehmung, Verwirrtheit und Reaktanz.

Selektive Wahrnehmung: Je nach Schätzung wirken jeden Tag 1.000 – 10.000 Werbebotschaften auf jeden Konsumenten ein. Viele erleben dies als unangenehme Informationsüberlastung. Denn der menschlichen Informationsverarbeitungskapazität sind enge Grenzen gesetzt. Menschen können zwar eine Vielzahl von Reizen wahrnehmen, aber durchschnittlich nur 7 ± 2 Informationen verarbeiten (d. h. zunächst im Kurzzeitgedächtnis und später im Langzeitgedächtnis speichern). [15] Alle überzähligen bzw. uninteressanten Informationen fallen der ⇒ selektiven Wahrnehmung zum Opfer, mit der Folge, dass ca. 96-98 % der prinzipiell verfügbaren Informationen ignoriert, überschrieben oder auf andere Weise ausgeblendet werden. Entsprechend nehmen die Adressaten einer Werbebotschaft nur besonders bedeutsame, auffällige bzw. überraschende

Anzeigen, Spots etc. wahr. Konsumkritische Konsumenten neigen dazu, Informationen, die sie als Werbung einstufen, vollkommen zu ignorieren.

Verwirrtheit: Das Überangebot an ähnlichen Produkten und Informationen erzeugt Konsumentenverwirrtheit ('consumer confusion'). Dazu trägt nicht zuletzt bei, dass Werbestil und Werbebotschaften verschiedener Anbieter immer ähnlicher werden, weil sie einander kopieren (vgl. Abb. 80). Eine wichtige Konsequenz von Me too-Werbung ist Markenverwechslung: Die Zielpersonen nehmen eine Anzeige zwar wahr und erinnern sich auch an sie, ordnen sie aber keiner oder der falschen Marke zu. Me too-Werbung verfehlt also vielfach nicht nur den angestrebten Effekt (Absatz oder Image der eigenen Marke stärken), sondern schadet bisweilen sogar – indem sie den Bekanntheitsgrad konkurrierender Marken stärkt, deren Image verbessert etc.

Me too-Werbung: Imitation des Werbestils wichtiger Konkurrenten

Abb. 80: Kommunikationspatt: Me too-Werbung führender Uhrenhersteller

Reaktanz: Viele erleben die hergebrachten Formen der Massenkommunikation und die für sie charakteristischen massiven, leicht durchschaubaren Beeinflussungsversuche als Freiheitseinschränkung. [16] Wird eine subjektiv wichtige Freiheit eingeschränkt (z. B. Entscheidungsfreiheit), reagieren die Umworbenen darauf mit Reaktanz: Sie streben danach, diese Freiheit wieder zu erlangen, bspw. indem sie …

Massenkommunikation: Verbreitung gleichlautender Botschaften an eine Vielzahl von Menschen mit Hilfe der Massenmedien

- ihre bisherige Meinung verfestigen,
- eine negative Einstellung gegenüber dem Werbetreibenden entwickeln (Bumerang-Effekt),

- versuchen, ihm zu schaden (durch Kaufboykott, negative Kaufempfehlungen etc.).

Aufgabe von Kommunikationspolitik ist es somit nicht nur, die Zielgruppe im Kommunikationswettbewerb zu erreichen. Es muss ihr auch gelingen, die Rezipienten möglichst unauffällig zu beeinflussen.

Physiologische Ebene

Weiterhin eignen sich verschiedene, teils bewusste, teils unbewusste Gesetzmäßigkeiten der **Wahrnehmung** dazu, unerwünschte bzw. überzählige Informationen abzuwehren. Wie sich mit Hilfe von Blickaufzeichnungskameras nachweisen lässt, nehmen die Umworbenen nur solche Informationseinheiten einer Werbemaßnahme wahr, die sie während des Blickverlaufs fixieren. Die sog. Fixationen werden durch Saccaden miteinander verbunden: Ruckartige Veränderungen des Blickverlaufs, bei denen keine Informationsaufnahme stattfindet (vgl. Abb. 81).

Abb. 81: Blickverlauf beim Betrachten einer Werbeanzeige

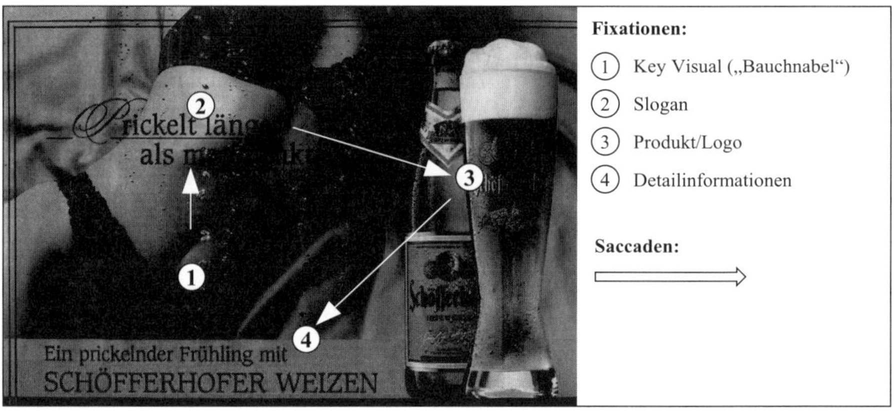

6.2 Vom Gesetzgeber gezogene Grenzen

Es gibt kein explizites Werberecht – im Sinne eines einheitlichen, in sich geschlossenen Rechtsgebietes. Werbungtreibende müssen insb. die Einschränkungen und Verbote beachten, die sich aus dem UWG ergeben: dem **Gesetz gegen den unlauteren Wettbewerb**. Von Anfang an zielte das UWG hauptsächlich auf den Schutz werbungtreibender Unternehmen vor unlauteren Geschäftspraktiken von Konkurrenten. Wichtig war auch der **Schutz geistigen Eigentums.** Unter dem Einfluss von ⇒ 'sharing economy' werden Copyright, Urheberrechte etc. allerdings zunehmend kontrovers beurteilt. Während die klassische, volkswirtschaftlich geprägte Argumentation besagt, dass Urheberrechte wirtschaftliche Entwicklung erst ermöglichen, erblicken andere darin ein Hemmnis allgemeiner Prosperität.

Der lange Zeit vernachlässigte **Konsumentenschutz** wurde hauptsächlich auf europäischer Ebene durch eine Vielzahl von Einzelregelungen entwickelt. Nicht geworben darf demzufolge bspw....

- mit gesundheitsbezogenen Aussagen, die wissenschaftlich nicht belegt sind. (Die „Health Claims-Verordnung" soll Verbraucher vor irreführenden, wissenschaftlich nicht belegten Angaben zu gesundheitsfördernden bzw. krankheitsverhindernden Eigenschaften von Lebensmitteln schützen.)
- mit Selbstverständlichem. (Beispielsweise dürfen laut einer Entscheidung des Bundesgerichtshofes Online-Anbieter nicht mit einer 14-tägigen „Geld-zurück-Garantie" werben, da bei sog. Fernabsatzgeschäften – per Telefon oder online – dieses Recht gesetzlich garantiert ist.)
- ohne ausdrückliche Erlaubnis der Adressaten personalisierter Werbung (Gemäß §7 UWG stellen Werbeanrufe, Werbefaxe, Werbemails etc. „ohne vorherige ausdrückliche Einwilligung des Adressaten eine unzumutbare Belästigung" dar.)

Zusammen mit unterschwelliger Werbung, ablenkender Werbung und selektiver Informationsweitergabe zählt **Schleichwerbung** zu den manipulativen Techniken. [17] Mit ihrer Hilfe wird versucht, den Werbecharakter einer Maßnahme zu verschleiern, um die Akzeptanz der Zielgruppe zu gewinnen. Gemäß §4(3) UWG ist Schleichwerbung in Deutschland jedoch untersagt. Zu deren reichhaltigem Instrumentarium zählen ...

(1) Advertorials: Anzeigen, die so gestaltet wurden, dass sie auf den flüchtigen Leser wie ein redaktioneller Beitrag wirken.

(2) Product Placement: Was 1874 begann, als man in einer Aufführung der Oper *Die Fledermaus* die gleichnamige Sektmarke *Fledermaus* reichte, wurde in der jüngeren Vergangenheit perfektioniert und zu einem festen Bestandteil der Finanzierung von Medienerzeugnissen entwickelt: Produktplatzierung. In *Fack ju Göhte 2* bspw. trinkt der Aushilfslehrer *Zeki Müller* demonstrativ *Orangina* und trifft sich in einem *McDonalds's* Restaurant mit einer thailändischen Waisenkinderbande. Gleichzeitig wurde in *McDonald's*-Filialen z. B. auf Tablett-Auflegern oder mit *Facebook*-Posts für den Film geworben.

Produktplatzierung liegt vor, wenn „ein Markenprodukt gezielt und absichtsvoll gegen Entgelt oder Gegenleistung (kostenlose Bereitstellung von Produkten, Gewährung von Dienstleistungen, Versorgung der Crew) in die Dramaturgie eines Filmes oder eines anderen „Medienereignisses an einer Stelle platziert wird, an der zwar ein Produkt dieser Art vorgesehen ist, aber nicht eines dieser Marke." [7] Produktplatzierung ist durch den Hinweis „unterstützt durch Produktionshilfe" kenntlich zu machen (EU-Fernsehrichtlinie).

(3) Branded Entertainment: Bei der Produktplatzierung wird das zu bewerbende Produkt in einen Film oder einen anderen Medieninhalt eingefügt. Branded Entertainment geht einen entscheidenden Schritt weiter: Auf Initiative des Markeninhabers wird „rund um die zu bewerbende Marke" ein Film oder ein anderer Medieninhalt entwickelt.

(4) Bezahlte Instagram-Posts: Schleichwerbung auf *Instagram* ist keine Seltenheit. Für entsprechende Posts sollen bis zu 500.000 $ bezahlt werden. Ein 20-jähriger *Instagram*-Star (1,3 Mio. Follower) hat für das Onlineangebot der Drogeriekette *Rossmann* geworben und mit dem Hashtag #ad darauf hingewiesen, dass er dafür entlohnt wurde – allerdings nur an zweiter Stelle von insgesamt sechs Hashtags. Dies sei unzureichend, urteilte das Oberlandesgericht Celle, welches der *Verband Sozialer Wettbewerb* angerufen hatte. Werbliche Posts müssten „auch für den Durchschnittsnutzer auf den ersten Blick" als solche erkennbar sein (AZ 13 U 53).

Beispiel

„*Instagram* ist das netteste von allen sozialen Netzwerken. Man sieht schöne Bilder von gut gelaunten Menschen, Hundebabys, hübsch angerichtetem Essen. Die Kommentare dazu sind lachende, Küsse werfende Emojis – keine Pöbeleien wie auf *Facebook*, keine Pointen auf Kosten anderer wie auf *Twitter*. Kurzum: Es ist wunderbar, sich dort umzutun. Wie ein Cluburlaub, der einem das Gefühl gibt, in der Welt gut aufgehoben zu sein. (… Jedoch:) Viele Fotos populärer Nutzer sehen zwar wie Schnappschüsse aus, sind in Wirklichkeit aber Schleichwerbung. Der Sportwagen, der zufällig im Bild auftaucht, die elegante Uhr am Handgelenk, die Sneakers, die rechts unten im Strandfoto herumstehen, das tolle Hotel auf den Malediven als Kulisse für ein Bikini-Selfie. Für all das zahlen Unternehmen, manchmal viele Tausend Euro, oder sie honorieren es mit Produkten und Dienstleistungen – wenn man nämlich Influencer ist, ein Beeinflusser. Also jemand, dem viele Tausend Nutzer folgen, vertrauen, nacheifern und von dem sie sich verführen lassen, etwas zu kaufen." [18]

7 Literaturempfehlung

- *Bruhn, M.* (2015): Kommunikationspolitik, 8. Aufl., München: Vahlen.
- *Kroeber-Riel, W.; Gröppel-Klein, A.* (2013): Konsumentenverhalten, 10. Aufl., München: Vahlen.
- *Schweiger, G.; Schrattenecker, G.* (2009): Werbung. Eine Einführung, 7. Aufl., Stuttgart: Lucius & Lucius.
- *Schweiger, G.; Schrattenecker, G.* (2013): Praxishandbuch Werbung, Konstanz: UVK.

Endnoten

1. http://www.sueddeutsche.de/wirtschaft/bildstrecke-jahre-persil-1.650512-2
2. http://www.zaw.de/zaw/branchendaten/nettoumsatzentwicklung-der-werbetraeger/
3. http://www.wuv.de/kampagnen/kreation_des_tages/keine_angst_vor_ceo_wilson_die_premium_pointe_der_lufthansa/
4. zu den Budgetierungsmethoden vgl. Bruhn (2015, S. 271 ff.)
5. Hagel (2016, S. 73)
6. /h/heilmittelwerbung-2012-abschied-von-der-zahnarztfrau/ http://www.lto.de/recht/hintergruende
7. vgl. Kroeber-Riel/Gröppel-Klein (2013, S. 439 ff.)
8. zur Theorie der aktivierenden Prozesse vgl. Kroeber-Riel/Gröppel-Klein (2013, S. 55 ff.)

9. http://www.nestle.de/themenwelten/einblicke/welttag-des-fernsehens
10. Koch/Zerback (2013); Hawkins/Hoch (1992)
11. Häusel, H.G. (2014)
12. Atalay et al. (2012)
13. zu den Strategien der Werbevermeidung vgl. Kroeber-Riel/Gröppel-Klein (2013, S. 704 ff.)
14. z. B. Pop Up-Blocker wie Internet Security von Kaspersky
15. Miller (1956)
16. Edwards et al. (2002)
17. Schweiger/Schrattenecker (2009, S. 385 ff.)
18. Tönnesmann (2017)

M. Innovative Kommunikationspolitik

Innerhalb von drei Jahrzehnten wurde aus *Krating Daeng*, einem ursprünglich nur in Thailand vertriebenen Erfrischungsgetränk, *Red Bull*. 2016 erwirtschaftete der Weltmarktführer unter den Energy-Drinks 6,03 Mrd. € Umsatz und besaß einen ⇒ Markenwert von 10,4 Mrd. €. Wie war dies möglich? An den Inhaltsstoffen (Wasser, Zucker, Koffein und Aromastoffe) kann es wohl nicht gelegen haben. Und die langwierigen Zulassungsverfahren, vorübergehenden Verkaufsverbote sowie Klagen wegen irreführender Werbung waren sicherlich auch nicht förderlich. Hinzu kamen Todesfälle von fünf Extremsportlern, die bei *Red Bull* unter Vertrag standen. Und da eine Flasche *Red Bull* vier bis sechs Mal mehr kostet als eine Cola, bietet sich auch die Preispolitik nicht als Erklärung an, *Veblen*-Effekt hin oder her.

Veblen-Effekt: Auf den Geltungsnutzen zurückführbare positive Wirkung hoher Preise

Einen ersten Hinweis auf die tatsächlichen Erfolgsfaktoren der *Red Bull*-Strategie gibt der sog. Stratosphärensprung. Als sich der Extremsportler *F. Baumgartner* am 14.12.2012 aus knapp 40 km Höhe in die Tiefe stürzte, gelang ihm nicht nur eine sportliche Sensation, sondern auch ein Marketing-Coup. Denn mit diesem Sprung visualisierte der Österreicher den Markenclaim „Red Bull verleiht Flügel" auf spektakulärste Weise. Allein in Deutschland folgten mehr als 7 Mio. Zuschauer dem Ereignis auf *n-tv*. Dank *YouTube Livestream* erlebten ca. 8 Mio. Menschen den Jahrhundertsprung live, und *Facebook* registrierte innerhalb von zwölf Stunden 950.000 Likes. Das *Red Bull Media House*, dem neben zahlreichen anderen Medien *Servus TV* und das Lifestyle-Magazin *The Red Bulletin* angehörten, inszenierte den Sprung als globales Medienereignis, dessen Videodarstellungen und sonstigen medialen Aufbereitungen anderen Medien kostenlos zur Verfügung gestellt und von diesen weltweit verbreitet wurden.

Die Kommunikationsstrategie von *Red Bull* ruht auf vier Pfeilern. Erstens gelang es, die Marke durch Verbindung mit der Welt des Extremsports (z. B. Formel 1-Motorsport) weltweit bekannt zu machen und emotional zu konditionieren („aufregend"). Zweitens wurde durch die neuartige und äußerst geschickte Verknüpfung von Event-Marketing, Content-Marketing, Viralem Marketing und Sozialen Medien der Markenmythos *Red Bull* geschaffen, dessen Heldengeschichten crossmedial verbreitet und von zahllosen Followern geteilt wurden. Die erforderliche Breitenwirkung erlangte die Kommunikationsstrategie drittens durch das Engagement der Salzburger bei Fun-Sportarten (z. B. Basejumping) und Breitensport (z. B. *Red Bull Salzburg*). Und viertens zielt das Unternehmen, u. a. mit seiner interaktiven Unternehmenshomepage, auf die junge, sportlich-aktive Zielgruppe. Beispielsweise können dort Fußballfreunde

Cross Media: Abgestimmter Einsatz unterschiedlicher, sich ergänzender Medien (z. B. Print, Social und Visual Media)

die URL der schönsten Spielszenen, die sie auf *YouTube* hochgeladen haben, posten und ihre Freunde einladen, ihnen durch ihre Likes in der Challenge „Best Play" zum Sieg zu verhelfen. [1]

1 Jenseits der klassischen Medienwerbung: Below the Line-Kommunikation

Reaktanz: Widerstand gegen die Einschränkung von (Entscheidungs-) Freiheit

Klassischer Mediawerbung sind zunehmend Grenzen gesetzt. Erstens erreicht sie insb. junge Konsumenten nicht mehr. Ein Großteil hat sich von den traditionellen Medien (Fernsehen, Zeitungen und Zeitschriften) abgewandt und streamt *Netflix*-Serien, schaut *YouTube*-Videos und informiert sich in den Sozialen Medien. Zweitens reagieren viele Konsumenten auf den ständig wachsenden Werbedruck mit Reaktanz. Unternehmen suchen daher vermehrt Wege jenseits der klassischen Medien, um mit ihren Zielgruppen zu kommunizieren.

Above the Line-Kommunikation: Kommunikative Maßnahmen, die über der Wahrnehmungsschwelle liegen, d. h. bewusst wahrgenommen und als Werbung erkannt werden

Die neue Kommunikationspolitik zielt **unterhalb die Wahrnehmungsschwelle** ('line') der Konsumenten, um nicht als Werbung erkannt zu werden. Man spricht deshalb von Below the Line-Kommunikation. Sie ist abzugrenzen von Above the Line-Kommunikation in Gestalt von klassischer Print-, TV-, Hörfunk- und Kinowerbung, deren kommerzieller Charakter offensichtlich ist.

Im Folgenden stellen wir verschiedene Arten von Below the Line-Kommunikation vor – zunächst die **digitale Kommunikation**. Anders als klassische Werbung wird sie oft eher als hilfreicher Service denn als Werbung empfunden. So bietet Location-based Advertising dem *Google Maps*-Nutzer hilfreiche Dienste an (z. B. nächstes Lokal, nächste Tankstelle). Und selbst die oft lästige Bannerwerbung kann helfen, Probleme zu lösen (z. B. ein Hotel zu buchen, wenn man sich auf der Website einer Urlaubsregion über Unterkunftsmöglichkeiten informiert).

Weitere innovative Instrumente der Below the Line-Kommunikation unterscheiden sich noch mehr von klassischer Werbung und dienen jeweils unterschiedlichen Marketingzielen (vgl. Abb. 82):

- **Guerilla-Marketing**: Konsumenten überraschen und auf das Unternehmen aufmerksam machen
- **Personalisierte Kommunikation**: Kunden gezielt und persönlich ansprechen
- **Sales Promotion**: Kurzfristig den Absatz steigern
- **Empfehlungsmarketing**: Kunden als Botschafter für das eigene Unternehmen einsetzen
- **Stakeholder-Marketing**: Beziehungen zu wichtigen Interessengruppen pflegen
- **Sozialverantwortliches Marketing**: Gesellschaftliche Verantwortung übernehmen

Gemein ist den einzelnen Instrumenten der Below the Line-Kommunikation, dass sie zumeist zwar keine der traditionellen TV- und Printwerbung vergleichbare Breitenwirkung erzielen, es aber ermöglichen, eine klar abgrenzbare Gruppe von Konsumenten **zielgenau**, **kostengünstig** und weitgehend **konkurrenzlos**

Abb. 82: Eisbergmodell der Below-the-Line-Kommunikation

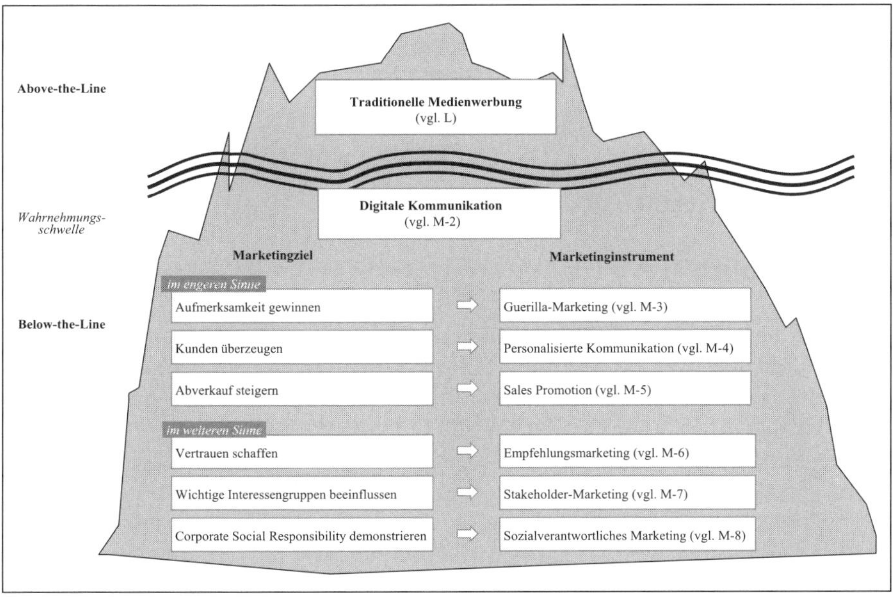

zu erreichen – und ohne auf den ersten Blick als kommerzieller Beeinflussungsversuch erkennbar zu sein.

Ein weiterer Vorteil von Below the Line-Kommunikation: Klassische Mediawerbung ist zwar in der Lage, positive **Einstellungen** und **Präferenzen** zu formen. Kunden fällen ihre **Kaufentscheidung** jedoch zumeist außerhalb des Einflussbereiches der Massenmedien – z. B. im Supermarkt, in der Fußgängerzone, unterwegs mit dem Smartphone. Dort wirken vielfältige unkontrollierbare Reize auf die Verbraucher ein (bspw. Zeitdruck, Verkäufer und andere Kunden), weshalb Massenmedien häufig wirkungslos bleiben. Below the Line-Kommunikation hingegen ermöglicht es, die Kunden noch in den letzten Phasen des Kaufprozesses, wenn sie besonders **empfänglich für Werbebotschaften** sind, zu beeinflussen – bisweilen noch am PoS. Überdies versetzt sie die Unternehmen besser als Above the Line-Kommunikation in die Lage, die Erfolgsfaktoren **Kundennähe**, **Vertrauen** und **Emotionalisierung** zu nutzen: durch …

PoS: Ort, an dem die Ware verkauft wird (Point of Sale)

- individuellen Kontakt zum Kunden,
- vertrauensvolle Beziehung zum Kunden und
- emotionalen Zugang zum Kunden.

Corporate Communication: Gesamtheit der Maßnahmen und Instrumente, mit denen ein Unternehmen seine Corporate Identity nach innen und außen kommuniziert

Angesichts der unterschiedlichen Stärken und Schwächen von Below- und Above the Line-Instrumenten empfiehlt es sich, diese zu einem **Kommunikationsmix** zu bündeln. Von **Integrierter Kommunikation** spricht man, wenn alle Botschaften sowohl hinsichtlich ihrer Innenwirkung (z. B. Mitarbeiter) als auch ihrer Außenwirkung (z. B. Kunden und Presse) eine Einheit bilden, den Zielen der Corporate Communication entsprechen und aufeinander abgestimmt sind (vgl. Kap. B-3.1 und ⇒ Corporate Identity). So wird ein Anbieter, der seinen

Absatz kurzfristig steigern und seine Markenbekanntheit erhöhen möchte, Verkaufsförderungsmaßnahmen mit aufmerksamkeitsstarker TV-Werbung kombinieren. Sponsoring wiederum verspricht vor allem dann Erfolg, wenn Öffentlichkeitsarbeit (z. B. Pressekonferenzen mit dem Sponsornehmer) und klassische Werbung (z. B. Hörfunkspots) hinzukommen.

2 Digitale Kommunikation

2.1 Überblick

i. e. S. = im engeren Sinn; i. w. S. = im weiteren Sinn

Zur **digitalen Kommunikation i. e. S.** gehören Bannerwerbung, 'pop ups', Unterbrecherwerbung, Werbe-Mails etc. Davon abzugrenzen ist die **digitale Kommunikation i. w. S.** Neben dem Internetauftritt von Unternehmen ('corporate website') zählen hierzu Online-Öffentlichkeitsarbeit, Mobile-Marketing, Social Media-Marketing, virales Marketing, Affiliate-Marketing und vieles andere mehr. Da digitale Medien im Gegensatz zu klassischen Medien häufig interaktiv genutzt werden, empfinden viele Nutzer Online-Botschaften von Unternehmen nicht als Beeinflussungsversuch, sondern als Teil des allgemeinen Informationsstroms.

Chancen und Risiken

Den zahlreichen Vorteilen digitaler Kommunikation (nahezu unbegrenzte Reichweite, kostengünstig, schnell, flexibel, interaktiv etc.) stehen gravierende Nachteile bzw. Risiken gegenüber.

Machtverschiebung und **Machtmissbrauch**: Früher waren Konsumenten im Falle eines Konflikts mit einem Unternehmen weitgehend machtlos. Heute verfügen sie dank der Sozialen Medien über erhebliche Sanktionsmacht. Nunmehr können auch Einzelne eine Online-Kampagne starten, einen 'shitstorm' lostreten und selbst Großunternehmen „in die Knie zwingen". Trolle können eingesetzt werden, um Konkurrenten zu schaden, Werbekontakte vorzutäuschen, Fake-Empfehlungen zu platzieren etc. Und Werbungtreibenden, welche gegen den ungeschriebenen Wertekanon der Netzgemeinde verstoßen, droht virtuelles Spießrutenlaufen.

Beispiel
„Es ist ein Erfolg für den Artenschutz: Mit *Thai Airways* hat eine weitere asiatische Fluggesellschaft den Transport von Haifischflossen aufgegeben. Zu verdanken ist dies vor allem dem Engagement des 17-jährigen *O. Saiyavath*. Der Schüler hatte eine Petition auf der Kampagnen-Plattform *Avaaz.org* veröffentlicht, in der *Thai Airways* dazu aufgerufen wurde, ihre Geschäftsbedingungen anzupassen und den Transport von Haifischflossen auszuschließen. Zwei Tierschutzorganisationen unterstützen die Petition, der sich innerhalb von drei Tagen mehr als tausend Menschen anschlossen." [2]

Selbstjustiz und **Manipulation**: Mit Hilfe von Meinungsrobotern ('social boots') und Hoax lässt sich die öffentliche Meinung manipulieren. Und Mitarbeiter, die sich ungerecht behandelt fühlen, können sich mit den Mitteln des Internets rächen, anstatt ein Arbeitsgericht anzurufen oder in einem Mediationsverfahren eine einvernehmliche Lösung zu suchen.

Hoax: Bewusst verbreitete Falschmeldung

Beispiel
„Der Cornflakes-Hersteller *Kellogg's* hat sich nach dem Auftauchen eines Ekel-Videos im Internet entschuldigt. Der Clip zeigt einen unbekannten Mann, der in einer Fabrik auf ein laufendes Produktions-Laufband pinkelt. Dann schwenkt die Kamera auf das *Kellogg's*-Logo. Das Unternehmen bat Kunden und Mitarbeiter um Verzeihung. (...) Interne Ermittlungen hätten ergeben, dass die Aufnahme aus dem Jahr 2014 stamme und in einem Werk in Memphis (Tennessee) gefilmt worden sei, das vor allem „Rice Krispies" herstelle. Zur Zeit der Aufnahme habe es in dem *Kellogg's*-Werk einen Arbeitskampf gegeben. (...) In den sozialen Medien musste sich das Unternehmen Entrüstung und Spott gefallen lassen." [3]

Täuschung: Jede noch so unbedeutende „Hinterhof-Klitsche" kann sich auf ihrer Homepage als innovatives, leistungsstarkes Vorzeigeunternehmen präsentieren und die Marktteilnehmer über ihr Leistungsvermögen täuschen.

Akzeptanz

Nach anfänglicher Skepsis nutzen die meisten **Unternehmen** die Neuen Medien für ihre Kommunikationspolitik. Auf den Homepages finden sich mittlerweile gleichrangig mit den Links zu den klassischen Webseiten (Unternehmensgeschichte, Leistungspalette, Karrierewege, soziale Verantwortung, Umweltberichterstattung) Links zu den wichtigsten Social Media-Kanälen – im Falle von *Nestlé* etwa *Nestlé* auf *YouTube*, *Nestlé* auf *Facebook* und *Nestlé* bei *Twitter*.

Beispiel
„Was *Märklin, Roco, Fleischmann* und die anderen Modelleisenbahnhersteller jahrzehntelang versäumt haben, kann man nicht in ein paar Jahren revidieren. Vor allem haben sie die Kinder vernachlässigt und sich mit teuren Loks zu sehr auf Sammler konzentriert. Weshalb *Simba-Dickie* daran arbeitet, *Märklin* mit günstigeren Einsteiger-Sets für Kinder wieder attraktiv zu machen: mit einem insgesamt frischeren Auftritt nicht nur im Internet, intensiverem Marketing über die sozialen Netzwerke und einem Online-Shop." [4]

Simba-Dickie: Deutschlands größter Spielwarenhersteller (u. a. Boby Car)

Dennoch fällt es vielen noch immer schwer, mit der **Dynamik der Sozialen Medien** Schritt zu halten. Kaum hatten die Unternehmen gelernt, wie Marketing auf *Facebook* und *YouTube* funktioniert, waren diese Plattformen bei der jungen Zielgruppe schon wieder 'out' und *Whatsapp* und *Snapchat* 'in'. Dies konfrontierte die Unternehmen u. a. mit der Frage, was es für ihre kommerzielle Kommunikation bedeutet, wenn sich alle Inhalte, auch die aus Marketingsicht interessanten, nach kurzer Zeit wieder auflösen.

Ein weiterer Problembereich ist das veränderte Mediennutzungsverhalten. Was bedeutet es für das Marketing, wenn viele junge **Nutzer** traditionelle Zeitungen ignorieren, aber den Bildschirm ihres Smartphones mehr als 100 Mal pro Tag kontrollieren? Wenn man sich auf *YouToube* informiert und nicht in der *Tagesschau*? Wenn nicht Umsatz und Gewinn für den Stellenwert von Unternehmen maßgeblich sind, sondern deren (Selbst-)Darstellung in den Sozialen Medien? Und da es noch immer nicht gelungen ist, Nutzern die „Umsonst-Mentalität" abzugewöhnen und kostenpflichtige Inhalte zu vermarkten, bleiben Anzeigen, die im unmittelbaren Umfeld von Suchanfragen platziert werden, die wichtigste Einnahmequelle.

Third party-Effect: Selbstwertschützende Illusion, dass man selbst Manipulation weniger fürchten müsse als andere Personen

Vor allem in Märkten mit einer individualistischen Landeskultur [5] wird Werbung im Internet vielfach als irritierend und aufdringlich empfunden. [6] Online-Werbung stößt dort immer wieder auf Vorbehalte und im Extremfall auf Widerstand. Denn mehr als Kollektivisten vermuten Individualisten, dass elektronische Kommunikation in der Lage ist, Menschen zu beeinflussen. [7] Allerdings neigen sie dazu, ihre Befürchtung, manipuliert zu werden, auf andere zu projizieren ('third party-effect'). [8]

2.2 Erscheinungsformen

Überblick

Kaum ein elektronisches Gerät nutzen junge Menschen intensiver als ihr Mobiltelefon. Deshalb wird dieses Medium zunehmend als Werbeträger genutzt. Zunächst waren es nur virale SMS-Kampagnen (z. B. Einladungen in Diskotheken mit Gutschein zum Weitersenden). Heute setzt Mobile-Marketing dank MMS und anderer technologischer Verbesserungen auch Bildbotschaften, Videos, Spiele und Klingeltöne ein. Da die meisten Menschen internetfähige Handys nutzen, steht der Internet-Werbung hiermit ein zusätzlicher Kommunikationskanal zur Verfügung. Die Erfolgsfaktoren sind Glaubwürdigkeit und Unterhaltungswert. Sie begünstigen eine positive Einstellung der Umworbenen und steigern deren Kaufabsicht. [9]

Neben **Corporate Websites, Suchmaschinen-Marketing, Bannerwerbung** und **Social Media-Marketing** diskutieren wir im Folgenden ⇒ **Targeting** (Kap. M-4.2), **digitale Verkaufsförderung** (Kap. M-5.2), **Influencer-Marketing** (Kap. M-6.1), **Affiliate-Marketing** (Kap. M-6.2), **Virales Marketing** (Kap. M-6.3) und **Online-PR** (Kap. M-7.3).

Corporate Website

Dank der vielfältigen Möglichkeiten digitaler Kommunikation sind Unternehmen in ihrer Kommunikationspolitik immer weniger auf die traditionellen Massenmedien angewiesen. Am offensichtlichsten verkörpern die zunehmend multimedial und interaktiv gestalteten Homepages der Unternehmen diesen Wandel.

Beispiel
„Die Telekom richtet ihren digitalen Unternehmensauftritt mit dem Relaunch ihrer Corporate Website www.telekom.com neu aus. Dieser zeichnet sich mit neuem Design, neuen Funktionen und erweitertem Dialog- und Serviceangebot aus. Herzstück ist der Feed, der alle aktuellen Nachrichten des Konzerns zusammenführt und die Corporate Website so zum digitalen Hub macht. Die Inhalte des Feeds setzen sich aus Artikeln der Website sowie den Beiträgen der verschiedenen Telekom Social Media Kanäle zusammen." [10]

Feed: Nachrichtenstrom, der sich aus ausgewählten Quellen „speist" (engl.: = 'to feed')

Die verfügbaren **technischen Formate** sind vielgestaltig: Unternehmens- oder Produktvideos, als ⇒ Podcasts oder animierte Bilddateien. Vielfältig sind auch die **Ziele**, welche die Unternehmen mit ihrem „Video-Marketing" verfolgen: angefangen bei Emotionalisierung (etwa durch einen Imagefilm), über Produktinformation (etwa Screencasts zur Darstellung von Installations- und Gebrauchsanweisungen) bis hin zu Kontaktdaten und Handlungsanreizen („call to action" wie Bestellung oder Bewertung).

Anfänglich hauptsächlich von Medienunternehmen genutzt, setzen nun bspw. auch Markenartikelhersteller verstärkt Podcasts ein, um Pressemitteilungen, Verkaufsförderungsaktionen, virale Kampagnen, Informationen an Clubmitglieder und herkömmliche Werbebotschaften zu verbreiten. Der besondere **Vorteil** liegt in den geringen Streuverlusten und der hohen Aufmerksamkeit der Zielgruppe. Denn die Empfänger abonnieren den „Feed" freiwillig. Daraus leitet sich auch der wesentliche Erfolgsfaktor ab: Das Podcast-Angebot muss der Zielgruppe einen Zusatznutzen stiften (z. B. Insider-Informationen, exklusive Vorteile, Unterhaltungswert).

Suchmaschinen-Marketing

Zahlreiche Kaufentscheidungen werden durch eine Internetanfrage eingeleitet. Da die meisten Nutzer aber nur die ersten Positionen der ersten Ergebnisseite beachten, ergreifen Unternehmen Maßnahmen, welche dafür sorgen, dass die eigenen Inhalte eine der vordersten Platzierungen erhalten. Für die auch als Keyword-Advertising bezeichnete Kommunikationsstrategie gibt es prinzipiell zwei Herangehensweisen: [11]

- Search Engine Advertising (SEA): Das Unternehmen bezahlt dafür, dass auf geeignete Suchbegriffe hin Links, welche den Nutzer zu entsprechenden Unternehmensseiten führen, an prominenter Stelle erscheinen. Für diese 'paid listings' ist entweder der rechte Randstreifen der Ergebnisseite reserviert oder die vorderen Positionen der Ergebnisliste.
- Search Engine Optimization (SEO): Um zu erreichen, dass der Link zur eigenen Homepage einen vorderen Rangplatz erhält, thematisiert das Unternehmen in seinem Internetauftritt Begriffe (incl. das zugehörige Bedeutungsumfeld), welche die Nutzer gehäuft als Suchbegriffe verwenden und bucht diese z. B. bei *Google AdWords*. Nicht minder wichtig ist die Verlinkung auf externe Webseiten, die mit Blick auf diese Suchbegriffe hohe Relevanz besitzen.

Generell ist zu beachten, dass Multimedia-Elemente im Regelfall zwar helfen, die Aufmerksamkeit der Nutzer zu binden, aber aufgrund ihres Übertragungsvolumens die Ladezeit der Webseite so sehr verlängern, dass hohe Abbruchraten die Folge sind. Als technische Barrieren gelten überdies eine komplizierte URL-Struktur sowie eine komplexe Verlinkung innerhalb der Webseiten.

Zu den Problemen des Suchmaschinen-Marketing zählt das krasse Missverhältnis zwischen der übergroßen Zahl von Suchergebnissen („Treffer") und der verschwindend geringen Klickwahrscheinlichkeit. Daraus wiederum erwächst die Bereitschaft vieler Akteure unlautere Methoden anzuwenden, z. B. …

- 'click fraud' (Konkurrenten klicken – zunehmend automatisiert – Anzeigen an, um die Kosten der Anzeigenschaltung in die Höhe zu treiben),
- 'spamming' (gezielter „Einbau" von Suchbegriffen, die zwar nichts mit der Thematik der Webseite zu tun haben, aber häufig gesucht werden und so die Trefferwahrscheinlichkeit erhöhen).

Bannerwerbung

Ähnlich einer klassischen Anzeige werden (Werbe-)Banner auf einer Internetseite platziert und durch einen Link mit dem Webshop des werbenden Unternehmens verknüpft. Anders als bei einer Printanzeige ist es so möglich, Werbung unmittelbar in einen Kaufimpuls umzumünzen. Denn sobald ein Nutzer das Banner anklickt, landet er im zugehörigen Webshop.

Skysscraper: Hochformatige, auf dem Randstreifen einer Internetseite platzierte Werbebanner

Pop-up: „Fenster", das sich beim Öffnen einer Internetseite automatisch öffnet

Wallpaper: Umrahmen den redaktionellen Teil einer Internetseite

In der Frühphase der digitalen Werbung bestand Bannerwerbung aus einem Text- und einem Bildelement. Später wurden unter Nutzung von Animations-, Sound- und Videoelementen die verschiedensten Gestaltungen und Formate entwickelt (z. B. Skyscraper, Pop-up, Wallpaper). Die wichtigste Unterscheidung aber ist die zwischen **aktiven** und **passiven Werbebannern**. Letztere werden auch als statisch bezeichnet, weil sie mit unbewegten Bildern um die Aufmerksamkeit der Nutzer „kämpfen". Aktive Banner hingegen sind animiert und verfügen über eine Response-Funktion.

Kritisiert werden Werbebanner nicht nur wegen ihres von vielen als aufdringlich empfunden „Aufpoppens", sondern auch deshalb, weil sie immer wieder für Abo-Fallen genutzt werden, die „zuschnappen", sobald der arglose Internetsurfer das Werbebanner anklickt.[12] Zum schlechten Ruf tragen auch die sog. **Fake-Banner** bei. Ihre Hauptaufgabe ist es, die Klickrate zu erhöhen. „Sie werden selten als Werbung erkannt, da sie entweder so in die Seite eingebettet werden, dass sie vom echten Content der Seite nicht zu unterscheiden sind, oder sie täuschen eine Systemmeldung vor, die den User dazu bewegen soll, z. B. auf „Abbrechen" oder „OK" zu klicken. Alle Felder sind dann in der Regel nicht wirklich funktionsfähig und verbinden den User direkt mit der Seite des Werbeträgers."[13]

Social Media-Marketing

Charakteristisch für Soziale Netzwerke sind eine intensive soziale Interaktion sowie der Austausch von sog. 'user-generated content' (= von den Nutzern selbst geschaffene Informationen). Verbindend für E-Communities sind gemeinsame Ziele, Interessen, Aktivitäten etc. und/oder eine elektronische Plattform, die als gemeinsamer Ort der Interaktion genutzt wird (vgl. Abb. 83). Angesichts der großen Bedeutung, welche die Sozialen Medien erlangt haben, konnte es nicht ausbleiben, dass auch die werbungtreibende Wirtschaft begonnen hat, diese systematisch für ihre kommunikationspolitischen Ziele zu nutzen. **Erfolgsfaktor** ist die Fähigkeit, den Besonderheiten Sozialer Netzwerke – intensive interaktive Kommunikation und Weitergabe von Inhalten („Teilen") zwischen den Nutzern – wie auch den Erfordernissen professioneller Unternehmenskommunikation gleichermaßen Rechnung zu tragen. Hinzu kommt, dass viele Werbemittelkontakte in den Sozialen Medien von den Nutzern selbst initiiert werden und somit die Akzeptanzprobleme, mit denen sich Werbung üblicherweise konfrontiert sieht, kaum eine Rolle spielen. Hinzu kommt, dass Social Media-Marketing mit Hilfe von Targeting (vgl. Kap. M-4.2) versucht, Streuverluste zu minimieren und zu gewährleisten, dass Netzwerkmitglieder möglichst nur Werbung erhalten, für die sie sich interessieren.

Abb. 83: Instrumente des Social Media-Marketing

Erscheinungsform	Beispiel
Weblogs	Blog.de
Microblogs	Twitter.com
Webforen	Giga.de
Social Networks	Facebook.com
Knowledge-Communities	Scoop.at, Wikipedia.de
Podcasts	Podster.de, Podcast.de
Filesharing-Communities	Youtube.com
Consumer-Communities	Amazon.com, Zalando.de

Quelle: Bruhn (2015, S. 477), geringfügig verändert.

Social Media-Buttons, die sich auf immer mehr Corporate-Websites finden, haben dazu beigetragen, dass renommierte Unternehmen mittlerweile Millionen von Fans bzw. Abonnenten gewinnen konnten, die sich intensiv mit den Produkten, Marken, Mitarbeitern etc. des Unternehmens auseinandersetzen (*Coca-Cola* z. B. 107 Mio. Fans). Zum reichhaltigen Instrumentarium des Social Media-Marketing [14] zählen u. a. spezielle Anzeigen (**Social Media-Ads**), die Mitglieder der verschiedenen Netzwerke veranlassen sollen, den Newsstream des dahinter stehenden Unternehmens zu abonnieren oder dessen Webseite aufzurufen, sowie **Social Media-Content**: Postings des Unternehmens innerhalb eines Social Media-Profils bzw. Tweets bei *Twitter* bzw. Video-Uploads bei *YouTube*, die so gestaltet werden, dass sie von möglichst vielen kommentiert und geteilt werden.

Social Media-Profil: Virtueller, selbst erstellter Steckbrief mit Informationen über das Unternehmen

2.3 Preismodelle

Anfänglich wurden die Leistungen der Online-Medien gemäß dem Cost per Mille-Modell honoriert. Dieser „Tausend Kontakt-Preis" entspricht dem Tausenderpreis der klassischen Mediawerbung. Da im digitalen Marketing jedoch die tatsächlichen Kontakte und die Reaktion darauf leicht messbar sind, wurden im weiteren Verlauf andere, **leistungsbasierte Kriterien** genutzt, welche nicht durch Streuverluste verzerrt werden:

- Cost-per-Click: Pro Klick eines Nutzers bezahlt das werbende Unternehmen einen bestimmten Betrag.
- Cost-per-Action: Pro gewünschter Verhaltensreaktion der Nutzer (z.B. Bestellung Newsletter, Weiterempfehlung, Kauf) bezahlt das werbende Unternehmen einen bestimmten Betrag.

2.4 Wirkung digitaler Kommunikation

Grundlegende Probleme

Wirkt digitale Werbung **besser** als traditionelle Media-Werbung oder **schlechter**? Angesichts widersprüchlicher Untersuchungsbefunde lässt sich diese Frage bislang nicht abschließend beantworten. [15] Es gibt aber zahlreiche Hinweise darauf, dass elektronisch übermittelte Informationen kognitiv schlechter verarbeitet werden als gedruckte Informationen (z.B. Buch, Zeitschrift, Plakat). Eine mögliche Erklärung bietet die **Lesegeschwindigkeit**: Sie ist am Bildschirm drei Mal höher als bei gedruckten Texten. Dies mindert nicht nur die Wirkung schulischer und universitärer Lehrinhalte, sondern auch von Werbemaßnahmen. So hat sich gezeigt, dass Probanden Werbebotschaften, die ihnen als Printanzeige präsentiert werden, besser erinnern als dieselbe Anzeige in der Online-Version. [16]

Der Stand der Online-Wirkungsforschung ist derzeit kaum zu beurteilen. Zwar steht hierfür und anders als in der analogen Welt eine scheinbar unbegrenzte Menge von Informationen zur Verfügung („Big Data"). Aber die Frage, anhand welcher Kriterien digitale Werbung wie am verlässlichsten beurteilt werden kann, ist noch nicht abschließend beantwortet.

Effektivitätskriterien

Web Analytics: Messung, Dokumentation und Analyse des Verhaltens von Besuchern von Internetseiten

Online-Werbung unterscheidet sich von traditioneller Werbung u.a. dadurch, dass die Nutzer unmittelbar auf die Werbestimuli (z.B. Werbebanner) reagieren können. Die von der *Web Analytics Association (WAA)* vorgeschlagenen **Kennzahlen** basieren auf diesen Reaktionen.[17]

- Page Impressions: Anzahl der Aufrufe einer Internetseite
- Visits: Anzahl der Besucher einer Internetseite
- Usetime: Durchschnittliche Dauer des Besuchs einer Internetseite

- Ad Impressions: Anzahl der von Nutzern von einem Ad Server abgerufenen Werbemittel
- Bounce Rate: Anteil der Besucher, die eine Webseite frühzeitig wieder verlassen
- Click-Through-Rate (Klickrate): Anteil der Nutzer, die ein Werbemittel anklicken
- Conversion Rate (Konversionsrate): Anteil der Nutzer, die, nachdem sie ein Werbemittel angeklickt haben, (zumindest) eine der dort angebotenen Aktionen durchgeführt haben: Newsletteranmeldung, Probeabo, Download einer Datei, Kauf eines Angebots etc.

Die unerwarteten Konsequenzen, welche der *YouTube*-Clip „Die Malediven von Mailand" hatte, belegen allerdings, dass es nicht immer unstrittig ist, ob möglichst viele Klicks und Likes wünschenswert sind.

Beispiel
„Seit das Video online ging, sind unzählige Touristen der Aufforderung des Youtubers *M. Capedri* gefolgt: Un'Ora da Milano, eine Stunde von Mailand entfernt, liege dieses Paradies, malerische Felsen, türkisfarbenes Wasser, hineinspringen, wunderbar. In den Schweizer Medien ließen die Klagen nicht lange auf sich warten. Die Rede war von Touristenhorden, vom Überrennen eines Ortes ohne Infrastruktur. (...) Im Verzasca-Tal habe man derzeit nur Nachteile: Die Leute kommen, springen ins Wasser, picknicken, fahren wieder weg. (...) Diesen Kontrollverlust kennen auch Restaurantbesitzer: Nachdem ein prominenter Gast da war und seine Eindrücke gepostet hat, stehen Tausende Schlange – und die Stammgäste flüchten." [18]

Ein weiteres Problem ist 'klick fraud': **vorgetäuschte Aufrufe** von Online-Werbung. Anfänglich wurde die Klickrate noch mühsam von Hand hochgetrieben – buchstäblich Klick für Klick. Mittlerweile erledigen spezielle Softwareprogramme diese Aufgabe. Dabei geben sich Bots als von Menschen bediente Browser aus (mit „individuellen" Seitenaufrufen, 'ad clicks' etc.). Statistisch bedeutsam wird der Betrug, wenn massenhaft fremde Rechner gekapert und mit Hilfe von Adware, einer speziellen Software, genutzt werden, um Werbewirkung zu simulieren.

Beispiel
„Noch mehr kriminelle Energie (als Adware) wenden sog. Bot-Netzwerke auf. Hierbei werden Privatrechner mit einem Computervirus infiziert, der die Kontrolle über das Gerät übernimmt und Werbeleistung simuliert. Dies geschieht entweder direkt im Hintergrund auf dem Gerät oder durch den für den Nutzer nicht wahrnehmbaren Aufruf von meist speziell dafür erstellten Webseiten. Auf ihnen werden neben fragwürdigem Content und sichtbaren Bannern auch Werbemittel in für den menschlichen Betrachter nicht erkennbaren Frames ausgeliefert. Ein zufälliger menschlicher Besucher einer entsprechend präparierten Seite bemerkt gar nicht, dass Dutzende von unsichtbaren Werbekontakten an ihn ausgeliefert werden, für die die Werbetreibenden natürlich bezahlen müssen." [19]

Ausgewählte Befunde der empirischen Erfolgskontrolle

Bannerwerbung erhöht die Kauf- und Wiederkaufwahrscheinlichkeit von Online-Shoppern vor allem dann, wenn der Banner thematisch und/oder stilistisch zur Webseite passt (= kontextuelles Targeting). [20] Da Betrachter von Internetseiten hauptsächlich den linken oberen Bereich einer Webseite fixieren und mehr oder minder alles ignorieren, was rechts unten dargeboten wird, liegt es nahe, Werbeanzeigen bspw. auf einer *Google*-Seite gezielt in diesem „Goldenen Dreieck" zu platzieren. Internetnutzer wiederum reagieren darauf und lernen, solche bevorzugten Stellen und vor allem animierte Einblendungen ('pop ups') zu ignorieren bzw. quasi-automatisch wegzuklicken.

Soziale Netzwerke wirken differenziert. Im Falle des digitalen Ticket-Shops *Eventbrite*, zeigte sich, dass ein Gefällt-mir-Klick bei *Facebook* 15 zusätzliche Besucher generiert und 3,09 € zusätzlichen Umsatz, während ein entsprechender Tweet bei *Twitter* für durchschnittlich 32 zusätzliche Besucher sorgt, aber nur für 1,23 € zusätzlichen Umsatz. Offenbar gilt eine Grundregel des analogen Empfehlungsmarketing auch in der digitalen Welt: Überzeugend sind hauptsächlich die Empfehlungen enger Freunde und Bekannte (mit denen man sich vorzugsweise auf *Facebook* vernetzt), weniger die von entfernteren beruflichen Kontakten oder Prominenten (denen man häufiger auf *Twitter* folgt).

Werbung auf Preisvergleichsportalen ist im Vorteil, wenn es gilt, neue Kunden zu gewinnen, während Bestandskunden für Online-Coupons aufgeschlossener sind. [21]

Der Erfolg von **Suchmaschinenwerbung** bzw. **Keyword-Advertising** hängt entscheidend davon ab, auf welcher Position das Werbemittel nach der Eingabe entsprechender Suchbegriffe erscheint. Beachtet wird zumeist nur die erste Ergebnisseite der Suchmaschine – und dort vorzugsweise die ersten Positionen.

Kunden, die durch **electronic-Word of Mouth** (eWoM) an ein Unternehmen gebunden wurden, entwickeln längerfristig einen wesentlich höheren Kundenwert als Kunden, die mit direkten Werbemaßnahmen gewonnen wurden.

3 Outdoor-Werbung

3.1 Vorläufer Außenwerbung

Plakat-, Verkehrsmittel- und Lichtwerbung zählt zu den „Out of Home-Medien": Werbeträger, die im öffentlichen Raum vorzugsweise an stark frequentierten Plätzen ihre Werbebotschaft verbreiten. Spektakulär ist Außenwerbung immer dann, wenn ungewöhnliche Werbeträger zum Einsatz kommen – etwa wandelnde Litfaßsäulen, Luftschiffe, als Großplakat gestaltete Häuserfronten oder illuminierte Lastwagen wie der *Coca Cola*-Truck. Die Digitalisierung trägt dazu bei, dass dabei der Fantasie keine Grenzen gesetzt sind. Die *Picadilly Lights* bspw., die mutmaßlich berühmteste Werbefläche weltweit, wurden 2017 technisch so hochgerüstet, dass der 790 m^2 große Werbebildschirm nunmehr in der Lage ist, auf Veränderungen in seiner Umgebung zu reagieren und personalisiert zu werben (⇒ interaktives Plakat).

Beispiel
„Laut der Betreiberfirma *Landsec* können rund um die Picadilly Lights versteckte Kameras Marke, Modell und Farbe der vorbeifahrenden Autos erkennen. So kann, wenn bestimmte Autos über die Kreuzung fahren, ein auf diese abgestimmter Werbespot ausgelöst werden. Auch Alter und Geschlecht von Fußgängern werden gescannt und die Werbebotschaften entsprechend angepasst." [22]

Neben ihrem hohen Aufmerksamkeitswert zählt zu **Stärken** der Außenwerbung, dass sie auch jene Verbraucher erreicht, welche die traditionellen Medien nicht nutzen. Ein weiterer Pluspunkt ist die zeitliche und räumliche Nähe zur Kaufentscheidung: Noch auf ihrem Weg zu den Einkaufsstätten können Verbraucher mit Außenwerbung angesprochen werden. Als große **Schwachstelle** gilt die geringe Aufmerksamkeit der Zielgruppe. Denn an stark befahrenen Hauptverkehrsstraßen, in überfüllten U-Bahnen oder unter sonstigen ungünstigen Umfeldbedingungen sind Passanten, Fahrgäste etc. zumeist weniger aufnahmebereit als die Leser einer Zeitschrift oder als Fernsehzuschauer in ihrer gewohnten häuslichen Umgebung. Deshalb muss Außenwerbung in ganz besonderem Maße aufmerksamkeitsstark gestaltet werden: d.h. ungewöhnlich, spektakulär etc. (bspw. wie „Die größte *Aspirin*-Packung der Welt"). Für einen Überraschungseffekt sorgen u.a. …

- Road-Poster (z.B. an Rückseiten von Lastkraftwagen),
- City Light Poster (im Innenstadtbereich fest installierte, teilweise animierte und hinter Glas geschützte Werbeflächen),
- BlowUps (an Baugerüsten, Hochhäusern etc. befestigte Riesenposter).

Quelle: Bayer AG 1999

CLP: Beleuchtete Plakate in stark frequentierter Innenstadtlage

3.2 Guerilla-Marketing

Überblick

Kleineren Unternehmen fällt es angesichts des wachsenden Werbedrucks der bekannten Großunternehmen immer schwerer, sich bemerkbar zu machen. Kompensieren lässt sich ihr größenbedingter Wettbewerbsnachteil durch die „**David gegen Goliath-Strategie**": ungewöhnliche, aber kostengünstige Werbeaktionen. Mitte der 1980er Jahre prägte *J.C. Levinson* dafür den Begriff des Guerilla-Marketing. [23]

Gleich einem Guerilla-Kämpfer sollen sich finanzschwächere Unternehmen mit „Nadelstichen" ihrer übermächtigen „Feinde" erwehren: Mit **überfallartigen, unkonventionellen** und **kostengünstigen Werbeaktionen**, die häufig auf Kosten von Konkurrenten und bisweilen am Rande der Legalität Erfolg suchen. Im

Netz findet man unter dem Suchbegriff „Beispiele Guerilla-Marketing“ zahlreiches Anschauungsmaterial gelungener und misslungener, zulässiger wie auch rechtlich fragwürdiger Guerilla-Aktionen. [24] Der Zielgruppe verschaffen sie **überraschende Erlebnisse** und regen sie dazu an, mit Freunden und Bekannten über das Erlebte zu sprechen, [25] weshalb Guerilla-Marketing in enger Beziehung zu Event-Marketing und Viralem Marketing steht (vgl. ⇒ *Krombacher*).

Erscheinungsformen und Wirkungsweise

Prinzipiell eignet sich jede Art von Kommunikation für die Guerilla-Taktik: bspw. das Verteilen ungewöhnlicher Flyer auf dem Campus einer Universität (Verkaufsförderung), ein auf das Schaufenster des Anbieters gerichtetes Fernglas in der Fußgängerzone (Event-Marketing) oder das Kleben von *Post-its* in Verkehrsmitteln, auf denen Werbebotschaften stehen (Außenwerbung). Der **umfassende Guerilla-Effekt** aber wird erst dann erzielt, wenn eine Aktion …

- sich derart dem realen Lebensumfeld anpasst, dass sie von der Zielgruppe nicht als penetrante Werbung wahrgenommen wird, sondern als ungewöhnliche Aktion („Happening“), für das man sich interessieren kann, ohne „uncool“ zu wirken.
- so ungewöhnlich ist, dass man das Bedürfnis empfindet, die dadurch ausgelösten Emotionen (Überraschung, Freude, Ärger etc.) mit anderen zu teilen, und dieser Schneeballeffekt die etablierten Medien wiederum veranlasst, darüber zu berichten.
- sich großflächig und kostenlos in den sozialen wie auch in den traditionellen Medien verbreitet (vgl. Abb. 84).

Abb. 84: Drei Effekte-Modell des Guerilla-Marketing

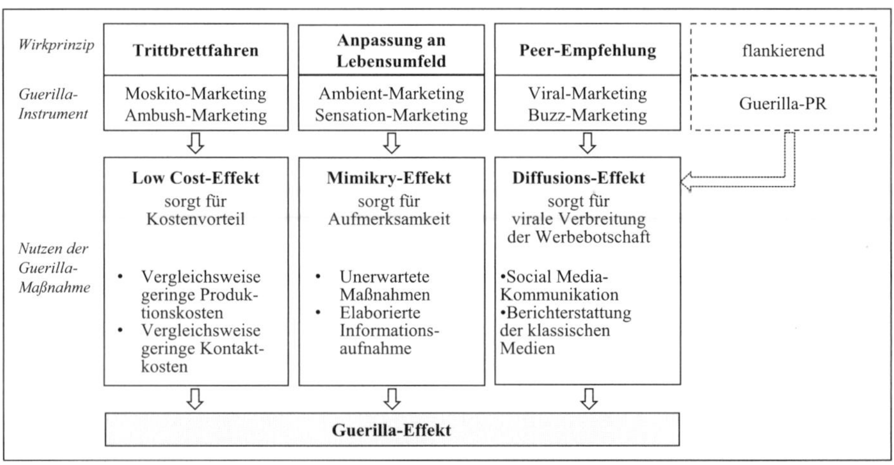

Quelle: Hutter/Hoffmann (2014, S. 24, 36); leicht verändert.

Eine besonders aggressive Form des Guerilla-Marketing ist das **Ambush-Marketing**: „Werbung aus dem Hinterhalt“. Ambusher versuchen, vom Sponsoring-Engagement eines Wettbewerbers zu profitieren, indem sie im Umfeld von Veranstaltungen, welche dieser Konkurrent sponsert, werben – bspw. einen Fesselballon mit dem eigenen Logo über dem Ort der von einem Konkurrenten gesponserten Veranstaltung aufsteigen lassen. Mittlerweile haben auch zahlreiche Großunternehmen den Reiz des „Trittbrettfahrens" erkannt. So war *Volkswagen* zwar keiner der Sponsoren der Fußball-WM 2010, machte aber in deren Vorfeld mit der Kampagne „Vorfreude ist im Team am schönsten" erfolgreich auf sich aufmerksam. Deshalb nahmen damals viele an, *Volkswagen* sei einer der offiziellen Sponsoren der Fußball-WM 2010. [26]

Grundgedanke des **Ambient-Marketing** ist es, gezielt dort Außenwerbung zu betreiben, wo sich die Zielgruppe aufhält und bereit ist, innovativen Werbeaktionen ihre Aufmerksamkeit zu schenken (bspw. mit dem Firmenlogo markierte Gratispostkarten, Coffee to Go-Becher oder Kanaldeckel). **Sensation-Marketing** wiederum nutzt das Überraschungsprinzip: unerwartete, zeitlich begrenzte Inszenierungen auf öffentlichen Plätzen. Die Einmaligkeit von Sensation-Aktionen macht deren besonderen Reiz aus, weshalb sie auch als „Hit & Run-Aktionen" bezeichnet werden.

Beispiel
„*T-Mobile* initiierte 2009 in der Liverpool Street Station in London einen Flashmob, bei dem 350 professionelle Tänzer und Schauspieler überall im Bahnhof unvermittelt zu singen und zu tanzen begannen. Potenziert wurde diese Sensation-Aktion durch Viral-Marketing. Passanten filmten den Flashmob mit ihren Smartphones und teilten das Video mit ihren Freunden. Das offizielle Video zur Aktion wurde bei *YouTube* über 38 Mio. Mal geklickt." [27]

4 Personalisierte Kommunikation

4.1 Wesen und Aufgabe von Direkt-Marketing

Vorläufer der personalisierten Kommunikation ist das Direkt-Marketing. Dazu zählen alle Maßnahmen, welche es erlauben, die Zielgruppe direkt oder indirekt anzusprechen, um mit ihr zu kommunizieren oder zu interagieren. Unternehmen können auf diese Weise neue Kunden gewinnen, vorhandene Kunden binden sowie Kundennähe demonstrieren. Einzelne Instrumente des Direkt-Marketing sind kaum vom Vertrieb (z. B. Telefonverkauf) und anderen Kommunikationsformen abzugrenzen (z. B. Kundenansprache bei einer Verkostungsaktion).

Kundennähe: Individuelle und entgegenkommende Form der Kundenbetreuung

Direkte Ansprache

Um mit aktuellen bzw. potentiellen Kunden unmittelbar Kontakt aufzunehmen, versenden Anbieter Werbebriefe per Post, E-Mail oder SMS bzw. betreiben Telefonmarketing. Erfolg verspricht vor allem **individuelles Direkt-Marketing**: ein adressiertes Schreiben, die persönliche Ansprache am Telefon etc. Anonyme

Kontaktaufnahme hingegen löst bei vielen Verbrauchern Reaktanz aus: Sie fühlen sich belästigt und verweigern den Kontakt. Zudem scheitern Hauswurfsendungen häufig am „Bitte keine Werbung-Schild", und anonyme Mails bleiben am Junk Mail-Filter hängen. Besonders bedeutsam ist die direkte Ansprache für den Versandhandel, für Anbieter mit Direktvertrieb sowie für Branchen wie die Tabakindustrie, für die Werbeverbote oder Selbstbeschränkungen gelten.

Kaltakquise: Ansprache von Personen, zu denen keine Geschäftsbeziehung besteht

Robinson Liste: Erfasst Personen, die keine unaufgeforderte, personalisierte Werbung erhalten wollen

Eine personalisierte Ansprache setzt ein effektives **Database-Marketing** voraus. Hierbei werden Merkmale von aktuellen und potentiellen Kunden (z. B. Adresse, bevorzugte Produkte) systematisch erfasst und ausgewertet. Auf Grundlage derartiger Kundendatenbanken können bspw. Automobilhersteller geeignete Adressaten eines Werbeschreibens für ein neues Fahrzeugmodell auswählen (z. B. Personen, welche das Vorgängermodell fahren) und denjenigen, die auch den bisherigen Wagen auf Kredit gekauft haben, ein Finanzierungsangebot unterbreiten. Zudem können Unternehmen Kontaktdaten potentieller Kunden bei **Adresslieferanten** wie der *Schober Information Group* kaufen. Diese sind jedoch nur bedingt nutzbar. Denn eine sog. Kaltakquise ist nicht zulässig. Beachten sollten Werbetreibende darüber hinaus die etwa vom *Deutschen Dialogmarketing Verband e.V.* geführte **Robinsonliste** mit derzeit ca. 860.000 Einträgen. Juristisch gesehen ist sie verbindlicher als die „Bitte keine Werbung-Aufkleber", die auf etwa 20 % der Briefkasten zu finden sind.

Adresshandel

Die *Schober Information Group* hat sich auf den Handel mit qualifizierten Adressdaten spezialisiert. Hierfür sendet das Unternehmen regelmäßig Fragebögen an deutsche Verbraucher, in denen nach Kaufgewohnheiten (z.B. Wie oft kaufen Sie bei *Aldi* ein?), Freizeitverhalten (z.B. Welchen sportlichen Aktivitäten gehen Sie nach?), Mediennutzung (z.B. Welche Fernsehprogramme werden in Ihrem Haushalt gesehen?) oder dem Interesse für bestimmte Dienstleistungen (z.B. Sind Sie an Flusskreuzfahrten interessiert?) gefragt wird. Auch Informationen wie Gewichtsprobleme, Einkommen oder Telefonnummer werden erhoben. Unternehmen können dann die Adressen sowie zugehörige personenbezogene Daten kaufen und potentielle Interessenten für ihre Angebote direkt anschreiben.

Indirekte Ansprache

Von **Direct Response-Werbung** spricht man, wenn der Werbetreibende indirekt, d. h. über in Medien platzierte Werbemittel, dazu auffordert, telefonisch, schriftlich oder in elektronischer Form mit ihm in Kontakt zu treten. Anders als herkömmliche Werbung muss Direct Response-Werbung ein deutlich erkennbares Response-Element enthalten: z. B. eine Werbeanzeige mit Feedback-Formular, ein Plakat mit hervorgehobener Telefonnummer bzw. Internetadresse oder der Aufforderung, Informationsmaterial bzw. Wareproben anzufordern. Ziel dieser Maßnahmen ist es, Interessenten zu identifizieren, um sie mit weiteren Maßnahmen (z. B. Zusendung der Probe, persönlicher Anruf) als Kunden zu gewinnen.

4.2 Nutzungsbasierte digitale Kommunikation

Grundzüge des Targeting

Immer mehr Unternehmen sammeln online möglichst viele kundenindividuelle Informationen entweder selbst (z. B. über ihren Online-Shop) oder kaufen sie von Anbietern wie *Google* oder *Facebook*. Diese Informationen versetzen Werbungtreibende in die Lage, ihre Werbebotschaften nur an solche Zielpersonen zu senden, die sich dafür interessieren. Mit dieser Art von zielgenauer personalisierter Werbung lassen sich die für die traditionelle Medienwerbung charakteristischen **Streuverluste vermeiden**. Selbst das Werbefernsehen, bislang Prototyp eines Massenmediums, lässt sich personalisieren. Wenn das Fernsehen die Mehrzahl seiner Zuschauer über das Internet erreichen wird, kann man diese anhand der IP-Adresse ihres Rechners oder ihres *Facebook*-Accounts identifizieren. Dann müssen in den Halbzeitpausen großer Sportveranstaltungen nicht mehr alle Zuschauer Werbung für typische Männerprodukte (Auto, Bier, Grill-Utensilien etc.) über sich ergehen lassen. Zuschauern, die mit ihrem *Amazon*-Account eingeloggt sind, können dann solche Werbespots eingeblendet werden, für die sie sich ausweislich ihrer *Amazon*-Kaufhistorie, ihres Klickverlaufs etc. interessieren.

Personalisierte oder diskriminierende Werbung?

Der Grat zwischen zulässig und verboten ist schmal. Werden die Möglichkeiten, welche die Personalisierung bietet, genutzt, um bestimmte Bevölkerungsgruppen von einem Angebot auszuschließen, so handelt es sich um unzulässige diskriminierende Werbung. Dies war etwa der Fall, als *Facebook* in den USA seinen Kunden die Möglichkeit anbot, ihre Wohnungsanzeigen ausschließlich weißen Nutzern zugänglich zu machen.

Je nachdem, welche Informationen Adserver zur personengenauen Einblendung von Online-Werbung sowie zur inhaltlich-stilistischen Anpassung von Werbebotschaften nutzen, lassen sich vier Arten von Targeting unterscheiden:

Adserver: Spezielle Softwareprogramme

- **Soziodemografisches Targeting** (nutzt Personenmerkmale),
- **Location Targeting** (nutzt den geographischen Standort des anhand seiner IP-Adresse identifizierbaren Rechners bzw. die Interaktion von Smartphone und 'beacons'),
- **Behavioral Targeting** (nutzt Informationen über das individuelle Surf-, Klick- und Kaufverhalten der Nutzer),
- **Semantisches Targeting** (nutzt Merkmale bzw. Inhalte der vom Nutzer ausgesuchten Webseiten).

Beacons (engl. = Leuchtfeuer):

Kleine, bspw. in einer Einkaufsstätte verteilte Sender, welche es ermöglichen, Besitzer eines Smartphones durch einen Raum zu navigieren und an bestimmten Positionen (z. B. vor der Kühltheke) mit zielgenauen Informationen zu versorgen (z. B. personalisierte Sonderangebote oder Rezepte).

Beispiel
„Stellen Sie sich vor, Sie stehen vor einem Regal mit Softdrinks. Der Beacon erkennt Sie als Stammkunden, die App gibt ihnen daraufhin einen Rabatt auf bestimmte Getränke. Mehr noch: In ferner Zukunft könnten *Pepsi*- und *Coca*-Dosen in der App eine Art Echtzeit-Wettbieten veranstalten: Wer den niedrigsten Preis vorschlägt, kommt in den Einkaufskorb." [28]

Retargeting bzw. Remarketing

Dieses Verfahren ist eine umstrittene Unterkategorie des Behavioral Targeting. Zielgruppe von Retargeting sind Nutzer, welche einen Online-Shop besucht, dort aber nichts bzw. nicht die Angebote gekauft haben, für die sie sich während ihres Besuchs interessiert haben. Wenn sie sodann andere Seiten aufrufen, werden dort gezielt Banner für die „verschmähten" Produkte bzw. Dienstleistungen gezeigt. Die so an ihr ursprüngliches Konsuminteresse Erinnerten kehren – so die Hoffnung – zum Online-Shop zurück, wo sie das Produkt nun kaufen. Dieses Verfahren birgt das Risiko des ⇒ **Banner-Stalking**: Je häufiger entsprechende Banner eingeblendet werden, umso größer ist die Wahrscheinlichkeit, dass die Zielpersonen sich davon verfolgt fühlen und das beworbene Angebot bzw. den Anbieter abwerten.

Stalking: Nachstellen, verfolgen

Allerdings lässt sich Retargeting auch geschickter einsetzen: Hat ein Nutzer in einem Online-Shop bspw. *Adidas*-Turnschuhe angeschaut, aber nicht bestellt, wird ihm ein Retargeting-Banner mit Produkten derselben Marke, aber einer anderen Produktkategorie eingeblendet, etwa ein T-Shirt von *Adidas*. Denn es ist davon auszugehen, dass dieser Nutzer eine starke Affinität zu *Adidas* hat und daher wahrscheinlicher auf das Banner klicken wird als andere Personen.

Akzeptanz von Targeting

Umfragen zufolge lehnen etwa 50 % der Verbraucher personalisierte Werbung ab. Gegen Targeting sprechen drei Argumente. Abgesehen von Nutzern der sozialen Netzwerke, welche individualisierte Werbung zumeist tolerieren bzw. als hippen Ausdruck ihres „Styles" akzeptieren, fühlen sich erstens viele Menschen **überwacht**, **manipuliert** bzw. **belästigt**, wenn bspw. ständig Angebote einer Automobilfinanzierung aufpoppen, nur weil sie sich einmal im Internet über ein neues Fahrzeugmodell informiert haben etc. Dies erklärt vermutlich, warum zweitens personalisierte Werbung häufiger **negative** als positive **Assoziationen** weckt. [29] Und drittens ist, wie folgendes – zugegeben extremes – Beispiel zeigt, die versprochene **Zielgenauigkeit** der Targeting-Methoden häufig nur ein **unhaltbares Versprechen**: *Facebook* ordnete Nutzer, welche die Seite eines Vereins gegen Missbrauch gelikt hatten, der Kategorie „Interesse für Kinderpornografie, Missbrauch oder Vergewaltigung" zu. [30]

Zweifel an der **Zuverlässigkeit** von Targeting nährt auch folgender Bericht. Ein Journalist hat sich in einem sechs Monate dauernden Selbstversuch auf einem fabrikneuen Rechner eine neue virtuelle Existenz konstruiert und gezielt zahllose Spuren im Netz hinterlassen. Obwohl diese ihn eindeutig als Naturliebhaber, Hobbyläufer und Autogegner ausweisen, hat *Google* diesen fiktiven Nutzer mit Automobilwerbung überschwemmt. Ein Pressesprecher von *Google* erklärte das für sein Unternehmen und die Targeting-Philosophie wenig schmeichelhafte Ergebnis des Selbstversuches damit, dass der ominöse *Google*-Algorithmus die Internetnutzer nur grob in vergleichsweise wenige Zielgruppen einteile. Dass jemand sich nicht für Autos interessiere, sei gar nicht vorgesehen. [31]

Beispiel
„*Procter & Gamble* hat sich genau überlegt, an wen man die Raumsprays der Marke *Febreze* am besten verkaufen könnte. Menschen mit Haustieren waren die eine Zielgruppe, große Familien die andere. Also arbeitete *Procter & Gamble* mit *Facebook* zusammen und schaltete besondere Anzeigen in dem sozialen Netzwerk. Sie waren nur für die Menschen sichtbar, von denen *Facebook* glaubte, dass sie viele Kinder oder ein Haustier haben. Doch die Idee funktionierte nicht. Die *Febreze*-Umsätze stagnierten und stiegen erst, als *Procter & Gamble* die Werbung für alle volljährigen *Facebook*-Nutzer schaltete. (...) Die weitgehende Abkehr von *P&G* von Spezialwerbung ist ein Alarmzeichen. Es ist ein Alleinstellungsmerkmal des sozialen Netzwerks, dass es seine Nutzer gut kennt und dieses Wissen an Werbekunden verkaufen kann. Das lässt sich *Facebook* auch bezahlen. Je präziser definiert die Zielgruppe ist, desto teurer die Anzeige. Dafür zahlt allerdings auch *Facebook* einen Preis: Wegen der genauen Beobachtung und Analyse der Nutzer bringt es viele Menschen gegen sich auf, die sich bespitzelt fühlen. Dies führt zu der Frage, wieso *Facebook* die Nutzer überhaupt so überwacht, wenn die gewonnenen Daten nicht einmal den Werbekunden nutzen.“ [32]

Völlig ausgeliefert sind die Verbraucher den „Datenkraken“ indessen nicht. **Anonymisierungssoftware** (z. B. *Tor, CyberGhost, Ultrasurf)* hilft, die Spuren, die man beim Surfen im Netz hinterlässt, zu verwischen. Und wer verhindern möchte, dass *Windows* auf der Basis von individuellen Nutzungsdaten eine Werbe-ID erstellt, um personalisierte Werbung zu versenden, kann diese Funktion deaktivieren. Ähnliches ermöglichen auch andere Software-Anbieter und Plattformen.

5 Sales Promotion

5.1 Traditionelle Verkaufsförderung

Unternehmen, die Absatz und Umsatz kurzfristig steigern möchten, betreiben Verkaufsförderung. Die auch (Sales) Promotion genannten vielfältigen Formen der Marktbearbeitung lassen sich danach unterscheiden, wer der Absender ist und wer der Adressat der Maßnahme (vgl. Abb. 85). [33]

Zielgruppe Handel

Muss-Artikel: Dürfen in keinem Sortiment fehlen, weil sie einen konkurrenzlosen Produktnutzen bieten

Das Produzierende Gewerbe stellt weit mehr Produkte her, als selbst die größten Handelssortimente fassen können. Abgesehen von Anbietern, die sog. Muss-Artikel herstellen oder ihre Erzeugnisse selbst vermarkten, versuchen deshalb die meisten, den Handel mit dem Instrumentarium der **Handels-Pro-**

Listung: Aufnahme eines Produkts in das Sortiment durch den Handel

motion davon zu überzeugen, ihre Produkte zu listen. Neben Schulungen, motivierenden Freizeitveranstaltungen, internen Verkaufswettbewerben und Prämien zählen dazu:

Quelle: sca/Faktum-Kommunikation

- Werbegeschenke für den Händler bzw. das Verkaufspersonal,
- Verkaufshilfen aller Art (z. B. Dekorationsservice, Displays, Werbematerialien, Shop-in-the-Shop-Systeme zur Produktpräsentation wie der Fan-Bus von *Capri-Sonne),*
- vom Anbieter kostenlos gestelltes Personal, das am PoS den Verkauf, die Regalpflege, die Dekoration und Verkostungsaktionen unterstützt bzw. vollständig übernimmt,
- B-to-B-Werbung (informative Anzeigen in Fachzeitschriften wie die *Lebensmittelzeitung* – z. B. „Produkteinführung wird von einer breit angelegten TV-Kampagne begleitet").

Abb. 85: Erscheinungsformen der Verkaufsförderung

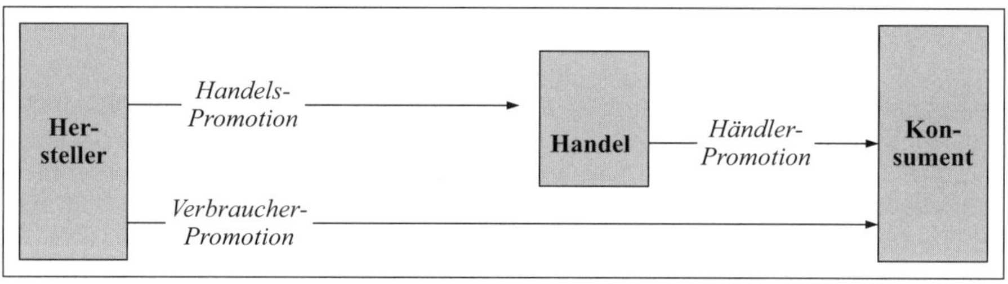

Diese Verkaufshilfen des Herstellers sollen Händler bzw. deren Mitarbeiter dazu motivieren, bestimmte Produkte zu listen, bevorzugt zu platzieren (z. B. in der Blickzone des Regals), im individuellen Verkaufsgespräch gezielt zu empfehlen etc. Allerdings hängt die Entscheidung von Handelsunternehmen, ein bestimmtes Produkt in ihr Sortiment aufzunehmen und damit den Konsumenten erst zugänglich zu machen, nicht immer von der Überzeugungskraft der Argumente oder vom Erlebniswert einzelner Promotionsveranstaltungen ab. Wichtiger ist oftmals der geldwerte Vorteil dieser oder jener Zuwendung. Der hierfür gebräuchliche Begriff „**Werbekostenzuschuss**" (WKZ) führt allerdings zumeist in die Irre – **Listungsgebühr** wäre angesichts der Gatekeeper-Funktion des Handels angemessener (vgl. Kap. H-9.5).

Zielgruppe Konsument

Gondelkopf: Stirnseite von Ladenregalen

Das wichtigste Instrument der **Händler-Promotion** ist die Sonder- bzw. Zweitplatzierung. Zusätzlich zur Stammplatzierung (zumeist im Verkaufsregal) wird das beworbene Produkt an einer stark frequentierten Stelle des Verkaufsraumes angeboten (z. B. in Kassennähe oder an einem Gondelkopf).

Beispiel
„Blocking nennen Ladengestalter, was im Hamburger *Edeka*-Markt wie zufällig den Gang versperrt. Ein Pappgestell, vollgestopft mit *Knorr*-Produkten. Dort stehen Neuheiten, die im Regal mit den Fertiggerichten übersehen werden könnten. Suppen und Dips zu Stapeln arrangiert. In derartigen Zweitplatzierungsdisplays gestapelte Ware signalisiert dem Kunden: Achtung, Schnäppchen! Auch wenn es kein Sonderangebot ist.“ [34]

Häufig indessen genügt eine erhöhte Präsenz der eigenen Produkte nicht, um die Kunden zum Kauf bewegen. Was hingegen immer wirkt, ist ein **Preisnachlass**. Hilfreich sind auch Gewinnspiele und andere Aktionen, welche durch sog. Deckenhänger beworben werden. Dabei hat es sich bewährt, wenn diese optischen „Stopper“ das 'key visual' der Mediawerbung aufgreifen – im Falle von *Radeberger* ist dies Dresdens *Semperoper* (vgl. Abb. 86).

Key Visual: Optisch, akustisch etc. kommuniziertes Sinnbild eines Unternehmens, eines Produkts, einer Marke etc.

Abb. 86: Dresdens Semperoper – Imageträger von Radeberger

Bewährt haben sich weiterhin kostenlose oder spürbar vergünstigte **Produktzugaben**. [35] Geringwertige „Dreingaben“ wirken dann, wenn sie einen unmittelbaren Produktbezug aufweisen – wie das Bierglas als Zugabe zum Kasten Bier. Eine Sonderform ist die 'self liquidating offer': Produktzugaben, die zum Selbstkostenpreis verkauft werden, weil man das zu fördernde Produkt nicht zum Gegenstand von Sonderpreisaktionen machen und dadurch abwerten möchte. [36]

Self-Liquidating-Offer: Zum Selbstkostenpreis angebotene Produktzugaben

Warenproben verdanken ihre Wirksamkeit dem Umstand, dass auch und gerade in einer zunehmend digitalen Welt nichts mehr überzeugt als die eigene Anschauung. Deshalb und da Geschenke die Reziprozitätsnorm aktivieren (vgl. Kap. I-6), fördern kostenlose Probepackungen Erstkäufe. Wichtig ist, dass Produktprobe und Verpackung dem Originalprodukt bestmöglich entsprechen (z.B. Miniatur-Duschbad). Sind Geruch (z.B. Parfüm) bzw. Geschmack (z.B. Frischkäse) wesentliche Produkteigenschaften, so empfehlen sich Dufttests,

Verkostungen etc. Bei erklärungsbedürftigen Produkten (z. B. Laminat zum Selbstverlegen) kann der Händler (z. B. ein Baumarkt) seine Kunden relativ gut mit Produktvorführungen überzeugen – real oder virtuell, mit Hilfe einer Videoinstallation, *YouTube* etc.

Sampling: Verteilung von Produktproben

In/On-Pack-Coupon: In oder an der Verpackung angebrachter Wertgutschein

Bei der **Verbraucher-Promotion** umwerben Hersteller ihre Kunden unmittelbar, d. h. ohne Mitwirkung von Handelsunternehmen – bspw. durch Sampling, Gewinnspiele und Treueaktionen, die in Tages- bzw. Gratiszeitungen oder auf der Produktverpackung kommuniziert werden. Kunden, die eine bestimmte Anzahl an Packungen oder Packungsteile (z. B. EAN-Codes) einsenden, erhalten einen Preisnachlass oder ein Geschenk. Beim Couponing verteilt ein Anbieter Wertgutscheine (zunehmend im Internet oder per SMS). Wer einen solchen Coupon an der Kasse vorlegt, erhält einen prozentualen oder absoluten Preisnachlass, eine Zugabe oder ein anderes Erzeugnis desselben Herstellers. Beliebt ist auch BOGOF: „buy one, get one free". Bei der digitalen Variante, dem ⇒ Mobile Couponing, erhalten registrierte Kunden per Smartphone oder Tabletcomputer einen Coupon, den sie an der Kasse elektronisch einlösen können.

Diese Form der Verkaufsförderung spricht vor allem Smart-Shopper und Schnäppchenjäger an. Um einen Preisvorteil zu erlangen, sind sie bereit, Zeit für das Ausschneiden, Sammeln und Einlösen der Coupons aufzuwenden. Die experimentelle Wirkungsforschung hat gezeigt, dass Coupons den meisten Kunden wertvoller erscheinen als eine vorübergehende Preissenkung in gleicher Höhe. [37]

Wirkung von Couponing

Im Rahmen eines Experiments wurden Supermarktkunden zu ihren Einkaufsplänen befragt. Wer angab, Waschmittel, Papiertücher, Cerealien und/oder Pasta-Sauce kaufen zu wollen, wurde für den Test ausgewählt. Mitglieder der Experimentgruppe erhielten jeder einen Coupon im Wert von 1,00 $, während die Kontrollgruppe keinen Kaufanreiz bekam. Die anschließende Analyse der Kassenbons ergab, dass die Probanden mit Coupon durchschnittlich 27,26 $ für Produkte ausgegeben hatten, die nicht auf ihrer Einkaufsliste gestanden hatten. In der Kontrollgruppe betrug der Wert der ungeplanten Käufe nur 19,58 $. Der durch den Coupon initiierte Mehrumsatz von 7,68 $ (– + 39%) übersteigt dessen Kosten (= 1,00 $) um ein Vielfaches. Relativ gesehen noch stärker stimulieren Coupons zusätzliche Verbundkäufe. Während die Kontrollgruppe für Erzeugnisse, welche mit dem auf dem Coupon abgebildeten Produkt in Zusammenhang stehen (z.B. Pastasauce → Pasta), durchschnittlich nur 0,40 $ mehr als geplant ausgaben, waren es bei der Experimentgruppe 2,55 $ (+ 538%).

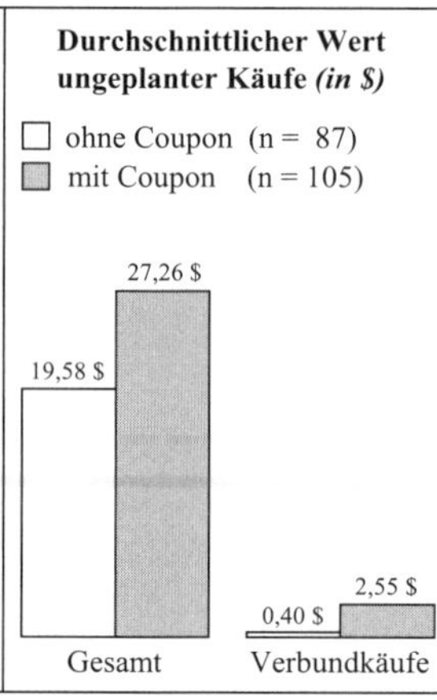

Quelle: Heilman et al. (2002, S. 248).

Von einer **kooperativen Promotion** spricht man, wenn Hersteller und Handel bei Verkaufsförderungsaktionen zusammenarbeiten.

- Vertikal-kooperative Promotions werden direkt am PoS durchgeführt, entweder vom Händler in Absprache mit einem oder mehreren Herstellern oder von Herstellern in Absprache mit dem Handel. Während die reine Händler-Promotion (z. B. 10 % Rabatt auf das gesamte Sortiment) vorrangig den Absatz der Handelsunternehmen steigern soll, haben vertikal-kooperative Promotions eine doppelte Aufgabe: den Abverkauf der Produkte der teilnehmenden Hersteller und das Image des teilnehmenden Handelsunternehmens fördern. Als Werbeträger werden bspw. Floor Graphics, Plakate, Deckenhänger, Aufsteller, Regalschilder sowie PoS-Radio, PoS-TV und Info-Terminals genutzt.

Floor Graphics: Auf dem Fußboden angebrachte „Bodenplakate"

- Bei horizontal-kooperativen Promotions arbeiten mehrere Hersteller zusammen. So überreichte *Lufthansa* ausgewählten Business Class-Kunden kurz vor der Landung ein maßstabsgetreues *Audi TT*-Modellauto. Und wer bei *Europcar* einen *Audi TT* mietete, konnte sich 3.000 *Lufthansa*-Bonusmeilen gutschreiben lassen. [38]

5.2 Digitale Verkaufsförderung

Das Internet eröffnete nicht nur neue, sondern vor allem auch zielgenauere Wege als die traditionellen Medien, um Coupons und andere Werbeimpulse auszusenden. Mobile-Coupons etwa, die per SMS oder MMS versandt werden, ermöglichen es, dieses Instrument zu individualisieren und damit die für die traditionelle Verkaufsförderung charakteristischen großen Streuverluste zu begrenzen. Großer Beliebtheit erfreuen sich auch Adventskalender, die mit einem Gewinnspiel verbunden sind. *ALDI SÜD* etwa stellte 2015 unter der Adresse www.aldiventskalender.de einen Adventskalender ins Netz, hinter dessen Türchen sich zunächst Werbung für ein bestimmtes Produkt verbarg (am 22.12. etwa für ein *Medion*-Tablett) und einen Klick weiter das Gewinnspiel. Um daran teilzunehmen, musste man dort seinen Namen und seine E-Mail-Adresse eingeben. Produktproben elektronisch zu versenden bietet sich hauptsächlich für solche Anbieter an, die auch für ihr Kerngeschäft digitale Vertriebswege etabliert haben. Elektronische Spiele etwa können für einen bestimmten Zeitraum (z. B. zwei Wochen) oder in stark reduzierter Form kostenlos oder verbilligt zur Verfügung gestellt werden.

5.3 Merchandising

Dieses Instrument der vertikal-kooperativen Verkaufsförderung reicht von 'give aways' (= kostenlos abgegeben Artikel wie Bierkrüge, welche den Abverkauf der eigentlichen Ware – hier: Bier kasten/fassweise – stimulieren sollen), über Produkplatzierung am PoS, Einsatz von Displays etc. bis hin zu **Lizenzgeschäft**. Letzteres vor allem unterscheidet das Merchandising von der traditionellen Verkaufsförderung. Dabei werden Marken bzw. Persönlichkeiten insb. aus der Sport- und Entertainmentbranche gegen eine entsprechende Lizenzgebühr ge-

'**mercari**': lat. = Handel treiben; '**merchant**': engl. = Kaufmann

nutzt, um profane Artikel aller Art (z. B. T-Shirt, Tasse) emotional aufwerten und vornehmlich an Fans dieser Persönlichkeiten, Sportarten, Events hochpreisig verkaufen zu können. Die Spielzeugbranche verdankt einen wachsenden Anteil ihres Umsatzes (2016 = 3,2 Mrd. €) dem Lizenzgeschäft. *Lego* bspw. profitiert ganz wesentlich von dem Geschäft mit *Star Wars*-Bausätzen.

Beispiel
„Spielzeughersteller kaufen Lizenzen für Filmfiguren oder ganze Story-Universen. Zu jedem Kinderfilm gibt es heute die passenden Action-Figuren, Puzzels und Bausets. Sogar die Firma *Playmobil*, die sich bislang gegen das Lizenzgeschäft gewehrt hatte, bringt dieses Jahr eine Produktreihe zu den Dream Works Trickfilmen „Drachen zähmen leicht gemacht" heraus. Für viele Hersteller lohnt es sich, Geld für Lizenzen auszugeben. Sie profitieren dadurch von der Bekanntheit eines Films. Andersherum ist das Spielzeug in den Läden und Kinderzimmern Werbung für den Film." [39]

Auch die umgekehrte Vorgehensweise ist denkbar. Deutschlands größter Spielwarenproduzent, die in Fürth ansässige *Simba-Dickie-Gruppe*, lässt Trickfilme produzieren, in denen Figuren und andere Spielwaren aus ihrem Sortiment die Hauptrolle spielen.

5.4 Cause-Related Marketing

Diese Spielart verknüpft gemeinnütziges Engagement mit Verkaufsförderung. Erstmals aktenkundig wurde diese Strategie 1983, als *American Express* für jede Nutzung seiner Kreditkarte einen Cent und für jeden Neukunden einen Dollar auslobte, um mit dem gesammelten Betrag (1,7 Mio. $) die damals anstehende Restauration der New Yorker Freiheitsstatue zu unterstützen. Seitdem haben zahlreiche Unternehmen „zweckbezogenes Marketing" betrieben.

- *Blend-a-med* warb mit der Kampagne „Ein Lächeln für Brasilien" für den Bau eines Gesundheitszentrums in einem brasilianischen Kinderdorf.
- *Bitburger* sponserte während der Fußball-WM 2006 neue Bolzplätze.
- Der Toilettenpapierhersteller *Charmin* warb mit einer Spendenaktion für Polio-Impfungen.

6 Empfehlungsmarketing

6.1 Word-of-Mouth (WOM)

Überblick

Unter Word-of-Mouth versteht man die persönliche Kommunikation zwischen Privatpersonen, die Unternehmen und ihre Produkte betreffen. Häufig sind dies **Empfehlungen** (positive WOM) bzw. **Warnungen** (negative WOM) von Konsumenten. Aus kommunikationstheoretischer Sicht sind sie aufgrund ihrer

Vielschichtigkeit und Vielgestaltigkeit gegenüber den traditionellen einstufigen Kommunikationsformen in Vorteil (vgl. Abb. 87).

Abb. 87: Ein- vs. mehrstufige Kommunikation

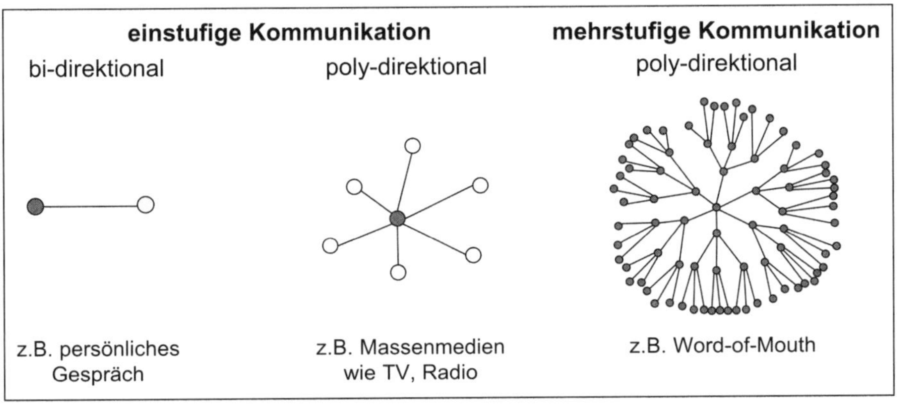

Quelle: Hutter/Hoffmann (2013, S. 81).

Anbieter versuchen seit jeher auf vielerlei Weise, mit Empfehlungen von Käufern, Nutzern etc. für ihr Angebot zu werben. *Under Armour* etwa, ein amerikanischer Hersteller von Sportbekleidung, lässt **Sportstars** wie den Tennisspieler *A. Murray*, den Schwimmer *M. Phelps* und den Golfer *J. Spieth* für viel Geld Positives über seine Funktionswäsche verkünden. Besser noch als die Kaufempfehlungen von kommerziellen Testimonials wirken allerdings Ratschläge von **Freunden** und **Bekannten**. Denn sie ziehen aus ihren Empfehlungen keine unmittelbaren, vor allem keinen finanziellen Vorteil und gelten deshalb als besonders glaubwürdig. Wenn nicht aus kommerziellen Gründen: Warum dann betätigen sich Privatpersonen als Referenzgeber?

Market Mavens

Manchen bereitet es Freude, sich ausführlich über das Marktgeschehen zu informieren und andere an ihrem Wissen teilhaben zu lassen. Ob dieser Typus von **Meinungsführer** vorrangig altruistisch motiviert ist oder ob er primär nach Anerkennung strebt, lässt sich oftmals nur schwer unterscheiden. [40] In anderen Fällen sind die Motive offensichtlich. Manche reizt der finanzielle Vorteil, etwa wenn sie an der „Kunden werben Kunden-Aktion" eines Unternehmens teilnehmen und sich durch ihre Kaufempfehlung eine Prämie oder einen anderen Vorteil sichern (z. B. www.immergruen-energie.de/kunden-werben-kunden).

Market Mavens: Gut informierte Verbraucher, denen es Freude bereitet, ihr Produkt- und Marktwissen mit anderen zu teilen

Altruismus: Uneigennütziges Verhalten

Influencer

Empfehlungsmarketing betreiben letztlich auch jene Nutzer, die in den sozialen Netzwerken ständig präsent und dort sehr angesehen sind, ihren Alltag als Konsumenten mehr oder weniger umfassend im Internet öffentlich machen. *P. Reif* bspw., Deutschlands bekannteste Influencerin, wirbt auf *Instagram* für Fitnessprodukte, Unterwäsche und Schuhe. Mittlerweile verfolgen 2,8 Mio.

Instagram: Soziales Netzwerk für Bilder (zu Facebook gehörend)

Abonnenten jedes Lebenszeichen der Shopping-Queen. Obwohl sie von den Unternehmen dafür bezahlt werden, deren Produkte in sozialen Netzwerken möglichst wohlwollend vorzustellen, gelingt es vielen Influencern, sich als Mitglied der alternativen Netzgemeinde zu inszenieren und ihr kommerzielles Interesse zu verschleiern. Der Umsatz, den *C. Daur* (1,1 Mio. Follower auf *Instagram)* mit den von ihr „betreuten" Marken *(Dior, Cartier, Tommy Hilfiger, Wempe* etc.) erzielt, wird auf eine Million Euro pro Jahr geschätzt. Ihren Followern verborgen bleibt im Regelfall auch ein anderer Aspekt der Professionalisierung der Influencer-Szenen: Agenturen wie *Puls Advertising*, die für ihre Kunden geeignete Youtuber, Instagrammer und andere Akteure der Sozialen Medien auswählen, unter Vertrag nehmen und betreuen.

54 % der Generation Z (= nach 1955 Geborene) geben an, sich bei ihren Kaufentscheidungen von Influencern beeinflussen zu lassen. Zugleich schwindet ihr Vertrauen in bekannte Unternehmen und Marken.

Beispiel
„Geschicktes Branding und Product Placement, Styling-Tipps und Links zu Online-Shops: Was im Fernsehen als Schleichwerbung bezeichnet werden würde, ist auf *Instagram* Programm. Bei *P. Reif* sind mehr als 80 % der Posts werblich. Was als Hobby anfing, ist heute ihr Job. Sie hat eine Webseite, auf der sie sich vermarktet, und seit Kurzem sogar eine eigene App, über die sie ihre Lieblingsmarken vorstellt und Shopping-Tipps gibt. Die Macher des Energydrinks *Guampa* nennen sie einen der erfolgreichsten Social Media Influencer in ganz Europa. Innerhalb weniger Jahre habe sie es geschafft, mit ihrem positiven Lebensstil zum Vorbild für Millionen Follower und zum Gesicht einer neuen Generation zu werden. Und dass das so ist, liegt auch daran, dass all die Produktempfehlungen diese Generation kein bisschen zu stören scheinen." [41]

Haul: engl. = Fang

Großer Beliebtheit erfreuen sich die sog. **Hauling-Videos**: Shopping-Queens packen auf *YouTube* vor der „Beauty-Gemeinde" ihre Einkäufe aus und erzählen, was die einzelnen Kleidungsstücke, Kosmetikartikel etc. gekostet haben, bei welcher Gelegenheit sie diesen oder jenen Artikel wie tragen bzw. benutzen werden und vor allem: wo sie diese gekauft haben. Denn Hauling-Stars wie *J. Beautx* werden nicht nur von *Google* an den Werbeeinnahmen beteiligt, sondern erhalten auch von den Unternehmen diverse Zuwendungen. Und manche betreiben ihren eigenen Beauty-Online-Shop.

Zu den **besonders problematischen Erscheinungsformen** zählen Blogger, die Eltern Erziehungs- und Gesundheitstipps geben – in Deutschland ca. 2.000 – und bisweilen massiv dafür eintreten, Kindern bei den ersten Anzeichen von Kopfschmerzen Schmerztabletten zu verabreichen. Wer Hashtags wie #ad oder #sponsored Initiative Schmerzlos folgt, kann dem Impressum entnehmen, dass hinter der Initiative der Mischkonzern *Benckiser* steht, der u. a. Schmerzsäfte für Kinder herstellt.

Erklären lässt sich der Erfolg der Influencer-Strategie mit dem Zusammenhang, der zwischen **sozialer Nähe** und **Vertrauen** besteht. Anders als den Prominenten, die in den traditionellen Testimonial-Kampagnen für ein Produkt werben

(z. B. *M. Neuer* als Markenbotschafter von *Coke Zero),* fühlen sich die jungen Kunden den Akteuren im Internet nahe und vertrauen ihnen.

Buzz Agents

Buzz Marketing kommerzialisiert die zumeist informelle zwischenmenschliche Kommunikation. Sog. 'buzz agents' sorgen gegen Honorar bzw. Gratisprodukte in ihrem Blog bzw. Vlog dafür, dass bestimmte Unternehmen, Marken oder Personen **im Gespräch** sind. Zwar werden die 'buzz agents' im Regelfall positiven, die Marketingziele ihrer Auftraggeber unterstützenden 'buzz' erzeugen. Aber es gibt auch negativen 'buzz', der sich gegen ein Unternehmen, eine Marke etc. richtet. Dies ist etwa dann der Fall, wenn Aktivisten einer Umweltschutzorganisation wiederholt über die von ihnen als gesundheitsgefährdend angesehenen Bedingungen auf einer Hühnerfarm berichten oder die durch Ölförderung verursachte Umweltverschmutzung anprangern.

Buzz: Gerede (engl.: to buzz = summen, brummen, schwirren)

Vlog: Als Video gestalteter Blog

Fake-Empfehlungen

Noch sind die häufig mit Sternen visualisierten Kundenbewertungen für viele Online-Kunden ein wichtiges Entscheidungskriterium. Allerdings droht der Versuch, mit diesem Instrument den Online-Handel transparenter zu machen, zu scheitern. Zwar sind laut *Reviewmeta* „nur" 20 % der Online-Produktbewertungen Fakes, viele erstellt mit Hilfe von Dienstleistern wie *fanmondo.de* oder *Fivestars*. Aber der Zweifel ist gesät. Niemand kann mehr sicher sein, ob er seine Kaufentscheidung auf verlässliche oder **gefälschte Empfehlungen** stützt. Nicht einmal auf die Faustregel, dass zumindest die – vergleichsweise wenigen – negativen Kommentare echt sind, ist Verlass. Denn auch sie können gefälscht sein, im Auftrag von Konkurrenten.

Beispiel
„70 € kosten 100 positive *Facebook*-Kommentare von *fanmondo.de*. Das Unternehmen verkauft Kommentare, Likes und Abonnenten – mit Geld-zurück-Garantie. Der Konkurrent *Fivestars* hat sich auf Hotels und Restaurants spezialisiert. Für zwölf Bewertungen bei der Hotelbewertungsplattform *Tripadvisor* etwa nimmt *Fivestars* 119,95 €. Etwa 2.000 Bewertungen verkauft das Unternehmen nach eigenen Angaben pro Monat. (...) Käufer können auf *reviewmeta.com* prüfen, ob die Kommentare für das *Amazon*-Produkt, das sie kaufen wollen, gefälscht sind. Dazu muss man nur den *Amazon*-Link in eine Suchleiste einfügen, und der Algorithmus von *Reviewmeta* durchsucht alle Kommentare und Profile der Produktkritiker auf Hinweise. Kommentiert ein Kritiker ausschließlich die Produkte eines einzigen Herstellers oder enthalten viele Rezensionen die gleichen Formulierungen, deutet das auf einen Betrüger hin." [42]

6.2 Affiliate-Marketing

Wie können Unternehmen ihr Produktions-, Vertriebs- bzw. Kommunikationsnetzwerk für ihr Empfehlungsmarketing nutzen? In der traditionellen **analogen Welt** wird Affiliate-Marketing häufig in folgender Form praktiziert: Der Her-

Affiliate: Partner (engl.: to affiliate = zusammenschließen)

steller (bspw. *Bosch)* platziert in der Geschirrspülmaschine an einer nicht zu übersehenden und dennoch geschützten Stelle einen Aufkleber, der darauf hinweist, dass *Bosch* seinen Kunden *Calgonit Finish* Geschirrspülmittel empfiehlt. In der **digitalen Welt** schaltet *Calgonit* Werbeflächen und Links auf den Webseiten von *Amazon* oder speziellen Affiliate Marketing-Netzwerken wie *Zanox*. Wenn Internet-Nutzer diese Werbemittel anklicken, werden sie zur Webseite des Anbieters weitergeleitet. Abhängig davon, welches Honorarprinzip vereinbart wurde (bspw. 'pay per sale' anstelle von 'pay per click'), eröffnet Affiliate-Marketing ausgesprochen risikoarme Vermarktungsmöglichkeiten. Unternehmen, die für ihre Produkte ein informelleres bzw. alternatives Werbeumfeld bevorzugen, nutzen YouTuber als 'affiliates'. Anhand der Affiliate-Links ist ersichtlich, welche Kunden aufgrund von Aktionen dieses Affilates auf der Webseite gelandet sind, eine Bestellung aufgegeben haben etc.

6.3 Virales Marketing

Diese elektronische Spielart des Empfehlungsmarketing zielt darauf, einen **Schneeballeffekt** auszulösen: einen Kommunikationsprozess, dessen Botschaft sich im Internet und Mobilfunk per E-Mail oder SMS rasend schnell und selbstverstärkend verbreitet („wie ein Virus") und das Unternehmen bzw. das Produkt einer breiten Masse bekannt macht. Natürlich wollen Unternehmen es nicht dem Zufall überlassen, ob ein von ihnen lanciertes Werbevideo bei einem geringen, kommunikationspolitisch unbedeutenden Verbreitungsgrad stagniert oder ob es den '**tipping point**' überwindet und sich von da an „wie von allein" im Netz verbreitet. Dazu muss der Clip in einer frühen Phase seines Lebenszyklus von einflussreichen Bloggern und anderen Multiplikatoren geteilt werden, denen via *YouTube*, *Facebook* oder als E-Mail-Anhang so viele Nutzer folgen, dass es sich für das werbende Unternehmen lohnt, dafür zu bezahlen. [43] Nicht wenige Unternehmen lassen speziell für diesen Zweck Video-Clips produzieren, für die sich ihre Zielgruppe interessiert. *Nike* bspw. ließ die brasilianische Fußballlegende *Ronaldinho* Fußballtricks demonstrieren. Der gesamte Vorgang wird als '**seeding**' bezeichnet: gezieltes Streuen bzw. „Aussähen" des Werbevideos durch 'sponsored posts'. Im Falle eines von weit mehr als 80 Mio. Menschen geteilten *Volvo*-Videos, das einen Stuntman beim Spagat zwischen zwei Lkws zeigt, sollen die Seeding-Kosten eine Mio. € betragen haben: etwa so viel wie die Produktionskosten. Dennoch gelten Viral-Clips als kostengünstigere und wirksamere Alternative zu klassischen TV-Spots.

Tipping Point: „Umschlagspunkt" – ab dem sich der Verlauf einer Funktion grundlegend ändert

Beispiel
„Als Maßstab gilt Marketingfachleuten der rührselige Weihnachtsspot „Heimkommen", mit dem die Handelskette *Edeka* seit Ende November mehr als 45 Mio. Menschen allein bei *YouTube* erreicht hat. Ein alter Mann täuscht seinen Tod vor, um die Familie am Weihnachtstisch zu versammeln. Der Clip spricht gleich mehrere tiefe Gefühle an: Erschrecken, Überraschung, Freude und Liebe. Dazu kommt ein Happy End – wenn dann noch die Musik passt, hat ein Video das Potential zum viralen Hit." [44]

Es gibt zahlreiche **Varianten** dieser Viralstrategie. Fast Food-Konzerne bspw. nutzen Mitmachaktionen – Fotowettbewerbe, Spiele etc. –, um Jugendliche als kostenlose Botschafter ihrer Produkte einzuspannen. Dass sie damit häufig Erfolg haben, belegt eine skandinavische Studie. Demzufolge bildeten 85 % der Fotos, die Jugendliche in den Sozialen Medien gepostet haben, hochkalorische Lebensmittel ab. Wie am Hashtag erkennbar, entstammten viele dieser Fotos einschlägigen Herstellerkampagnen – bspw. jedes zweite *Coca Cola*-Bild einer Aktion des Konzerns, bei der Kunden Bilder von *Cola*-Flaschen einsenden sollten, die sie mit Hilfe von *Snapchat*-Filtern „individuell" gestaltetet hatten. [45]

Allerdings: Virales Marketing ist **kaum steuerbar**, weshalb Werbevideos ein großer Erfolg, aber auch ein Desaster werden können. Denn gerade dann, wenn sie bekannte Personen oder Institutionen in einem schlechten Licht erscheinen lassen, werden die Filmchen blitzschnell verbreitet (⇒ virale Flops).

Beispiel
Coca Cola-Mexiko wollte eine virale Kampagne initiieren. Die Netzgemeinde verstand den Aufruf „Brich auch Du mit einem Vorurteil und teile es mit über #ÖffneDeinHerz" jedoch nicht als soziales Projekt, sondern als Angriff auf die Würde der indigenen Bevölkerung Mexikos. „Deren Zwangsbeglückung durch eine dauer-lustige, hellhäutige und ständig Cola trinkende Hipster-Gruppe löste derart negative Reaktionen aus (rassistisch, lächerlich etc.), dass *Coca Cola* sich genötigt sah, sich zu entschuldigen und den Clip aus dem Netz zu nehmen. Aber dank *YouTube* und anderen Plattformen vergisst das Netz bekanntlich nichts." [46]

Hinzu kommt, dass virale Kampagnen **nicht planbar** sind. An der bislang erfolgreichsten Aktion, der „Ice Bucket Challenge", beteiligten sich 2014 weltweit mehr als 28 Mio. Menschen. Der Versuch, 2015 eine Neuauflage zu starten, scheiterte jedoch. Vermutlich sind Spontaneität, Nicht-Wiederholbarkeit, Unvorhersehbarkeit und zeitliche Begrenztheit entscheidend für den Erfolg viraler Kampagnen.

Nicht immer lässt sich ein 'shitstorm' verhindern. Deshalb sollten Unternehmen auf Ereignisse wie in Abb. 88 dargestellt vorbereitet sein. Zunächst, indem sie sich regelmäßig über im Netz „wabernde" Gerüchte informieren. Ob Web-Monitoring, Buzz-Tracking oder Social Media-Monitoring wie *Topsy:* Immer geht es darum, das „Gerede" quantitativ (= Häufigkeit, Intensität) und qualitativ zu erfassen: Worüber wird wie geredet? Wie sich gezeigt hat, verdienen Posts, die per *Twitter* oder *Facebook* verbreitet werden besondere Aufmerksamkeit. Denn aufgrund ihres großen viralen Potentials lösen diese Wortmeldungen vergleichsweise häufig einen 'shitstorm' aus. [47] Unternehmen, die ins Gerede geraten sind, sollten schnell reagieren – mit einem eindeutigen und erkennbar offiziellen Statement bzw. Dementi. [48]

Monitoring: Systematisch-analytische Erfassung und Überwachung von Ereignissen (z. B. Beschwerden)

Tracking: Regelmäßige Untersuchung desselben Sachverhalts

Abb. 88: Ausgewählte Shitstorms

Betroffenes Unternehmen	Vorfall	Vorwurf	Reaktion
Heidelberg-Cement (2016)	Statement des Vorstandesvorsitzenden *B. Scheifele*, sein Unternehmen könne von dem Ausgang der Wahlen in den USA nur profitieren, denn die von dem Wahlsieger *D. Trump* angekündigte Mauer an der Grenze zu Mexiko „werde sicher nicht aus Holz, sondern aus Zement gebaut."	Politische Instinktlosigkeit	Heftiger Protest in den Sozialen Medien und Kursverluste der Aktie von *Heidelberg-Cement*
IBM (2015)	Das Kommunikationsziel lautete, Frauen für Technik zu begeistern. Der Video-Clip 'hack a hairdryer' sollte Frauen dazu anregen, mit einem Fön zu experimentieren.	Sexismus. Schließlich fordere auch niemand Männer dazu auf, mit Rasierapparaten zu experimentieren.	*IBM* entschuldigte sich und zog den Spot zurück.
Smart/Daimler (2015)	Auf der Rückfahrt von einer Familienfeier mit einem *Forfour* sagt die Mutter zu ihrem Mann: „Ich wünschte, die Kinder würden nie erfahren, dass es den Weihnachtmann gar nicht gibt."	Das Video nimmt den Kindern den Glauben an den Weihnachtsmann.	*Daimler* entschuldigte sich und zog den Spot zurück.
ING-Diba (2012)	Mit den Worten: „Damit Du groß und stark wirst" überreicht ein Metzger dem Basketballer *D. Nowitzki* eine Scheibe Wurst.	Förderung des von vielen als ungesund angesehenen Fleischkonsums	Die Mehrzahl der Kunden empfand die Kritik als unverhältnismäßig und solidarisierte sich mit der Bank.

7 Stakeholder-Marketing

7.1 Ziele und Zielgruppen des Stakeholder-Marketing

Stakeholder: Gesellschaftliche Gruppen, die ein berechtigtes Interesse an der Unternehmenstätigkeit haben

Goodwill: Vertrauensvorschuss, den ein Unternehmen bei seinen Zielgruppen besitzt

Aufgabe des Stakeholder-Marketing ist es, ein möglichst vorteilhaftes Bild vom eigenen Unternehmen zu zeichnen und positive Beziehungen zur Öffentlichkeit zu unterhalten. [49] Deshalb sprach man bis in die 1970er-Jahre von Öffentlichkeitsarbeit bzw. Public Relations (PR) und später von Reputationsmanagement. [50] Die sog. **Öffentlichkeit** besteht aus einer Reihe von Stakeholdern: gesellschaftliche Gruppen, die ein berechtigtes Interesse an Form und Ergebnis der Unternehmenstätigkeit haben. Für einen Hersteller von Babynahrung etwa sind dies junge Eltern, Kinderärzte, Verbraucherschutzorganisationen, Special Interest-Zeitschriften wie *Eltern*, das gleichnamige Internetforum etc. Ihnen allen möchte das Unternehmen **sympathisch**, **vertrauenswürdig** und **kompetent** erscheinen. Der mit dem Instrumentarium des Stakeholder-Marketing geschaffene **Goodwill** des Unternehmens…

- unterstützt den Einsatz der anderen Marketinginstrumente (z. B. akzeptieren Kunden Werbeanrufe von Unternehmen, denen sie vertrauen, eher als von Unternehmen, die sie nicht kennen),
- erleichtert die Personalgewinnung ('high potentials' bevorzugen Arbeitgeber, die ihnen nicht nur gute Verdienst- und Entfaltungsmöglichkeiten bieten, sondern auch einen guten Ruf besitzen; ⇒ Unternehmensreputation),
- hilft in Krisenzeiten, einen Vertrauensverlust wenn schon nicht zu verhindern, so doch zu beschränken (wie u. a. der Verlauf der Schmiergeldaffäre von *Siemens* oder der Abhöraffäre der *Deutschen Telekom* gezeigt hat).

Zielgruppen sind in erster Linie ⇒ **Meinungsführer** und **Multiplikatoren**. Hierzu zählen u. a. Journalisten, Wissenschaftler, Verbände, Lobbyisten und gesellschaftlich relevante Organisationen (z. B. politische Parteien, Gewerkschaften, Umweltschutzorganisationen, Kirchen). Mit kommunikativer Unterstützung dieser Primärzielgruppen lassen sich die für den Unternehmenserfolg letztlich maßgeblichen Sekundärzielgruppen ansprechen:

- Absatzmarkt (Kunden, Handelsunternehmen etc.),
- Beschaffungsmarkt (Lieferanten, Intermediäre etc.),
- Kapitalmarkt (Aktionäre, Investmentbanken etc.),
- Arbeitsmarkt (Mitarbeiter, Arbeitssuchende, Schüler/Studenten etc.),
- öffentliches Leben (Behörden, politische Parteien, Anwohner etc.).

7.2 Traditionelle Public Relations

Wichtigstes PR-Instrument war lange Zeit die **klassische Pressearbeit** in Form von Pressemitteilungen (anfangs per Brief und Telefax, später online). Hinzu kamen Pressekonferenzen, Informationsmaterial (z. B. Öko- und Sozialbilanz), Interviews, Hintergrundgespräche, öffentlichkeitswirksame Veranstaltungen wie ein „Tag der offenen Tür" und Betriebsbesichtigungen. Auch die traditionelle **Mediawerbung** spielte und spielt eine wesentliche Rolle, etwa dann, wenn sich das Unternehmen in Anzeigen als ⇒ Good Corporate Citizen darstellt, der einen wichtigen Beitrag zum Umweltschutz leistet. In Krisensituationen (z. B. Streik, Shitstorm) kann **Advocacy Advertising** helfen: Das Unternehmen bezieht zu den kritischen Ereignissen per Werbung öffentlich Stellung. So versuchten *Deutsche Bahn* und *Lufthansa* anlässlich ihrer Auseinandersetzungen mit den verschieden Spartengewerkschaften *(Cockpit, GDL, UFO)* regelmäßig, in Anzeigen ihre Position zu erklären bzw. zu rechtfertigen.

Good Corporate Citizenship: Das Unternehmen als „guter Bürger", als verdienstvolles Mitglied der Gesellschaft

PR-Anzeige von *LIDL*

Alle bei *LIDL* zurückgegebenen PET-Wasser- und PET-Limonadenflaschen nutzen wir, um neue Pfandflaschen für unsere Eigenmarken *Saskia* und *Freeway* zu fertigen. So reduzieren wir mit Ihrer Hilfe den Rohstoffeinsatz um durchschnittlich 55 % und sparen über 50.000 Tonnen CO_2 jährlich.

Jede Flasche zählt.
Die *LIDL*-Kreislaufflasche

Agenda Setting: Gezieltes Thematisieren von Sachverhalten, über die „man" spricht

Wer Öffentlichkeitsarbeit und insb. Krisenkommunikation reaktiv betreibt, „reagiert" nur auf Anfragen der Presse und überlässt ihr somit die Themenwahl. Dies ist ein schwerer Fehler. Stattdessen empfiehlt sich **proaktive Pressearbeit**: sog. Agenda Setting. Unternehmen sollten aber nicht nur darauf Einfluss nehmen, in welchem Zusammenhang über sie gesprochen wird, sondern auch mit den für sie bedeutsamen Multiplikatoren auf einer **persönlichen Ebene** kommunizieren. *Shell* bspw. lädt seit der Kommunikationskrise um die angekündigte Versenkung der Ölplattform *BrentSpar* regelmäßig Vertreter von Umweltorganisationen wie *Greenpeace* zum kritischen Diskurs ein, um derartige Konfliktmöglichkeiten frühzeitig erkennen und vermeiden zu können.

7.3 Online-PR

Veränderungen gegenüber der traditionellen PR

Angesichts der scheinbar unbegrenzten Gestaltungsmöglichkeiten der digitalen und insb. der Sozialen Medien wandelt sich das PR-Instrumentarium zusehends. Hatten es die Unternehmen früher mit einer überschaubaren Zahl von professionellen, zumeist persönlich bekannten Meinungsmachern zu tun, kann sich heutzutage nahezu jedermann als Blogger, Twitterer bzw. Moderator von Online-Foren öffentlichkeitswirksam mit dem Unternehmen und dessen Produktpalette auseinandersetzen und im Extremfall einen '**shitstorm**' bzw. dessen Gegenteil, einen '**roseshower**' auslösen, wobei die sozialen Netzwerke als Multiplikatoren dienen. [51] Die globalisierungskritische deutsche Nichtregierungsorganisation *Campact* etwa ist in der Lage, innerhalb kurzer Zeit per *Twitter, Facebook* und ihrem traditionellen E-Mail-Verteiler 1,5 Mio. Anhänger zu mobilisieren.

Periscope: Eine App, die Videodirektübertragung in Echtzeit ermöglicht

Aber auch das PR-Instrumentarium der Unternehmen hat sich grundlegend verändert. Dass bspw. dank *Periscope* jeder zu jeder Zeit an nahezu jedem Ort Videos in Echtzeit ins Internet stellen kann, kommt nicht zuletzt der Öffentlichkeitsarbeit von Unternehmen zugute (u. a. hinsichtlich Schnelligkeit, Authentizität, Glaubwürdigkeit).

> **Beispiel**
> „So wie Onlinemedien den Journalismus verändert haben, können Live-Streaming-Technologien wegen ihrer Unmittelbarkeit und Aktualität die Berichterstattung revolutionieren. Das Marketing hat so die Möglichkeit, in Kontakt zu Kunden zu treten, das eigene Unternehmen nahbarer werden zu lassen oder der eigenen Marke eine persönliche Note zu geben." [52]

Klout: Firmenname, der sich von 'cloud' ableitet (engl. = Einfluss, Schlagkraft)

Hinzu kommt, dass man ⇒ **Meinungsführerschaft** nicht mehr nur per Selbsteinschätzung oder soziometrischen Tests grob schätzen, sondern anhand der Spuren, die eine Person im Internet hinterlässt, quantifizieren kann. Der sog. ***Klout*-Score** etwa reicht von 0 (= die Person hat keinerlei Einfluss auf die Ansichten und Einstellungen anderer Personen) bis 100 (= die Person ist äußerst einflussreich). Dazu werden drei Indikatoren erhoben:

- Intensität der Mediennutzung: Wie viele *Facebook*-Freunde, *Twitter*-Follower und *YouTube*-Abonnenten hat die Person und wie intensiv kommuniziert sie über diese Kanäle?
- Mobilisierungsfähigkeit: Wie viele Tweets oder *Facebook*-Einträge dieser Person werden von anderen Nutzern kommentiert, gelikt, geteilt etc.?
- Güte des Kommunikationsnetzwerkes: Wie einflussreich sind die Freunde dieser Person?

Anfänglich wurde der *Klout*-Score nur dazu genutzt, die Meinungsmacht, die eine Person in den Sozialen Medien besitzt, zu dokumentieren. Da Unternehmen nicht auf jegliche Kritik reagieren können, die dort geäußert wird, unterscheiden sie mittlerweile anhand des *Klout*-Scores, ob einem bestimmter Kritiker ein Mitläufer oder ein Social Media-Meinungsführer ist. Auch liegt es nahe, Letzteren allerlei Vergünstigungen zukommen zu lassen (Rabatte, Gratisproben etc.) und sie Produktinnovationen vor der Markteinführung kostenlos erproben zu lassen, damit sie ihren Anhängern darüber berichten.

Corporate Blog

Längst haben viele Unternehmen erkannt, dass und wie sie das vergleichsweise kostengünstige Instrument des **Internet-Tagebuchs** bzw. **Internet-Notizbuchs** für ihre Public Relations nutzen können. Die Vorteile liegen auf der Hand: Transparenz, Kundennähe und Glaubwürdigkeit. Bisweilen lassen sich den Posts von Kunden auch nützliche Verbesserungsvorschläge sowie neue Produkt- und Serviceideen entnehmen. Die Kehrseite: Einträge müssen fortwährend aktualisiert werden, und negative Kommentare erreichen schnell eine breite Öffentlichkeit. Allerdings kann man auch darin einen Vorteil erblicken. Denn Kritik und Beschwerden, die dort veröffentlicht werden, lassen sich leichter „kontrollieren" als Schmäh-Posts, die in fremden Blogs erscheinen und nur durch ein aufwändiges Webmonitoring registriert werden können.

Blog: Kunstwort, zusammengesetzt aus *Web* und *Log* (= Tagebuch)

Eine spezielle Erscheinungsform sind **Mitarbeiter-Blogs**. Anders als interne Blogs, mit deren Hilfe Unternehmen sich an ihre Mitarbeiter wenden, werden sie nicht von Kommunikationsprofis aus der Personal- oder der PR-Abteilung verfasst, sondern von Mitarbeitern, die idealerweise authentische Einblicke in den Arbeitsalltag des Unternehmens vermitteln. Ob diese Beiträge positiv ausfallen und zum 'employer branding' beitragen, hängt u. a. von der ⇒ Unternehmenskultur ab.

Beispiel
„Der *Daimler-Blog* war der erste, auf dem Mitarbeiter eines großen deutschen Unternehmens für die breite Öffentlichkeit schreiben. Ziel: Einblicke in den Arbeitsalltag des Konzerns zu vermitteln. Die Themen sind so vielfältig wie die Berufe der Autoren. Schichtarbeiter *M. Jung* bspw. berichtet von den gesundheitlichen Auswirkungen seiner Arbeitszeit. Kollege *M. Slama* aus der Instandhaltung im Werk Untertürkheim schildert, wie eine Bremsbackenschweißmaschine auf Reisen geht. Und Student *S. Zitzler* lässt die Leser an seinem Arbeitsalltag als Werkstudent bei *Daimler* teilhaben." [53]

8 Sozial verantwortungsvolles Marketing

8.1 Überblick

Altruismus: Uneigennütziges, selbstloses Verhalten

Opportunismus: Streben nach persönlichem Vorteil

Seit jeher agieren Unternehmen im Spannungsfeld von ökonomischen Zwängen und sozialer Verantwortung. Teils aus altruistischen und teils aus opportunistischen Gründen unterstützen sie als **Mäzene**, **Spender** bzw. **Sponsoren** Sport- und Kulturveranstaltungen sowie gemeinnützige Vorhaben mit Sach- und Geldleistungen. Mittlerweile jedoch müssen Unternehmen als Folge des allgemeinen Wertewandels neuartigen, weit darüber hinausgehenden Erwartungen gerecht werden, sich als **Corporate Citizen** bewähren und **Corporate Social Responsibility** übernehmen (vgl. Abb. 89).

Abb. 89: Formen gesellschaftsbewusster Unternehmenstätigkeit

Klassische Erscheinungsformen	Neuartige Erscheinungsformen
Mäzenatentum: Mäzene fördern Personen, Institutionen, Projekte etc. durch Finanz- bzw. Sachleistungen, ohne eine Gegenleistung zu erwarten oder zu erhalten	Corporate Governance: Am Gemeinwohl orientierte und ausgerichtete Unternehmensführung
Spenden: Spender fördern gemeinnützige Organisationen, Projekte etc. zumeist finanziell und machen diese Aufwendungen als Sonderausgaben steuermindernd geltend	Corporate Social Responsibility: Sozial verantwortliches Verhalten von Unternehmen
Sponsoring: Sponsoren unterstützen den Sponsornehmer finanziell oder durch Sachleistungen. Im Gegenzug gewährt dieser dem Sponsor das Recht, sein Engagement kommunikativ zu vermarkten.	Corporate Citizenship: „Bürgerschaftliches Engagement" von Unternehmen, u. a. mit dem Ziel, den Prozess der Globalisierung so sozialverträglich wie möglich zu gestalten

8.2 Sponsoring

Viele Unternehmen stellen Einzelpersonen oder Organisationen bestimmte **Leistungen** (Geld, Sachmittel, Dienstleistungen) zur Verfügung, um kommunikative Ziele zu erreichen. Im Gegensatz zum Spender oder Mäzen verlangt der Sponsor also eine **Gegenleistung** für seine Zuwendung: z. B. die Platzierung seines Logos im Umfeld des Begünstigten, eine wohlwollende Erwähnung in dessen Pressemitteilungen oder gemeinsame Werbung, in welcher der Gesponserte Produkte des Sponsors empfiehlt. Zu unterscheiden sind Sport-, Kultur-, Sozio-, Öko-, Schul- bzw. Hochschul- und Medien- bzw. Programmsponsoring. Letzteres liegt bspw. vor, wenn *Radeberger* die Blockbuster auf *ProSieben* präsentiert. Beim Event-Sponsoring unterstützt der Sponsor einzelne Veranstaltungen (z. B. Konzerte, Stadtfeste) und nutzt die positive Stimmung der Besucher, um dort seine Marke oder Werbebotschaft zu präsentieren. Am meisten wird in Sportsponsoring investiert (3,3 Mrd. € bei einem Gesamtvolumen von 5,2 Mrd. €).

Beispiel
„Das Bad soll die neue Küche werden. Den Hype um Induktionsherde und formschöne Abzugshauben will *Hansgrohe*, einer der umsatzstärksten Hersteller von Armaturen, Brausen und Badewannen, auf Duschen und Waschbecken übertragen. Um beim Verbraucher mehr Markenbewusstsein zu schaffen, ist *Hansgrohe* ins Sportsponsoring eingestiegen und zahlt dafür pro Jahr einen siebenstelligen Betrag. Gemeinsam mit einem Küchenhersteller beteiligt sich der Konzern an einer Profimannschaft im Radsport. Die Helme der Fahrer sind in Sattgrün lackiert, in der Farbe von *Hansgrohe*. Vor der *Tour der France* liefen im Fernsehen teure Werbespots: „Duschen wie ein Weltmeister." [54]

Sponsoring eröffnet beiden Seiten zahlreiche **Chancen**. Der Sponsor kann in einem günstigen, zielgruppengerechten Umfeld (z. B. Fußballstadion, Konzertsaal) eine spezielle Zielgruppe (z. B. Fußballfans, Kulturinteressierte) ansprechen und einen Imagetransfer auslösen: d. h. positive Eigenschaften (z. B. jung, dynamisch, fröhlich), welche die Zielgruppe mit dem Gesponserten (z. B. Olympische Spiele) verbindet, auf den Sponsor (z. B. *Coca-Cola)* übertragen.

Imagevorteil dank Sportsponsoring

Um die Wirksamkeit von Sponsoring überprüfen zu können, befragten wir Besucher der Spiele eines Football-Vereins zum Image des Hauptsponsors: ein Getränkeanbieter, welcher den Verein seit drei Jahren unterstützte (durch Trikot-, Ticket- und Bandenwerbung sowie Stadiondurchsagen und Ausschank). Zusätzlich befragten wir vergleichbare Personen, welche die Spiele nicht besucht hatten und folglich vom Sponsoring nicht beeinflusst sein konnten. Wie die Auswertung der Antworten ergab, beschrieb die Experimentalgruppe (= mit Sponsoring) den Sponsor signifikant positiver als die Kontrollgruppe (ohne Sponsoring): z.B. engagierter, erfolgreicher und sportlicher. Auch die der Kaufentscheidung „näheren" Eigenschaften (kompetent und zuverlässig) profitierten signifikant vom Sponsoring. Fazit: Mit Hilfe von Sportsponsoring ist es möglich, eine Marke vorteilhaft zu positionieren.

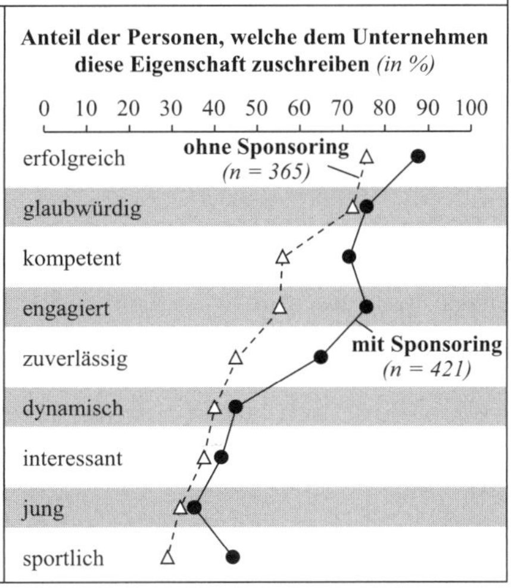

Quelle: Leuteritz et al. (2008, S. 120 ff.).

Indessen ist Sponsoring nicht ohne **Risiko**. Es kommt immer wieder vor, dass ein – zum Zeitpunkt des Vertragsabschlusses nicht absehbares – Fehlverhalten eines Vertragspartners das Image des anderen Vertragspartners schwerwiegend schädigt. So hat der Doping-Skandal beim Radteam *T-Mobile* (mit *J. Ullrich)* dem Sponsor *Deutsche Telekom* erheblich zu schaffen gemacht. Und *Daimler* (= Hauptbesitzer des *Mercedes*-Formel 1-Teams) musste Rede und Antwort stehen, als *Pentronas* (= Hauptsponsor der „Silberpfeile") wegen gravierender Umweltschäden bei der Ölförderung im Südsudan in die öffentliche Kritik geriet. [55]

Beispiel
„Nach ihrem Dopinggeständnis gehen erste Sponsoren auf Distanz zu der Tennisspielerin *M. Scharapowa. Nike* setzte einen hoch dotierten Sponsoringvertrag mit der Russin aus, *Porsche* stoppte geplante Aktivitäten. *Scharapowa* wer während der *Australian Open* die Einnahme von *Meldonium* nachgewiesen worden. Der Tennis-Weltverband suspendierte sie vorläufig." [56]

8.3 Corporate Social Responsibility

Corporate Brand: Unternehmensmarken wie *Audi*, die markentechnisch wie Produktmarken zu behandeln sind

Wie können Global Player Imageschäden und Markenerosion vermeiden? Indem es ihnen gelingt, der (kritischen) Öffentlichkeit glaubhaft zu signalisieren, dass sie sich sozial verantwortlich verhalten. [57] Entscheidend dabei ist die Zeitperspektive. **Reaktive CSR** – mit dem Ziel, die Folgen eines bereits eingetretenen Imageschadens für den Markenwert der 'corporate brand' zu mildern (z. B. nach einem Umweltskandal) – wirkt auf die Öffentlichkeit zumeist opportunistisch („man erkennt die Absicht und ist verstimmt"). [58] Gefordert ist **proaktive CSR** – kontinuierlich und anlassunabhängig. Diesem Zweck dienen u. a. …

- Nachhaltigkeits-Berichterstattung,
- Mitgliedschaft bei einschlägigen Nicht-Regierungsorganisationen,
- soziales Sponsorship,
- Organisation von und Teilnahme an CSR-Workshops,
- Medienkampagnen.

2014 führten *RWE, Deutsche Post, Henkel* und *Bosch* mit deutlichem Abstand das **CSR-Ranking** der Dax-Unternehmen an. Schlusslichter waren *E.ON, Lufthansa, Symrise* und *ERGO*. [59] Naturgemäß ist die Versuchung groß, CSR als PR-Veranstaltung zu missbrauchen und sich auf Alibimaßnahmen zu beschränken. Berühmt-berüchtigt wurde die Strategie des sog. **Greenwashing**: durch Imagebroschüren und Ähnliches dem Unternehmen einen „grünen Anstrich" zu geben, ohne sich tatsächlich umweltbewusst zu verhalten. [60] Ursprünglich auf den Umweltbereich beschränkt, gilt mittlerweile jegliche Art der Schönfärberei der Unternehmenstätigkeit als Greenwashing – etwa wenn *H&M* seinen Kunden die Möglichkeit anbietet, getragene Kleidung zurückzugeben. Mit dieser Aktion versuche der schwedische Textildiscounter letztlich nur, sein Image, das unter der vielstimmigen Kritik an den Arbeitsbedingungen in seinen Zulieferunternehmen gelitten hat, aufzubessern. Auch handle es sich dabei letztlich nur um eine Strategie der Kundenbindung und Absatzsteigerung im grünen Nachhaltigkeitsmäntelchen. Denn *H&M*-Kunden erhalten für zurückgegebene Kleidung beim nächsten Einkauf einen Rabatt.

8.4 Effekt sozial verantwortlicher Unternehmenstätigkeit

Sofern das sozialpolitische Feld, in dem sich ein Unternehmen engagiert, thematisch mit dessen Marktzielen übereinstimmt und dieses seinen Kunden das Engagement glaubwürdig kommuniziert, können die beteiligten Unternehmen auf vielfältige Weise davon profitieren, wenn sich sozial verantwortungsbewusst verhalten. Gemäß der *Boston Consulting Group*-Studie „Total Societal Impact“ [61] sind Umsatzsteigerungen zwischen 0,5 und 4,8 % erwartbar, je nach Branche, geringere Anfälligkeit bei Unternehmenskrisen (Umweltskandale und andere negative Ereignisse), stärkere Kundenbindung, sowie Vorteile bei der Gewinnung attraktiver Mitarbeiter.

9 Literaturempfehlung

- *Hoffmann, S.; Akbar, P.* (2016): Konsumentenverhalten, Wiesbaden: Springer Gabler.
- *Kollmann, T.* (2013): Online-Marketing, 2. Aufl., Stuttgart: Kohlhammer.
- *Kreutzer, R.T.* (2016): Online-Marketing, Wiesbaden: Springer Gabler.
- *Lammenett, E.* (2017): Praxiswissen Online-Marketing, Wiesbaden: Springer Gabler.

Endnoten

1. www.redbull.com/de/de/games/events (23.11.2015)
2. http://www.spiegel.de/wissenschaft/natur/haifischflossen-983811.html (14.12.2015)
3. http://www.faz.net/aktuell/wirtschaft/pinkel-video-setzt-cornflakes-hersteller-kellogg-s-unter-druck-14126243.html (15.3.2016)
4. Ritzer (2016)
5. Müller/Gelbrich (2015, S. 98 ff.)
6. Ying et al. (2009)
7. Möller/Eisend (2010, S. 92)
8. Zhang/Daugherty (2010); Lee/Tamborini (2005)
9. Sinkovics et al. (2012)
10. www.telekom.com/de/konzern/details/neue-corporate-webseite-442254
11. zu hilfreichen Optimierungstechniken vgl. Kollmann (2013, S. 185 ff.) und Kreutzer (2014, S. 193 ff.)
12. Willmroth (2015)
13. Kollmann (2013, S. 190)
14. Kollmann (2013, S. 196f.)
15. Müller/Gelbrich (2015, S. 706)
16. Sundar et al. (1998)
17. Meffert et al. (2015, S. 158f.); Kreutzer (2014, S. 139 ff.
18. Theile (2017)
19. http://www.digitalwiki.de/ad-fraud/
20. Manchanda et al. (2006)
21. Breuer/Brettel (2012)
22. Menden (2017)
23. Levinson (1984)
24. http://www.taiber-unternehmensberatung.de/ist-guerilla-marketing-ideen-definition-kampagnen-aktionen/(12.3.2016)
25. Hutter/Hoffmann (2014)
26. Meffert et al. (2015, S. 686)
27. Hutter/Hoffmann (2014, S. 27f.)
28. Kuhn (2014)
29. Yu/Cude (2009)
30. Gruber (2015)
31. Uchatius (2016)

32. Werner (2016)
33. Gedenk (2009)
34. Bund (2012)
35. Hoffmann (2009)
36. http://wirtschaftslexikon.gabler.de/Definition/self-liquidation-offer.htm(23.3.2016)
37. Gedenk (2014)
38. Kloss (2012)
39. Gurk (2017)
40. von Wangenheim (2003, S. 97f.)
41. Tönnesmann (2016a)
42. Lechtape (2017)
43. Langner (2007)
44. Wittenbrink (2016)
45. Uhlmann (2017)
46. http://www.spiegel.de/wirtschaft/unternehmen/coca-cola-erlebt-mit-werbespot-in-mexiko-ein-desaster-a-1065840-druck.html (15.1.2016)
47. Kreutzer (2014, S. 69)
48. Gruber (2016)
49. Hillebrand et al. (2015)
50. Kreutzer (2014); Peters 2011)
51. Kreutzer (2013, S. 70); http://www.spiegel.de/wirtschaft/service/h-m-primark-takko-studie-wirft-modeketten-kinderarbeit-in-burma-vor-a-1133370.html
52. http://blog.lewispr.de/kamera-ab-periscope-tipps-fuer-die-pr/ (18.10.2015)
53. Sommerhof (2010)
54. Schweikle (2017, S. 30)
55. Langhans/Hägler (2016)
56. Süddeutsche Zeitung (9.3.2016, S. 1)
57. Schneider/Schmidpeter (2015)
58. aus Torquato Tasso (Goethe)
59. www.csr-benchmark.de/corporate-social-responsibility-benchmark-2014/ranking
60. Bowen (2014)
61. www.bcg.com/de-de/publications/2017/total-societal-impact-new-lens-strategy.aspx

Literaturverzeichnis

Aaker, D.A.; Joachimsthaler, E. (2012): Brand Leadership, New York: The Free Press.

Abdallah, S.; Jaleel, B. (2015): Website Appeal. Development of An Assessment Tool and Evaluation Framework of E-Marketing, Journal of Theoretical and Applied Electronic Commerce Research, 10(3): 46–62.

Adaval, R.; Wyer Jr, R.S. (2011): Conscious and Nonconscious Comparisons with Price Anchors. Effects on Willingness to Pay for Related and Unrelated Products, Journal of Marketing Research, 48(2): 355-365.

Anderson, C. (2008): The Long Tail. Der lange Schwanz - Nischenprodukte statt Massenmarkt, München: Hanser.

Atalay, A.S.; Bodur, H.O.; Rasolofoarison, D. (2012): Shining in the Center. Central Gaze Gascade Effect on Product Choice, Journal of Consumer Research, 39(4): 848-866.

Atasoy, O.; Morewedge, C. (2016): Better to Have a Book in the Hand than Two in the Cloud. Consumer Preferences for Physical Over Digital Goods, in: Moreau, P., Puntoni, S. (Eds.), Advances in Consumer Research, Vol. 44, pp. 21-25 Duluth/MN: Association for Consumer Research.

Atasoy, O.; Morewedge, C.K. (2017): Digital Goods Are Valued Less Than Physical Goods, Journal of Consumer Research.

Ausschuss für Definitionen zu Handel und Distribution (Hrsg.) (2006): Katalog E. Definitionen zu Handel und Distribution, Köln: Institut für Handelsforschung.

Awad, N.; Ragowsky, A. (2008): Establishing Trust in Electronic Commerce through Online Word of Mouth. An Examination across Gender, Journal of Management Information Systems, 24(4): 101-121.

Backhaus, K.; Voeth, M. (2014). Industriegütermarketing, 10.Aufl., München: Vahlen.

Balderjahn, I. (2003): Erfassung der Preisbereitschaft, in: Diller, H.; Herrmann, A. (Hrsg.), Handbuch Preispolitik, 387-404, Wiesbaden: Gabler.

Balderjahn, I.; Scholderer, J. (2007): Konsumentenverhalten und Marketing, Stuttgart: Schäffer-Poeschel.

Ballhausen, M.; Tallau, C. (2008): Akustische Markenführung. Von der Markenidentität zum akustischen Markenauftritt, Transfer. Werbeforschung & Praxis, 4: 48-55.

Bänsch, A. (2013): Verkaufspsychologie und Verkaufstechnik, 9. Aufl., München: Oldenbourg.

Bauer, H.H.; Neumann, M.M.; Schüle, A. (2006): Konsumentenvertrauen. Konzepte und Anwendungen für ein nachhaltiges Kundenbindungsmanagement, München: Vahlen.

Baurmann, J.G. (2015): Einfluss im Quadrat, Die Zeit, 70(33): 19.

Beck, H. (2009): Wirtschaftspolitik und Psychologie: Zum Forschungsprogramm der Behavioral Economics, ORDO: Jahrbuch für die Ordnung von Wirtschaft und Gesellschaft, 60: 119-151.

Becker, J. (2013): Marketing-Konzeption. Grundlagen des zielstrategischen und operativen Marketing-Managements, 10. Aufl., München: Vahlen.

Bernau, V. (2016): Abschiedsschmerz. Kaum eine Branche kämpft so erbittert um Kunden wie die Mobilfunkanbieter, Süddeutsche Zeitung, 72(32): 15.

Bigalke, S.; Kläsgen, M. (2017): Aus der Mode, Süddeutsche Zeitung, 73(289): 30.

Birker, K.; Voss, R. (2000): Handelsmarketing, Berlin: Cornelsen.

Black, H.G.; Kelley, S.W. (2009): A Storytelling Perspective on Online Customer Reviews Reporting Service Failure and Recovery, Journal of Travel & Tourism Marketing, 26(2): 169-179.

Borden, N. (1964): The Concept of the Marketing Mix, Journal of Advertising Research, 4(2): 2-7.

Bowen, F. (2014): After Greenwashing. Symbolic Corporate Environmentalism and Society, Cambridge: Cambridge University Press.
Braatz, D. (2014): Hip und dann hopp, Die Zeit, 69(181): 61.
Breuer, R.; Brettel, M. (2012): Short- and Long-term Effects of Online Advertising. Differences between New and Existing Customers, Journal of Interactive Marketing, 26(3): 155-166.
Bruhn, M. (2016): Marketing, 13. Aufl., Wiesbaden: Springer Gabler.
Bruhn, M. (2015): Kommunikationspolitik, 8. Aufl., München: Vahlen.
Bund, K. (2012): Labormäuse am Kassenband, Die Zeit, 67(24): 28.
Burmann, C.; Halaszovich, T.; Schade, M.; Hemmann, F. (2015): Identitätsbasierte Markenführung, 2. Aufl., Wiesbaden: Springer Gabler.
Büttner, O.; Florack, A.; Leder, H.; Paul, M.; Serfas, B.; Schulz, A.-M. (2014): Hard to Ignore. Impulsive Buyers Show an Attentional Bias in Shopping Situations, Social Psychological and Personality Science, 5(3): 343-351.
Buzzell, R.D.; Gale, B.T. (1989): Das PIMS-Programm: Strategien und Unternehmenserfolg, Wiesbaden: Gabler.

CCMC (2013): Will we Ever Learn? The Sad State of Customer Care in America, http://www.customercaremc.com/the-2013-customer-rage-study/: Care Measurement & Consulting.
Cialdini, R.B. (2013): Die Psychologie des Überzeugens, 7. Aufl., Bern: Huber.
Coker, B.L. (2012): Seeking the Opinions of Others Online. Evidence of Evaluation Overshoot, Journal of Economic Psychology, 33(6): 1033-1042.
Conradi, M. (2014): Viel zu viel. Warum ist es eigentlich so schwer, im Supermarkt einen normalen Joghurt zu finden? Süddeutsche Zeitung, 281(70): 25.
Copulsky, J.R. (2011): Brand Resilience. Managing Risk and Recovery in a High-speed World, New York: Macmillan.

De Chernatony, L.; McDonald, M. (1992): Creating Powerful Brands. The Strategic Route to Success in Consumer, Industrial, and Service Markets, Oxford: Butterworth-Heinemann.
Diekmann, A.; Preisendörfer, P. (1998): Umweltbewußtsein und Umweltverhalten in Low- und High-Cost-Situationen. Eine empirische Überprüfung der Low-Cost-Hypothese, Zeitschrift für Soziologie, 27(6): 438-453.
Dijksterhuis, A.; Bos, M.W.; Nordgren, L.F.; Van Baaren, R.B. (2006): On Making the Right Choice. The Deliberation-without-Attention Effect, Science, 311(5763): 1005-1007.
Diller, H. (2003): Preiswahrnehmung und Preisoptik, in: Diller, H.; Hermann, A. (Hrsg.), Handbuch Preispolitik, 259-283, Wiesbaden: Gabler.
Diller, H. (2008): Preispolitik, 4. Aufl., Stuttgart: Kohlhammer.
Diller, H.; Haas, A.; Ivens, B. (2005): Verkauf und Kundenmanagement, Stuttgart: Kohlhammer.
Drösser, C. (2015): Wie wir Deutschen ticken. Wer wir sind. Wie wir denken. Was wir fühlen, Hamburg: Edel Books.

Edwards, S.M.; Li, H.; Lee, J.H. (2002): Forced Exposure and Psychological Reactance. Antecedents and Consequences of the Perceived Intrusiveness of Pop-Up Ads, Journal of Advertising, 31(3): 83-95.
Engelkamp, P. (1980): Entscheidungsverhalten unter Risikobedingungen. Die Erwartungsnutzentheorie, Freiburg: Haufe.
Esch, F.-R. (2018). Strategie und Technik der Markenführung, 9. Aufl., Vahlen: München.
Esch. F.-R.; Herrmann, A.; Sattler, H. (2018): Marketing. Eine managementorientierte Einführung, 5. Aufl., München: Vahlen.

Festinger, L. (1954): A Theory of Social Comparison Processes, Human Relations, 7(2): 117-140.
Festinger, L. (1957): A Theory of Cognitive Dissonance, Stanford/CA: Stanford University Press.

Finke B. (2017): Postkarte statt Post, Süddeutsche Zeitung, 73(252): 18.
Finke, B. (2016): Er kann nur billig, Süddeutsche Zeitung, 72(28): 15.
Finke, B.; Becker, K.B. (2014): Wenn der Porsche teurer ist, Süddeutsche Zeitung, 70(192): 8.
Flottau, J.; Kuntz, M.; Martin-Jung, H. (2014): Jedem seinen Preis, Süddeutsche Zeitung, 70(192): 8.
Fuchs, W.; Unger, F (2014): Management der Marketing-Kommunikation, 5. Aufl., Berlin: Springer Gabler.

Gedenk, K. (2009): Verkaufsförderung, in: Bruhn, M.; Esch, F.R.; Langner, T. (Hrsg.), Handbuch Kommunikation, 267-283, Wiesbaden: Gabler.
Gedenk, K. (2014): Einsatz der Verkaufsförderung fur die Marketingkommunikation, in: Bruhn, M.; Esch, F.-R.; Langner, T. (Hrsg.), Handbuch Instrumente der Kommunikation, 1-12, Wiesbaden: Gabler.
Gelbrich, K. (2001): *Kundenwert*, Göttingen: Cuvillier.
Gelbrich, K.; Gäthke, J.; Grégoire, Y. (2015): How Much Compensation Should a Firm Offer for a Flawed Service? An Examination of the Non-Linear Effects of Compensation on Satisfaction, Journal of Service Research, 18(1): 107-123.
Gneezy, A.; Gneezy, U.; Riener, G.; Nelson, L.D. (2012): Pay-what-you-want. Identity, and Self-signaling in Markets, Proceedings of the National Academy of Sciences, 109(19): 7236-7240.
Großklaus, R.H.G. (2015): Positionierung und USP. Wie Sie eine Alleinstellung für ihre Produkte finden und umsetzen, 2. Aufl., Wiesbaden: Springer Gabler.
Gruber, A. (2015): Durchleuchtet von Facebook, Süddeutsche Zeitung, 71(298): 21.
Gruber, A. (2016): Studie zu Twitter. So lassen sich Online-Gerüchte stoppen, http://www.spiegel.de/netzwelt/web/twitter-studie-so-lassen-sich-online-geruech-te-doch-noch-stoppen-a-1085490.html (5.4.2016)
Gurk, C. (2017): Die Macht ist mit ihnen, Süddeutsche Zeitung, 73(274): 19.

Hage, S. (2016): In den Schuhen des Rappers, Der Spiegel, 31: 72-73.
Haig, M. (2004): Die 100 größten Marken-Flops, Frankfurt: Verlag Moderne Industrie.
Hauschildt, J.; Salomo, S.; Schultz, C.; Kock, A. (2016): Innovationsmanagement, 6. Aufl., München: Vahlen.
Häusel, H.G. (2014): Neuromarketing. Erkenntnisse der Hirnforschung für Markenführung, Werbung und Verkauf, 3. Aufl., Freiburg: Haufe-Lexware.
Hawkins, S.A.; Hoch, S.J. (1992): Low-involvement Learning. Memory without Evaluation, Journal of Consumer Research, 19(2): 212-225.
Heilman, C.M.; Nakamoto, K.; Rao, A.G. (2002): Pleasant Surprises. Consumer Response to Unexpected In-Store Coupons, Journal of Marketing Research, 39(2): 242-252.
Helm, R.; Scheunert, U.; Landschulze, S. (2012): Was wissen wir zum (Konsumenten-)Verhalten von Senioren? Die Betriebswirtschaft, 72(5): 427-446.
Herrmann, A.; Heitmann, M.; Landwehr, J.R..; Huber, F. (2009): Dem Entscheidungsverhalten auf der Spur. Was Marketing von Behavioral Economics lernen kann, Marketing Review St. Gallen, 26(4): 6-10.
Herrmann, A.; Huber, F. (2013): Produktmanagement, 3.Aufl., Wiesbaden: Gabler.
Hillebrand, B.; Driessen, P.H.; Koll, O. (2015): Stakeholder Marketing. Theoretical Foundations and Required Capabilities, Journal of the Academy of Marketing Science, 43(4): 411-428.
Hinterhuber, A.; Liozu, S.M. (2014): Is Innovation in Pricing your Next Source of Competitive Advantage? Business Horizons, 57(3): 413-423.
Hirschman, A.O. (1970): Exit, Voice, and Loyality. Responses to Decline in Firms, Organizations, and States, Cambridge/MA: Harvard University Press.
Hofbauer, G.; Knör, S. (2015): Professionelles Preismanagement, Erlangen: Publicis.
Hoffmann, S. (2009): Produktzugaben. Eine empirische Analyse ihrer Wirksamkeit als Instrument der Verkaufsförderung, Wiesbaden: Gabler.
Hoffmannn, S.; Akbar, P. (2016): Konsumentenverhalten, Wiesbaden: Springer Gabler.
Homburg, C. (2016): Marketingmanagement, 6. Aufl., Wiesbaden: Springer Gabler.

Homburg, C.; Koschate, N. (2005): Behavioral-Pricing-Forschung im Überblick, Teil 1/2, Zeitschrift für Betriebswirtschaft, 75(4/5): 383-423, 501-525.
Huber, A. (2016): Marketing, 3. Aufl., München: Vahlen.
Hubert, M.; Kenning, P. (2008): A Current Overview of Consumer Neuroscience, Journal of Consumer Behavior, 7(4-5): 272-292.
Hurth, J. (2006): Angewandte Handelspsychologie, Stuttgart: Kohlhammer.
Hutter, K.; Hoffmann, S. (2013): Professionelles Guerilla-Marketing, Wiesbaden: Springer Gabler.

Iyengar, S.S.; Lepper, M.R. (2000): When Choice is Demotivating. Can one Desire Too Much of a Good Thing? Journal of Personality and Social Psychology, 79(6): 995-1006.

Jalsovec. A. (2013): Wiederholungstäter. Weniger Inhalt, gleicher Preis, Süddeutsche Zeitung, 69(100): 27.
Janakiraman, N.; Syrdal, H.A.; Freling, R. (2016): The Effect of Return Policy Leniency on Consumer Purchase and Return Decisions. A Meta-analytic Review, Journal of Retailing, 92(2): 226-235.
Janiszewski, C.; Lichtenstein, D.R. (1999): A Range Theory Account of Price Perception, Journal of Consumer Research, 25(4): 353-368.
Johnston, L. (2017): The Creative Shopkeeper, New York: Thames & Hudson.

Kahneman, D. (2011): Thinking, Fast and Slow, London: Allen Lane.
Kahneman, D.; Knetsch, J. L.; Thaler, R. H. (1991): Anomalies. The Endowment Effect, Loss Aversion, and Status Quo Bias, Journal of Economic Perspectives, 5(1): 193-206.
Kahneman, D.; Tversky, A. (1979): Prospect Theory. An Analysis of Decision under Risk, Econometrica, 47(2): 263–292.
Keaveney, S.M.; Huber, F.; Herrmann, A. (2007): A Model of Buyer Regret. Selected Prepurchase and Postpurchase Antecedents with Consequences for the Brand and the Channel, Journal of Business Research, 60(12): 1207-1215.
Kenning, P.; Plassmann, H.; Ahlert, D. (2007): Consumer Neuroscience, Marketing ZFP, 29(1): 56-72.
Kim, H.M.; Kramer, T. (2006): "Pay 80%" versus "Get 20% off". The Effect of Novel Discount Presentation on Consumers' Deal Perceptions, Marketing Letters, 17(4): 311-321.
Kleinschrodt, A. (2007): Preispsychologie im Marketing, Berlin: Akademiker Verlag.
Kloss, I. (2012): Werbung, 5. Aufl., München: Vahlen.
Koch, T.; Zerback, T. (2013): Das Wiederholungsparadoxon, Publizistik, 58(1): 5-21.
Kollmann, T. (2013): Online-Marketing. Grundlagen der Absatzpolitik in der Net Economy, 2. Aufl., Stuttgart: Kohlhammer.
Kopetzky, M. (2016): Preispsychologie, Wiesbaden: Springer.
Krafft, M. (2007): Kundenbindung und Kundenwert, 2. Aufl., Heidelberg: Physica.
Kreilkamp, E. (1987): Strategisches Management und Marketing. Markt- und Wettbewerbsanalyse, strategische Frühaufklärung, Portfolio-Management, Berlin: de Gryter.
Krelle, W. (1976): Preistheorie, 2. Aufl., Tübingen: Mohr.
Kreutzer, R.T. (2013): Praxisorientiertes Marketing, 4. Aufl., Wiesbaden: Springer Gabler.
Kreutzer, R.T. (2014): Corporate Reputation Management in den sozialen Medien: Grundprinzipien zur erfolgreichen Einbindung von Social Media, Wiesbaden: Springer Gabler.
Kreutzer, R.T. (2014): Praxisorientiertes Online-Marketing, 2. Aufl., Berlin: Springer Gabler.
Kroeber-Riel, W.; Gröppel-Klein, A. (2013): Konsumentenverhalten, 10. Aufl., München: Vahlen.
Kuhn, J. (2014): Hallo, ich bin hier! Süddeutsche Zeitung, 70(161): 28.

Langhans, K.; Hägler, M. (2016): Schmierige Geschäfte, Süddeutsche Zeitung, 72(56): 22.
Langner, S. (2007): Viral Marketing. Wie Sie Mundpropaganda gezielt auslösen und Gewinn bringend nutzen, 2. Aufl., Wiesbaden: Gabler.
Lay, G.; Jung Erceg, P. (2002): Produktbegleitende Dienstleistungen, Berlin: Springer.
Lechtape, M. (2017): Sterne, die niemand verdient, Süddeutsche Zeitung, 73(203): 20.

Levinson J. C. (1984): Guerilla-Marketing. Easy and Unexpensive Strategies for Making Big Profit from Small Business, New York: Mariner Books.
Levinson, J.C. (1986): Guerilla Marketing-Offensives Werben und Verkaufen für kleinere Unternehmen, Frankfurt/Main: Campus.
Lindstrom, M.; Underhill, P. (2010): Buy Ology. Truth and Lies About Why We Buy, New York: Broadway Books.
López, M.; Sicilia, M. (2014): Determinants of E-WOM Influence. The Role of Consumers' Internet Experience, Journal of Theoretical and Applied Electronic Commerce Research, 9(1): 28-43.
Lull, R.B.; Bushman, B.J. (2015): Do Sex and Violence Sell? A Meta-analytic Review of the Effects of Sexual and Violent Media and Ad Content on Memory, Attitudes, and Buying Intentions, Psychological Bulletin, 141(5): 1022-1048.

Magrath, A.J. (1986): When Marketing Services, 4 P's Are Not Enough, Business Horizons, 29(3): 44-50.
Manchanda, P.; Dubé, J.P.; Goh, K.Y.; Chintagunta, P.K. (2006): The Effect of Banner Advertising on Internet Purchasing, Journal of Marketing Research, 43(1): 98-108.
McClure, S.M.; Li, J.; Tomlin, D.; Cypert, K.S.; Montaguq, L.M.; Montague, P.R. (2004): Neural Correlates of Behavioral Preference for Culturally Familiar Drinks, Neuron, 44, 379-387.
McNeil, B.J.; Pauker, S.G.; Sox Jr, H.C.; Tversky, A. (1982). On the Elicitation of Preferences for Alternative Therapies, New England Journal of Medicine, 306(21): 1259-1262.
Meffert, H.; Burmann, C.; Kirchgeorg, M. (2015): Marketing. Grundlagen marktorientierter Unternehmensführung, 12. Aufl., Wiesbaden: Springer Gabler.
Menden, A. (2017): Versteckte Kamera, Süddeutsche Zeitung, 73(240): 10.
Michael, R.B.; Garry, M.; Kirsch, I. (2012): Suggestions, Cognition, and Behaviour, Current Directions in Psychological Science, 21(3): 151-156.
Miller, G. A. (1956): The Magical Number Seven Plus or Minus Two. Some Limits on our Capacity for Processing Information, Psychological Review, 63(2): 81-97.
Mochon, D. (2013): Single-Option Aversion. Journal of Consumer Research, 40(3): 555-566.
Morin, C. (2011). Neuromarketing. The New Science of Consumer Behavior, Society, 48(2): 131-135.
Müller, S.; Gelbrich, K. (2015): Interkulturelles Marketing, 2. Aufl., München: Vahlen.
Müller-Hagedorn, L.; Toporowski, W.; Zielke, S. (2012): Der Handel. 2. Aufl., Stuttgart: Kohlhammer.
Müller-Hagedorn, L; Natter, M. (2011): Handelsmarketing, 5. Aufl., Stuttgart: Kohlhammer.

Owens, J.W.; Chaparro, B.S.; Palmer, E.M. (2011): Text Advertising Blindness. The New Banner Blindness? Journal of Usability Studies, 6(3): 172-197.

Park, C.W.; Jun, S.Y.; MacInnis, D.J. (2000): Choosing what I Want versus Rejecting what I Do not Want. An Application of Decision Framing to Product Option Choice Decisions, Journal of Marketing Research, 37(2): 187-202.
Pechtl, H. (2014). Preispolitik: Behavioral Pricing und Preissysteme, 2. Aufl., Stuttgart: Lucius.
Peters, P. (2011): Reputationsmanagement im Social Web, Norderstedt: Books on Demand (Social Media Verlag).
Peters, T.; Waterman, R. (1982): In Search of Excellence. Lessons from America's Best-run Corporations, New York: Warner.
Plutchik, R. (1991): The Emotions, 2nd Ed., Maryland: University Press.
Plutchik, R. (2000): Emotions in the Practice of Psychotherapy, Washington/DC: American Psychological Association.
Porter, M.E. (1980): Competitive Strategy. Techniques for Analyzing Industries and Competitors, New York: The Free Press.
Prelec, D.; Simester, D. (2001): Always Leave Home without It. A further Investigation of the Credit-card Effect on Willingness to Pay, Marketing Letters, 12(1): 5-12.

Reichheld, F.F.; Sasser, W.E. (1990): Zero Defections. Quality Comes to Services, Harvard Business Review, 5: 105-111.
Ritzer, U. (2016): Der Aldi des Sports, Süddeutsche Zeitung, 72(30): 28.
Rögener, W. (2016): Im Kaufrausch, Süddeutsche Zeitung, 72(155): 18.
Rohwetter, M. (2015): Das iPhone aus Wuppertal, Die Zeit, 70(42): 23-24.
Roschk, H.; Gelbrich, K. (2014): Identifying Appropriate Compensation Types for Service Failures, Journal of Service Research, 17(2): 195-210.
Roschk, H.; Gelbrich, K. (2017): Compensation Revisited, Journal of Service Research, 20(4): 393-408.
Roschk, H.; Kaiser, S. (2013): The Nature of an Apology. An Experimental Study on how to Apologize After a Service Failure, Marketing Letters, 24(September): 293-309.
Runia, P.; Wahl, F.; Geyer, O.; Thewißen, C. (2015): Marketing. Eine prozess- und praxisorientierte Einführung, 4. Aufl., München: de Gruyter/Oldenbourg.

Sattler, H.; Völckner, F. (2013): Markenpolitik, 3. Aufl., Stuttgart: Kohlhammer.
Sauerland, M.; Krajewski, J. (2012): Banner Blindness. Ein psychologischer Erklärungsversuch, Werbeforschung & Praxis, 4, 6-15.
Schäfer, U. (2017): Online nach 243 Jahren, Süddeutsche Zeitung, 73(62): 16.
Schmidt, L.; Skvortsova, V.; Kullen, C.; Weber, B.; Plassmann, H. (2017): How Context Alters Value. The Brain's Valuation and Affective Regulation System Link Price Cues to Experienced Taste Pleasantness, Scientific Reports 7, Nr.8098.
Schmieder, J. (2017): Hast Du noch Butter im Kühlschrank? In der TV-Werbepause könnte es bald recht persönlich werden, Süddeutsche Zeitung, 73(147): 43.
Schmitt, P.; Skiera, B.; Van den Bulte, C. (2011): Referral Programs and Customer Value, Journal of Marketing, 75(1): 46-59.
Schneider, A.; Schmidpeter, R. (2015): Corporate Social Responsibility, Springer: Berlin.
Schneider, D. (1997): Theorie der Unternehmung, Berlin: de Gruyter.
Schneider, H.; Kenning, P.; Hartleb, V.; Eberhardt, T. (2009): Implizites Preiswissen von Konsumenten – wirklich genauer als ihr explizites Preiswissen? Marketing ZFP, 31(4): 219-233.
Schneider, S.H. (2015): Mobile Marketing, Hamburg: Igel.
Schögel, M. (2012): Distributionsmanagement, München: Vahlen.
Schweiger, G.; Schrattenecker, G. (2009): Werbung. Eine Einführung, 7. Aufl., Stuttgart: Lucius & Lucius.
Schweikle, J. (2017): Das Dusch-Duell, Süddeutsche Zeitung, 73(32): 30.
Sen, S.; Lerman, D. (2007): Why are you Telling me this? An Examination into Negative Consumer Reviews on the Web, Journal of Interactive Marketing, 21(4): 76-94.
Seymour, B.; Daw, N.; Dayan, P.; Singer, T.; Dolan, R. (2007): Differential Encoding of Losses and Gains in the Human Striatum, Journal of Neuroscience, 27(18): 4826-4831.
Shiv, B.; Carmon, Z.; Ariely, D. (2005): Placebo Effects of Marketing Actions. Consumers May Get What they Pay for, Journal of Marketing Research, 42(4): 383-393.
Simon, H.; Fassnacht, M. (2016): Preismanagement, 4. Aufl., Wiesbaden: Springer Gabler.
Sinkovics, R.R.; Pezderka, N.; Haghirian, P. (2012): Determinants of Consumer Perceptions toward Mobile Advertising. A Comparison between Japan and Austria, Journal of Interactive Marketing, 26(1): 21-32.
Skurnik, I.; Yoon, C.; Park, D.C.; Schwarz, N. (2005): How Warnings about False Claims Become Recommendations, Journal of Consumer Research, 31(4): 713-724.
Sommerhof, D. (2010): Monologe auf allen Kanälen, http://www.sueddeutsche.de/digital/mitarbeiter-blogs-monologe-auf-allen-kanaelen-1.266739 (20.8.2016).
Sorensen, H. (2003): The Science of Shopping, Marketing Research, 15(3): 30-35.
Specht, G.; Fritz, W. (2005): Distributionsmanagement, 4. Aufl., Stuttgart: Kohlhammer.
Stein, K. (2015): Selbstgestrickt. Millionen Menschen bieten Produkte auf Online-Plattformen wie Dawanda oder Etsy an, Süddeutsche Zeitung, 71(222): 28.
Steinhart, Y.; Carmon, Z.; Trope, Y. (2013): Warnings of Adverse Side Effects Can Backfire Over Time. Psychological Science, 24(9): 1842-1847.
Strasser, D. (2017): Reklame, ja bitte, Süddeutsche Zeitung, 73(6): 18.

Sundar, S.S.; Narayan, S.; Obregon, R.; Uppal, C. (1998): Does Web Advertising Work? Memory for Print vs. Online Media, Journalism & Mass Communication Quarterly, 75(4): 822-835.

Thaler, R. (1985): Mental Accounting and Consumer Choice, Marketing Science, 4(3): 199-214.

Theile, C. (2017): Ferien mit Followern. Wie soziale Medien den Tourismus verändern, Süddeutsche Zeitung, 73(183): 1.

Tönnesmann, J. (2016a): Ein Herz für Pamela, Die Zeit, 71(50): 34.

Tönnesmann, J. (2016b): Journalismus Marketing, Die Zeit, 70(25): 24.

Tönnesmann, J. (2017): Sieht nett aus … ist aber Schleichwerbung, Die Zeit, 72(36): 12.

Uchatius, W. (2016): Warum glaubt Google, mein Kaninchen frisst Hundefutter? Die Zeit, 71(47): 17-19.

Uhlmann, B. (2017): Food-Spione. Wie die Lebensmittelindustrie Jugendliche ausspäht, Süddeutsche Zeitung, 73(12): 14.

Urban, T. (2016): Schweineglück, http://www.sueddeutsche.de/stil/samstagskueche-schweineglueck-1.2792148 (4.9.2016).

van Westendorp, P. H. (1976): NSS Price Sensitivity Meter. A New Approach to the Study of Consumer Perception of Price, Proceedings of the 29th ESOMAR Congress, 139-167, Amsterdam.

Venohr, B. (2013): „Marktgesetze" und strategische Unternehmensführung. Eine kritische Analyse des PIMS-Programms, Berlin: Springer.

Viciano, A.; Gamperl, E. (2017): Zucker fürs Volk, Süddeutsche Zeitung, 73(35): 38-39.

Völckner, F. (2006): Determinanten der Informationsfunktion des Preises, Zeitschrift für Betriebswirtschaft, 76(5): 473-497.

von Wangenheim, F. (2003): Weiterempfehlung und Kundenwert. Ein Ansatz zur persönlichen Kommunikation, Berlin: Springer.

Wanasika, I.; Conner, S.L. (2011): When is Imitation the Best Strategy? Journal of Strategic Innovation and Sustainability, 7(2): 79-93.

Weaver, K.; Garcia, S. M.; Schwarz, N. (2012): The Presenter's Paradox, Journal of Consumer Research, 39(3): 445-460.

Werner, K. (2016): Es ist egal, wer ein Haustier hat, Süddeutsche Zeitung, 72(185): 18.

Weyler, S. (2013): Wirkungen von Markenkrisen. Eine Analyse aus verhaltenswissenschaftlicher Perspektive, Berlin/Wiesbaden: Springer Gabler.

Wilke, F. (2015): Besser als die anderen, Süddeutsche Zeitung, 71(218): 18.

Willmroth, J. (2015): Die Abo-Fallen sind wieder da, Süddeutsche Zeitung, 71(273): 24.

Wittenbrink, J. (2016): Nichts ist egal. Mit einem ironischen Werbeclip hatten die Berliner Verkehrsbetriebe großen Erfolg, Die Zeit, 69(4): 24.

Wu, W.-Y.; Lee, C.-L.; Fu, C.-S.; Wang, H.C. (2013): How can Online Store Layout Design and Atmosphere Influence Consumer Shopping Intention on a Website?", International Journal of Retail & Distribution Management, 42(1): 4-24.

Yu, J.H.; Cude, B. (2009): Hello, Mrs. Sarah Jones! We Recommend this Product! Consumers' Perceptions about Personalized Advertising, International Journal of Consumer Studies, 33(4): 503-514.

Zentes, J.; Swoboda, B.; Foscht, T. (2012): Handelsmanagement, 3. Aufl., München: Vahlen.

Zhang, J. Q.; Craciun, G.; Shin, D. (2010): When does Electronic Word-of-Mouth Matter? A Study of Consumer Product Reviews, Journal of Business Research, 63(12): 1336-1341.

Stichwortverzeichnis

A
Above the Line-Kommunikation 224 ff.
Absatzhelfer 158
Absatzlehre 1 f.
Absatzmittler 163
Absatzweg 156
Absatzwegemanagement 157
Adaptionsniveau-Theorie 142
AdBlocker 216
AdEffect 215
Ad hoc-Verbrauchertest 83
Ad Impressions 233
Adoption 85
Adresslieferant 238
Advertorials 219
Advocacy Advertising 253
Adware 233
Affektheuristik 45, 47
Affiliate-Marketing 249 f.
Agentur-Briefing 200
AIDA-Modell 212
Akquisitorische Distribution 157
Aktivierung 35
Algebra, kognitive 45
All you Can Afford-Methode 201
Ambient-Marketing 237
Ambush-Marketing 236 f.
Ankerheuristik 45
Ansoff-Matrix 21
Apple 73, 98
Argumentationstechniken 189
Assimilations/Kontrast-Theorie 144
Aufmerksamkeit 215 f.
Außenwerbung 234 f.
Ausstrahlungseffekt 111
Auswahlmöglichkeit 63
Autorität 203

B
Banner-Stalking 240
Bannerwerbung 234
Bedarf 37
Bedürfnispyramide 37 f.
Bedürfnisse 37 ff.
Beeinflussungsstrategien 202
Behavioral Pricing 138
Behaviorismus 34
Below the Line-Kommunikation 224 ff.
Benchmarking 19
Beschwerdemanagement 64 ff.
Beschwerden 63 ff.
Besitztums-Effekt 70
Bezugsgruppen 49
Bezugspersonen 48
Bionik 82
Blickregistrierung 213
Blickverlauf 218
Blindtest 7, 104
BOGOF 151
Bot-Netzwerke 233
Bounce Rate 233
Brainstorming 81
Branded Entertainment 219
Branding 107
Brand Parity 99
Brand Revival 117
Break Even-Analyse 83, 128
Budgetierungsmethode 201
Bumerang-Effekt 53, 206
Bumerang-Methode 190
Buzz Agents 249
Buzz-Tracking 251

C
Carry Overeffekt 210
Cash & Carry 163
Category Captain 172
Category Management 172
Chatbots 163
Click-Through-Rate 233
Co-Branding 115
Coca-Cola 95
Concept Stores 169
Confirmation Bias 68
Consumer Benefit 199
Convenience Goods 74
Convenience-Store 178
Conversion Rate 233
Copy-Strategie 198 f.
Corporate Blog 255
Corporate Identity 185
Corporate Mission 13
Corporate Social Responsibility 258
Corporate Website 228 f.
Cost per Mille 232
Couponing 244
Cross-buying 61
Cross Channel-Vertrieb 168
Crowding 186
Customer Journey 168

Customer Research-Aktion 81

D
Dachmarke 110
DAR-Methode 214
Database-Marketing 238
Decayeffekt 211
Deutsche Telekom 22
Dienstleistung 30
Dienstleistungs-Marketing 30
Differenzierung 27
Diffusion 85
digitale Produkte 75
Direct Response-Werbung 238 f.
Direkter Vertrieb 157 ff., 164 f.
Direkt-Marketing 237 ff.
Discount Framing 150
Dissonanz 62
Distribution, physische 157
Distributionsdichte 165
Distributionslogistik 174
Diversifikation 22 f.
Door-in-the-Face 190
Duale Kodierung 108, 205
Duale Prozessmodelle 212 f.

E
Economic Man 137
Efficient Consumer Response 172
Eigenmarken 183 f.
Einkaufswagen 188
Einstellung 54 ff.
Einstellungs/Verhaltens-Diskrepanz 56
Einzelhandel 164
Einzelmarke 110
Elaboration-Likelihood-Modell 212 f.
Electronic Word-of-Mouth 50
Elektronische Medien 208
Emotion 47, 57, 103
Emotionalisierung 88
Empfehlungsmarketing 246 ff.
Endowment-Effekt 69
Entlastungsmethode 190
Entschuldigung 66 f.
Equity-Theorie 149
Erfolgsfaktoren 5 ff.
Erfolgsfaktorenforschung 2
Erfolgskontrolle 30
Erklärungsmodelle, kognitive 35
Erlebniswelt 191
Ertragsmanagement 134
Erwartungsmanagement 60
Event-Marketing 191 f.
Evoked Set 55

F
Factory Outlet 158
Fake-Empfehlung 249
Familienlebenszyklus 40
Familienmarke 110
Figur/Grund-Kontrast 108
Fixationen 218
Flagship-Store 156
Fokussierung 27 f.
Follow the Free-Pricing 124 f.
Foot-in-the-Door 191
Framing-Effekt 70
Franchising 173
Freude 58
funktionelle Magnetresonanztomographie 213
Furchtappelle 206

G
Gatekeeper 171
Gattungsbegriff 108
Gesetz gegen den unlauteren Wettbewerb 218
Greenwashing 258
Großhandel 163
Grüne Wiese 178
Guerilla-Marketing 235 ff.
Guerilla-Stores 169

H
Habitualisierung 46
Halo-Effekt 59
Handel 163
Handels-Promotion 241 f.
Handelsspanne 165
Händler-Promotion 242 f.
Haul 50
Hauling 248
Henkel 195
Hersteller/Handels-Beziehung 171
Hersteller/Handels-Konflikt 156
Heuristik 45
Hierarchie von Effekten-Modelle 212
High Involvement-Produkte 75
H&M 5
Homo oeconomicus 54
Homo psychologicus 54
Homo sociologicus 54

I
IBM 4
Imagetransfer 257
Imitation 80
Impulskäufe 47
Indirekter Vertrieb 165
Individualisierung 89
Influencer 50, 220, 247
Ingredient Branding 100
Innovation 77

Innovationsdruck 77
Instagram-Posts, bezahlte 220
Integration, vertikale 173
Integrierte Kommunikation 225
Integriertes Marketing 29
Intensiver Vertrieb 165
Intermedia-Selektion 207, 207 ff.
Intramedia-Selektion 209, 209 f.
Involvement 41

J
Jägermeister 53
Jingles 206

K
Kannibalisierung 91
Kannibalisierungseffekt 111
Katalogvertrieb 159
Kaufentscheidung 43
Kaufentscheidungsprozess 35
Käufermarkt 3
Kaufkraft 181
Key Account-Manager 158
Key Performance Indicator 36
Key Visuals 205
Keyword-Advertising 229
Kindchenschema 205
Klick Fraud 233
Klout-Score 254
Knappheit 203
Kognition 35
Ko-Konsumgesellschaft 8
Kommunikation, digitale 226
Kommunikationsmix 225
Kommunikationsstrategien 198
Kompensation 64 f.
Konditionierung
– klassische 42
– operante 42
Konflikte 170 ff.
Konsistenz 202
Konstrukt 36
Konsumentenrente 132
Konsumentenverwirrtheit 217
Konsumgüter-Marketing 30
Konsum, privater 33
Kontaktaussagen 65
Kontinuität 106
Konzepttest 83
Kooperation 28 f.
Kostenführerschaft 26 f.
Kreativitätstechniken 81
Kreditkartenprämie 138
Kundenbindung 60 f.
Kundenbindungsprogramm 61
Kundenwert 4
Kundenzufriedenheit 58 ff.
Kurzfristorientierung 71

L
Laddering 39
Landeskultur 49
Laufrichtung 185
Leitbild 202
Liebe 58
Listung 172
Lizenzgeschäft 245 f.
Lock in-Effekt 60, 125
Logfile-Analysen 36
LOHAS 25
Long Tail 160
Low Cost-Hypothese 56
Low Involvement-Produkte 74
Lückentest 213

M
Marke 96
Markenarchitektur 110
Markenartikel 96
Markenbotschafter 109
Markendehnung 108, 113
Markeneffekt 104
Markenerosion 108
Markenerweiterung 114
Markenführung 101, 107 ff.
Markenidentität 105
Markenimage 105
Markenliebe 58
Markenlogo 108
Markenloyalität 58
Markenname 107
Markenpersönlichkeit 102
Markenpflege 115
Markenpolitik 96
Markenrelaunch 115
Markenrepositionierung 116
Markenresilienz 102
Markenrestrukturierung 114
Markenstärke 7, 46
Markenwert 96
Marketing 1 f.
Marketing-Audit 30
Marketing-Controlling 30
Marketingführerschaft 183
Marketing-Kontrolle 30
Marketing-Konzeption 15
Marketing-Mix 29
Marketingplacebo 104
Marketing-Strategie 21
Marketing-Ziele 16 ff.
Market Mavens 140, 247
Market Pull 80
Markierung 97
Marktanteil 6

Marktanteils/Marktwachstums-Portfolio 19
Marktarealsstrategie 25
Marktdurchdringung 22
Markteinführung 84 ff.
Markteintrittsbarriere 86, 113
Marktentwicklung 22
Marktfeldstrategie 21
Marktnische 25
Marktparzellierungsstrategie 24
Marktsegmentierungsstrategie 25
Marktstimulierungsstrategie 23
Markttest 84, 129
Marktveranstaltung 158
Marmeladen-Paradox 7
Mass Customization 89
Massenkommunikation 216
Massenmarktstrategie 24 f.
Mäzenatentum 256
Mc Donald's 13
Mc Kinsey-Modell 6
Means End-Analyse 39
Mediaplanung 210
Mehrmarkenstrategie 112
Meinungsmacht 255
Mental Accounting 147
Merchandising 245 f.
Me too-Angebote 76
Me too-Produkte 196
Me too-Werbung 217
Mini-Testmarkt 84
Mission 17
Mitarbeiter-Blogs 255
Modelle der Werbewirkung 211 ff.
Multiattributiv-Modell 55
Multi Channel-Vertrieb 166

N
Nachfrage, abgeleitete 49
Nachkaufphase 62
Nachkaufwerbung 63
Nettoreichweite 207
Neuromarketing 35
Nischenstrategie 27
No Frills-Angebote 26
Nutzen 70 f.

O
Obsoleszenz 22
Odd Pricing 149
Öffentlichkeitsarbeit 252
Off Price Stores 170
Omni Channel-Vertrieb 168
Online-Handel 159 ff.
Outpacing 28
Overconfidence 68

P
Page Impressions 232
Paradigma 1 f.
Pay what you want 137
Penetrationsstrategie 123 f.
Per Unit-Methode 201
Physische Distribution 157
PIMS-Studien 6
Plakat, interaktives 235
Polarisierung des Marktes 112
Pop up-Stores 169
Porters Wettbewerbsmatrix 26
Portfolio-Analyse 19
Posttests 213 ff.
Präferenzstrategie 23
Prägnanz 106
Preis/Absatzfunktion 121 f.
Preisauslobungseffekt 142
Preisbildung 125 ff.
Preisbindung, vertikale 171
Preisdifferenzierung 132 ff.
Preiselastizität der Nachfrage 123
Preisemotionen 153
Preisfairness 149
Preisführerschaft 130
Preisgünstigkeit 149
Preisimage 152
Preisinteresse 139
Preiskampf 131 ff.
Preis/Leistungs-Strategie 23
Preis/Leistungs-Verhältnis 149
Preis-Mavenisten 140
Preis/Mengen-Strategie 23
Preispromotion 151
Preis/Qualitätsvermutung 121
Preisschwelle 130, 148
Preis/Umsatzfunktion 121 f.
Preisuntergrenze 126
Preiswissen 151, 152
Preiswürdigkeit 149
Preiszufriedenheit 150
Premiummarke 112
Premiumstrategie 23
Pretests 213
Primacy-Effekt 51, 149, 210
Priming 139
Printmedien 207
Product Placement 219
Produktdifferenzierung 91
Produkteliminierung 92
Produktentwicklung 22, 80 ff.
Produktinvolvement 120
Produktlebenszyklus 75 f.
Produkt/Markt-Strategie 21
Produktpflege 91
Produktpolitik, multisensorische 87
Produkttest 83

Produktvariation 91
Promotion, kooperative 244
Prospect-Theorie 68 f., 144 ff.
Prosumer 90
Psychophysik 141
Public Relations 252
Pull-Effekt 101
Pull-Strategie 172
Push-Strategie 172

Q
Quadratwurzelgesetz 206
Qualitätswettbewerb 23
Quality Function Deployment 83
Quasi-Filialisierung 173
Quengelware 186

R
Rabattsplittungs-Effekt 144
Range-Theorie 143
Ratgeber, virtuelle 49 f.
Raumaufteilung 185
Reaktanz 190, 217 f.
Reason Why 199
Rebranding 116
Recall-Wert 214
Recency-Effekt 149, 210
Recognition-Wert 214 f.
Red Bull 223
Referenzkunden 43
Referenzpreise 140 ff.
Regret 62 f.
Reichweite 209
Relationship-Pricing 136
Relaunch 76, 92
Remarketing 240
Reminder-Technik 210
Reputationsmanagement 252
Retail-Branding 102 f.
Retargeting 240
Retouren-Management 162
Revenue-Management 134
Reziprozität 202
RFID 173, 192
Robinsonliste 238
Rückwärtsintegration 173
Ryanair 137

S
Saccaden 218
Sacrifice-Effekt 120
Sales Promotion 241 ff.
Scarcity 166, 175, 190
Schaufenster, digitales 192
Schleichwerbung 219
Schlüsselinformationen 44
Schnäppchenjäger 152
Schneeballeffekt 236
Search Engine Advertising 229
Search Engine Optimization 229
Selektiver Vertrieb 166
Selektivität der Wahrnehmung 41
Self Liquidating Offer 243
Sensation-Marketing 237
Service-Marketing 30
Shopping Goods 74
Sieben P-Ansatz 30
Signaling 27
Signaling-Effekt 120
Single Channel-Vertrieb 166
Skaleneffekt 92
Skimmingstrategie 123 f.
Slice of Life-Technik 206
Smart Shopper 99
Social Man 138
Social Media-Buttons 231
Social Media-Marketing 231
Social Proof 203
Sonderpreis 23
SOR-Modell 34
Sortiment 165
Sortimentsstruktur 182
Sound Design 88
Speciality Goods 74
Spezifitätsproblem 56
Spill Over-Effekt 111, 210
Sponsoring 256 f.
Stadtmarketing 193
Stakeholder-Marketing 252 ff.
Standortagglomeration 180
Standortwahl 178
Starch-Test 214
Stilamplitude 106
Stimulus/Response-Ansatz 34
Stolz 58
Store-Test 84, 129
Strategien 21
Strategisches Marketing 21
Streuverluste 239
Stuck in the Middle 6
Stufenmodelle 211 f.
Suchmaschinen-Marketing 229 f.
SWOT-Analyse 20
Sympathie 202
Synektik 82
Szenario-Technik 19

T
Tandem-Technik 210
Target Costs 127
Targeting 234, 239 ff.
Target Price 127
Tausend-Kontakte-Preis 210
Tchibo 175

Technology Push 80
Teilkostenrechnung 126 f.
Teleshopping 159
Testimonial 202
Testmarktsimulation 83 f.
Tonalität 199
Tracking-Studien 214
Trading up 112, 176
Trendscouts 50

U
Übervorteilungsstrategie 24
Ubiquität 165
Umweltanalyse 19
Underground Stores 169
Unique Advertising Proposition 200
Unique Selling Proposition 199
Unternehmensanalyse 19
Unternehmenskultur 17
Unternehmensphilosophie 17
Unternehmensziele 14
Usetime 232
USP 86

V
Value Added Services 90
Value-Pricing 136
Vampir-Effekt 206
Van Westendorp-Methode 128 f.
Variety Seeking 46
Verbraucher-Promotion 244
Verfügbarkeitsheuristik 45
Vergleichende Werbung 204
Verkäufermarkt 3
Verkaufsförderung 241 ff.
Verkaufsgespräch 189 ff.
Verkaufsniederlassung 158
Verkaufsroboter 193
Verlustaversion 69, 145
Verpackung 88
Versandhandel 164
Verstärkung 42
Vertragshändler 173
Vertrauen 58
Vertriebsmitarbeiter 158
Vier P-Ansatz 29
Virales Marketing 250 ff.
Vision 17
Visits 232
Vollkostenrechnung 126 f.
Vorteilsstrategie 24
Vorwärtsintegration 173
Vorwerk 155

W
Wahrnehmung, selektive 216
Web 2.0 9
Webersches Gesetz 141
Werbeanteils/Marktanteils-Methode 202
Werbeblocker 216
Werbebotschaft 202 f.
Werbeeffizienz 211
Werbeerfolg 210
Werbekostenzuschuss 172
Werbeträger 207
Werbevermeidung 215 ff.
Werbewirkung 211
Werbung
– emotionale 205
– informierende 204, 212 f.
Wettbewerbsorientierte Strategien 26
Wettbewerbs/Paritäts-Methode 201
Wettbewerbsvorteil, komparativer 26
Wheel of Retailing 175
Widerrufsrecht 162
Wiedererkennungsheuristik 45
Word-of-Mouth 246 ff.

Y
Yield Management 134

Z
Zahlungsbereitschaft 128 f.
Zapping 216
Zeigarnik-Effekt 207
Zielerreichungsgrad 30
Zielgruppenstrategie 24
Zielmarktstrategie 25
Zufriedenheit, resignative 63
Zurechenbarkeitsproblematik 210
Zweitmarke 112